# 断陷盆地潜山油气藏形成机理

## Formation Mechanism of Buried-hill Oil-gas Pool in the Faulted Basin

蒋有录　刘景东　苏圣民　等著

中国石油大学出版社

山东·青岛

# 内容简介

本书简要介绍了断陷盆地潜山油气藏的概念、类型及主要特点,以渤海湾盆地和二连盆地为例,论述了断陷盆地潜山油气藏的形成条件,剖析了自源型、它源型和混源型潜山油气藏的形成机理及模式,探讨了潜山油气藏形成及分布的主控因素,对潜山油气充注能力进行了定量评价。

本书可供油气勘探工作者和石油、地质、矿业类专业师生参考使用。

## 图书在版编目(CIP)数据

断陷盆地潜山油气藏形成机理/蒋有录等著. --青岛:中国石油大学出版社,2021.9

ISBN 978-7-5636-7261-5

Ⅰ.①断…  Ⅱ.①蒋…  Ⅲ.①断陷盆地－油气藏形成－研究  Ⅳ.①P618.130.2

中国版本图书馆 CIP 数据核字(2021)第 190676 号

| | |
|---|---|
| 书　　名: | **断陷盆地潜山油气藏形成机理** |
| | DUANXIAN PENDI QIANSHAN YOUQICANG XINGCHENG JILI |
| 著　　者: | 蒋有录　刘景东　苏圣民　等 |
| 责任编辑: | 王金丽(电话　0532-86983567) |
| 封面设计: | 王凌波 |
| 出 版 者: | 中国石油大学出版社 |
| | (地址:山东省青岛市黄岛区长江西路 66 号　邮编:266580) |
| 网　　址: | http://cbs.upc.edu.cn |
| 电子邮箱: | shiyoujiaoyu@126.com |
| 排 版 者: | 青岛友一广告传媒有限公司 |
| 印 刷 者: | 山东临沂新华印刷物流集团有限责任公司 |
| 发 行 者: | 中国石油大学出版社(电话　0532-86981531,86983437) |
| 开　　本: | 787 mm×1 092 mm　1/16 |
| 印　　张: | 13.75 |
| 字　　数: | 363 千字 |
| 版印次: | 2021 年 9 月第 1 版　2021 年 9 月第 1 次印刷 |
| 书　　号: | ISBN 978-7-5636-7261-5 |
| 定　　价: | 100.00 元 |

# 前　言

随着油气勘探理论及技术的进步,油气勘探的领域不断拓展,蕴藏着丰富油气资源的潜山已成为全球油气勘探的重要领域之一。近几十年来,我国潜山油气勘探不断有新的突破,20世纪70年代渤海湾盆地任丘碳酸盐岩潜山大油田的发现,开拓了我国潜山找油的新领域,并掀起了潜山油气勘探的热潮。近年来,随着辽河西部凹陷大型变质岩潜山油气藏和渤中凹陷渤19-6大型基岩凝析气藏的发现,潜山油气勘探又掀起了新高潮。以潜山为主体的古生界、中生界碳酸盐岩和碎屑岩,以及前古生界基岩等深部层系,已成为我国东部渤海湾盆地等老区"增储上产"的重要接替领域。目前,我国东部盆地潜山油气藏探明程度较低,勘探潜力较大,研究潜山油气成藏条件、成藏过程、成藏模式及主控因素等,对丰富潜山油气成藏理论、指导潜山油气勘探具有重要意义。

潜山油气藏的形成是一系列成藏要素时空匹配的结果:充足的油气源是潜山油气藏形成的物质基础,源储配置和优质储层是控制其富集规模的关键因素,输导通道决定了潜山油气优先富集部位,封闭性良好的盖层是潜山油气藏保存的必要条件。断陷盆地经历了多期的构造演化,烃源岩、储集层、圈闭、输导、油气运聚、保存等油气成藏条件较为复杂,使得潜山油气藏类型多样,各类潜山油气藏的形成具有较大差异性。因此,探讨断陷盆地不同类型潜山油气藏的形成条件、形成机理及成藏模式,有助于深化断陷盆地潜山油气成藏理论,并指导潜山油气勘探。

本书在简要介绍断陷盆地潜山油气藏的分类、特点及勘探历程基础上,以渤海湾和二连两个典型断陷盆地为例,从潜山油气藏形成要素入手,重点解剖自源型、它源型和混源型3类潜山油气藏的形成机理,并对潜山油气充注能力进行定量评价。全书共分七章;第一章为断陷盆地潜山油气藏概述,讨论潜山的概念及分类、潜山油气藏类型及勘探历程和主要特点;第二、第三章分别介绍渤海湾盆地和二连盆地潜山油气藏的形成条件,从烃源岩、储集层、储盖组合、圈闭、保存等方面入手,探讨两个断陷盆地潜山油气藏的形成条件及差异性;第四、第五、第六章分别介绍自源型、它源型和混源型潜山油气藏的形成机理及模式,针对每一类潜山油气藏,选取乌马营、哈南、北大港等典型潜山油气藏为代表,重点解剖油气来源、输导体系、成藏过程和相态演化特征,明确断陷盆地不同类型潜山油气成藏机理及主控因素;第七章为潜山油气富集主控因素与充注能力定量评价,讨论断陷盆地潜山油气藏形成及分布的主要控制因素,在充注能力影响因素分析的基础上,建立潜山油气充注能力定量评价公式,并对渤海湾盆地冀中坳陷、二连盆地乌兰花凹陷等重点地区的潜山油气充注能力进行定量评价。取得的主要成果和认识有:

(1)从盖层层位及与储层的空间关系、构造位置和油气来源3个方面,建立了断陷盆地潜山油气藏分类方案。按照盖层层位及与储层的空间关系,划分为低位型、中位型、高位型及顶位型;按照油气藏所处的构造位置,划分为陡坡带型、缓坡带型、凹中隆型、洼陷带型和凹间凸型;按照油气藏油气来源的差异,划分为自源型、它源型和混源型。

(2)渤海湾盆地潜山油气藏的供烃层系包括古近系和石炭—二叠系两套烃源岩,不同坳陷(凹陷)有效烃源岩及供烃能力存在较大差异;盆地发育碎屑岩、碳酸盐岩、变质岩、火成岩等多种类型潜山储层,并与盖层相互叠置,构成多套储盖组合;二连盆地潜山油气由下白垩统腾格尔组一段和阿尔善组两套烃源岩供烃,发育残丘型和断块型两类优质储层,高排替压力盖层控制了潜山油气平面分布。

(3)自源型潜山油气藏油气来源于潜山本层系,如渤海湾盆地乌马营、苏桥、歧北等潜山油气来源于石炭—二叠系;它源型潜山油气藏油气来源于非潜山层系烃源岩,如渤海湾盆地埕岛-桩西、富台等潜山油气来源于古近系,而二连盆地兰18、兰9、哈南等潜山油气来源于白垩系;混源型潜山油气藏供烃层系为潜山层系和其他层系,如渤海湾盆地北大港、王官屯、孤北等潜山油气为石炭—二叠系和古近系烃源岩供烃。

(4)断陷盆地潜山油气成藏过程复杂,往往存在多期充注、破坏和调整。断层和源储配置关系决定渤海湾盆地和二连盆地各类潜山油气充注通道。自源型和混源型潜山油气藏存在多期成藏,主要经历了"早期油相—抬升期破坏—晚期油相"、"早期油相—抬升期破坏—晚期气相"等相态演化过程;它源型潜山油气藏主要为晚期成藏,油气相态为"晚期油气相"或"晚期油相"。自源型潜山油气成藏主要受石炭—二叠系烃源岩分布及演化、源储配置关系、保存条件等因素控制,它源型潜山油气藏主要受烃源岩演化程度、供油条件、储层条件、盖层封闭条件等因素控制,混源型潜山油气藏主要受多源供烃、源储配置关系、盖层保存条件等因素控制。

(5)控制断陷盆地潜山油气富集的主要地质因素包括油气源、供烃窗口、储层特征、输导体系等,凹陷结构和生烃能力控制潜山油气藏的宏观分布及富集规模,优质储层控制潜山油气的富集样式。考虑储层物性、储盖组合类型、供烃方式、构造演化配置及供烃窗口等因素对潜山油气充注能力的影响程度,采用权重赋值法,建立了潜山油气充注能力定量评价方法,评价结果与实际油气富集程度具有较好的匹配关系。

本书是基于作者承担的"十三五"国家科技重大专项专题"渤海湾盆地深部层系油气成藏机理与成藏模式"和中石油华北油田公司委托课题"二连盆地潜山油气藏形成机制与勘探方向研究"等项目的部分研究成果,并综合前人研究成果编撰而成的,由国家科技重大专项专题资助出版。本书具体撰写分工如下:第一章由蒋有录、苏圣民执笔,第二章由蒋有录、胡洪瑾、刘佳等执笔,第三章由苏圣民、沈澈、林彧涵执笔,第四章由刘景东、胡洪瑾、刘学嘉等执笔,第五章由蒋有录、刘华、苏圣民、郭志扬、勾琪玮执笔,第六章由刘景东、吕雪莹、陈卓等执笔,第七章由蒋有录、苏圣民、路允乾、叶涛执笔,全书由蒋有录统稿定稿。

在项目研究过程中,得到了中石油大港油田赵贤正教授、周立宏教授、金凤鸣教授、姜文亚高工、李宏军高工、楼达高工,中石油华北油田降栓奇教授、史原鹏教授、杨德相教授、邢雅文高工、王洪波高工、王鑫高工、李红恩高工,中石化胜利油田王永诗教授、王学军教授,中国石油大学(华东)操应长教授等领导专家的大力支持和帮助,在此一并表示衷心感谢!

限于作者水平,书中难免存在不妥或错误之处,恳请读者批评指正。

作 者
2021 年 5 月

# 目　录

# 第一章 断陷盆地潜山油气藏概述

## 第一节 潜山的概念与分类

### 一、潜山的概念

潜山(buried hills)一词较早见于塞德尼·鲍尔斯(Sidney Power)于 1922 年发表的《潜山及其在石油地质学中的重要性》一文中,被描述为底部由古老岩石组成,后期被沉积地层所覆盖的山。A. I. 莱复生(Levorsen)(1954)也引用了这一术语,认为潜山是在盆地接受沉积前就已经形成的基岩古地貌山,后来被新地层覆盖埋藏而变成了潜伏山。

目前国内外学者对潜山的定义还持有不同的观点。吕学谦(1976)将潜山定义为被新沉积岩所覆盖的古陆地的地形高地,可能由于构造运动或长期侵蚀作用形成。胡见义等(1981)认为渤海湾盆地古潜山为前第三系"基岩"呈山峦起伏的形态,在山峦突起的四周,被第三系所包围。范泰雍等(1982)在《潜山油气藏》中提出,凡是现今被不整合埋藏在年轻盖层之下,属于盆地基底的基岩凸起,都称为潜山,而不论其成因如何和形成时期的早晚。刘传虎(2006)扩展了潜山的概念,将其定义为凡是现今被不整合埋藏在新沉积地层之下,由盆地基底岩层组成的山丘,均称为潜山。因此,盆地沉积盖层之下的基底岩石都可能成为潜山,如渤海湾盆地新生代盆地,其前古近系岩层均可成为潜山。

虽然国内外学者对潜山的定义具有差异性,但一般认为潜山的形成需要满足 3 个条件(Levorsen,1954):① 经过侵蚀,潜山顶面为不整合面,历经长期风化剥蚀;② 局部古地貌突起,必须是由较老地层组成的古残丘、古凸起或古地形高地;③ 被新地层层序覆盖,潜山上要有年轻地层覆盖,且年轻地层又不属潜山之列。

随着潜山油气藏勘探的不断深入,研究发现潜山不仅仅包含盆地接受沉积前就已经形成的基岩古地貌,根据形成时期可以将其分为"古潜山"和"后成潜山"两类(李丕龙等,2003)。后成潜山是指那些在上覆地层沉积前并不存在正向地貌,在后期构造作用下形成的正向山体形态,其主体部位上覆地层厚度一般没有明显的减薄特征(郑和荣等,2003)。后成潜山成因可以归纳为两类:第一类为在盆地充填早期为沉降中心,到某个构造演化阶段由于挤压而局部隆升形成的潜山,如贝尔凹陷苏德尔特潜山,该潜山在南屯组沉积之前处于沉降中心位置,南屯组沉积末期构造挤压导致潜山形成(王树学等,2007);第二类为断裂变形使地层隆升形成潜山,如贝尔凹陷布达特群潜山,该潜山在铜钵庙组沉积之前的构造运动中形成微微隆起后,隆升基本停止,南屯组沉积末期断裂变形使该类潜山再次隆升形成潜山(苏玉平等,2009)。

### 二、潜山的分类

断陷盆地潜山的分类方案较多,分类依据主要包括潜山岩性、形成时间、构造特征、潜山成因和多因素综合等。

### 1. 根据潜山岩性分类

根据潜山岩性将潜山划分为变质岩、火成岩、碳酸盐岩和碎屑岩潜山（王国纯，1986）。在我国东部断陷盆地中，变质岩潜山主要见于渤海湾盆地辽河、渤中和济阳坳陷，二连盆地额仁淖尔凹陷，松辽盆地梨树断陷等，以太古宇和古元古界片麻岩、混合花岗岩为主，还有一些古生界碎裂大理岩等。火成岩潜山主要发育在渤海湾盆地辽河、渤中和济阳坳陷，二连盆地乌兰花凹陷等，以中古生界花岗岩为主。碳酸盐岩潜山主要见于渤海湾盆地冀中和黄骅坳陷、二连盆地赛汉塔拉凹陷和北部湾盆地涠西南凹陷等，以古生界灰岩和白云岩为主。碎屑岩潜山主要发育于渤海湾盆地辽河和黄骅坳陷、海拉尔盆地苏德尔特构造带等，以中古生界砂岩和砾岩为主。

### 2. 根据潜山形成时间分类

根据潜山形成时间将潜山划分为先成潜山、同生潜山和后生潜山（苏玉平等，2009）。先成潜山是在上覆地层沉积之前，基底就存在地形上的凸起，并遭受风化、淋滤、剥蚀，后期被较新的地层埋藏而形成。同生潜山受同生断层控制，始终处于相对隆起状态，并且随着沉积的进行，隆起幅度不断加强。后生潜山为前期形成的隆起由于断裂等构造运动而再次隆升形成。

### 3. 根据潜山构造特征分类

许多学者根据构造变形或构造演化特征对潜山类型进行划分，如吴永平等（2002）根据构造发育特征，将黄骅坳陷潜山划分为残留潜山、叠置潜山和新生代断块山；杨明慧等（2005）根据构造变形和构造样式，将黄骅坳陷潜山划分为翘倾断块潜山、层滑冲断潜山和背斜潜山；燕子杰等（2008）根据断裂活动方式及构造位置，将济阳坳陷潜山划分为缓坡块断型、陡坡滑脱型、残丘型、坡上山型和走滑推覆型。

### 4. 根据潜山成因分类

潜山成因是最常用的潜山类型划分依据，李丕龙等（2004）将渤海湾盆地济阳坳陷潜山类型划分为拉张型、挤压-拉张型和侵蚀型。侯方辉等（2012）将南黄海盆地潜山划分为剥蚀型、拉张型、挤压型和复合型，其中剥蚀型潜山为长期的剥蚀风化形成的一个个孤立的残丘，拉张型潜山是在一系列平直正断层的下降盘形成的阶梯状断块，挤压型潜山为受区域挤压作用形成的褶皱山，复合型潜山为多期构造运动形成的褶皱-断块复杂潜山。

### 5. 根据多因素综合分类

由于潜山成因复杂，潜山类型的划分往往综合考虑其构造、形态等多种因素。刘玄烨（1994）综合潜山成因和构造形态，将东濮凹陷潜山划分为残丘型、断块-侵蚀型、断块型和断背斜型。谯汉生等（2000）根据潜山的成因、形态和储层结构，将渤海湾盆地潜山划分为地貌型、断块型和不整合型。何登发等（2017）依据潜山发育的构造位置、构造变形特点与伸展变形的强度，将冀中坳陷潜山划分为主边界断层上盘的断层切割型、褶皱型，主边界断层下盘的断层切割型、褶皱型共4类14亚类。徐长贵等（2019）依据成因及结构，将渤海海域潜山划分为地貌型、构造型共2大类7小类。王勇等（2020）综合潜山构造的形成演化、发育位置和盖层特征，将济阳坳陷潜山划分为高位新盖侵蚀残丘型、中位古盖拉张断块型、中位新古盖拉张剪切断块型、中位中古盖挤压拉张断块型和低位古盖拉张滑脱断块型。

# 第二节　潜山油气藏分类

油气在潜山圈闭中的聚集即潜山油气藏,其油气多来源于潜山上覆新沉积层,也可来自本层系或下伏层系,潜山油气藏是地层油气藏的主要类型(蒋有录等,2016)。对渤海湾盆地而言,潜山油气藏通常是指以古近系为烃源岩,以前古近系基底岩石(包括基岩和砂岩、碳酸盐岩等沉积岩)为储层,具有多种圈闭类型的油气藏,即所谓新生古储式油气藏。但近年来也发现了来自非古近系的油气,如石炭—二叠系煤系自生自储式油气藏。

断陷盆地不同地区的烃源岩、储集层、盖层、储盖组合、输导、圈闭等成藏条件存在较大差异,导致盆地内潜山油气藏的形成条件及类型多样。不同学者根据成藏条件差异性,对断陷盆地潜山油气藏类型进行了划分。根据潜山圈闭所处构造位置,将潜山油气藏划分为风化壳型(潜山顶部)和潜山内幕型 2 类(林松辉等,2000;徐刚等,2004)。根据供烃层系将潜山油气藏划分为古生新储、自生自储、新生古储 3 类(姜慧超等,2005)。根据潜山圈闭类型,划分为地层型、断块型、岩性型和复合型 4 类潜山油气藏(常国贞等,2002;高先志等,2011;宋明水等,2019)。根据烃源岩与储层的接触关系,将潜山油气藏划分为源下型、源边型和源外型 3 类(吴伟涛等,2013)。根据构造演化特征,将潜山内幕油气藏划分为断阶-断块型、断脊-断块型、残丘-断块型和残丘型 4 类(图 1-1)(赵贤正等,2010)。

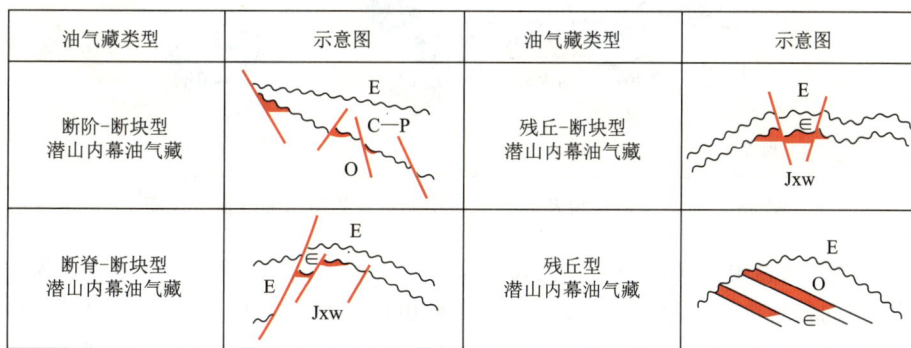

| 油气藏类型 | 示意图 | 油气藏类型 | 示意图 |
|---|---|---|---|
| 断阶-断块型潜山内幕油气藏 | E C—P O | 残丘-断块型潜山内幕油气藏 | E ∈ Jxw |
| 断脊-断块型潜山内幕油气藏 | E ∈ E Jxw | 残丘型潜山内幕油气藏 | E O ∈ |

图 1-1　冀中坳陷潜山内幕油气藏类型(据赵贤正等,2010)

本节以渤海湾、二连断陷盆地为例,从盖层层位及其与储层的空间关系、油气藏构造位置和油气来源等方面,对潜山油气藏的类型进行划分。

## 一、根据盖层层位及其与储层的空间关系分类

根据油气藏封盖层的发育层位及其与储集层的位置关系,可将渤海湾盆地潜山油气藏类型划分为低位型、中位型、高位型及顶位型(图 1-2)。低位型潜山油气藏盖层为古近系烃源岩下伏的孔店组、沙四段等非烃源岩层,油气多来自上古生界,部分来自古近系,具有源储叠置、古生古储或源储侧接、新生古储的特点。中位型潜山油气藏盖层为孔店组—沙三段烃源岩,前古近系圈闭与古近系烃源岩直接接触,油气主要来自古近系,往往具有源储叠置、新生古储的特点。高位型潜山油气藏盖层为孔店组—沙三段烃源岩上部的沙二段至东营组,前古近系圈闭与孔店组—沙三段烃源岩通过断层等间接接触,具有源储分离、新生古储的特点。顶位型潜山油气藏盖层为新近系,前古近系圈闭与烃源岩通过断层间接接触,具有源储分离、新生古储的特点。

| 类型 | 低位型（Ⅰ） | | 中位型（Ⅱ） | 高位型（Ⅲ） | 顶位型（Ⅳ） |
|---|---|---|---|---|---|
| | Ⅰ₁ | Ⅰ₂ | | | |
| 示意图 |  前古近系盖层 潜山油气藏 |  古近系下部非烃源岩层 潜山油气藏 |  古近系Ek—Es₃烃源岩层 潜山油气藏 |  古近系Ek—Es₃烃源岩上部泥岩层 潜山油气藏 |  新近系 潜山油气藏 |
| 披覆盖层 | 前古近系盖层 | 孔店组（Ek）或沙四段（Es₄）非源岩层 | 孔店组（Ek）—沙三段（Es₃）烃源岩层 | 沙二段（Es₂）—东营组（Ed） | 新近系 |
| 典型剖面 |  南皮凹陷乌马营潜山 |  大民屯潜山 |  饶阳凹陷任丘潜山 |  埕岛潜山 |  沾化凹陷孤岛潜山 |
| 成藏特征 | 前古近系圈闭与古近系源岩垂向相隔，油气多来自前古近系内部C—P源岩层（Ⅰ₁），"源储叠置、古生古储"；或古近系源岩侧向供烃（Ⅰ₂），"源储侧接、新生古储" | | 前古近系圈闭与古近系源岩直接接触，油气主要来自古近系源岩，"源储叠置、新生古储" | 前古近系圈闭与下部源岩间接接触，"源储分离、新生古储" | 前古近系圈闭与下部源岩间接接触，"源储分离、新生古储" |

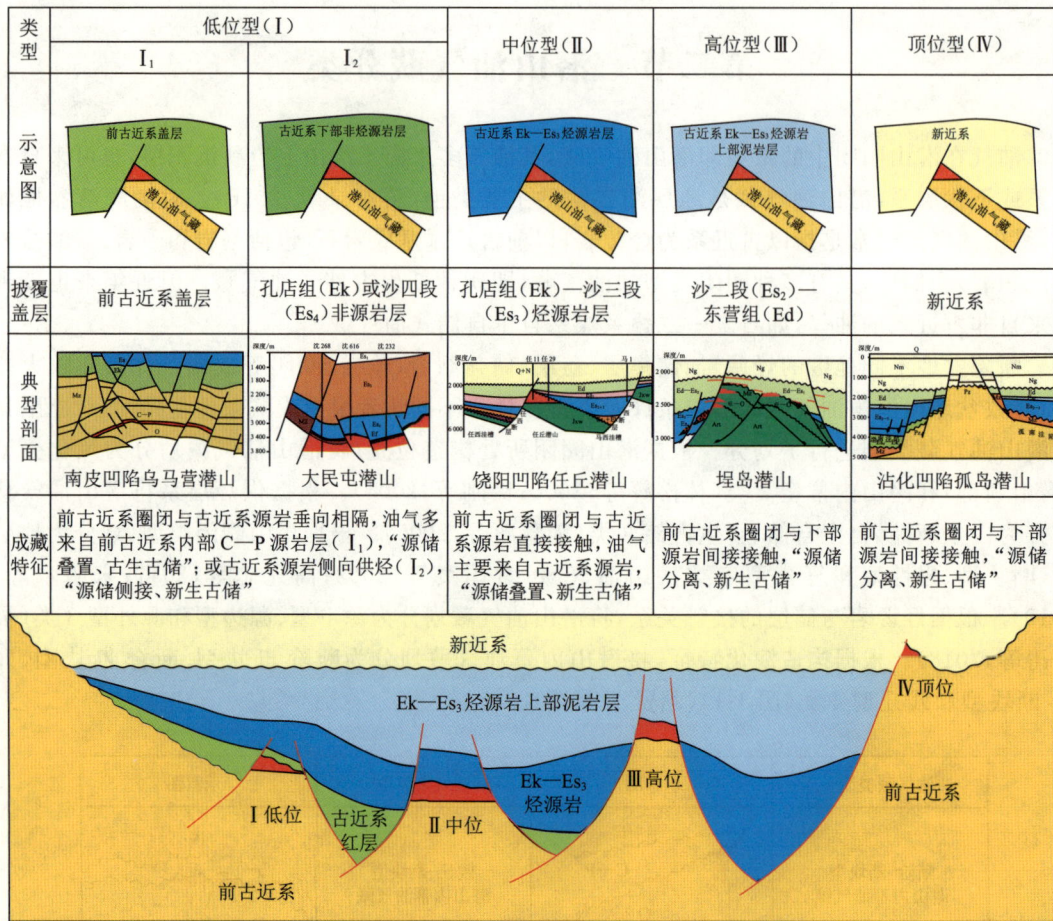

图 1-2 根据盖层层位及其与储层空间关系的潜山油气藏分类图

平面上，渤海湾盆地不同坳陷的油气藏类型分布具有较明显的差异，整体表现为由盆地外带（陆地方向）向盆地内带（海域方向），油气藏类型由低、中位向中、高、顶位等多类型变化（图1-3）。其中冀中坳陷、黄骅坳陷、辽河坳陷及东濮凹陷以低位和中位型油气藏为主，济阳坳陷东部和渤中坳陷则表现为中、高、顶位油气藏并存的特点。

## 二、根据油气藏所处的构造位置分类

按照油气藏所处的构造位置差异，可将潜山油气藏划分为陡坡带型、缓坡带型、凹中隆型、洼陷带型和凹间凸型5大类。针对各构造带发育油气藏的富集样式及圈闭类型的差异性，还可将潜山油气藏类型细分为12小类（图1-4），其中陡坡带型进一步划分为顺向断阶型、滑脱断块型，缓坡带型进一步划分为残丘型、顺向断块型和反向断块型，凹中隆型进一步划分为断垒残丘型和单断残丘型，洼陷带型进一步划分为深洼断块型和断背斜型，凹间凸型进一步划分为断控残丘型、残丘断块型和背斜低凸起型。

在渤海湾盆地，平面上陡坡带型、缓坡带型潜山油气藏在盆地内广泛分布；凹间凸型主要发育于盆地中带；凹中隆型发育受新生代凹陷结构类型控制，仅分布在基底隆起的凹陷内。宏观上，由盆地边缘向盆地中心，油气藏类型具有由缓坡带型、洼陷带型和陡坡带型向凹间凸型变化的趋势。

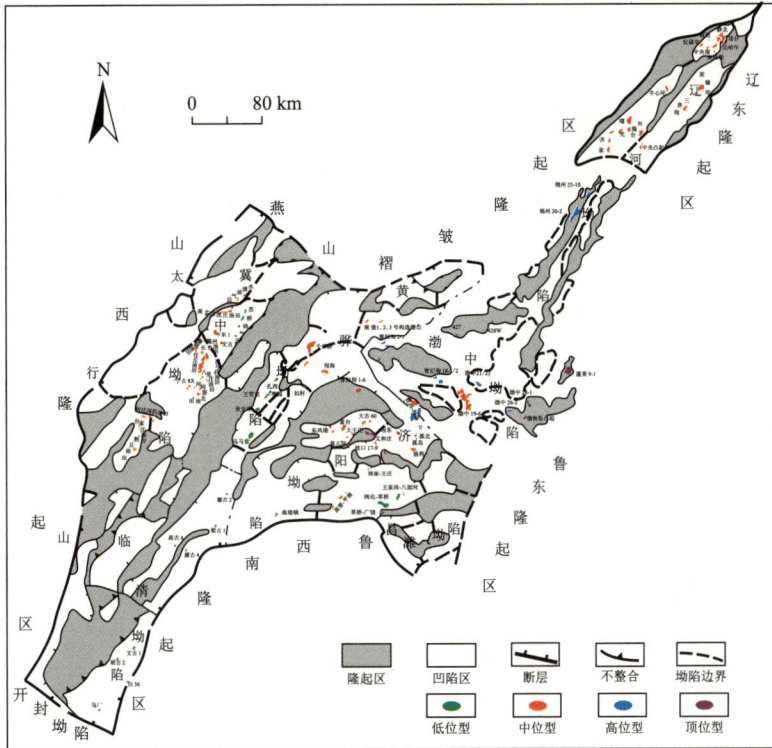

图 1-3  渤海湾盆地潜山油气藏类型分布图

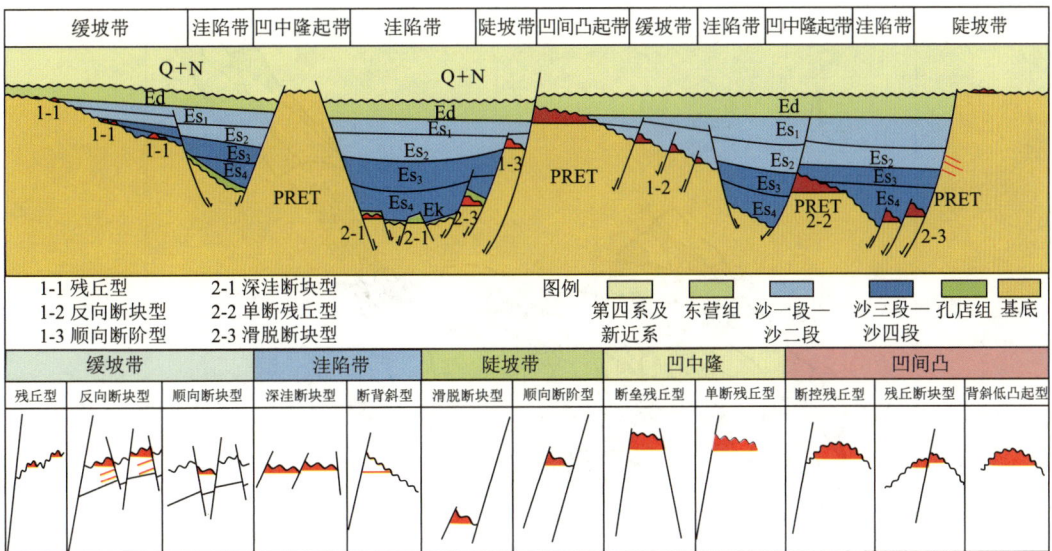

图 1-4  潜山油气藏类型划分示意图

不同层系的油气藏类型在各坳陷间也存在一定的差异(图 1-5～图 1-7)。对于下古生界，冀中坳陷以陡坡带-顺向断阶型为主；黄骅坳陷以凹间凸起带-断控残丘型和洼陷带-断背斜型为主，其次为陡坡带-顺向断阶型；济阳坳陷以凹间凸起带-断控残丘型和陡坡带-滑脱断块型为主，其次为缓坡带-反向断块型、缓坡带-残丘型和凹中隆-断垒残丘型；渤中坳陷以凹间凸起带-断控残丘型和凹间凸起带-残丘断块型为主。对于上古生界，冀中坳陷以缓坡带-反向断块型

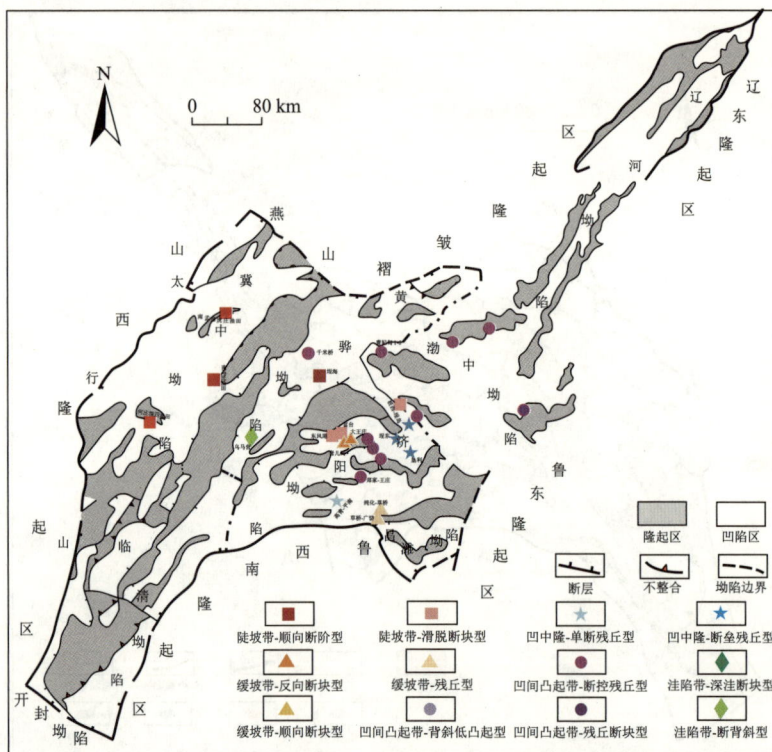

图 1-5 渤海湾盆地下古生界油气藏发育构造位置分布图

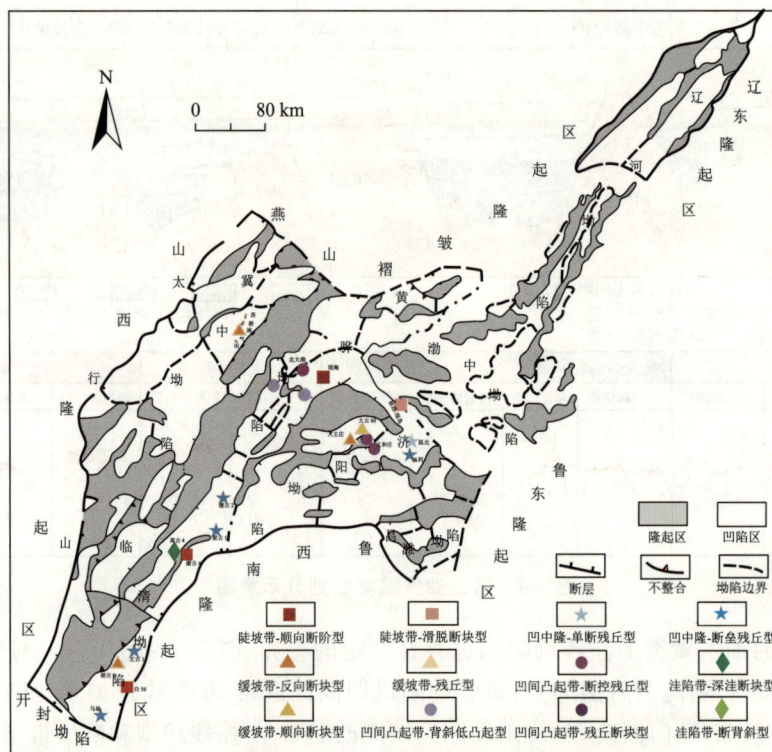

图 1-6 渤海湾盆地上古生界油气藏发育构造位置分布图

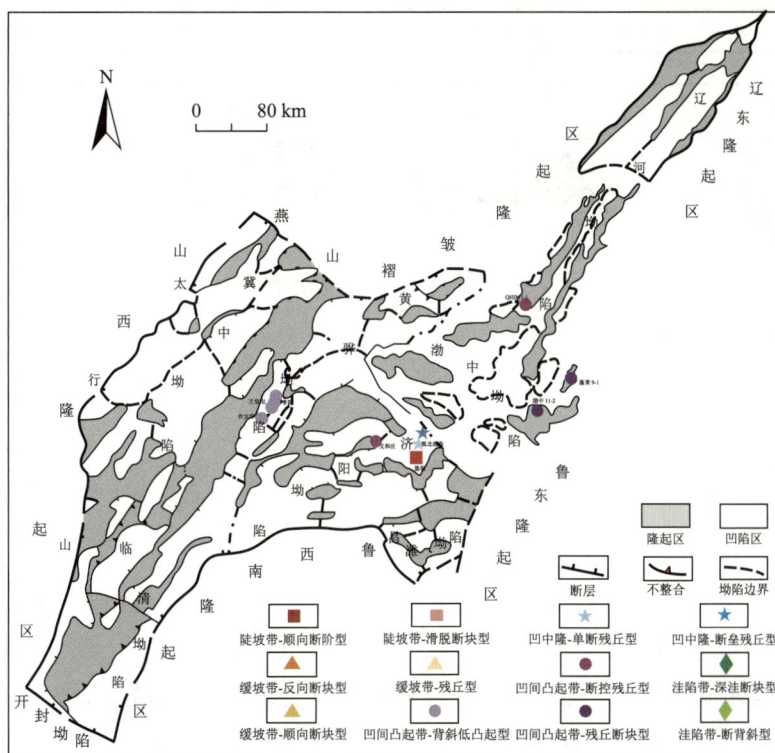

图 1-7 渤海湾盆地中生界油气藏发育构造位置分布图

为主;黄骅坳陷以凹间凸起带-背斜低凸起型为主,其次为凹间凸起带-断控残丘型和陡坡带-顺向断阶型;济阳坳陷以凹间凸起带-断控残丘型为主,其次为缓坡带-反向断块型、缓坡带-顺向断块型、凹中隆-断垒残丘型和凹中隆-单断残丘型;临清坳陷以凹中隆-断垒残丘型为主,其次为陡坡带-顺向断阶型和缓坡带-反向断块型。对于中生界,黄骅坳陷以凹间凸起带-背斜低凸起带为主;济阳坳陷以凹中隆-断垒残丘型和凹中隆-单断残丘型为主,其次为陡坡带-顺向断阶型和凹间凸起带-断控残丘型;渤中坳陷以凹间凸起带-残丘断块型为主,其次为凹间凸起带-断控残丘型。

在二连盆地,已发现的潜山油气藏主要有残丘型、深洼断块型、顺向断阶型和断背斜型 4 类。乌兰花凹陷主要存在斜坡带残丘型和顺向断阶型 2 类潜山油气藏,残丘型油气藏主要为分布于红格尔构造带的兰 18x 和兰 47 油气藏,顺向断阶型油气藏主要为分布于赛乌苏构造带南部的兰 9 和兰 23x 油气藏。额仁淖尔凹陷以斜坡带顺向断阶型潜山油气藏为主。赛汉塔拉凹陷以斜坡带残丘型潜山油气藏为主。阿南凹陷潜山油气藏类型存在深洼断块型和断背斜型 2 类,深洼断块型主要为哈 8 潜山油气藏,断背斜型为哈 1 和哈 10 潜山油气藏(图 1-8)。

## 三、根据油气来源分类

渤海湾盆地和二连盆地潜山油气藏的储层均为前古近系,烃源岩存在石炭—二叠系煤系烃源岩、白垩系烃源岩、古近系烃源岩等不同类型。根据油气来源差异,可将潜山油气藏类型划分为自源型、它源型和混源型 3 类。断陷盆地不同类型潜山油气藏形成机理解剖基于该划分方案,详见第四章至第六章。

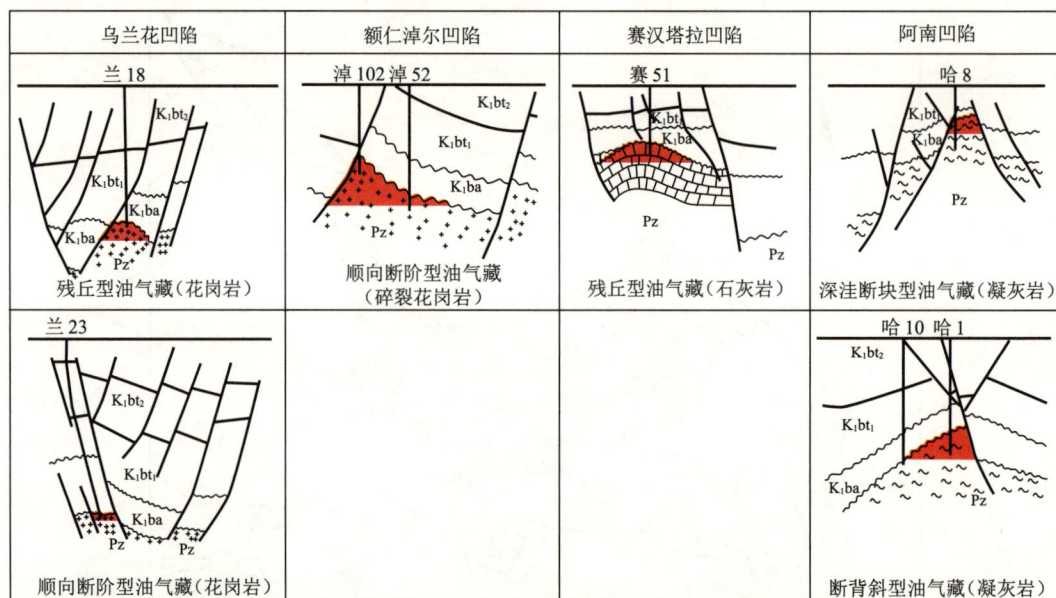

图 1-8  二连盆地主要凹陷潜山油气藏类型

根据渤海湾盆地和二连盆地潜山的油气来源对比,认为自源型潜山油气藏主要分布于渤海湾盆地的石炭—二叠系烃源岩残留区,其古生界潜山油气藏由石炭—二叠系烃源岩供烃;它源型潜山油气藏在二连盆地和渤海湾盆地广泛分布,渤海湾盆地太古界、元古界、古生界和中生界潜山油气藏由古近系烃源岩供烃,二连盆地古生界潜山油气藏由中生界白垩系烃源岩供烃;混源型潜山油气藏主要分布于渤海湾盆地,由古近系、石炭—二叠系等多套烃源岩共同供烃。

# 第三节  潜山油气藏勘探历程及主要特点

## 一、国外勘探历程

潜山油气藏最早发现于 1909 年,美国在勘探中、新生界油气资源时,在俄亥俄州中部辛辛那提隆起东部发现了摩罗县古潜山油田,潜山储层为上寒武统铜岭白云岩,发育连通性良好的裂缝、孔洞,探明可采储量达 $127 \times 10^3 \ m^3$,油井初期日产原油 31.8 $m^3$,显示出很好的开发前景(李军等,2006)。

有目的、有计划地钻探潜山油气藏并获得成功的是委内瑞拉拉巴斯油田。1922 年,委内瑞拉在马拉开波盆地发现了拉巴斯油田,先期勘探开发了白垩系、古近系油层。由于背斜轴部裂缝特别发育,推测白垩系灰岩下的基岩裂隙发育,可能含油。1948 年开始加深钻探,终于于 1953 年在拉巴斯构造上的 2 670 m 附近发现了 332 m 的基岩含油井段,测试获日产 620 $m^3$ 的高产油流,发现了潜山油气藏。储层为三叠—侏罗系拉昆塔变质岩及火成岩,次生裂缝发育,烃源岩为储层上面的白垩系拉龙纳层的暗色灰岩。其后,1953—1956 年又布井 12 口钻探潜山油气藏,单井日产油最多达 1 828.4 $m^3$,使拉巴斯油田迅速成为马拉开波盆地第三大油田(Rochl and Choquette,1985;李丕龙等,2003)。

随后,世界上发现了一系列高产潜山油气藏。美国以堪萨斯中央隆起带的林华尔等大型油田为代表,在 1930—1950 年这 20 年间,发现了多个前寒武系基岩油田。在北非的阿尔及利亚也发现了一定规模的潜山油田,其中哈西梅萨乌德油田含油面积达 1 300 km²,石油地质储量 35.7×10⁸ t,属于当时较大的潜山油田。特别是越南南部大陆架,从 20 世纪 70 年代开始进行地质、地球物理研究和钻探工作,于 1988 年发现白虎基岩油田,该油田的主要产层为深部的晚侏罗—早白垩世形成的花岗岩和花岗闪长岩,花岗岩被古近系渐新统和更年轻的陆源泥质岩层所覆盖,储集空间由裂缝、溶洞和孔隙组成,特别是高产油气层厚度超过 1 km,日产油超过 2 000 m³(Belgasem,1993)。

除此之外,利比亚在花岗岩基岩潜山中发现了奥季拉-纳福拉油田,欧洲于 1973 年在北海盆地北部维京地堑发现了侏罗系断块潜山油藏,俄罗斯在西西伯利亚盆地也发现了 Maloichskoe 油田等高产潜山油气藏(Haskell,1991;Ali,1993)。随着一系列高产古潜山油气藏的发现,各国开始重视潜山油气藏的勘探开发工作,目前在美国、俄罗斯、西班牙、加拿大、澳大利亚、埃及、利比亚、委内瑞拉、阿尔及利亚、伊朗、巴西、摩洛哥、安哥拉、前南斯拉夫、匈牙利、罗马尼亚、越南等国家都发现了潜山油气藏(Belgasem,1993;李军等,2006;Lucia,2010;Marie,2013)。

## 二、国内勘探历程

我国在渤海湾、二连、松辽、东海、北部湾、苏北、准噶尔、酒泉、百色等多个盆地发现了大量潜山油气藏,该类油气藏已成为重要的油气接替领域。在前人对渤海湾等盆地潜山油气勘探阶段划分的基础上(李欣等,2012;郝婧等,2021),结合国内不同时期潜山油气勘探发现,将潜山油气勘探历程划分为以下 6 个阶段:

(1) 1974 年之前,探索阶段。

我国潜山油气勘探起始较早,最早发现的潜山油藏是 1959 年在酒西盆地发现的玉门鸭儿峡潜山油藏,产油层为志留系中部泉脑沟组轻度变质的千枚岩、板岩及变质砂岩。单井初期日产油 150 t,油源来自下白垩统新民堡群黑色页岩,油气沿不整合面由青西凹陷向南东上倾方向运移进入鸭儿峡潜山成藏。之后,在松辽盆地、北部湾盆地等地区的基岩中获得工业油流,但产量较低(安作相,1983)。1972 年,在渤海湾盆地济阳坳陷义和庄凸起奥陶系基岩中获得了日产近千吨的油流,从此开辟了潜山油气藏勘探的新领域(李丕龙等,2003)。

(2) 1975—1985 年,快速规模发现阶段。

20 世纪 70 年代中期任丘油田的发现,掀起了一轮碳酸盐岩潜山油气勘探热潮。任丘油田发现同年,辽河坳陷兴 213 井在太古宇混合花岗岩也获高产油气流,勘探家们认识到以古潜山为主的复式油气聚集带是渤海湾含油气盆地的主要油气富集形式(阎敦实等,1980;Luo et al.,2005)。勘探突破主要集中在中上元古界碳酸盐岩潜山,借鉴陆上潜山油田的勘探经验,渤海湾盆地发现八里庄、苏桥等潜山油气藏,二连盆地阿 1、阿 2 和赛 1 井等获得工业油气流。该阶段主要理论指导为"源控论",应用地震勘探、井径曲线识别岩溶技术等辅助油气勘探,国外技术也不断被引进。渤海湾盆地、塔里木盆地、二连盆地等潜山油气藏陆续被发现(余家仁等,1981;刘震等,2007)。

该阶段的典型代表为任丘潜山油气藏,发现于 1975 年,位于任丘西南辛中驿附近的任 4 井喷出高产油流,据测试,日产达 1 014 t,宣告任丘古潜山油田的诞生(王仰之,1988)。任丘潜山油气藏富集高产是多个成藏条件合理配置的结果。任丘潜山早期构造活动活跃,现今潜山构造的主体为古近系沉积时期形成,后期遭受持续性的抬升剥蚀,形成了良好的碳酸盐岩储集体;古近系烃源岩直接盖在潜山之上,油气可直接进入潜山成藏,并形成了任丘潜山油气藏良好的侧向封堵条件;任丘潜山定型时间晚于喜马拉雅运动,潜山形成后受构造活动影响弱,油气藏保存条件好(图1-9)。

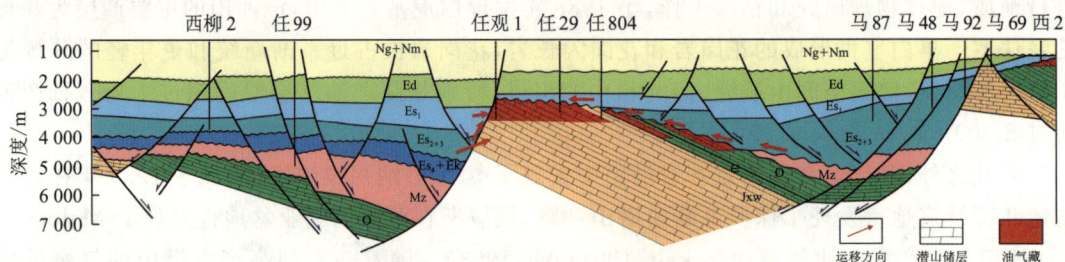

图1-9　任丘潜山油气运聚示意图

(3) 1986—1995年,勘探低迷阶段。

在上一阶段的勘探热潮过后,由于对理论缺乏系统而完善的认识,对持续性沉降地史发展区的潜山成藏条件认识不足,在20世纪80年代中期潜山勘探开始陷入低谷(吴永平等,2000)。在此期间,勘探发现油气藏数量少、规模小,以辽河坳陷为主,发现静安堡、法哈牛、边台、小洼等太古界变质岩潜山油气藏。虽然规模小,但打破了火成岩、变质岩无油可找的禁区,不仅在古近系中找到了与构造、地层、岩性有关的油气藏,而且陆续在震旦系的灰岩、白云岩甚至太古界的变质岩和混合花岗岩中找到了许多油气藏,开辟了新的找油领域(李欣等,2012)。

该阶段的典型代表为静安堡潜山油气藏。静安堡油田位于辽河坳陷大民屯凹陷中部潜山,由中元古界长城系大红峪组和高于庄组组成,古近系沙河街组的陆相碎屑岩超覆不整合之上,而下伏地层为太古界鞍山群通什村组的深度变质岩系,与大红峪组为不整合接触(陶洪兴,1987)。潜山供烃层系为沙四段和沙三段烃源岩,潜山储层主要为中元古界碳酸盐岩和太古界变质岩类,储集空间以孔隙和裂缝为主。输导通道以沙四段砂体、不整合面和断层为主,存在不整合-断层联合运移、不整合垂向运移、断层侧向运移、断层-微裂隙垂向运移等多种成藏模式(郭建华等,2005)。

(4) 1996—2005年,缓慢发现阶段。

转变勘探思路,以寻找规模性优质油气田为指导,创新性提出"晚期成油理论"(夏庆龙,2016),在大港千米桥、乌马营以及冀中信安镇北等奥陶系潜山取得突破。该阶段建立了断陷盆地潜山成因、成藏多样性体系,实现了潜山勘探由"单山勘探"到"整带评价部署"、由"风化壳找油"到"潜山内幕勘探"、由"有机单源找油"到"有机-无机油气综合勘探"的突破(王永诗等,2004;李丕龙等,2004)。以此理论为指导,在济阳、渤中、黄骅等坳陷相继发现了亿吨级潜山含油目标区。

该阶段的典型代表为黄骅坳陷千米桥潜山油气藏。千米桥潜山位于北大港构造带东北倾没端大张坨断层上升盘,于1998年在奥陶系获高产油气流(于学敏等,1999)。印支期—燕山早期的挤压逆冲使石炭—二叠系遭受剥蚀,奥陶系长期风化淋滤形成的晶间溶孔、溶蚀孔洞储集空间与挤压逆冲形成的高角度中—细裂缝、微裂缝运聚通道的有机配合是油气藏形成的最重要条件;千米桥潜山圈闭面积大,形成时间早,板桥凹陷沙三段烃源岩有机质丰度高且热演化程度高,有利于凝析油气的形成;第三纪构造断裂活动不发育,有利于千米桥潜山油气藏的保存(姜平,2000)。

(5) 2006—2015年,多层立体勘探阶段。

自"十一五"以来,勘探重点逐渐向深层系、宽领域、立体化方向发展。潜山勘探深度不断加深,潜山类型由以风化壳为主向潜山内幕型转变,先后发现蓬莱 9-1、垦利 10-1 等一批大中型油气田,为油气总量稳产增产奠定了坚实的储量基础。2007 年,在二连盆地赛汉塔拉凹陷扎布构造带钻探的赛 51 井,于古生界石炭系阿木山组碳酸盐岩中获得日产 226 m³ 的高产油流,开创了我国东部石炭系灰岩找油的先河,说明二连盆地具有形成富集高产潜山油气藏的地质条件,掀起了二连盆地潜山油气藏勘探的热潮(降栓奇等,2009;陈亚青等,2010),随后在阿南、额仁淖尔、呼仁布其、阿尔等凹陷相继发现了一大批潜山圈闭。源-汇时空耦合控砂原理、极浅水三角洲沉积体系、走滑转换带控藏机理、脊-断-砂耦合控藏模式、混合沉积理论与潜山优质储层发育机理等油气地质新认识,使得油气勘探开发的程度进一步提高(薛永安等,2015;夏庆龙等,2016)。

该阶段的典型代表为渤中凹陷蓬莱 9-1 潜山油藏。蓬莱 9-1 油田位于渤海东部,发现于 2010 年,通过测试评价井蓬莱 9-1-5 井 200 m 厚油层和蓬莱 9-1-2 井 77 m 厚油层,日产油均达到数百桶(1 桶=158.984 L),是目前已发现的规模最大的中生界花岗岩潜山油田。蓬莱 9-1 潜山成藏具有特殊性,为鞍部花岗岩含油,并非传统观念中的"山头"高部位成藏(周心怀等,2015)。蓬莱 9-1 潜山具有独特的石油地质特征,其圈闭、储层、盖层条件别具一格,烃源岩为渤东凹陷和庙西凹陷沙河街组及东营组泥岩,储层是侏罗系混合花岗岩,潜山之上覆盖的是中新统馆陶组湖相泥岩,表现为"下生上储顶盖型"的生储盖组合特征,具备良好的空间配置条件,呈现"高压驱烃、断层不整合输导、油气仓储式成藏"的显著特点(邓运华,2015;徐国盛等,2016)。

(6) 2016 年至今,精细勘探阶段。

随着我国东部地区勘探开发程度的提高,油气勘探开发的难度也在增大,地质条件逐渐变得复杂,勘探方向逐渐转向中深层潜山、边缘凹陷、岩性-地层油气藏等领域。近几年勘探开发中,油气藏岩性类型多样,碳酸盐岩、碎屑岩、火山岩和变质岩均有发现(朱如凯等,2021)。深层变质岩和碳酸盐岩储层有好的储集性能,潜山勘探深度不断加深,潜山类型由以风化壳为主向潜山内幕型转变,特别是渤中 19-6 气田、渤中 13-2 气田的发现,提出变质岩储层成因机理,得出"优质烃源岩深埋生气、变质岩潜山多期构造运动控储、厚层超压泥岩控汇聚-运移-保存"的天然气成藏模式(赵贤正等,2016;施和生等,2021;李慧勇等,2021)。

该阶段的典型代表为渤中凹陷渤中 19-6 潜山凝析气田和渤中 13-2 潜山油田。渤中 19-6 为暴露型潜山,2016 年以来分别在渤中 19-6 构造南块和北块钻探多口井,均获得了较好的产能,其中南块测试获日产油 168 m³、日产气 18.4×10⁴ m³,北块测试获日产油 305 m³、日产气 31.2×10⁴ m³,是渤海湾盆地迄今发现的最大的天然气田(薛永安等,2018)。渤中 19-6 潜山油气成藏主要受多种成藏要素控制:渤中凹陷深层具有巨大的生气潜力,是大型凝析气田形成的物质基础;区域性稳定分布的东营组和沙河街组巨厚超压泥岩为大型凝析气田的保存提供了良好的封盖条件(图 1-10);多期次动力破碎作用使潜山内幕发育大规模裂缝体系和动力破碎带,是变质岩优质储层形成的关键(施和生等,2019)。

渤中 13-2 为中生界覆盖型潜山,是渤海海域中生界覆盖型潜山勘探的首个大突破,2020 年,在中生界覆盖区太古界潜山相继钻探了 BZ13-2-D 井、BZ13-2-E 井和 BZ13-2-F 井,均获得成功。其中,BZ13-2-E 井太古界潜山平均日产油 411.08 m³,平均日产气 252 678 m³(薛永安等,2021)。渤中 13-2 潜山储层发育具有"垂向顶部差异、内幕横向连续"的展布特点,"不整合-断层面-网状缝"构成覆盖型潜山复式输导体系,具有"超压强注-接力运移"的油气成藏模式(薛永安等,2021;李慧勇等,2021)。

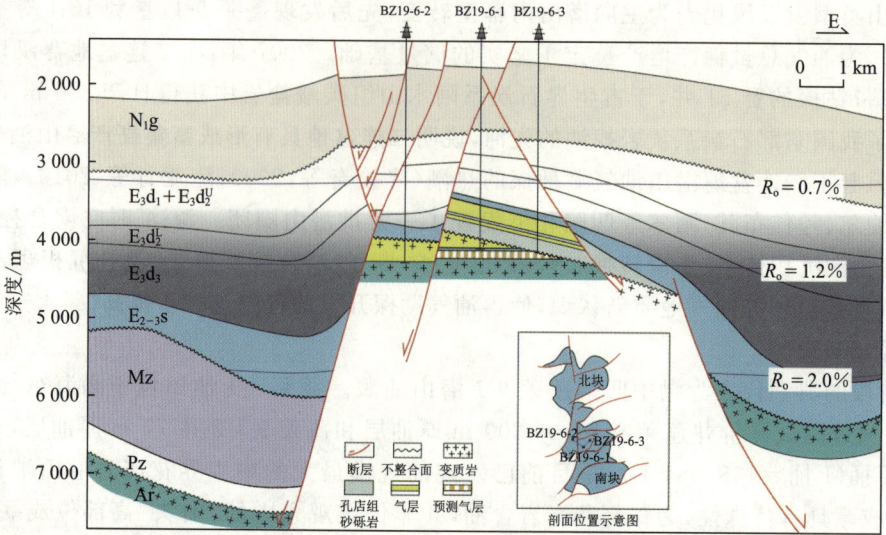

图 1-10　渤中 19-6 凝析气田剖面 ( 据施和生等，2019)

## 三、断陷盆地潜山油气藏主要特点

断陷盆地潜山油气藏地质结构复杂，储层非均质性严重，成藏要素复杂多变且埋藏较深（李丕龙等，2003）。其复杂性表现在以下 4 个方面：

### 1. 地质结构复杂

潜山经历了多期次的构造运动，其内部结构复杂，主要表现为盆地内不同部位、同一构造带相同类型潜山油气藏或同一潜山油气藏不同区块差异较大。如渤海湾盆地黄骅坳陷发育断块-地貌型、断块-断鼻型、背斜型和断块-背斜型 4 种类型的潜山油气藏。断块-地貌型油气藏主要分布于印支期古隆起两翼，沿现今北大港潜山西北翼及埕海潜山北部展布；断块-断鼻型油气藏往往位于构造高部位；背斜型油气藏主要分布在坳陷中南部地区；断块-背斜型油气藏主要分布在黄骅坳陷南部挤压变形与伸展断裂叠合区。

### 2. 成藏要素复杂

断陷盆地经历了多期的构造演化，烃源岩、储层等油气成藏条件较为复杂。潜山油气藏的烃源岩层系多，如莺歌海盆地潜山油气多源于古近系—新近系烃源岩（张强等，2018），松辽盆地梨树断陷潜山油气藏源于白垩系沙河子组和营城组烃源岩（肖永军等，2014）。储集层时代范围广，从太古宙到中生代都有发育，而且岩性多样，除了灰岩、白云岩、砂砾岩之外，还存在泥岩、变质岩、火山岩等。储集系统复杂多变，可形成不整合面岩溶型、内幕孔洞型、构造裂缝型 3 种储集系统（李丕龙等，2003），由于储集层发育的时代早，埋藏深，原生孔隙储集性能较差，必须经过后期改造才能成为有利储集层（徐徽等，2005）。

### 3. 油气藏类型复杂

经历了复杂的沉积、构造作用及其后期的充填演化，潜山的形成与演化过程中不同的构造部位（或二级构造带）、不同的构造和演化特点决定了各自有不同类型的潜山圈闭或不同的油气藏类型（董冬等，2000）。例如，在埃及红海地堑、澳大利亚吉普斯兰盆地和加拿大巴芬-拉布拉多盆地均发现了一系列受正断层切割的倾斜断块-潜山油气藏（李德生，1985），在海拉尔盆地多发现侵蚀残丘、高断块块状和低断块层状潜山油藏（王化爱等，2009），在北部湾盆地发现的潜山油气藏类型主要有岩性-风化带叠合型、岩性-风化带分离型和风化带型 3 类(肖军等，2003)。

### 4. 成藏模式多样

由于潜山油气藏往往经过多期构造运动改造，形成各种类型的复式油气聚集区，其成藏模式复杂多样。不同学者根据具体地区成藏特征建立了多种成藏模式。例如，将海拉尔盆地贝尔凹陷潜山油气成藏模式划分为油气沿断裂或不整合面侧向运移至潜山风化壳聚集成藏和油气沿断裂或裂缝垂向运移至潜山内部破碎带或裂缝聚集成藏 2 类(付广等，2007)；将松辽盆地潜山油气成藏模式划分为披覆型、基岩风化壳型、内幕裂缝型 3 种(孙立东等，2020)；将北部湾盆地涠西南凹陷碳酸盐岩潜山油气成藏模式归纳为凸起区"间接接触单向供烃"和凹中隆"直接接触多向供烃"2 种基本类型(李凡异等，2021)。

# 第二章　渤海湾盆地潜山油气藏形成条件

渤海湾盆地位于中朝地台的华北台坳,主要由冀中、辽河、黄骅、济阳、渤中、临清和昌潍七大坳陷以及埕宁、沧县、内黄和邢衡四大隆起组成。中石炭世之前,整个渤海湾盆地以垂向运动为主。进入中石炭世以后,地台活化,盆地整体下降,接受沉积。早中侏罗世区域应力场开始由挤压向拉张过渡,晚侏罗—早白垩世盆地受强烈拉张,中白垩世盆地再次发生挤压,基底形态形成。盆地内前古近纪构造演化具有差异性,中石炭世之前,研究区为一整体台地,基底以垂直升降运动为主;进入中石炭世,研究区构造演化出现差异性,表现为西部弱拉张,东部强拉张,导致西部冀中坳陷中生代地层厚度明显小于中部黄骅坳陷以及东部的济阳、渤中等坳陷(纪友亮等,2006;张善文等,2009)。

受前古近纪构造演化迁移性影响,基底地层发育具有一定的规律性。研究区基底发育差异性明显,主要体现在地层的时代组合以及不同层系地层的厚度上。由西向东,自冀中坳陷经沧县隆起到渤中坳陷一线,基底地层具有逐步变新的趋势。由盆缘凹陷向盆地中心的凹陷,基底地层的层系逐步增多,如外围大民屯凹陷主要发育太古界变质岩地层,盆地中心的黄骅、济阳以及渤中坳陷基底地层时代逐步增多,中生界、石炭—二叠系以及寒武—奥陶系均发育完整。研究区不同凹陷基底地层厚度变化也具有明显的规律性。盆地外围的凹陷中生界不发育,而中部的凹陷中生界厚度较大,济阳坳陷和渤中坳陷中均可达 1 000～1 500 m。石炭—二叠系同样具有以上规律,外围的西部、大民屯等凹陷缺失石炭—二叠系,而盆地中央的凹陷石炭—二叠系厚度逐步增大,最大可达 500 m 以上。整体而言,渤海湾盆地基底地层具有迁移性的特点:自盆地外围向盆地中心,基底地层年代逐步增多,地层时代逐步变新,地层厚度逐步增大(张善文等,2009)。

燕山运动以后,新生代裂陷作用开始。在孔店组沉积期进入初始裂陷阶段,形成了大量的正断层。进入沙河街组沉积期,裂陷作用进一步增强,边界断层由板状、平面式向犁式转换,形成一系列的半地堑或地堑式凹陷。东营组沉积末期,地层发生抬升剥蚀,形成区域性的不整合。新近纪以来,盆地进入拗陷阶段,断层活动逐渐停止(漆家福等,1995)。整体上,渤海湾盆地发育了早古生代稳定的海相碳酸盐台地、晚古生代海陆过渡相沉积、中生代早期陆内湖盆中以粗碎屑岩为主的沉积及晚中生代和新生代的裂谷盆地中以湖相和河流相为主的沉积(张善文等,2009)。这一完整的地层序列中发育多套相互叠置的储集层和盖层,为油气的聚集成藏提供了有利的生储盖组合条件。

本章从烃源岩、储集层、盖层、储盖组合、圈闭、保存等油气成藏基本地质要素出发,对渤海湾盆地潜山油气成藏条件进行整体分析,为进一步开展不同坳(凹)陷典型潜山油气藏的形成机理解剖奠定基础。

# 第一节　烃源岩条件

渤海湾盆地潜山油气藏的油气来源丰富,主要包括古近系湖相泥岩和石炭—二叠系煤系烃源岩,另外可能还存在寒武—奥陶系海相碳酸盐岩烃源岩。

## 一、古近系烃源岩

### 1. 烃源岩层系

古近系湖相泥岩是渤海湾盆地主要的油气来源,受新生代统一的构造沉积背景控制,各凹陷的烃源岩发育具有一定的规律性。研究区各凹陷均以古近系沙河街组泥岩为主力烃源岩,古近系发育孔店组、沙四段、沙三段、沙一段、东营组等多套烃源岩层系,但不同凹陷的烃源岩空间分布具有差异性。

根据烃源岩发育的层位及不同层位烃源岩对凹陷的生烃贡献,将渤海湾盆地的凹陷划分为 3 类:① 以古近系孔店组—沙四段为主力烃源岩的凹陷。这类凹陷一般为早期发育型凹陷,多分布在盆地的外围,如大民屯凹陷、廊固凹陷等。此类凹陷在沙河街组沉积后期便遭受了抬升剥蚀,导致沉积厚度减薄,具有晚期构造活动性弱的特点,油气往往分布在深层。② 以沙三段和沙一段为主力烃源岩的凹陷。该类凹陷主要分布在盆地的中部地区,为继承型凹陷,凹陷在沙三段沉积期进入强裂陷期,盆地基底迅速下沉,湖盆强烈扩张,沉积了巨厚的沙三段烃源岩,且由于晚期构造活动持续进行,上覆地层沉积厚度较大,烃源岩可达中—高成熟阶段。这类凹陷油气主要富集于中层,以沙河街组为主要的勘探层系,如济阳坳陷的东营凹陷、车镇凹陷等。③ 以沙三段和沙一段为主力烃源岩,同时东营组烃源岩贡献较大的凹陷。该类凹陷主要分布在渤海海域,如渤中凹陷、歧口凹陷以及南堡凹陷等,均为晚期发育型凹陷。由于该类凹陷晚期构造运动活跃,即新构造运动强,油气分布往往集中于浅层,新近系是其主要的勘探目的的层系(图 2-1)。

| 地层 | | | 早期型 | 继承型 | | | | | | | | | 晚期型 | | | |
|---|---|---|---|---|---|---|---|---|---|---|---|---|---|---|---|---|
| | | | 大民屯 | 深县 | 饶阳 | 束鹿 | 东营 | 廊固 | 霸县 | 西部 | 车镇 | 东部 | 沾化 | 歧口 | 南堡 | 渤中 |
| | 东营组 | | | | | | | | | | | | | 13% | 15% | 48% |
| 古近系 | 沙河街组 | 沙一段 | | | | | | 1% | 7% | 5% | 28% | 5% | 30% | 17% | 30% | 18% |
| | | 沙二段 | | | | | | | | | | | | | | |
| | | 沙三段 上中下 | 13% | 73% | 89% | 93% | 59% | 47% | 78% | 75% | 60% | 95% | 51% | 69% | 55% | 34% |
| | | 沙四段 上下 | 87% | 27% | 11% | 7% | 41% | 52% | 15% | 24% | 12% | | 19% | | | |
| | 孔店组 | | | | | | | | | | | | | | | |

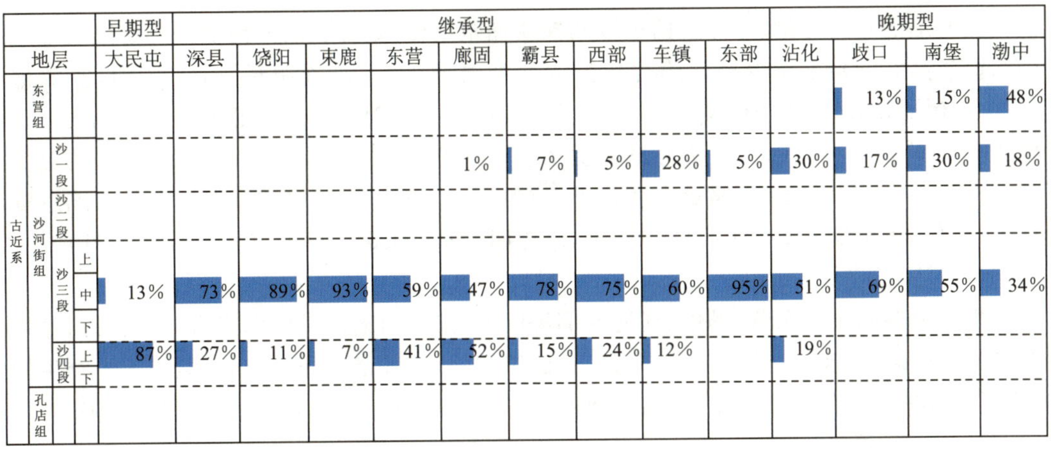

图 2-1　渤海湾盆地主要凹陷烃源岩层分布及生烃量贡献比例图

### 2. 烃源岩埋深

烃源岩埋深对油气分布具有重要的控制作用,油气通常分布于烃源岩最大埋深以上。渤海湾盆地各凹陷基底埋深差异较大,霸县、歧口、渤中以及东营等凹陷均为深埋藏凹陷,基底埋深在 9 000 m 左右,大民屯、车镇、束鹿以及饶阳等凹陷基底埋深则相对较浅,在 4 700～6 000 m 之间。基底埋深差异性导致烃源岩最大埋深也存在差异,东营、大民屯等凹陷主力烃源岩埋深在 5 000 m 左右,而渤中、辽河西部等凹陷烃源岩埋深较大,最大可达 8 000 m。不同凹陷基底顶面深度与烃源岩最大埋深的差值差异明显,浅埋藏凹陷中该差值较小,一般小于 1 000 m,定义为"薄底凹陷",而深埋藏凹陷中该差值往往较大。如图 2-2 所示。

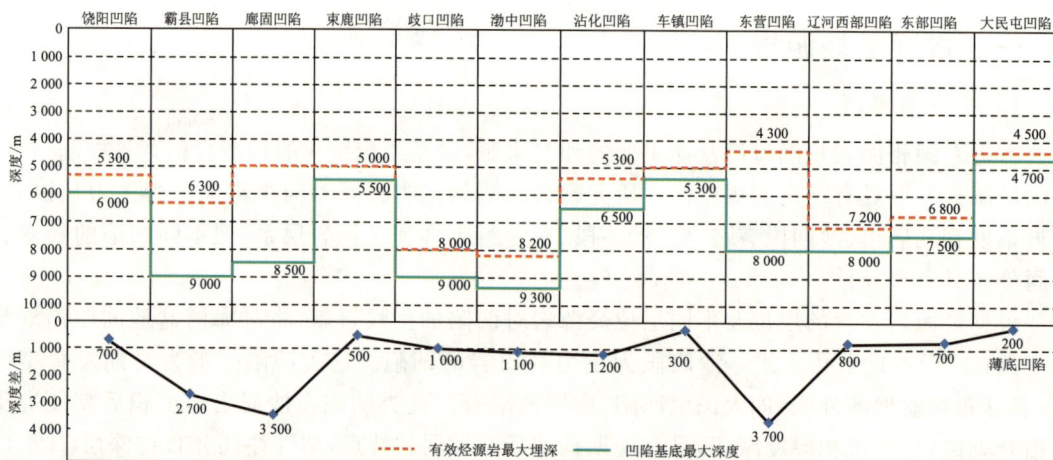

图 2-2　渤海湾盆地主要凹陷主力生烃层系埋深图

### 3. 不同凹陷生烃能力

渤海湾盆地凹陷众多,不同凹陷的烃源岩体积、有机质类型、丰度及成熟度不同,导致各凹陷的生烃量差异明显,进而控制了不同凹陷的含油气性。渤海湾盆地内部富油气凹陷数目少,但油气储量却在整个盆地中占很大比重。"富油气凹陷"是指那些面积较大,曾经发生过持续沉降并接受和保存了较厚暗色泥岩,具有良好的地化指标且已经发生大规模油气生成、运移和聚集,存在较高勘探程度和已经探明较多油气储量但仍有较大勘探潜力的凹陷(袁选俊等,2002)。

根据凹陷的总资源量、总探明储量以及探明储量丰度,划分了渤海湾盆地的凹陷富油气级别(袁选俊等,2002):Ⅰ类生烃凹陷为典型的富油气凹陷,其总资源量≥7×10^8 t,资源量丰度≥20×10^4 t/km^2,总探明储量≥1×10^8 t,储量丰度≥9×10^4 t/km^2;Ⅱ类生烃凹陷的总资源量介于 2×10^8～7×10^8 t 之间,资源量丰度介于 10×10^4～20×10^4 t/km^2 之间,总探明储量介于 0.5×10^8～1×10^8 t 之间,储量丰度介于 3×10^4～9×10^4 t/km^2 之间;Ⅲ类生烃凹陷总资源量≤2×10^8 t,资源量丰度≤10×10^4 t/km^2,总探明储量≤0.5×10^8 t,储量丰度≤3×10^4 t/km^2(表 2-1)。

Ⅰ类生烃凹陷包括东营、渤中、辽河西部等凹陷,该类凹陷油气资源丰富,是渤海湾盆地的主要产油气凹陷;Ⅱ类生烃凹陷包括车镇、惠民等凹陷,油气富集程度较高,但弱于Ⅰ类生烃凹陷;Ⅲ类生烃凹陷油气富集程度最低,多数凹陷未能发现规模性的油气藏,如北塘凹陷。

## 二、前古近系烃源岩

### 1. 石炭—二叠系煤系烃源岩

#### 1)地质特征

受构造演化分区性的影响,石炭—二叠系在盆地内不完整且不连续发育,不同构造单元中

表 2-1　渤海湾盆地各凹陷资源量及油气储量综合评价表（据袁选俊等，2002）

| 生烃凹陷类型 | 凹陷名称 | 凹陷面积/km² | 总资源量/(10⁸ t) | 资源量丰度/(10⁴ t·km⁻²) | 总探明储量/(10⁸ t) | 储量丰度/(10⁴ t·km⁻²) |
|---|---|---|---|---|---|---|
| Ⅰ类 | 东营 | 5 020 | 41.77 | 83.21 | 19.15 | 38.16 |
| Ⅰ类 | 辽西 | 2 560 | 27.77 | 108.46 | 14.57 | 56.90 |
| Ⅰ类 | 西部 | 3 314 | 25.01 | 75.47 | 16.77 | 50.60 |
| Ⅰ类 | 南堡 | 1 932 | 13.00 | 67.29 | 1.74 | 9.01 |
| Ⅰ类 | 饶阳 | 5 659 | 11.82 | 20.89 | 6.08 | 10.70 |
| Ⅰ类 | 东濮 | 5 300 | 10.79 | 20.36 | 5.14 | 9.60 |
| Ⅰ类 | 孔南 | 2 468 | 6.93 | 28.07 | 3.76 | 15.24 |
| Ⅰ类 | 歧口 | 2 089 | 14.57 | 69.75 | 3.41 | 16.30 |
| Ⅰ类 | 渤中 | 8 600 | 56.00 | 64.67 | 18.55 | 21.57 |
| Ⅰ类 | 沾化 | 3 610 | 19.10 | 53.00 | 11.76 | 32.58 |
| Ⅱ类 | 埕北 | 1 000 | 6.25 | 62.53 | 1.13 | 11.27 |
| Ⅱ类 | 东部 | 3 431 | 7.47 | 21.77 | 2.70 | 7.87 |
| Ⅱ类 | 车镇 | 2 400 | 5.60 | 23.33 | 1.99 | 8.29 |
| Ⅱ类 | 惠民 | 5 940 | 12.03 | 20.26 | 2.50 | 4.20 |
| Ⅱ类 | 桩东 | 2 200 | 18.77 | 85.31 | 0.68 | 3.07 |
| Ⅱ类 | 板桥 | 935 | 3.71 | 39.71 | 0.70 | 7.46 |
| Ⅱ类 | 辽东 | 3 300 | 6.09 | 18.45 | 1.97 | 5.97 |
| Ⅱ类 | 霸县 | 2 600 | 3.88 | 14.93 | 1.60 | 6.15 |
| Ⅱ类 | 廊固 | 2 070 | 2.70 | 13.02 | 0.70 | 3.40 |
| Ⅲ类 | 晋县 | 680 | 1.90 | 11.15 | 0.21 | 1.20 |
| Ⅲ类 | 北塘 | 1 396 | 0.57 | 4.08 | 0.15 | 1.08 |
| Ⅲ类 | 束鹿 | 700 | 1.00 | 14.28 | 0.25 | 3.57 |
| Ⅲ类 | 深县 | 680 | 1.10 | 16.18 | 0.30 | 4.41 |
| Ⅲ类 | 潍北 | 1 360 | 1.20 | 8.80 | 0.14 | 1.03 |
| Ⅲ类 | 德州-冠县 | 2 600 | 0.52 | 2.00 | — | — |

古生界残留特征具有明显差异。整体上看，盆地内部主要包括冀中坳陷东北部和南部、黄骅坳陷、东濮凹陷、济阳坳陷、临清坳陷东部和渤中坳陷 7 个中、新生界覆盖下的石炭—二叠系煤系残留区，总残留厚度介于 0～1 300 m 之间（图 2-3）。其中，冀中坳陷东北部、黄骅坳陷中南部、东濮凹陷和临清坳陷东部地区石炭—二叠系发育完整，最大残留厚度分别为 1 300 m、1 200 m、1 100 m、900 m，有效烃源岩厚度为 200～250 m，最大超过 300 m；相比之下，济阳坳陷石炭—二叠系发育不完整，残留厚度平均为 200～600 m，有效烃源岩则呈零星分布，厚度介于 100～150 m 之间。

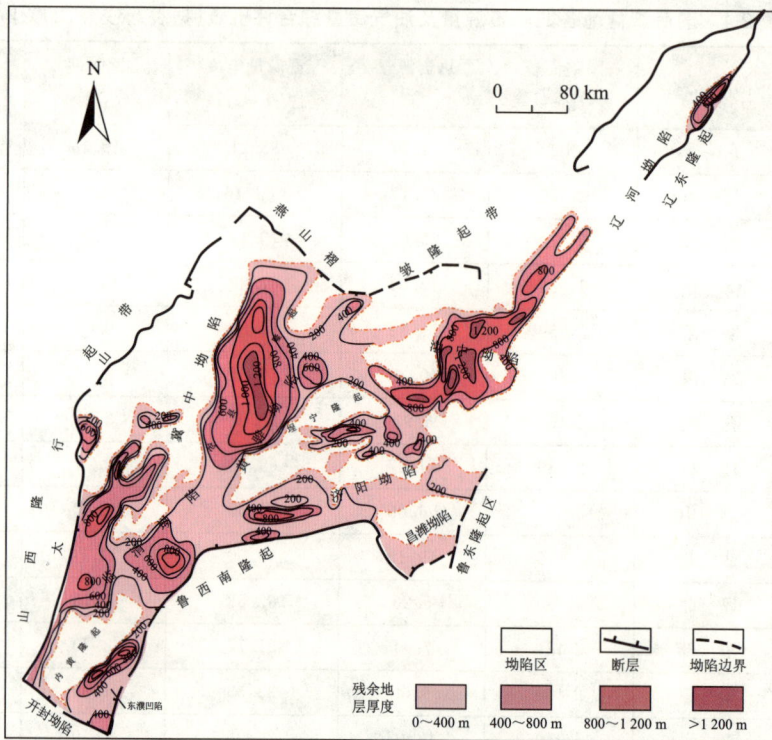

图 2-3 渤海湾盆地石炭—二叠系残余厚度分布图(据赵贤正等,2019,修改)

渤海湾盆地石炭—二叠系主要存在山西组和太原组两套烃源岩系,不同层位、不同岩性的烃源岩厚度分布呈现与总残余地层厚度大致相似的分布规律,冀中坳陷东北部及黄骅坳陷区为高值区,东濮凹陷和济阳坳陷区次之,临清坳陷和渤中坳陷一带相对较低。具体而言,太原组煤层厚度在 4~18 m 之间,暗色泥岩厚度在 20~80 m 之间;山西组煤层厚度一般为 5~20 m,暗色泥岩厚度一般为 20~100 m。整体上,暗色泥岩厚度大于煤层厚度,且山西组煤层和暗色泥岩厚度普遍大于太原组(陈世悦等,2018)。

受中、新生代差异断陷活动影响,渤海湾盆地石炭—二叠系煤系烃源岩被主干控洼断裂分割为数十个以凹陷(洼陷)为单位的"孤立、面积小"的烃源灶(图 2-4),与同属华北地台的鄂尔多斯盆地石炭—二叠系烃源岩展布特征明显不同。渤海湾盆地内石炭—二叠系烃源岩"小而散"的特殊性,可以很好地解释盆地内煤型气以中、小型煤型气田发育为主,而大型气田不发育的现象。

2) 地化特征

基于盆地内石炭—二叠系烃源岩有机碳、热解分析参数及成熟度测试数据($R_o$)等的统计,石炭系山西组、二叠系太原组为主要源岩层,烃源岩岩性组成包括煤、碳质泥岩和暗色泥岩 3 类。有机质类型以 $II_2$ 型和 III 型为主;不同坳陷之间有机质类型存在一定差异性,其中东濮凹陷、临清坳陷东部、济阳坳陷的烃源岩有机质类型以 III 型为主,冀中和黄骅坳陷的 $II_2$ 型有机质所占比例较高(图 2-5)。依据钟宁宁等(2009)对煤系烃源岩倾油气性的划分标准,整体而言,渤海湾盆地石炭—二叠系煤系烃源岩显微组分组成属于过渡型,生烃产物中油含量在 0%~20% 之间。

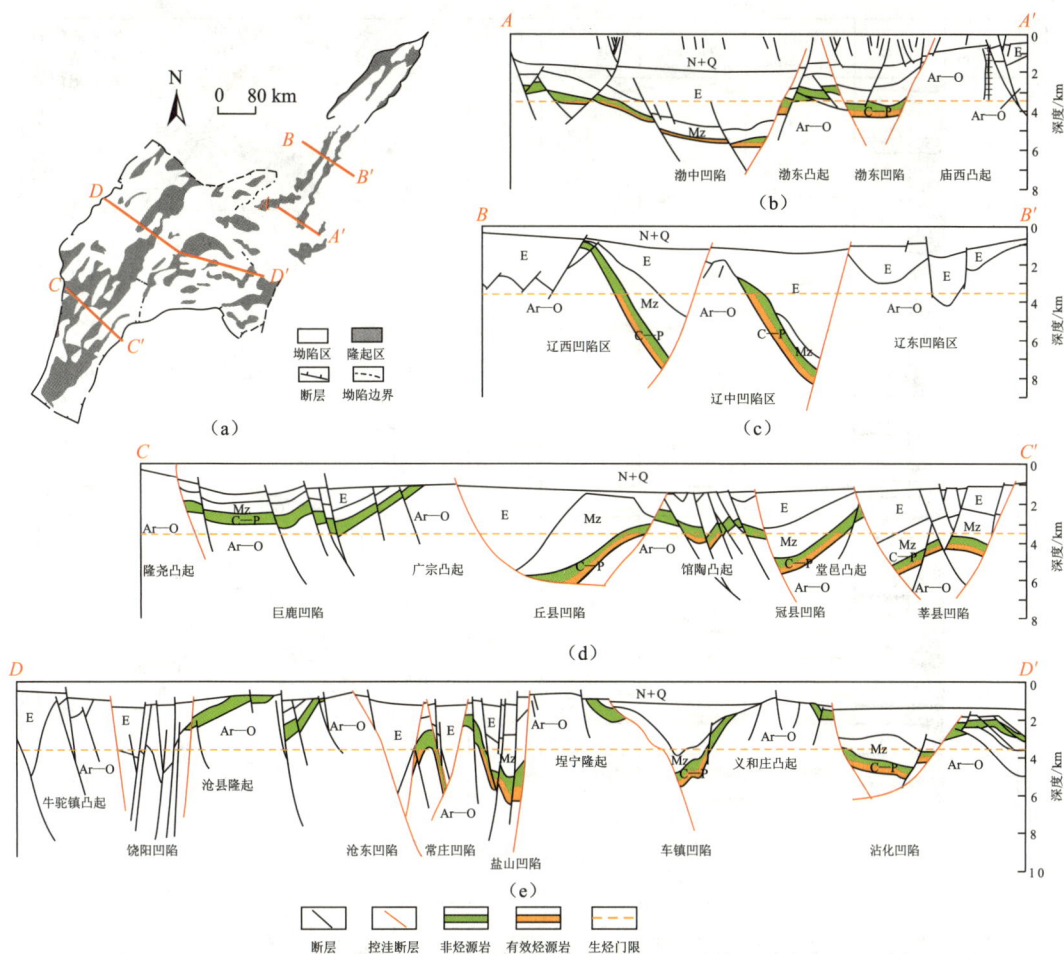

图 2-4　渤海湾盆地不同地区石炭—二叠系烃源灶发育特征示意图

有机质丰度特征及生烃潜量对比分析显示,不同坳陷间有机质丰度存在明显差异。其中,冀中、黄骅坳陷丰度最高,整体属于中等—好级别;临清坳陷次之,泥岩属于中等—好级别,而煤的生烃潜力差;济阳坳陷最差,整体处于非烃源岩—差烃源岩范畴(图 2-6)。

统计不同地区显微组分含量特征结果显示,黄骅坳陷煤岩中腐泥组和壳质组含量明显较高,平均为 10%~60%,冀中东北部地区次之,平均为 10%~20%,其他地区则平均仅在 2%~12%之间(图 2-7a~c),表明黄骅坳陷石炭—二叠系煤岩具有较好的生油潜能,冀中坳陷次之,而其他地区生油性较差。暗色泥岩显微组分含量则呈现相反的特征,临清坳陷东部和东濮凹陷泥岩中腐泥组和壳质组含量明显较高,最高约达 60%,其他地区则平均仅在 0%~15%之间(图 2-7d~f),表明临清坳陷东部和东濮凹陷石炭—二叠系泥岩具有较好的生油性能,而其他地区生油性较差。此外,东濮凹陷煤岩和碳质泥岩均具有明显较低的镜质组含量和较高的惰质组含量,其中煤岩中两者的含量平均分别为 3%~30%和 55%~90%,泥岩中分别为 5%~20%和 20%~50%(图 2-7),这可能与烃源岩层沉积时聚煤环境不同有关。前人研究指出,在成熟度相当的情况下,随镜质组含量降低和惰质组含量增加,煤系由倾油转向倾气。由此可知,东濮凹陷煤系,尤其是煤岩具有典型的倾气性。

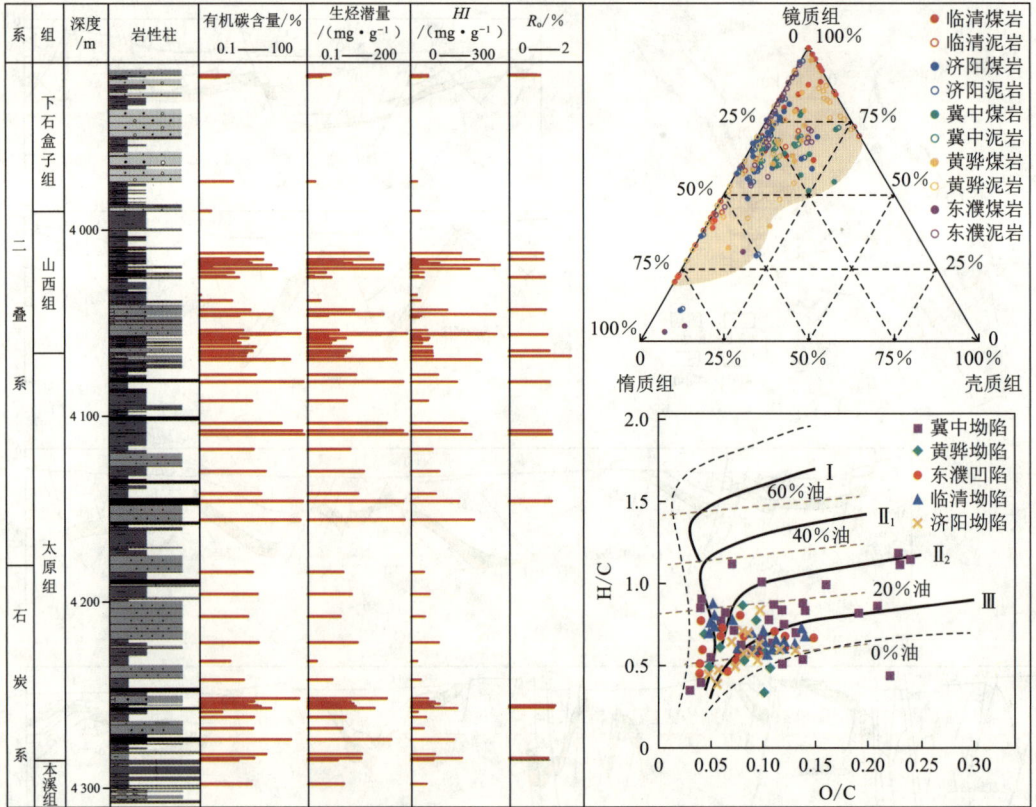

图 2-5　渤海湾盆地石炭—二叠系烃源岩地化特征

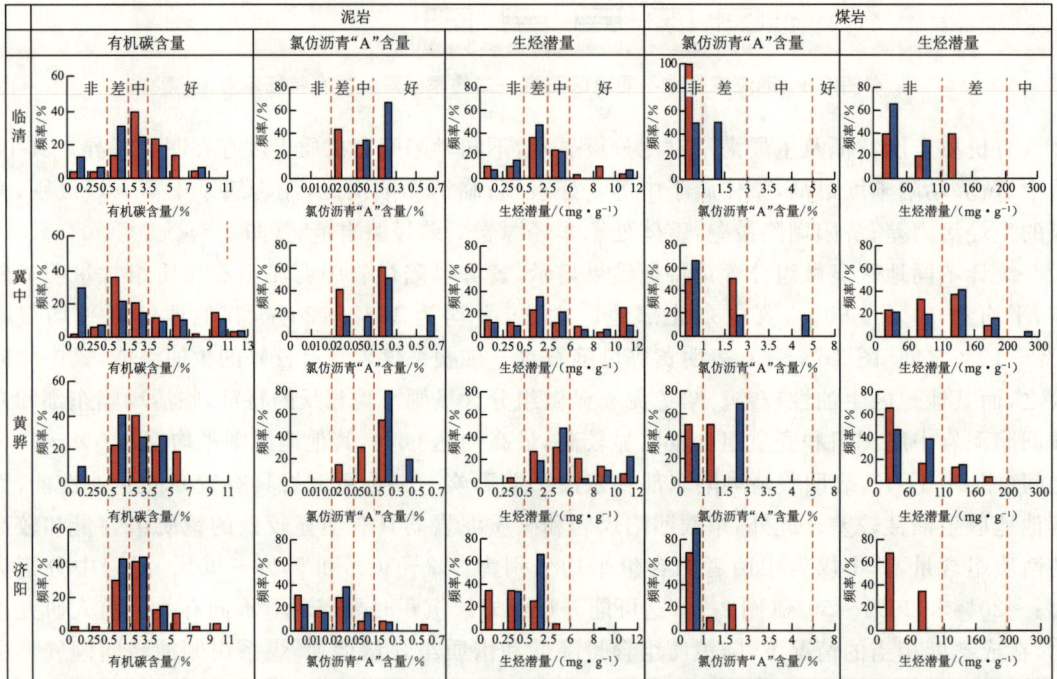

图 2-6　渤海湾盆地不同坳陷石炭—二叠系有机质丰度对比

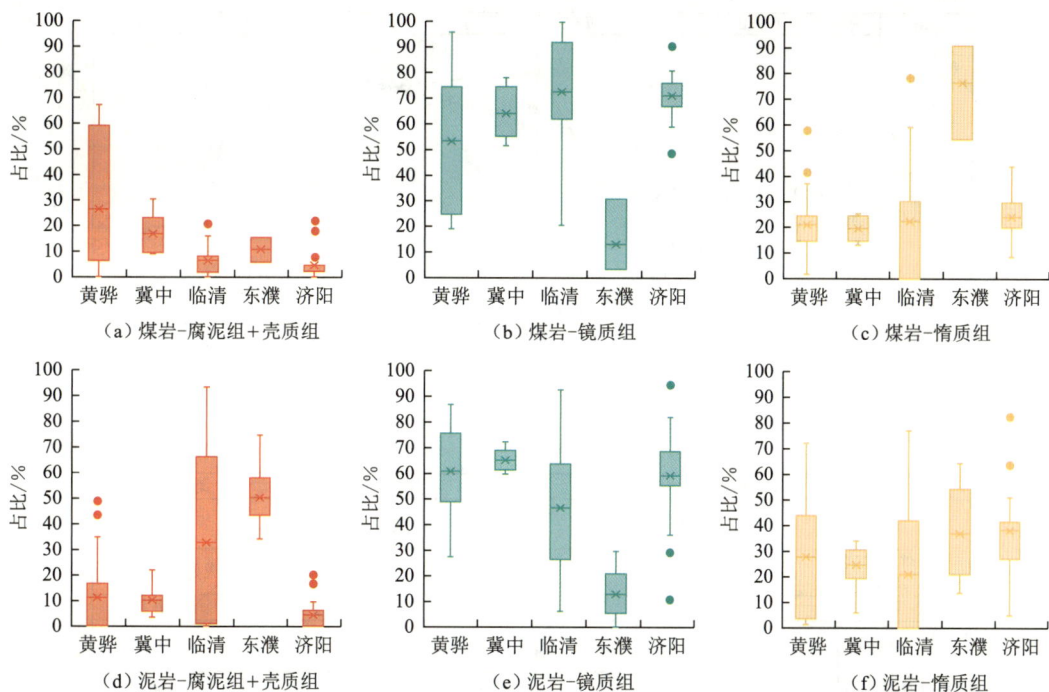

图 2-7　渤海湾盆地石炭—二叠系煤岩(a～c)和泥岩(d～f)显微组分特征

3) 热演化与生烃史特征

在多期构造演化控制作用下,盆地内石炭—二叠系源岩层主要经历印支期、燕山期和喜山期 3 次埋藏受热过程,对应 3 次潜在生烃过程(Zhu et al.,2010)。受中、新生代构造活动的影响,原始连续、广泛分布的石炭—二叠系煤系遭受严重剥蚀,并最终在差异断陷活动的作用下被分割为以凹陷为单位的大约 40 个孤立的烃源灶。此外,受差异构造演化影响,不同地区源岩埋藏热演化史特征不尽相同,导致了不同的生烃史特征(彭兆蒙等,2010)。基于前人研究成果,石炭—二叠系煤系烃源岩在印支期的热演化生烃特征在整个盆地范围内基本相似,整体表现为低成熟阶段的弱生烃过程。喜山期盆地内的所有凹陷均进入成熟—过成熟的热演化阶段,为主要生烃阶段。然而,燕山期的生烃特征在盆地内呈现明显的差异性。基于石炭—二叠系烃源岩在燕山期的主要生烃特征,渤海湾盆地内的凹陷可以被划分为 4 种类型。Ⅰ类凹陷在燕山期的埋藏特征表现为剥蚀(Ⅰ₁类)或欠补偿(Ⅰ₂类)阶段,不发生生烃过程;Ⅱ类和Ⅲ类凹陷均存在 3 次生烃过程,不同之处在于前者在燕山期表现为弱生烃而后者为强生烃特征(图 2-8)。

对全盆地 40 余个凹陷内的石炭—二叠系源岩热演化组合类型分析结果显示,冀中坳陷东北部、黄骅坳陷以及渤中—辽东湾地区以Ⅱ类凹陷为主,临清坳陷、济阳坳陷地区以Ⅲ类凹陷为主。然而,仅有少量的Ⅰ类凹陷发育,包括东濮凹陷、霸县凹陷、板桥凹陷、沧东凹陷和南堡凹陷等(图 2-9)。

## 2. 寒武—奥陶系海相碳酸盐岩烃源岩

渤海湾盆地为中、新生代陆相断陷盆地,主力烃源岩为古近系泥岩和石炭—二叠系煤系,但部分地区仍残留有有机质较丰富的下古生界碳酸盐岩烃源岩,能否提供商业性油气还存在争议。

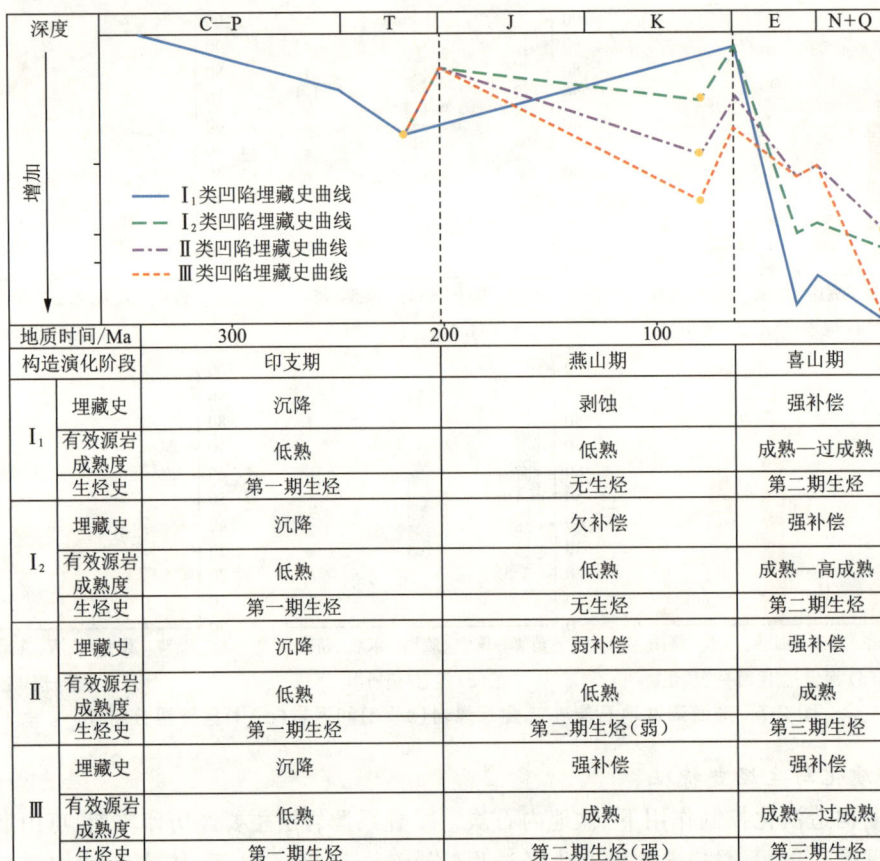

图 2-8　渤海湾盆地凹陷类型划分及烃源岩热演化生烃史特征

| 构造演化阶段 | | 印支期 | 燕山期 | 喜山期 |
|---|---|---|---|---|
| I₁ | 埋藏史 | 沉降 | 剥蚀 | 强补偿 |
| | 有效源岩成熟度 | 低熟 | 低熟 | 成熟—过成熟 |
| | 生烃史 | 第一期生烃 | 无生烃 | 第二期生烃 |
| I₂ | 埋藏史 | 沉降 | 欠补偿 | 强补偿 |
| | 有效源岩成熟度 | 低熟 | 低熟 | 成熟—高成熟 |
| | 生烃史 | 第一期生烃 | 无生烃 | 第二期生烃 |
| II | 埋藏史 | 沉降 | 弱补偿 | 强补偿 |
| | 有效源岩成熟度 | 低熟 | 低熟 | 成熟 |
| | 生烃史 | 第一期生烃 | 第二期生烃(弱) | 第三期生烃 |
| III | 埋藏史 | 沉降 | 强补偿 | 强补偿 |
| | 有效源岩成熟度 | 低熟 | 成熟 | 成熟—过成熟 |
| | 生烃史 | 第一期生烃 | 第二期生烃(强) | 第三期生烃 |

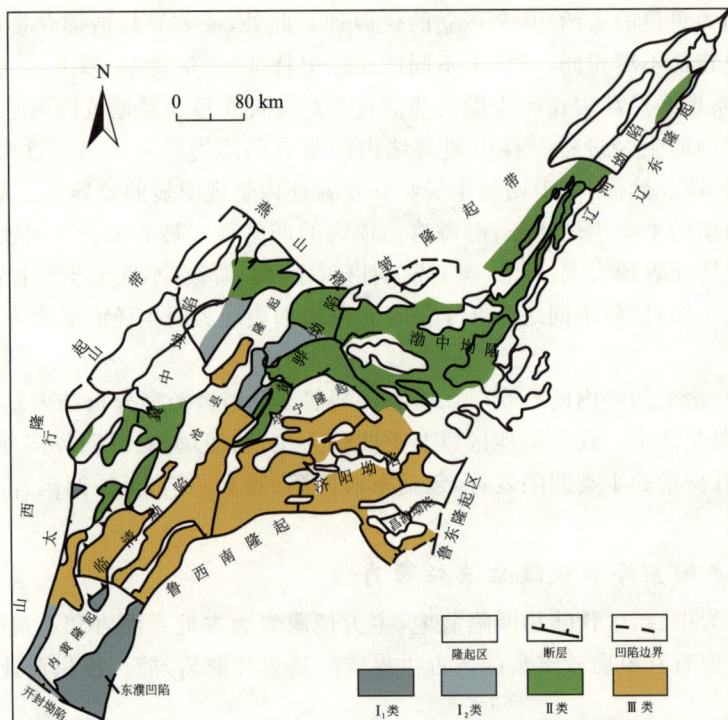

图 2-9　石炭—二叠系源岩中、新生代生烃演化组合类型平面分布图

　　奥陶系马家沟组和峰峰组是下古生界主力烃源岩层系,具有一定的生烃潜力,而寒武系府君山组、毛庄组、崮山组及凤山组仅极少数样品达到烃源岩标准。上马家沟组和峰峰组烃源岩存在两次主要的生烃期,其中燕山期为第一次生排烃期,是该烃源岩的主要生烃期和排烃期;喜山期开始二次生烃,但生烃量较小。

　　黄骅坳陷南部的南皮—孔店地区是研究区最有利的生油区,临清坳陷北部馆陶一带为较有利生油区,济阳坳陷沾化凹陷则为主要的生气区,冀中坳陷廊固—霸县一带有利于生气,其他地区为不利生烃区或非生烃区(曹代勇,2001)。

# 第二节　储集层条件

## 一、储集层系

　　对已发现的潜山油气藏的统计表明,渤海湾盆地中生界碎屑岩及火成岩、石炭—二叠系碎屑岩、下古生界碳酸盐岩、中新元古界碳酸盐岩以及太古界变质岩均有潜山油气藏的发现,但不同坳陷存在差异。辽河坳陷三大凹陷均以太古界变质岩为主要储集层系,同时东部凹陷中生界火成岩以及碎屑岩储层也较发育,西部凹陷发育少量中新元古界碳酸盐岩潜山油气藏;冀中坳陷潜山储层以中新元古界为主,尤其是蓟县系雾迷山组,是冀中坳陷最为重要的储集层系,其次为下古生界的碳酸盐岩,同时石炭—二叠系也发现有潜山油气藏;济阳坳陷和黄骅坳陷的主力储集层系均为下古生界碳酸盐岩;渤中坳陷潜山储集层系多样,太古界变质岩、中生界碎屑岩和火成岩以及下古生界碳酸盐岩中均有油气富集,但整体还是以下古生界碳酸盐岩地层中油气最为富集(图2-10)。

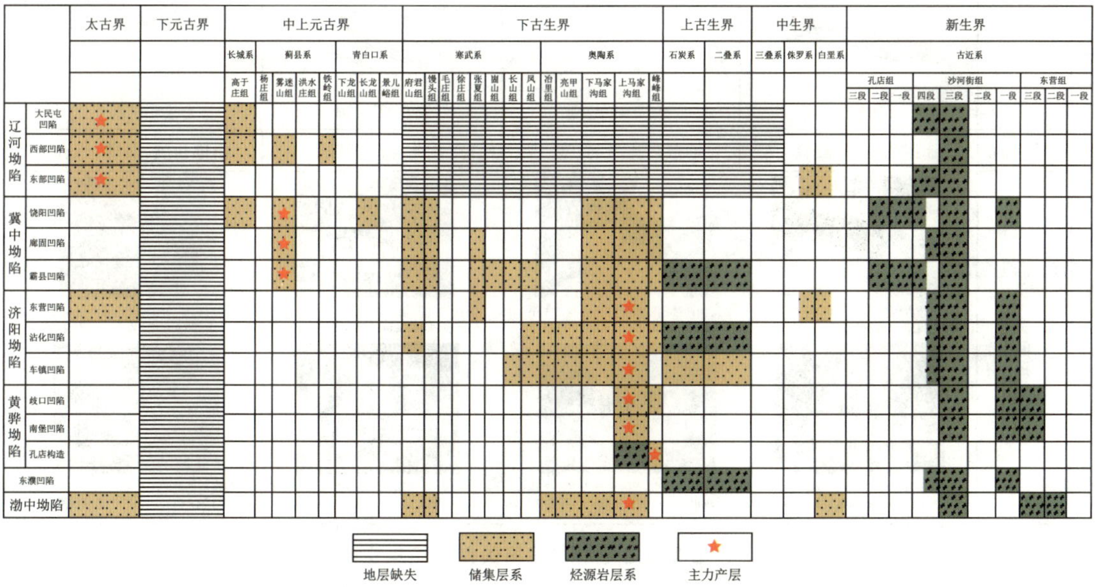

图 2-10　渤海湾盆地不同坳(凹)陷潜山储层发育层系对比图

## 二、储集层岩性及储集空间

　　潜山储集层的岩性类别多样,既有碳酸盐岩和碎屑岩,又有火成岩和变质岩(表2-2)。目前在这些岩类的潜山圈闭中均有探明储量,有的获得了较高的油气产量。

表 2-2　渤海湾盆地主要潜山油气藏储集岩类型统计表

| 凹陷(地区) | 油气藏 | 储集层层位 | 岩性 | 储集空间类型 |
|---|---|---|---|---|
| 饶阳 | 任丘 | 蓟县系雾迷山组 | 白云岩 | 溶蚀孔洞、裂缝 |
| 西部 | 兴隆台 | 太古界 | 变质岩 | 风化裂隙、构造裂缝 |
| 滩海 | 埕岛 | 下古生界 | 碳酸盐岩 | 裂缝-孔隙复合型 |
| 歧口 | 千米桥 | 下古生界 | 碳酸盐岩 | 溶蚀孔洞、裂缝 |
| 西部 | 曙光 | 中新元古界 | 碳酸盐岩 | 溶蚀孔洞、裂缝 |
| 沾化 | 孤北 | 石炭—二叠系 | 碎屑岩 | 次生孔隙 |
| 辽东湾 | Jz25-1s | 太古界 | 变质岩 | 裂缝 |
| 车镇 | 富台 | 下古生界 | 碳酸盐岩 | 裂缝、溶孔 |

不同岩性储层中的储集空间具有差异性,故其储集性能及产能差异明显。渤海湾盆地潜山油气勘探实践表明,碳酸盐岩储集性能最好,其次为变质岩及火成岩,而碎屑岩储集性能往往较差(图 2-11)。

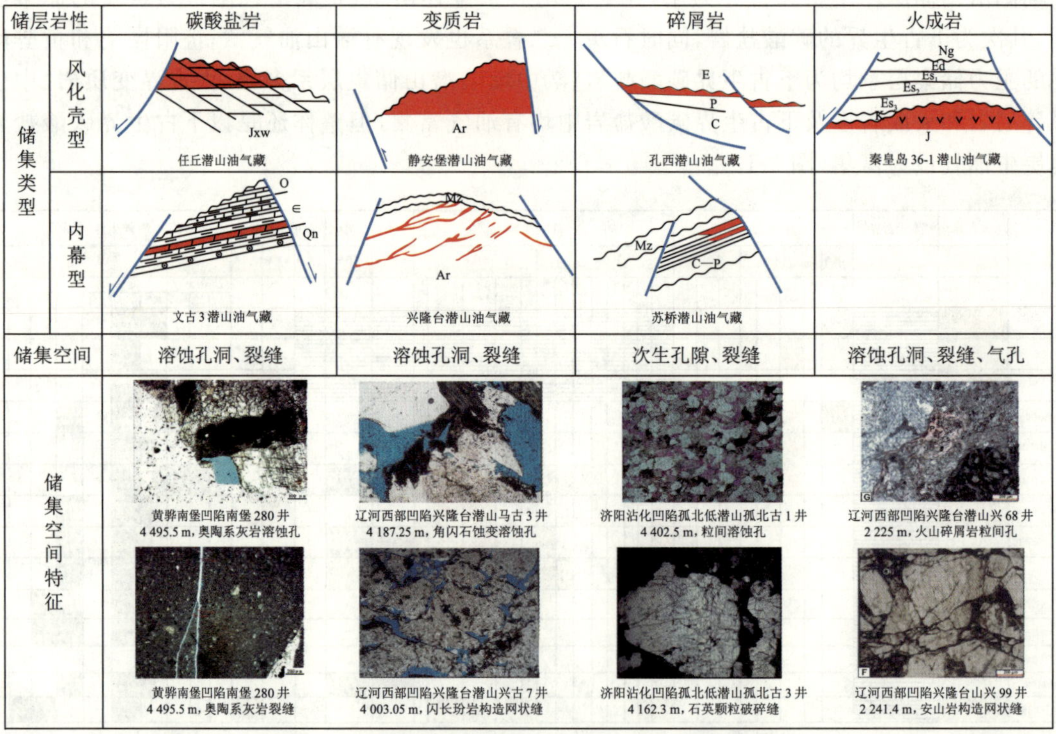

图 2-11　渤海湾盆地潜山储集类型及储集空间特征

### 1. 碳酸盐岩

碳酸盐岩储集空间具有多样性,但以溶蚀孔隙和裂缝为主,最普遍的是岩溶作用形成的次生孔隙,其孔隙的形成主要受古风化壳的淋滤作用控制,如南堡凹陷南堡 280 井在 4 495.5 m 处发育大量的溶蚀孔隙(图 2-11)。

影响碳酸盐岩储集性能的因素较多,但与新生界碎屑岩储层不同,埋深对其储集物性控制作用不明显(图2-12)。由于碳酸盐岩的主力储集空间为溶蚀孔洞,决定了其储集物性的控制因素受其自身与外在因素的共同控制,一方面受其纯度影响,另一方面则主要取决于风化淋滤改造程度(吴智勇等,2000)。

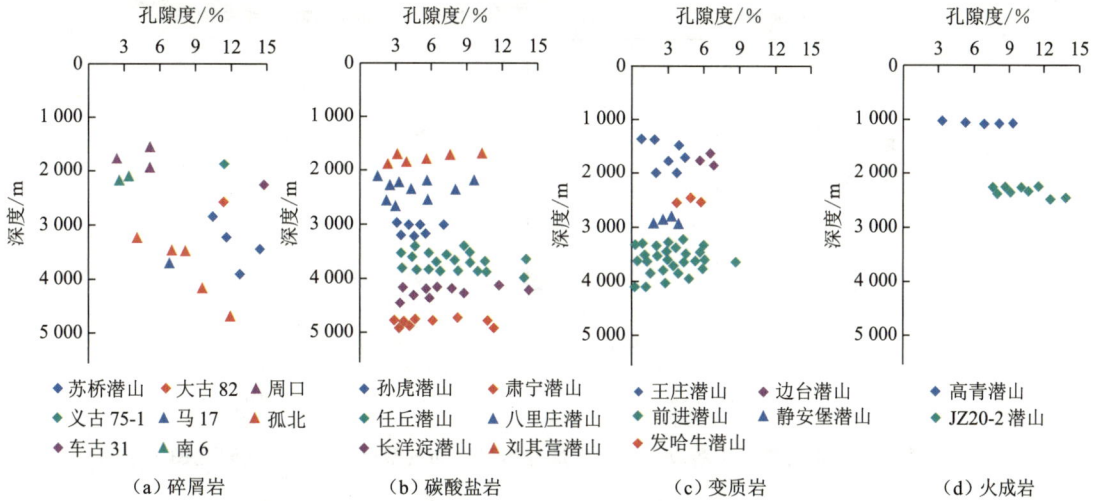

图 2-12 渤海湾盆地不同岩性潜山储层物性随深度变化图

储层改造强度主要体现在风化淋滤的时间上,风化时间越长,对储层的改造越有利,越容易形成大规模的潜山油气藏(吴伟涛等,2015)。任丘潜山、埕岛潜山以及文留潜山均为典型的洼间隆或凹间隆背景,具有多洼供烃的特点,油源条件及输导条件极为相似。任丘潜山上覆的沙河街组烃源岩层直接覆盖在下部蓟县系雾迷山组碳酸盐岩储集体之上,其间风化淋滤时间长达 1 363 Ma,形成了大面积的优质储层,在此控制下,形成了我国最大的碳酸盐岩潜山油气藏。滩海地区埕岛潜山主力储层为寒武—奥陶系碳酸盐岩,其上部被中生界覆盖,有效风化时间为 302 Ma,风化淋滤时间较任丘潜山明显变短,虽然也形成了潜山油气藏,但储量规模明显小于任丘潜山。东濮凹陷文留潜山成藏条件与前两者相似,其奥陶系被石炭—二叠系煤系覆盖,有效风化时间仅为 148 Ma,储层改造程度较弱,未能形成潜山油气藏(图2-13)。

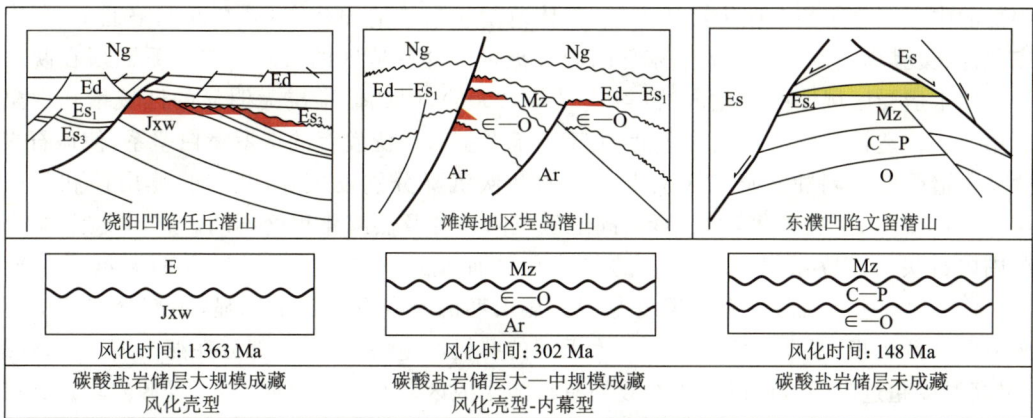

图 2-13 风化淋滤时间对碳酸盐岩潜山储层的差异性控制作用

碳酸盐岩储层的有效风化时间受构造活动差异性控制,不同坳陷地层的接触关系以及抬升剥蚀时间差异明显:辽河坳陷和冀中坳陷碳酸盐岩储层风化淋滤时间最长,约 1 400 Ma,储层改造最好,最易形成大规模的潜山油气藏;济阳、黄骅以及渤中等坳陷的碳酸盐岩潜山风化剥蚀时间短,一般集中在 100～400 Ma 之间,储层改造程度中等—差,往往形成中—小规模的潜山油气藏(图 2-14)。

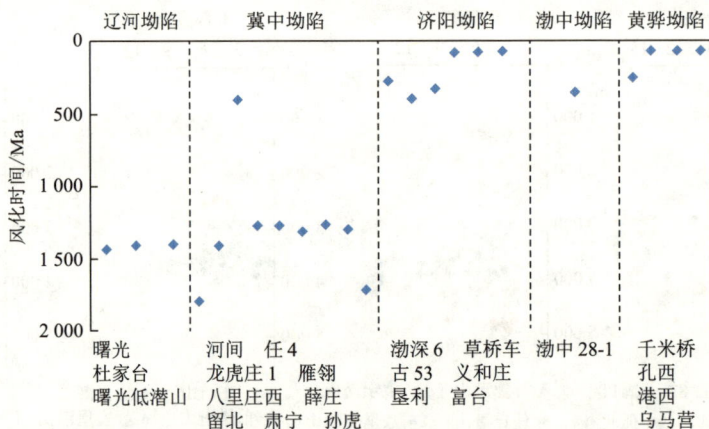

图 2-14　渤海湾盆地各坳陷典型碳酸盐岩潜山油气藏储层风化时间对比图

## 2. 碎屑岩

研究区碎屑岩潜山储集层主要发育于晚古生代海陆交互相以及中生代陆相地层中,已发现的碎屑岩潜山油气藏以上古生界为主。由于中生界和上古生界较老且普遍埋深较大,碎屑岩储层中原生孔隙发育较少,次生孔隙及裂缝为主要储集空间(远光辉等,2015)。研究发现,压实和胶结作用是碎屑岩储层的主要减孔机制,矿物溶蚀作用为储层的主要增孔机制(Yuan et al.,2017),且以长石、岩屑和碳酸盐胶结物溶解为主。上述矿物的溶蚀主要在酸性流体介质中发生,矿物溶蚀所需的酸性流体主要包括大气水、有机质热演化初期生成的有机酸(温度范围80～120 ℃),以及有机质热演化中后期的有机酸热脱羧生成的二氧化碳溶于水形成的碳酸(温度范围120～160 ℃)(Macgowan and Surdam,1990)。

渤海湾盆地上古生界经历了 2 次抬升和 3 次沉降(彭兆蒙等,2010)。对于 2 次构造抬升而言,三叠纪末期的第一次构造抬升造成石炭—二叠系的大面积剥蚀和风化淋滤,仅在现今盆地中部的中下三叠统残余区未经历剥蚀,具体范围包括临清坳陷东部、东濮凹陷北部、冀中坳陷东北部、黄骅坳陷以及辽河坳陷东部凸起等地区。这些地区的石炭—二叠系储层在晚三叠世抬升期未遭受区域性的风化淋滤(梁宏斌等,2006),因此储集层无明显的区域增孔现象发生。第二次构造抬升发生在晚白垩世,由于上部覆盖有广泛发育的侏罗—白垩系,使得石炭—二叠系未遭受明显剥蚀。研究区上古生界的 3 次沉降分别发生在印支期、燕山期和喜山期(Zhu et al.,2010;彭兆蒙等,2010),不同地区沉降幅度及热演化程度不同。在印支期,整个盆地范围内石炭—二叠系煤系烃源岩的热演化特征基本相似,烃源岩经受的温度通常低于80 ℃,尚未达到生有机酸的有效温度范围。燕山期的差异沉降特征明显,一部分在燕山期未沉降或弱补偿沉积,温度仍低于80 ℃,为无效的有机酸生成区;另一部分在燕山期达到成熟阶段,最高温度超过80 ℃,可以作为有效的有机酸生成区。对于喜山期而言,烃源岩均达到成熟至过成熟阶段(最高温度超过80 ℃),但如果燕山期的最高温度超过120 ℃,甚至超过160 ℃(有机酸热脱羧生二氧化碳的上限温度),在喜山期生有机酸及二氧化碳的能力明显较弱,酸供应能力较差。

如果以印支期、燕山期和喜山期分别代表早期、中期和晚期 3 期储层增孔期,基于酸介质供应史的组合特征,将渤海湾盆地上古生界储层分为:1—"早晚两期增孔、晚期为主"型、2—"一期增孔、晚期为主"型、3—"三期增孔、晚期为主"型、4—"中晚两期增孔、晚期为主"型、5—"三期增孔、中期为主"型以及 6—"中晚两期增孔、中期为主"型 6 类。分别选取 6 种类型储层发育的典型地区,统计储层孔隙度数据(郑和荣等,2006;靳子濠等,2018),分析结果显示,类型 3 和 4 储层物性最好,为 Ⅰ 类储层,孔隙度分布范围分别为 8.3%～14.8% 和 7.1%～12.5%;类型 5 和 6 储层物性次之,为 Ⅱ 类储层,孔隙度范围分别为 3.4%～12.3% 和 3.8%～10.9%;类型 1 和 2 储层物性最差,为 Ⅲ 类储层,孔隙度分布范围分别为 4.2%～8.1% 和 2.8%～7.0%(图 2-15)。平面上,Ⅰ 类储层主要分布于辽河坳陷、渤中坳陷、冀中坳陷南部和黄骅坳陷东部,Ⅱ 类储层主要分布于济阳坳陷和临清坳陷东部,Ⅲ 类储层主要分布于冀中坳陷中部、黄骅坳陷西部和东濮凹陷。

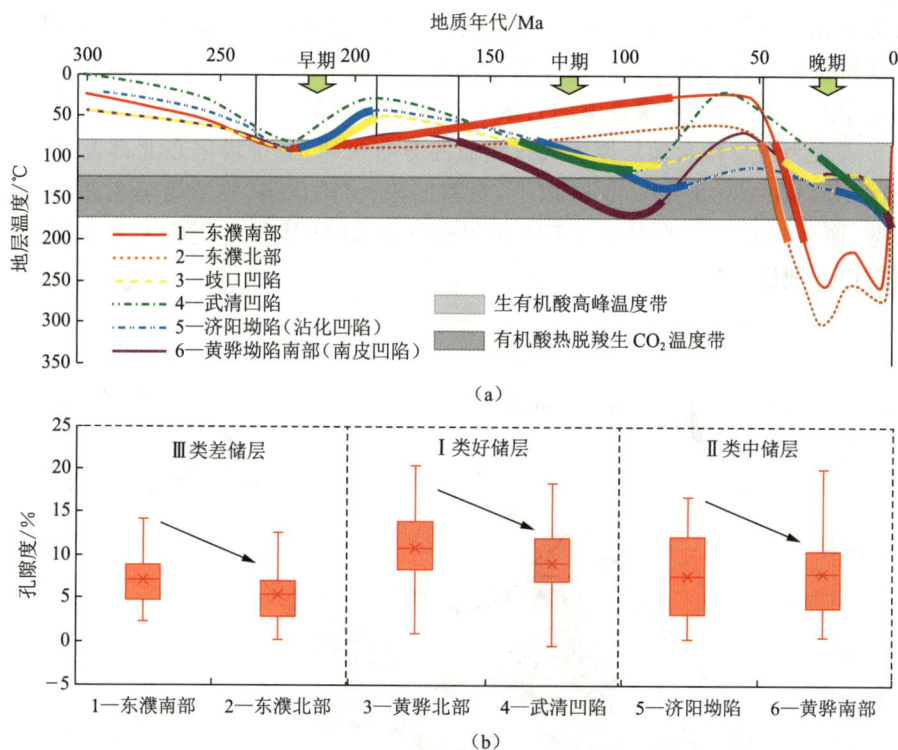

图 2-15 渤海湾盆地上古生界储层类型划分

### 3. 变质岩及火成岩

一般认为,变质岩以及火成岩等特殊岩性往往难以形成优质储层,成藏概率较低。但在近年来的勘探实践中,不断发现的变质岩及火成岩油气藏突破了这一传统认识。辽河坳陷为渤海湾盆地变质岩潜山最为发育的地区,发现了我国最大的变质岩潜山油气藏,地质储量超过 $9\,000\times10^4$ m³ 油气当量,证明变质岩可作为良好的储层(孟卫工等,2009)。火成岩潜山油气藏主要分布在辽河坳陷以及渤中坳陷。溶蚀孔洞、风化裂缝以及构造裂缝是火成岩和变质岩的主要储集空间,特别是风化裂缝和构造裂缝的发育对储层的改造作用更加明显(刘乐等,2009)。目前,在渤海湾盆地中已发现的变质岩及火成岩潜山油气藏绝大多数为裂缝型,大量的油气勘探及研究证明,裂缝系统的发育程度控制着变质岩和火成岩储集层的储集性能。

# 第三节　盖层特征

渤海湾盆地潜山油气藏上覆盖层岩石类型以泥岩为主,对占主导地位的中、古生界潜山油气藏而言,主要可分为五大套:石炭—二叠系下部泥岩盖层(本溪组—太原组)、石炭—二叠系上部泥岩盖层(上石盒子组—石千峰组)、零星分布的中生界泥岩、广泛分布的古近系泥岩及新近系泥岩。盖层对潜山油气藏的平面及纵向分布有明显的控制作用,油气多分布在盖层厚度较大的地区。石炭—二叠系泥岩盖层具备良好的封气能力,部分中生界泥岩和古近系泥岩盖层现今也已进入封气阶段。

## 一、盖层宏观特征

受构造演化分区性的影响,石炭—二叠系在盆地内的分布不完整、不连续,不同构造单元中古生界残留特征具有明显差异。渤海湾盆地内存在冀中东北部、黄骅中南部、东濮、济阳、临清东部和渤中 6 个中、新生界覆盖下的石炭—二叠系煤系残留区。石炭—二叠系下部泥岩盖层厚度分布表现为与总残余地层厚度大致相似的分布规律,冀中坳陷东北部及黄骅坳陷中南部为高值区,分别在 250 m 和 200 m 以上,东濮凹陷、济阳坳陷、临清坳陷东部和渤中坳陷一带相对较薄(图 2-16),且盆地中南部下古生界油气藏、上古生界油气藏大多分布在石炭—二叠系盖层较厚的地区。

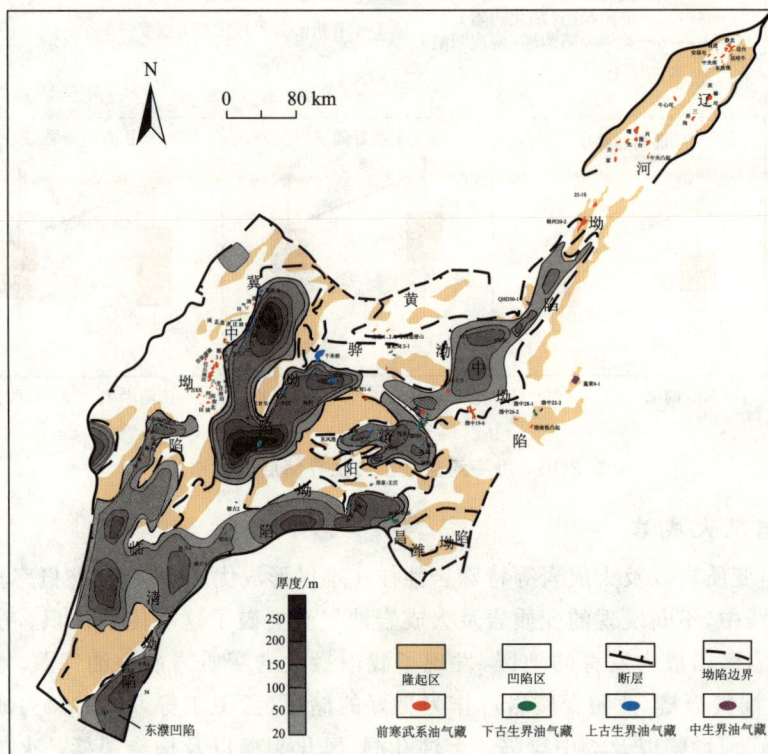

图 2-16　渤海湾盆地石炭—二叠系下部泥岩盖层厚度图

　　渤海湾盆地的雏形于中生代开始形成,受构造活动影响,火山活动强烈,地层分割性强,各地区中生界厚度差异悬殊,导致煤系泥岩及湖相泥岩盖层分布较为局限。目前发现的黄骅坳陷千米桥潜山油气藏、王官屯中生界油气藏等均以中生界泥岩为盖层。

　　古近系泥岩盖层在盆地内分布广泛,分布较厚的地区包括霸县凹陷北部、东濮凹陷、渤中坳陷中部、辽河坳陷东部和西部凹陷及大民屯凹陷、惠民凹陷等地区(图 2-17),其泥岩累积厚度可达 1 500 m 以上。在缺失石炭—二叠系盖层的地区,潜山油气藏多以古近系泥岩为盖层。

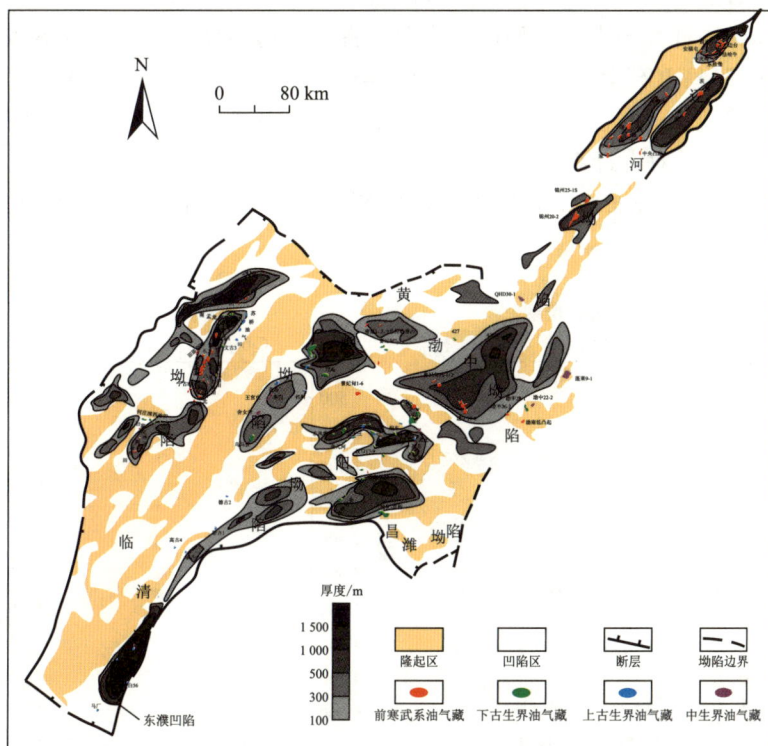

图 2-17　渤海湾盆地沙三段—东营组泥岩盖层厚度图

　　新近系泥岩盖层厚度较大的区域集中分布于渤中坳陷和辽东湾地区,现今渤海海域蓬莱9-1 中生界潜山油气藏上覆盖层为新近系馆陶组泥岩。

## 二、盖层微观特征

　　目前评价盖层的封闭能力多采用排替压力这一参数。结合油气分布及来源,将中、古生界油气藏按照来源不同进行分类,并结合相态特征,分析其上覆盖层排替压力的大小。本书综合前人统计的盖层排替压力与封闭能力的关系,认为当排替压力为 1～5 MPa 时,能封住油藏;当排替压力为 5～10 MPa 时,能封住常压气藏。

　　在连续埋深(抬升剥蚀作用较弱)情况下,泥岩排替压力与埋藏深度(泥岩孔隙度)具有较好的正相关关系,因此在研究古近系或新近系泥岩时,可根据前人统计的埋藏深度与泥岩孔隙度关系、泥岩孔隙度与排替压力关系,对其现今排替压力进行间接求取。例如现今埋深2 000 m 的泥岩,其排替压力约为 3 MPa;现今埋深 2 300 m 的泥岩,其排替压力约为 5 MPa。而对于上古生界和中生界盖层,由于其经历了较大的构造抬升运动,现今埋深与排替压力对应关系较差,可根据前人测定的排替压力或参照其埋藏史,认为抬升时期孔隙度(排替压力)变化不大,以其地质历史时期所处最大埋深对应的排替压力为现今排替压力。

石炭—二叠系煤系烃源岩来源的油气藏分布在石炭—二叠系厚度较大的地区,盖层以石炭—二叠系泥岩为主,且石炭—二叠系泥岩具有较高的排替压力,排替压力大多位于 8~11 MPa 之间(张善文等,2009),储层聚集的烃类物质现今多以气相形式存在。以石炭—二叠系煤系烃源岩与古近系湖相烃源岩为混合来源的油气藏盖层同样以石炭—二叠系泥岩为主,不同来源油气混合富集在石炭—二叠系砂岩储层中,现今多以气藏和油藏形式存在,石炭—二叠系泥岩排替压力同样大多大于 8 MPa。来源于古近系湖相烃源岩的油气藏盖层层位多样,本溪组—太原组泥岩、上石盒子组—石千峰组泥岩、中生界湖相泥岩、古近系泥岩、新近系泥岩等均可作为其上覆盖层,油气多层系分布,油气相态呈现多样,中生界泥岩排替压力大多分布于 3~10 MPa 之间;针对古近系盖层,可知其排替压力变化范围很大,排替压力<3 MPa 或>8 MPa 的盖层均有广泛分布,而新近系泥岩排替压力普遍小于 3 MPa,只能封闭油藏(图 2-18)。

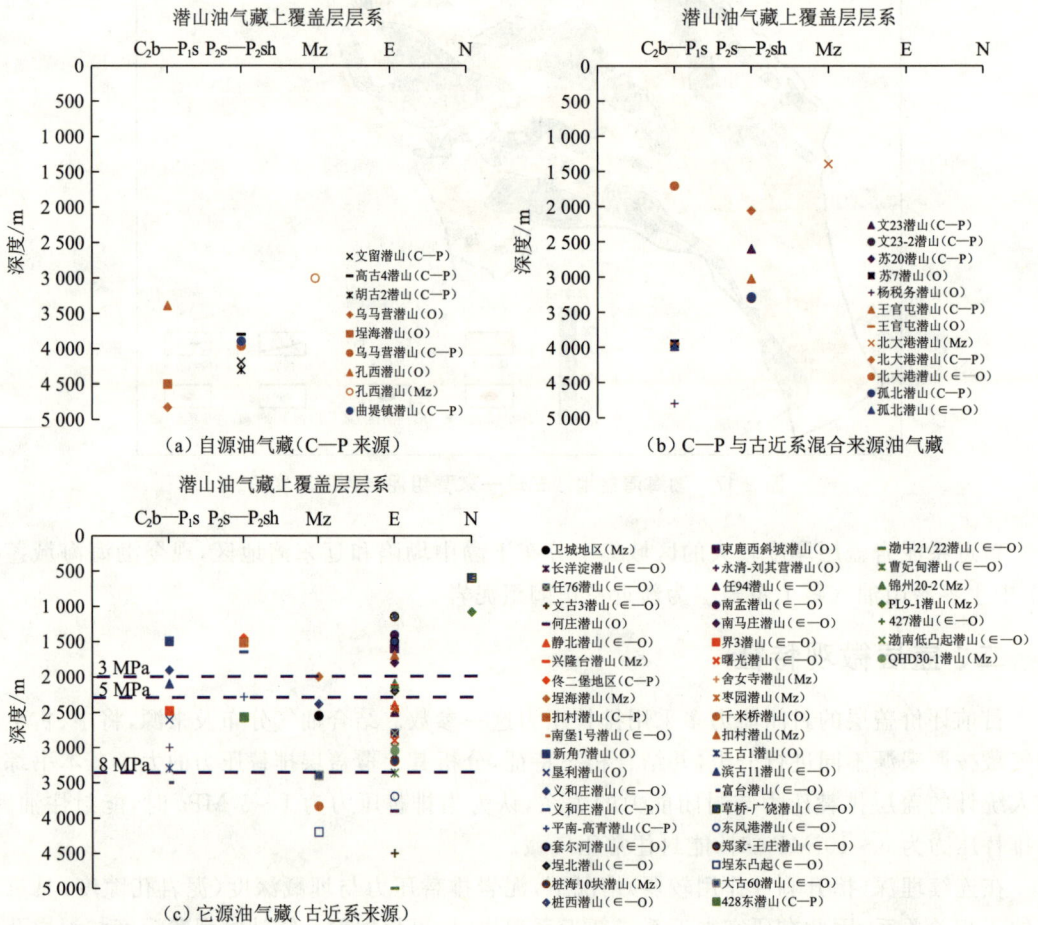

图 2-18 渤海湾盆地不同油气来源中、古生界潜山油气藏上覆盖层层系及深度统计

结合盖层宏观特征与微观特征,参照前人确定的华北地区东部盖层评价标准(张善文等,2009),对研究区中、古生界油气藏上覆盖层进行综合评价:石炭—二叠系下部泥岩盖层和石炭—二叠系上部泥岩盖层属于Ⅰ类盖层,封闭能力较强;中生界泥岩主体属于Ⅱ—Ⅰ类盖层,封闭能力中等;古近系泥岩属于Ⅲ—Ⅰ类盖层,新近系泥岩属于Ⅲ类盖层,封闭能力较差。

## 三、不同层位盖层对潜山油气藏分布的控制作用

不同坳陷潜山油藏上覆盖层层系差异明显。冀中坳陷潜山油藏盖层层位以古近系为主,少量为石炭—二叠系盖层;临清坳陷目前发现的潜山油藏以中生界泥岩盖层为主;黄骅坳陷、济阳坳陷潜山油藏盖层层位较多,石炭—二叠系盖层、中生界及古近系盖层均发育,而渤中坳陷潜山油藏盖层层位为古近系及新近系泥岩盖层(图 2-19)。

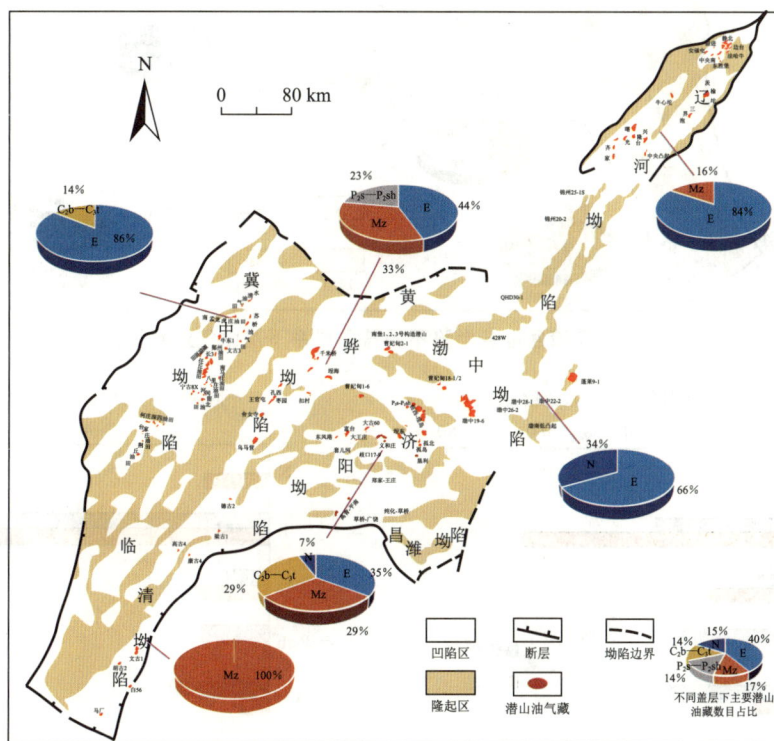

图 2-19　渤海湾盆地各坳陷不同盖层层系下潜山油藏数目占比

不同坳陷潜山气藏上覆盖层层系差异同样明显。冀中坳陷潜山气藏盖层以石炭—二叠系为主,少量为古近系盖层;临清坳陷、黄骅坳陷和济阳坳陷潜山气藏以石炭—二叠系泥岩盖层为主;而辽河坳陷和渤中坳陷潜山气藏盖层为古近系泥岩盖层(图 2-20)。

总体上,渤海湾盆地前古近系油藏多分布于古近系和中生界盖层之下,储量多集中于古近系泥岩盖层之下,其次为中生界泥岩盖层之下,而前古近系气藏多分布于古近系和石炭—二叠系泥岩盖层之下,储量同样多集中于古近系泥岩盖层之下,但中生界盖层下天然气储量较少,石炭—二叠系泥岩类盖层下天然气储量较多(图 2-21)。

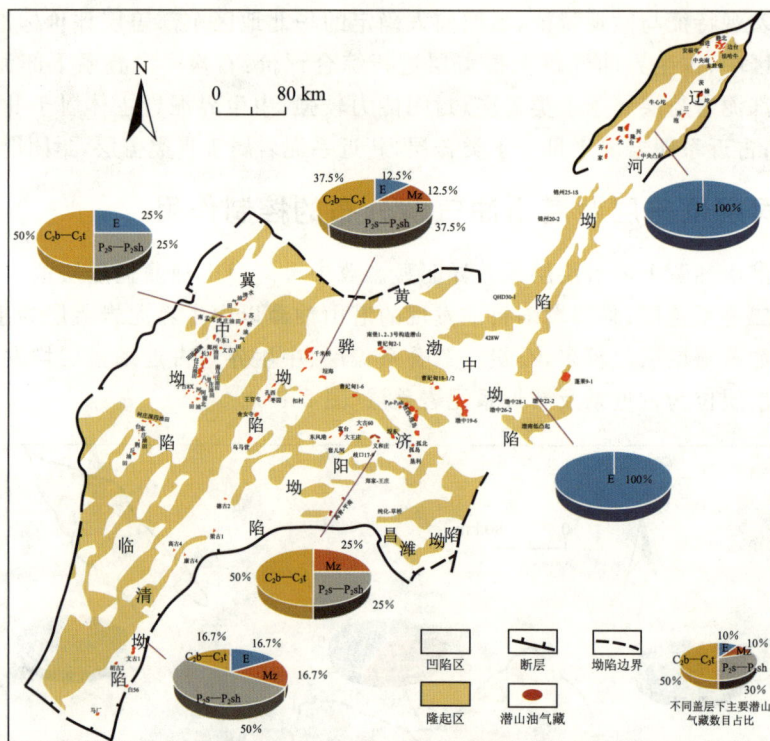

图 2-20　渤海湾盆地各坳陷不同盖层层系下潜山气藏数目占比

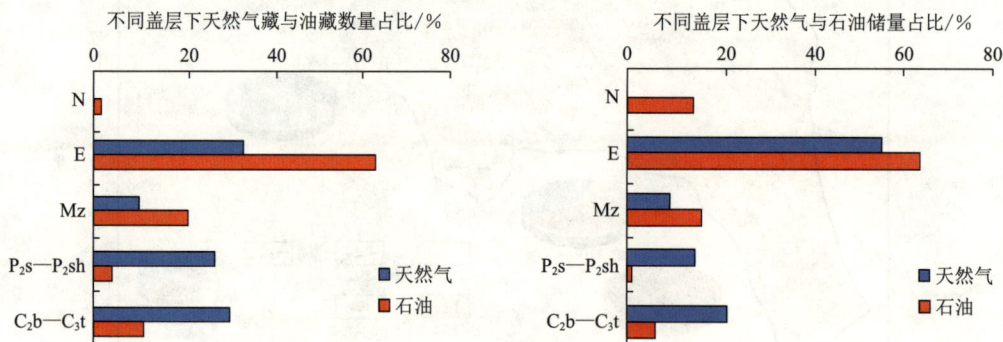

图 2-21　渤海湾盆地不同盖层下潜山油气藏数量占比及油气储量分布对比

# 第四节　储盖组合特征

　　渤海湾盆地内多套储集层和盖层相互叠置,为潜山油气聚集成藏提供了有利的储盖层及组合条件。受中、新生代差异构造演化影响,不同地区潜山油气的储、盖层发育特征存在明显差异,其中主要体现在中生界中—下三叠统、中—下侏罗统和上侏罗统—白垩系的发育特征(图 2-22)。具体而言,中—下三叠统仅在临清坳陷东部、东濮凹陷北部、冀中坳陷东北部、黄骅坳陷区以及辽河坳陷东部凸起分布;中—下侏罗统在黄骅坳陷、济阳坳陷、临清坳陷东部以及冀中坳陷北部地区残余;上侏罗统—白垩系在大部分石炭—二叠系残余区覆盖,仅在东濮凹陷和冀中坳陷东部斜坡区缺失(纪友亮等,2004)。基于此,可将渤海湾盆地潜在储盖组合分为3大类、9小类(图 2-22)。

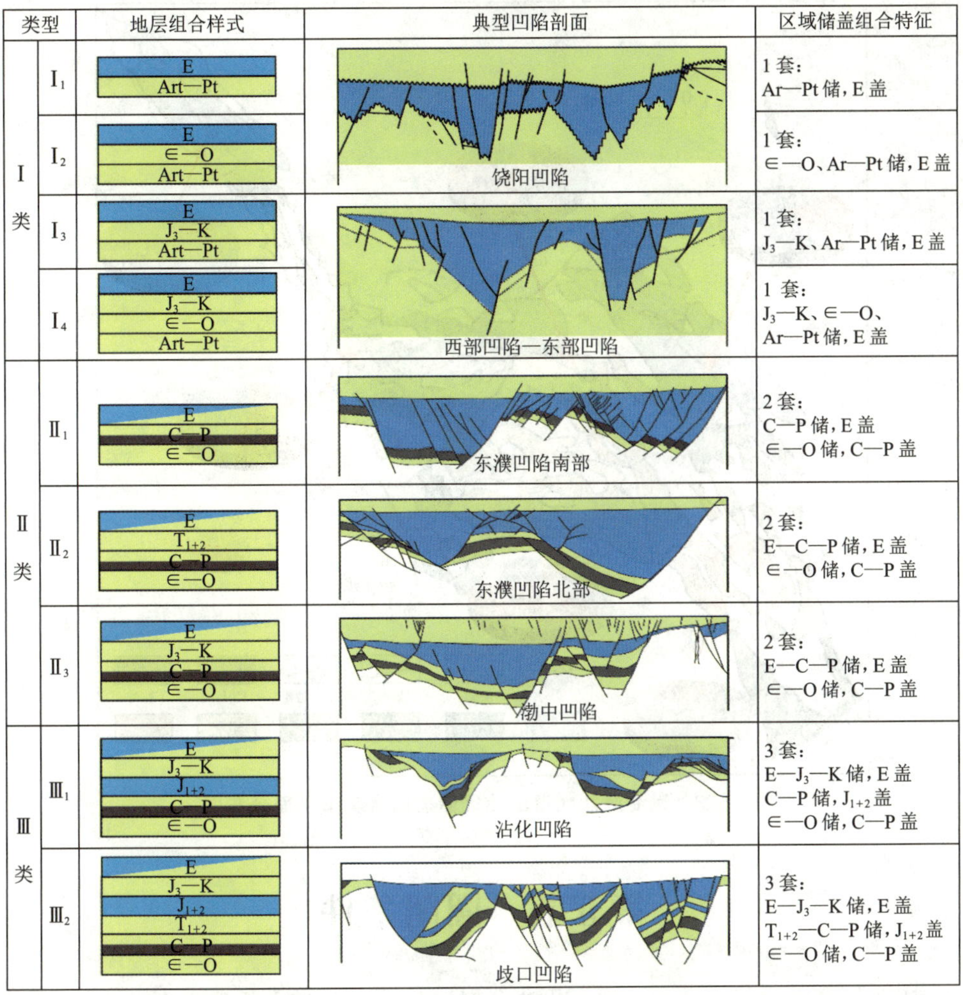

| 类型 | | 地层组合样式 | 典型凹陷剖面 | 区域储盖组合特征 |
|---|---|---|---|---|
| I 类 | I₁ | E / Art—Pt | 饶阳凹陷 | 1套：Ar—Pt储，E盖 |
| | I₂ | E / ∈—O / Art—Pt | | 1套：∈—O、Ar—Pt储，E盖 |
| | I₃ | E / J₃—K / Art—Pt | 西部凹陷—东部凹陷 | 1套：J₃—K、Ar—Pt储，E盖 |
| | I₄ | E / J₃—K / ∈—O / Art—Pt | | 1套：J₃—K、∈—O、Ar—Pt储，E盖 |
| II 类 | II₁ | E / C—P / ∈—O | 东濮凹陷南部 | 2套：C—P储，E盖；∈—O储，C—P盖 |
| | II₂ | E / T₁₊₂ / ∈—O | 东濮凹陷北部 | 2套：E—C—P储，E盖；∈—O储，C—P盖 |
| | II₃ | E / J₃—K / C—P / ∈—O | 渤中凹陷 | 2套：E—C—P储，E盖；∈—O储，C—P盖 |
| III 类 | III₁ | E / J₃—K / J₁₊₂ / C—P / ∈—O | 沾化凹陷 | 3套：E—J₃—K储，E盖；C—P储，J₁₊₂盖；∈—O储，C—P盖 |
| | III₂ | E / J₃—K / J₁₊₂ / T₁₊₂ / C—P / ∈—O | 歧口凹陷 | 3套：E—J₃—K储，E盖；T₁₊₂—C—P储，J₁₊₂盖；∈—O储，C—P盖 |

图 2-22　渤海湾盆地潜山油气储盖组合分类

　　I 类储盖组合仅发育古近系盖层，包括"太古界—元古界储，古近系盖""太古界—元古界、寒武—奥陶系储，古近系盖""太古界—元古界、寒武—奥陶系、上侏罗统—白垩系储，古近系盖"3 小类储盖组合，其中太古界至中生界均为储集层，中间不发育区域性盖层。该类储盖组合主要分布于冀中坳陷、辽河坳陷北部（图 2-22 和图 2-23）。

　　II 类储盖组合发育古近系和石炭—二叠系两套盖层，发育"石炭—二叠系储，古近系盖""中生界—石炭—二叠系储，古近系盖""寒武—奥陶系储，石炭—二叠系盖"3 类储盖组合，石炭—二叠系发育区域性盖层。该类储盖组合主要分布于辽河坳陷南部、渤中坳陷、黄骅坳陷北部和东濮凹陷等（图 2-22 和图 2-23）。

　　III 类储盖组合发育古近系、中生界和石炭—二叠系 3 套区域性盖层，发育"中生界储，古近系盖""中生界—石炭—二叠系储，中生界盖""寒武—奥陶系储，石炭—二叠系盖"等多种类型储盖组合。该类储盖组合主要分布于济阳坳陷、黄骅坳陷南部和临清坳陷北部（图 2-22 和图 2-23）。

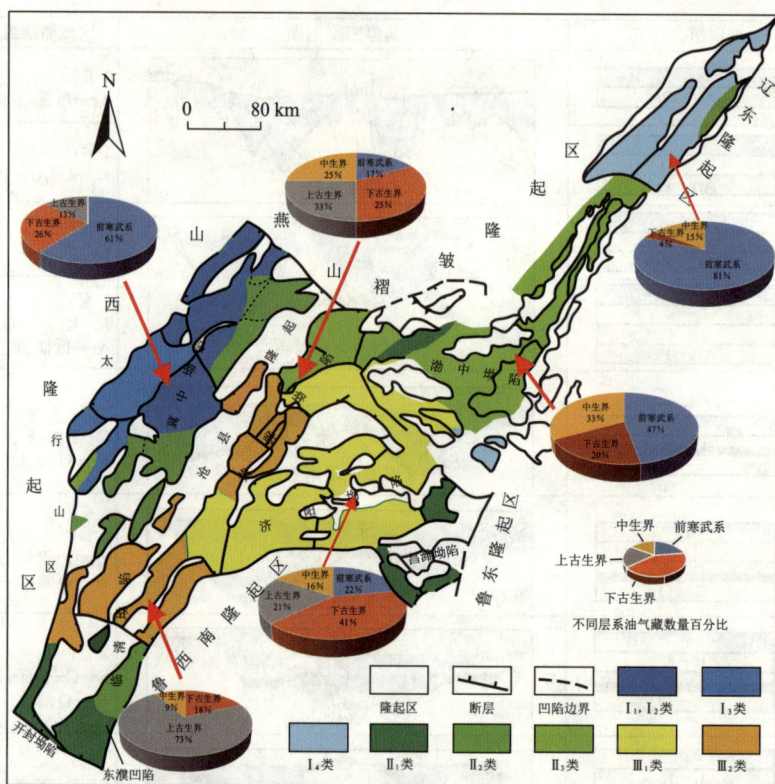

图 2-23　渤海湾盆地潜山油气储盖组合类型平面分布图

# 第五节　圈闭条件

渤海湾盆地是在中新元古代—古生代地台型沉积盖层基础上叠置发育的中、新生代陆相沉积盆地。从宏观定义而言,渤海湾盆地中、古生界圈闭类型均为潜山型,即不整合于新生界沉积盖层之下的基底基岩凸起,包括古地形凸起(残丘)和古构造被剥蚀形成的具有一定构造形态的凸起,属于地层型圈闭范畴。渤海湾盆地潜山岩性主要包含中生界和上古生界碎屑岩、下古生界和中新元古界碳酸盐岩、太古界变质岩以及发育于不同时代的火成岩。因此,除了碳酸盐岩和变质岩等构成的最典型的风化壳型潜山(可形成潜山顶块状油气藏)圈闭之外,还包括非风化壳型潜山内幕圈闭。具体而言,潜山内幕圈闭又包括简单潜山内幕圈闭和复杂内幕多层系潜山圈闭。前者指仅发育碳酸盐岩和变质岩的潜山内幕圈闭,对应储盖组合类型包括 $I_1$ 类和 $I_2$ 类;后者指包含碎屑岩与碳酸盐岩(或变质岩)同时发育的潜山内幕圈闭,对应储盖组合类型包括 $I_3$ 类、$I_4$ 类、$II$ 类和 $III$ 类。

由于渤海湾盆地断裂系统发育,部分前古近系圈闭被新生代断裂切割,形成地层-构造复合型圈闭。渤海湾盆地目前已有油气发现的前古近系圈闭众多,其中以下古生界、元古界、太古界碳酸盐岩、变质岩为储层的圈闭为主。近年来,随着中古生界勘探程度及地质认识的不断加深,以中生界、上古生界碎屑岩为储层的圈闭不断被发现。从圈闭规模来看,渤海湾盆地前古近系的圈闭规模差异悬殊,闭合面积从几平方千米到几百平方千米不等。由于渤海湾盆地为断陷盆地,断层对地层的切割和错断作用强烈,不仅加剧了圈闭类型的复杂化,还导致盆地内大面积的圈闭发育较少。但总体而言,渤海湾盆地内前古近系圈闭数目多、类型多样,圈闭形成时间早,为前古近系潜山油气藏的形成提供了有利的圈闭条件。

# 第六节 保存条件

## 一、构造运动

### 1. 抬升剥蚀作用与油气保存

渤海湾盆地在印支运动和燕山运动期间遭受了强烈的抬升剥蚀作用。在早中三叠世,研究区普遍接受了 1 000～2 500 m 的沉积,大部分地区石炭—二叠系烃源岩埋深可达 2 000 m 以上,发生一次生烃作用。但是中三叠世末的印支运动造成盆地整体抬升,剥蚀厚度可能在 1 500 m 以上,部分潜山(济阳坳陷埕岛—桩西潜山等)石炭—二叠系被完全剥蚀,古生界油气完全散失。一部分潜山残留上古生界,但是早期古生界油气藏抬升到近地表,导致油气藏被强烈破坏,现今北大港等潜山发育大量碳质沥青为古油藏被破坏的有力证据。

白垩世末期的燕山运动导致研究区整体处于隆起状态,只有部分低洼处有少量中生界碎屑岩沉积,大部分地区剥蚀厚度达 500 m 以上,局部可达 2 000 m。同样,部分煤系烃源岩在晚侏罗世—早白垩世经历了二次生烃作用,形成的油气藏由于白垩世末期的构造抬升被破坏,现今乌马营等潜山储层中的碳质沥青和沥青质沥青为古油藏被破坏的有力证据(周立宏等,2019)(图 2-24)。

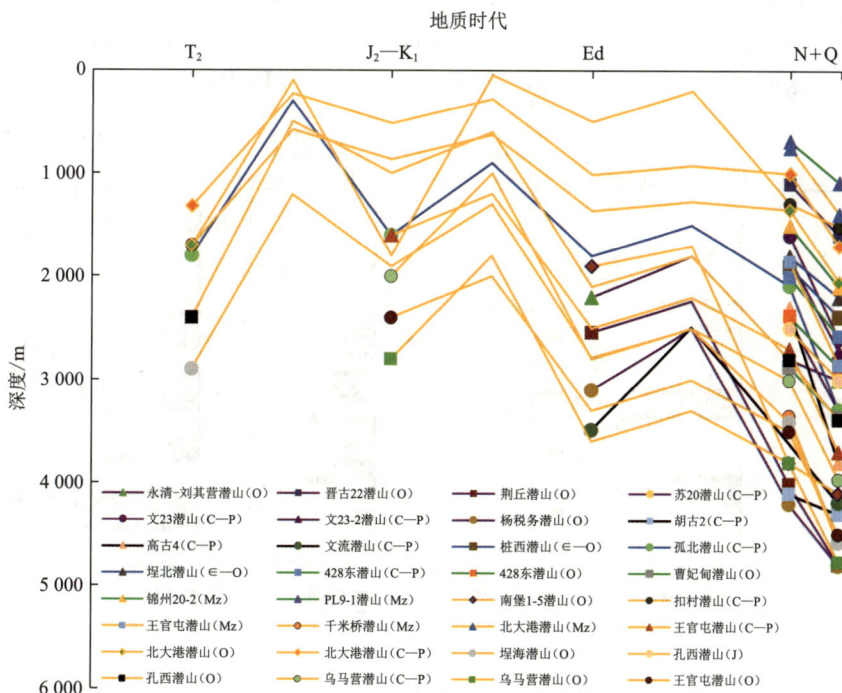

图 2-24 渤海湾盆地中、古生界潜山油气藏不同时期埋深变化图(节点表示成藏期)

古近纪以来,潜山埋深逐渐增加,大部分潜山油气藏受水洗氧化作用较弱,只有少数潜山油气藏埋深较浅,遭受了生物降解氧化作用(王军等,2017)。

## 2. 断裂作用与油气保存

现今渤海湾盆地发育 4 条走滑断裂带,分别是营口-潍坊走滑断裂带、黄骅-东濮走滑断裂带、霸县-汤阴走滑断裂带及北京-蓬莱走滑断裂带,其共同控制着新生代渤海湾盆地的构造格架。根据滕长宇等(2014)的研究,可以将渤海湾盆地划分为南部剪切构造区、北部剪切构造区及中部转换拉张构造区;不同构造区的应力场环境不同,导致新近纪以来断层活动差异性大。

潜山油气藏形成之后,需要有稳定的保存条件,才可以在后期得到有效的保存。渤海湾盆地前古近系潜山多属于翘倾断块潜山,油气圈闭大部分为断层与盖层联合形成(图 2-25),一般认为若盖层被断裂破坏,圈闭封油气能力取决于断层封闭性。结合渤海湾盆地潜山油气藏普遍具有晚期成藏的特点,通过统计各坳陷主要控山断层活动性,对其后期保存条件进行探讨。

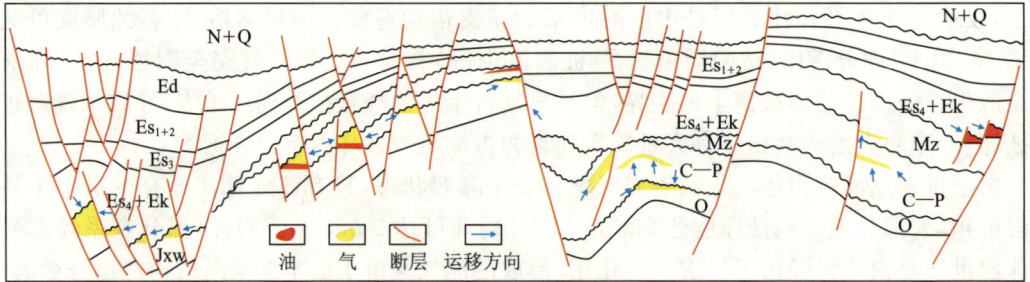

图 2-25 渤海湾盆地潜山油气藏发育模式图

位于中部转换拉张构造区处的渤中坳陷及邻区黄骅坳陷部分主干断层在新近纪以来活动性最强,对深部油气的保存较为不利。临清坳陷、冀中坳陷及辽河坳陷等远离渤中坳陷的盆缘坳陷新近纪以来断层活动性减弱,对深部层系油气的保存有利(图 2-26)。

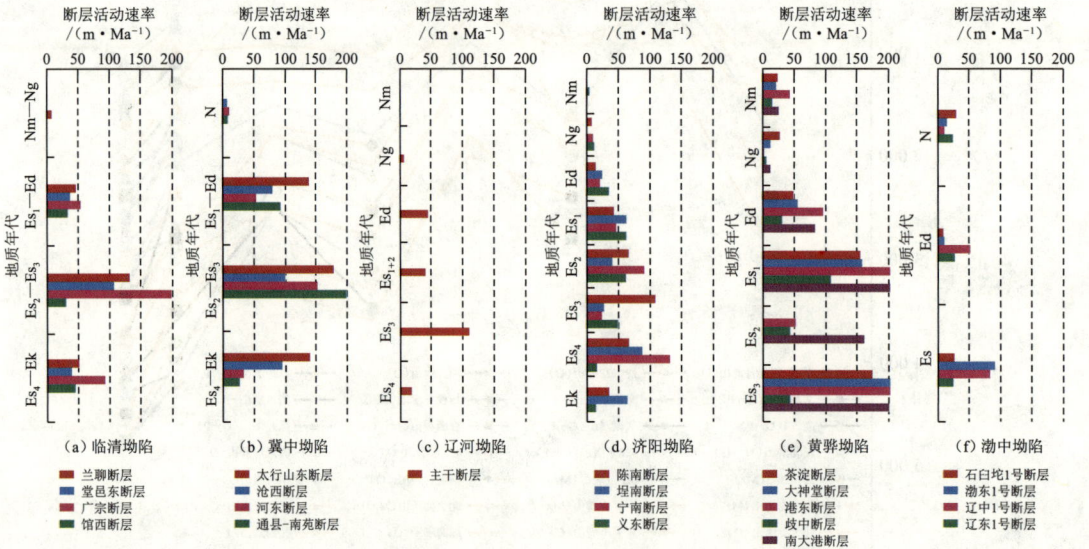

图 2-26 渤海湾盆地各坳陷主要断层的活动性对比图

## 二、地层水化学特征

在含油气盆地中,地层水作为油气运移的载体,与岩石、油气之间存在着物质和能量交换,水文地质地球化学条件是油气藏保存好坏的综合体现。研究地层水化学特征,对于研究油气保存条件、划分油气成藏有利区带具有重要意义。

矿化度（TDS）与地层水动力条件密切相关。一般认为封闭性好、水交替缓慢的还原环境中的油田水矿化度较高。在渗入水补给的水交替良好的地区，矿化度明显降低。根据地层水矿化度分类标准，将其分为 5 类（楼章华等，2011）：淡水（$TDS < 1$ g/L）、微咸水（$TDS$ 为 $1\sim3$ g/L）、咸水（$TDS$ 为 $3\sim10$ g/L）、盐水（$TDS$ 为 $10\sim50$ g/L）以及卤水（$TDS > 50$ g/L）。渤海湾盆地中、古生界潜山地层水矿化度主要介于咸水—盐水范围内，说明潜山流体系统水动力整体较弱，潜山油气藏现今保存条件较好。地层水矿化度资料显示，新生界地层水矿化度较低，平均为 4 g/L。中、古生界潜山油气藏 3 500 m 以上的地层水矿化度明显低于该临界值，反映有新生界地层水的混入，而 3 500 m 以下的地层水矿化度明显较高，以深部地层水为主（图 2-27）。

渤海湾盆地中、古生界地层水类型包括 $CaCl_2$ 型、$MgCl_2$ 型、$Na_2SO_4$ 型和 $NaHCO_3$ 型，并以 $CaCl_2$ 型为主，$NaHCO_3$ 型次之（图 2-28），表明现今研究区油气藏保存条件相对较好。

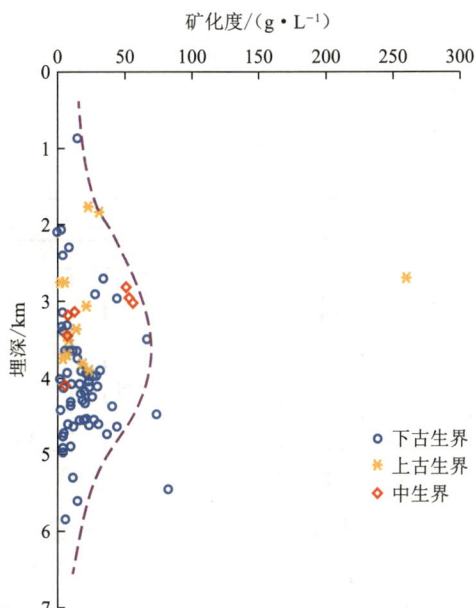

图 2-27　渤海湾盆地中、古生界潜山油气藏地层水矿化度纵向分布图

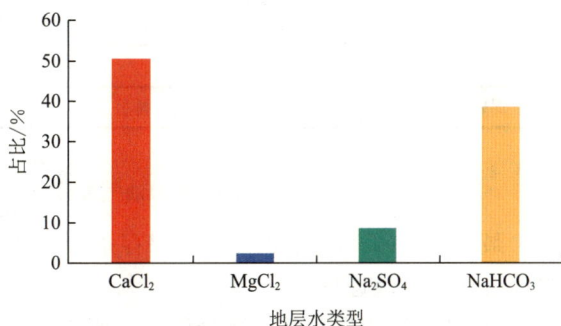

图 2-28　渤海湾盆地中、古生界潜山油气藏地层水类型分布频率图

渤海湾盆地中、古生界潜山在经历早期油气充注后，后期（中三叠世末期或白垩世末期）遭受了较大规模的构造抬升运动，油气藏抬升到近地表，盖层遭到不同程度的剥蚀，保存条件较差，使得早期聚集的油气散失严重；进入新近纪，潜山埋深不断加大，现今发现的中、古生界潜山油气藏上覆石炭—二叠系盖层均具有较好的封气能力，中生界泥岩和古近系泥岩盖层部分也进入封气阶段，但是由于潜山多属于翘倾断块潜山，断层破坏了盖层完整性。而晚期油气充注以来，只有渤中坳陷及邻区黄骅坳陷部分断层活动速率相对较大，不利于油气在深部潜山聚集，因此盆缘坳陷潜山油气藏保存条件比盆地中部坳陷保存条件要好，但是根据地层水性质来看，现今潜山油气藏保存条件总体上较好。

## 三、潜山油气藏保存条件评价

### 1. 评价方法

在对典型中、古生界潜山油气藏保存条件研究的基础上，选取泥岩累积厚度、泥地比、排替压力、压力系数、盖层抬升剥蚀程度、断层封闭性、地层水型及矿化度 8 个参数,结合具体特征将其分为好、较好、中等、差 4 等,赋予相应的权值(表 2-3),再根据各评价参数对应的权重系数进行分配(图 2-29)。

表 2-3　潜山油气藏保存参数等级划分及权值

| 等级评价及权值 | 盖层封闭能力 | | | | 构造作用 | | 地层水条件 | |
|---|---|---|---|---|---|---|---|---|
| | 宏观封闭能力 | | 微观封闭能力 | | | | | |
| | 泥岩累积厚度/m | 泥地比/% | 排替压力/MPa | 压力系数 | 盖层抬升剥蚀程度 | 断层封闭性 | 地层水型 | 矿化度/(g·L⁻¹) |
| 好(4) | >300 | >75 | >5 | >1.5 | 基本无剥蚀 | 强封闭 | $CaCl_2$型 | >3 |
| 较好(3) | 150~300 | 50~75 | 3~5 | 1.3~1.5 | 少部分剥蚀 | 弱封闭 | $NaHCO_3$型 | 1~3 |
| 中等(2) | 50~150 | 25~50 | 1~3 | 1.0~1.3 | 大部分剥蚀 | 半封闭 | $Na_2SO_4$型 | 0.5~1 |
| 差(1) | <50 | <25 | <1 | <1.0 | 基本剥蚀 | 不封闭 | $Na_2SO_4$型 | <0.5 |

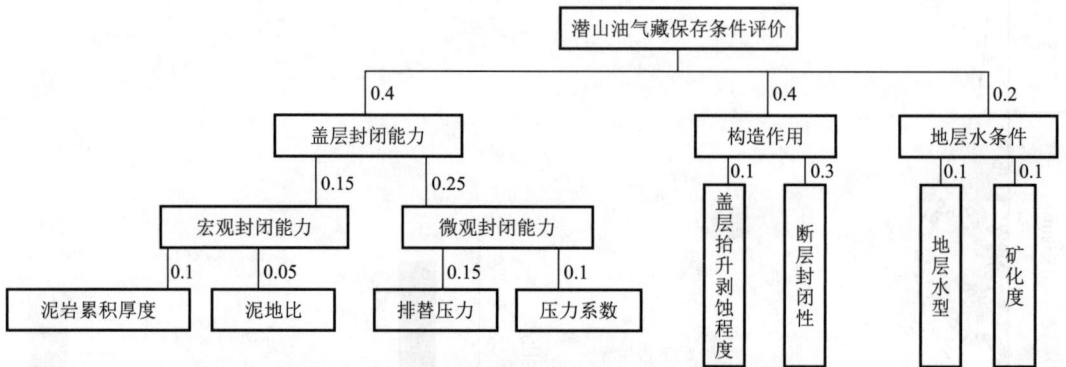

图 2-29　潜山油气藏泥质岩盖层各评价参数权重系数

最后由式(2-1)对潜山油气藏保存条件综合评价权值进行计算,并依据潜山油气藏保存条件综合评价等级进行划分,探讨保存条件的好坏:当保存条件综合评价权值大于 3 时,保存条件评价为"好";当保存条件综合评价权值介于 2~3 之间时,保存条件评价为"中等";当保存条件综合评价权值小于 2 时,保存条件评价为"差"。

$$S = \sum_{i=1}^{n} A_i B_i \tag{2-1}$$

式中,S 为潜山油气藏保存条件综合评价权值;$A_i$ 为依据具体特征赋予的第 i 个参数权值;$B_i$ 为第 i 个参数对应的权重系数。

需要说明的是,渤海湾盆地部分中、古生界潜山多数经历了多期成藏,但是早期油气充注对现今油气藏贡献有限,因此潜山油气以晚期充注为主。在进行保存条件评价时,应注重各个参数在主成藏期及其以后的变化。以断层封闭性为例,强封闭代表主成藏期以来断层岩排替压力超过 5 MPa;弱封闭代表主成藏期以来断层岩排替压力介于 1~5 MPa 之间;半封闭代表主成藏期以来断层活动速率为 10~25 m/Ma,断层对油气具有半封闭半输导作用;不封闭代表主成藏期以来断层活动速率大于 25 m/Ma,断层主要起输导油气作用。

## 2. 结果分析

依据潜山油气藏保存条件评价方法,选取不同坳陷中、古生界潜山油气藏进行评价赋分:

黄骅坳陷王官屯二叠系和中生界油气藏、乌马营奥陶系气藏和辽河坳陷兴隆台中生界油藏保
存条件评价为好；北大港奥陶系油气藏和冀中坳陷杨税务奥陶系气藏保存条件评价为中等（表
2-4）。

表 2-4　不同潜山油气藏保存条件综合评价赋分情况

| 参　数 | 潜山油气藏名称 | | | | | |
|---|---|---|---|---|---|---|
| | 杨税务<br>奥陶系气藏 | 王官屯<br>二叠系油气藏 | 王官屯<br>中生界油气藏 | 乌马营<br>奥陶系气藏 | 北大港<br>奥陶系气藏 | 兴隆台<br>中生界油藏 |
| 泥岩累积厚度 | 3.5 | 4.0 | 4.0 | 1.0 | 1.5 | 4.0 |
| 泥地比 | 3.5 | 2.0 | 4.0 | 3.0 | 3.5 | 3.5 |
| 排替压力 | 4.0 | 4.0 | 2.0 | 4.0 | 3.0 | 4.0 |
| 压力系数 | 2.0 | 3.0 | 2.0 | 4.0 | 2.0 | 3.5 |
| 盖层抬升剥蚀程度 | 4.0 | 4.0 | 4.0 | 4.0 | 4.0 | 4.0 |
| 断层封闭性 | 1.0 | 3.5 | 3.0 | 4.0 | 2.5 | 4.0 |
| 地层水型 | 4.0 | 3.0 | 3.5 | 4.0 | 3.5 | 3.0 |
| 矿化度 | 4.0 | 3.0 | 3.5 | 4.0 | 3.5 | 4.0 |
| 保存条件<br>综合评价权值 | 2.8 | 3.5 | 3.1 | 3.7 | 2.8 | 3.8 |

# 第三章　二连盆地潜山油气藏形成条件

二连盆地是在内蒙古-大兴安岭海西褶皱带基底上发育起来的中、新生代断陷沉积盆地，可划分为 5 个坳陷和 1 个隆起，分别为马尼特坳陷、乌兰察布坳陷、川井坳陷、乌尼特坳陷、腾格尔坳陷和苏尼特隆起。二连盆地基底演化经历了志留—泥盆纪(加里东期)洋盆发育、泥盆—二叠纪(海西期)蒙南地区隆起、晚石炭—晚二叠世(海西期)古亚洲洋兴-蒙海槽开始发育至最终闭合、晚二叠—早三叠世(印支早期)盆地统一基底形成、晚三叠世—白垩纪(晚印支—燕山期)统一盆地发育阶段、新生代以来(喜山期)的开阔内陆盆地 6 个阶段(张以明等,2019)。

在多期区域构造运动的背景下,二连盆地主要发育古生代、中生代和新生代地层,其中中生界自下而上依次发育侏罗系的阿拉坦合力群和兴安岭群,白垩系的阿尔善组、腾格尔组、赛汉组和二连组,多套地层纵向上相互叠置,组成了有利的潜山生储盖组合。本章从烃源岩、储集层、盖层、储盖组合、圈闭等成藏要素对二连盆地潜山油气成藏条件进行整体分析,为进一步开展不同凹陷典型潜山油气藏的形成机理解剖奠定基础。

# 第一节　烃源岩条件

## 一、烃源岩分布特征

乌兰花凹陷腾一段泥岩厚度在 100～900 m 之间,沉积中心为南洼槽和北洼槽,其中南洼槽泥岩厚度为 700～900 m,北洼槽泥岩厚度为 600～800 m;泥岩厚度由洼陷中心向两侧构造带逐渐减小,红井构造带南部和土牧尔构造带北部泥岩厚度相对较小。阿尔善组泥岩厚度在 100～500 m 之间,较腾一段厚度小,泥岩以南洼槽西北部为沉积中心发育,厚度在 300～500 m 之间,向凹陷边缘泥岩厚度逐渐减小,呈现出中间厚、边缘薄的趋势。如图 3-1 所示。

额仁淖尔凹陷腾一段泥岩厚度在 100～400 m 之间,沉积中心为淖东洼槽北部,厚度可达 300 m,泥岩厚度从沉积中心向凹陷边缘呈现出逐渐减薄的趋势。阿尔善组泥岩厚度在 100～400 m 之间,以淖东洼槽为沉积中心,厚度为 200～400 m,向淖西洼槽先减薄后逐渐增厚;西部以淖西断鼻带为沉积中心,厚度最厚;包尔断裂潜山构造带与巴润断裂背斜潜山带泥岩厚度较小,小于 200 m。如图 3-2 所示。

阿南凹陷腾一段泥岩厚度在 100～500 m 之间,以善南洼陷为沉积中心,厚度可达 500 m,泥岩厚度由善南洼陷向四周的构造带逐渐减小;阿北凹陷沉积中心位于凹陷西北部,厚度范围为 200～500 m。阿尔善组泥岩厚度为 100～400 m,沉积中心位于善南洼陷和哈东洼陷,厚度可达 400 m,由洼陷向阿南斜坡和阿尔善背斜,泥岩厚度逐渐减小;阿北凹陷泥岩厚度相对较小,仅为 100～200 m。如图 3-3 所示。

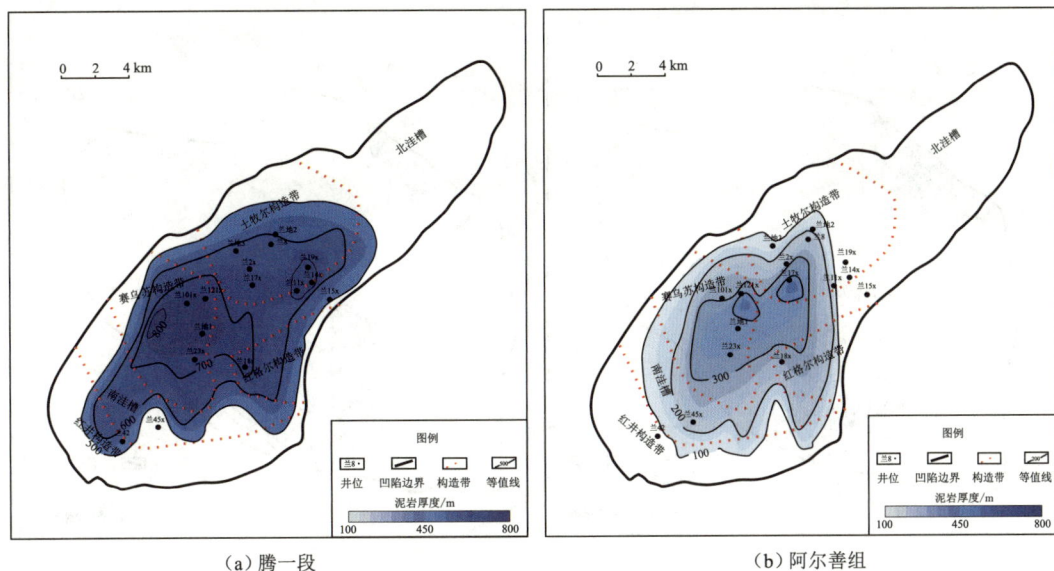

（a）腾一段　　　　　　　　　　　　　　（b）阿尔善组

图 3-1　乌兰花凹陷不同层位暗色泥岩厚度图

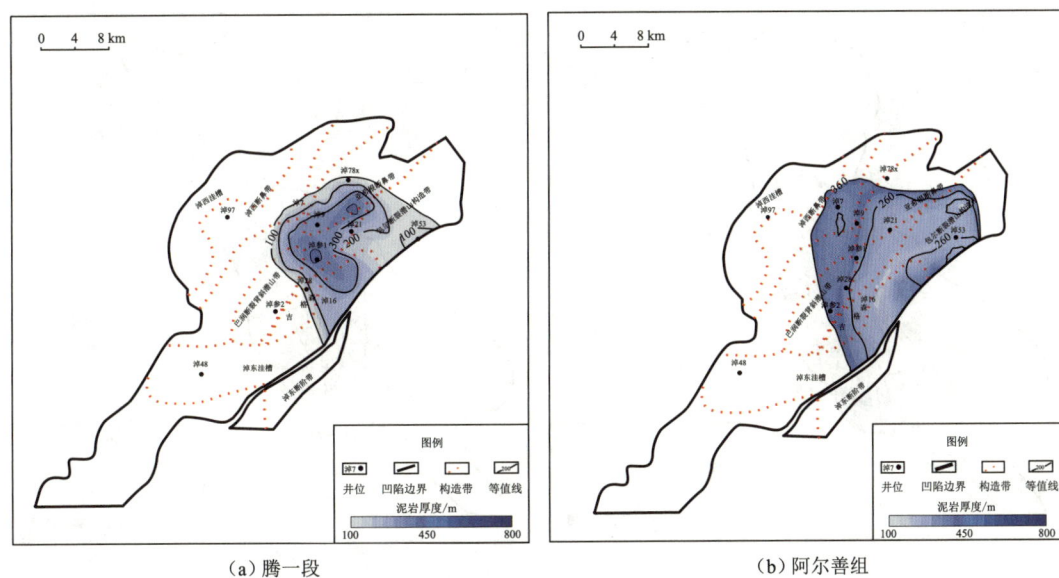

（a）腾一段　　　　　　　　　　　　　　（b）阿尔善组

图 3-2　额仁淖尔凹陷泥岩厚度图

　　赛汉塔拉凹陷腾一段泥岩厚度为 50～400 m，沉积中心为赛东洼槽南部，厚度在 300～400 m 之间，泥岩厚度由赛东洼槽向凹陷边缘逐渐减小；赛四、扎布和乌兰构造带厚度均较小，在 100 m 以下。阿尔善组泥岩厚度为 10～250 m，沉积中心为赛东洼槽南部，泥岩厚度由赛东洼槽向外侧逐渐减小，扎布和赛四构造带泥岩厚度较大，为 100～200 m；西部斜坡带、乌兰构造带泥岩厚度在 10～100 m 之间。如图 3-4 所示。

　　总体而言，二连盆地腾一段泥岩厚度在 100～1 000 m 之间，其中乌兰花凹陷厚度相对较大，可达 900 m，赛汉塔拉凹陷厚度相对较小，仅为 400 m；阿尔善组泥岩厚度在 100～500 m 之间，较腾一段泥岩厚度偏小，其中乌兰花、额仁淖尔凹陷泥岩厚度相对较大，可达 500 m，赛

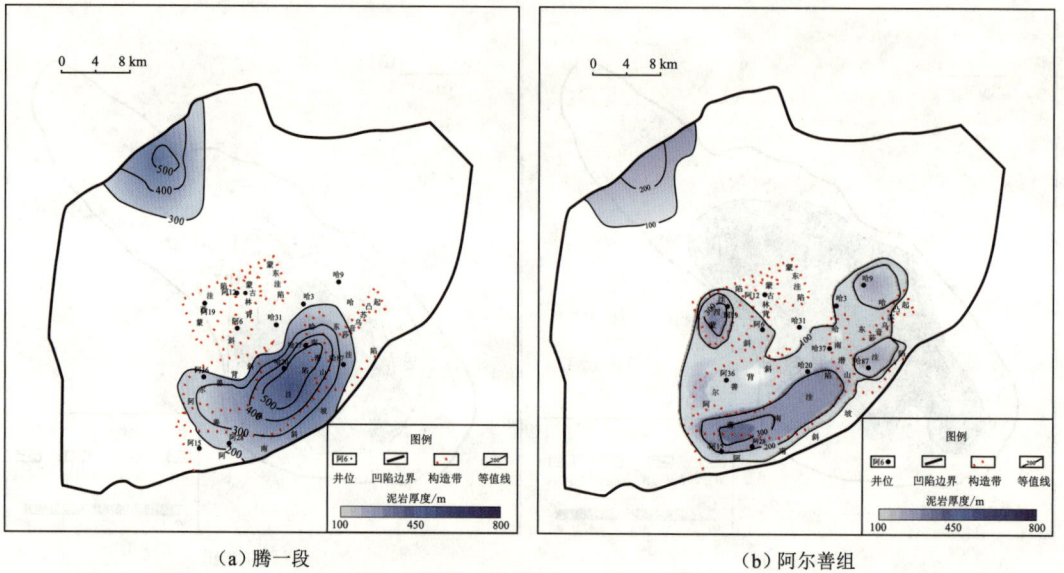

（a）腾一段                （b）阿尔善组

图 3-3　阿南-阿北凹陷泥岩厚度图

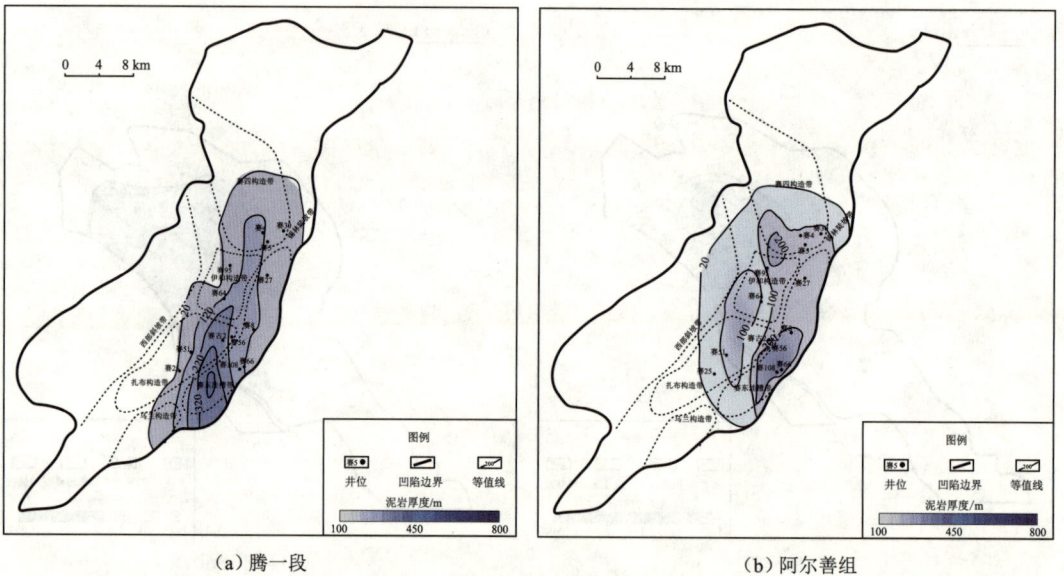

（a）腾一段                （b）阿尔善组

图 3-4　赛汉塔拉凹陷泥岩厚度图

汉塔拉、阿南凹陷厚度相对较小,仅为 20～300 m,泥岩厚度变化受构造活动及沉积相共同控制。

## 二、烃源岩地化特征

### 1. 有机质丰度

有机质丰度是反映烃源岩中有机质含量的重要参数,不同的有机质数量可以直观地反映出烃源岩生烃潜力的大小(秦建中等,2005)。有机碳含量($TOC$)、氯仿沥青"A"、生烃潜力指数($S_1+S_2$)等都是常用的评价指标。本节选取 $TOC$ 与 $S_1+S_2$ 两个参数来研究各凹陷有机质丰度特征。

乌兰花凹陷腾一段烃源岩 $TOC$ 在 $0.2\%\sim4.5\%$ 之间,主要集中在 $0.5\%\sim2.5\%$ 之间,$S_1+S_2$ 值在 $0.5\sim30$ mg/g 之间,主要集中在 $2\sim20$ mg/g 之间,为较好—好烃源岩(图 3-5a);阿尔善组烃源岩 $TOC$ 在 $0.1\%\sim4\%$ 之间,主要集中在 $1\%\sim3\%$ 之间,$S_1+S_2$ 值在 $2\sim35$ mg/g 之间,主要集中在 $5\sim20$ mg/g 之间,为较好—好烃源岩(图 3-5b)。

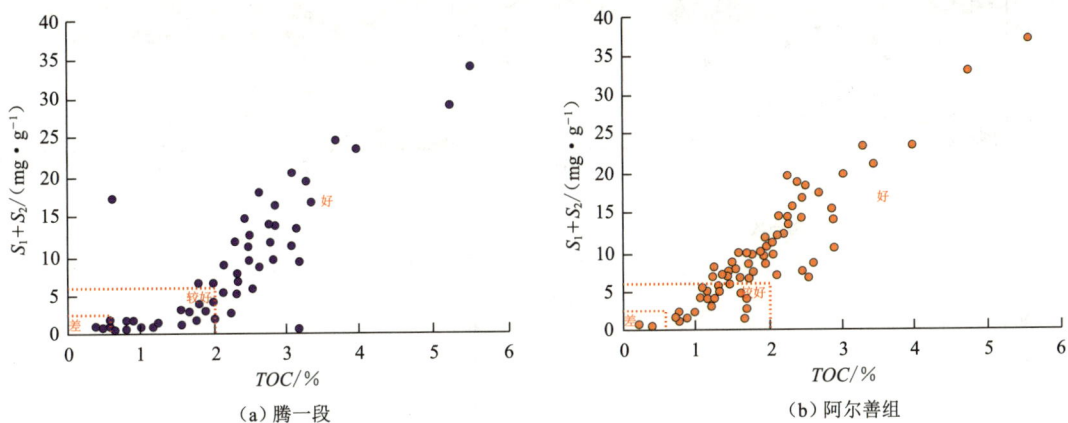

图 3-5 乌兰花凹陷 $TOC$ 与 $S_1+S_2$ 交会图

额仁淖尔凹陷腾一段烃源岩 $TOC$ 在 $0.2\%\sim4\%$ 之间,主要集中在 $0.5\%\sim2\%$ 之间,$S_1+S_2$ 值在 $0.5\sim20$ mg/g 之间,主要集中在 $1\sim5$ mg/g 之间,为差—较好烃源岩(图 3-6a);阿尔善组烃源岩 $TOC$ 在 $0.2\%\sim5\%$ 之间,主要集中在 $1\%\sim3\%$ 之间,$S_1+S_2$ 值在 $0.7\sim25$ mg/g 之间,主要集中在 $5\sim20$ mg/g 之间,为较好—好烃源岩(图 3-6b)。

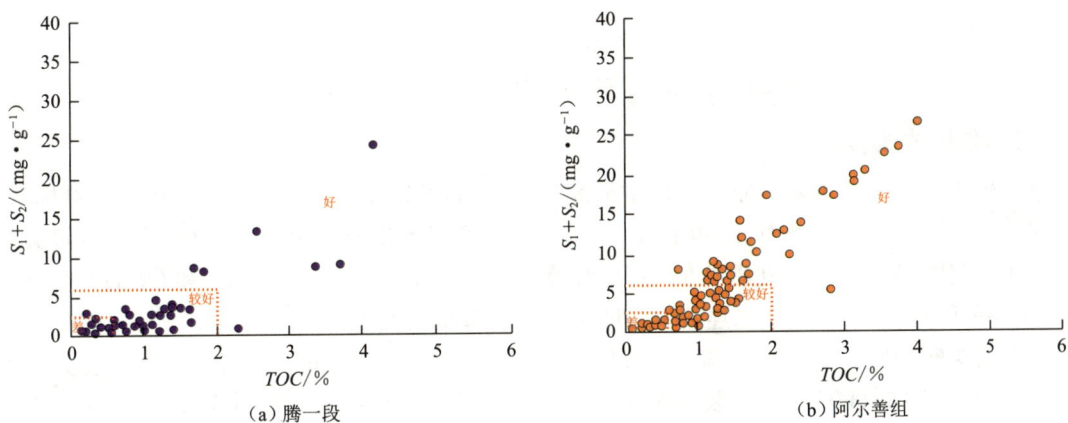

图 3-6 额仁淖尔凹陷 $TOC$ 与 $S_1+S_2$ 交会图

阿南-阿北凹陷腾一段烃源岩 $TOC$ 在 $0.1\%\sim4.2\%$ 之间,主要集中在 $1\%\sim3\%$ 之间,$S_1+S_2$ 值在 $0.5\sim30$ mg/g 之间,主要集中在 $5\sim15$ mg/g 之间,为较好—好烃源岩(图 3-7a);阿尔善组烃源岩 $TOC$ 在 $0.2\%\sim5\%$ 之间,主要集中在 $1\%\sim3\%$ 之间,$S_1+S_2$ 值在 $0.5\sim40$ mg/g 之间,主要集中在 $5\sim15$ mg/g 之间,为较好—好烃源岩(图 3-7b)。

赛汉塔拉凹陷腾一段烃源岩 $TOC$ 在 $0.2\%\sim4\%$ 之间,主要集中在 $1\%\sim3\%$ 之间,$S_1+S_2$ 值在 $0.5\sim15$ mg/g 之间,主要集中在 $2\sim10$ mg/g 之间,为较好—好烃源岩(图 3-8a);阿尔善组烃源岩 $TOC$ 在 $0.2\%\sim3\%$ 之间,主要集中在 $1\%\sim2\%$ 之间,$S_1+S_2$ 值在 $0.5\sim13$ mg/g 之间,主要集中在 $5\sim13$ mg/g 之间,为较好—好烃源岩(图 3-8b)。

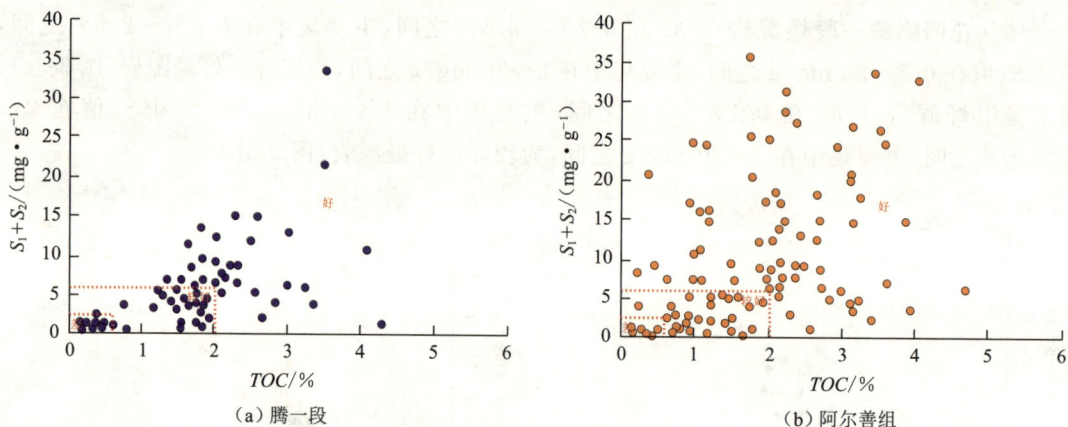

图 3-7　阿南-阿北凹陷烃源岩 $TOC$ 与 $S_1+S_2$ 交会图

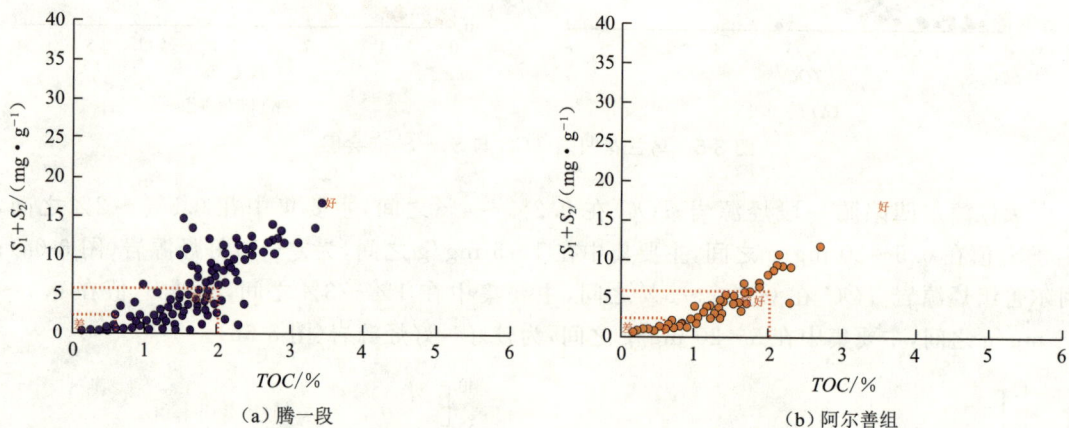

图 3-8　赛汉塔拉凹陷烃源岩 $TOC$ 与 $S_1+S_2$ 交会图

## 2. 有机质类型

有机质类型与烃源岩的原始有机质来源关系密切,可以作为烃源岩质量好坏的衡量标准。不同类型有机质的生烃潜力、产物都有一定的差异,可用干酪根显微组分分析、岩石热解分析等方法来判断烃源岩的有机质类型(朱光有等,2005)。本节选取 $T_{max}$-$HI$ 和 $OI$-$HI$ 交会图版(图 3-9 和图 3-10)来研究二连盆地各凹陷烃源岩有机质类型。

乌兰花凹陷腾一段烃源岩氢指数 $HI$ 主要分布在 $50\sim500$ mg/g 之间,$T_{max}$ 主要分布在 $430\sim440$ ℃之间,H/C 指数主要分布在 $0.7\sim1.6$ 之间,O/C 指数主要分布在 $0.05\sim0.15$ 之间,有机质类型以Ⅱ型为主,存在少量的Ⅲ型;阿尔善组烃源岩氢指数 $HI$ 主要分布在 $300\sim700$ mg/g 之间,$T_{max}$ 主要分布在 $440\sim450$ ℃之间,H/C 指数主要分布在 $1.0\sim1.4$ 之间,O/C 指数主要分布在 $0.02\sim0.10$ 之间,有机质类型以Ⅰ型和Ⅱ$_1$型为主,存在少量的Ⅱ$_2$型。

额仁淖尔凹陷腾一段烃源岩氢指数 $HI$ 主要分布在 $100\sim500$ mg/g 之间,$T_{max}$ 主要分布在 $420\sim450$ ℃之间,氧指数 $OI$ 主要分布在 $5\sim150$ mg/g 之间,有机质类型以Ⅱ$_1$和Ⅱ$_2$型为主,存在少量的Ⅲ型;阿尔善组烃源岩氢指数 $HI$ 主要分布在 $100\sim500$ mg/g 之间,$T_{max}$ 主要分布在 $430\sim440$ ℃之间,氧指数 $OI$ 主要分布在 $10\sim150$ mg/g 之间,有机质类型以Ⅱ$_1$和Ⅱ$_2$型为主,存在少量的Ⅲ型。

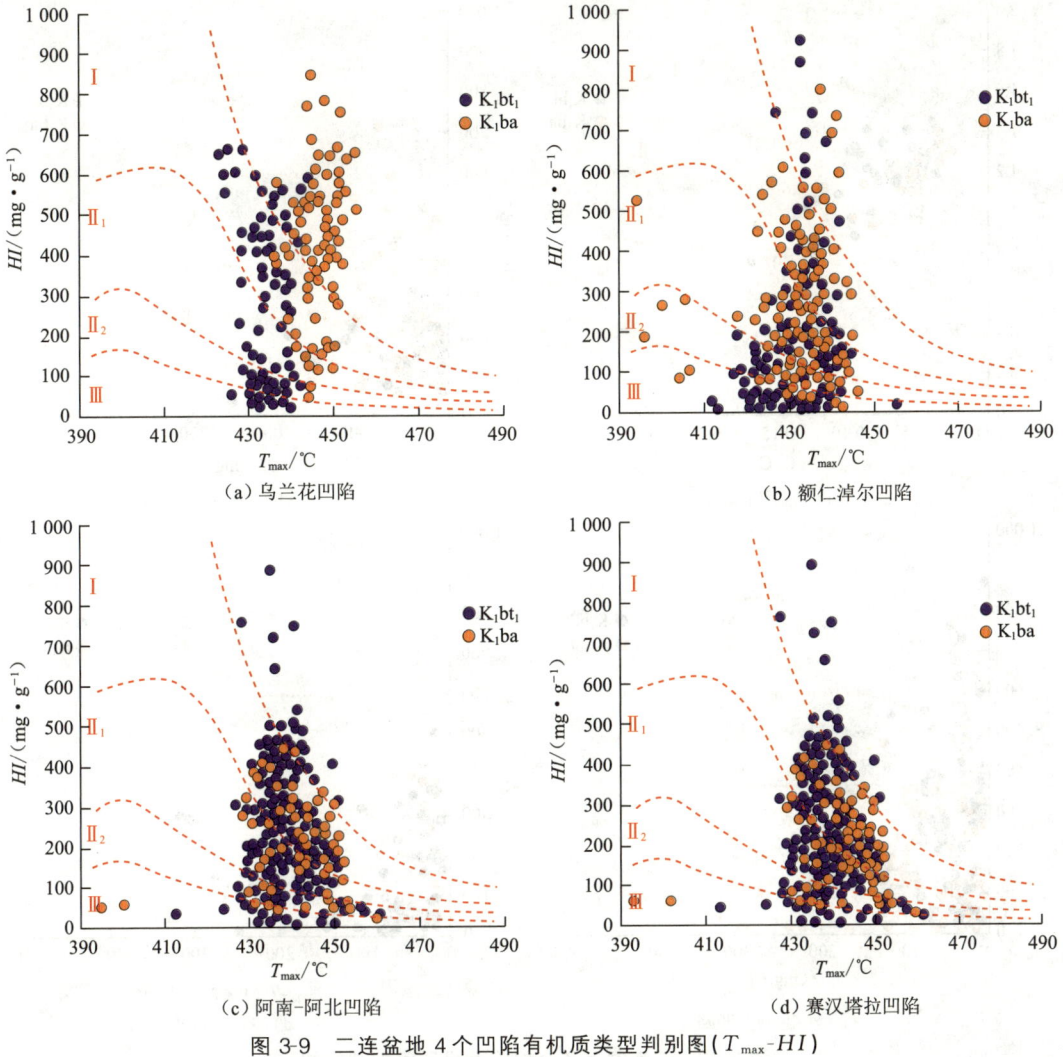

图 3-9　二连盆地 4 个凹陷有机质类型判别图($T_{max}$-$HI$)

阿南-阿北凹陷腾一段烃源岩氢指数 $HI$ 主要分布在 $100\sim600$ mg/g 之间,$T_{max}$ 主要分布在 $430\sim450$ ℃之间,氧指数 $OI$ 主要分布在 $2\sim200$ mg/g 之间,有机质类型以Ⅰ型和Ⅱ$_1$为主,存在少量的Ⅱ$_2$型和Ⅲ型;阿尔善组烃源岩氢指数 $HI$ 主要分布在 $100\sim500$ mg/g 之间,$T_{max}$ 主要分布在 $430\sim450$ ℃之间,氧指数 $OI$ 主要分布在 $5\sim300$ mg/g 之间,有机质类型以Ⅰ型和Ⅱ$_1$型为主,存在少量的Ⅱ$_2$型和Ⅲ型。

赛汉塔拉凹陷腾一段烃源岩氢指数 $HI$ 主要分布在 $100\sim600$ mg/g 之间,$T_{max}$ 主要分布在 $430\sim450$ ℃之间,氧指数 $OI$ 主要分布在 $4\sim250$ mg/g 之间,有机质类型以Ⅰ型和Ⅱ$_1$型为主,存在少量的Ⅱ$_2$型和Ⅲ型;阿尔善组烃源岩氢指数 $HI$ 主要分布在 $100\sim500$ mg/g 之间,$T_{max}$ 主要分布在 $430\sim450$ ℃之间,氧指数 $OI$ 主要分布在 $2\sim100$ mg/g 之间,有机质类型以Ⅰ型和Ⅱ$_1$型为主,存在少量的Ⅱ$_2$型和Ⅲ型。

总体而言,二连盆地 4 个凹陷腾一段和阿尔善组烃源岩有机质类型主要为Ⅰ—Ⅱ$_2$型,有利于生油,其中乌兰花凹陷的有机质类型较好,Ⅰ型干酪根所占比例大于其余 3 个凹陷。

### 3. 有机质成熟度

有机质需要达到一定的热演化程度才能开始生成油气。为了判断烃源岩的热演化程度,

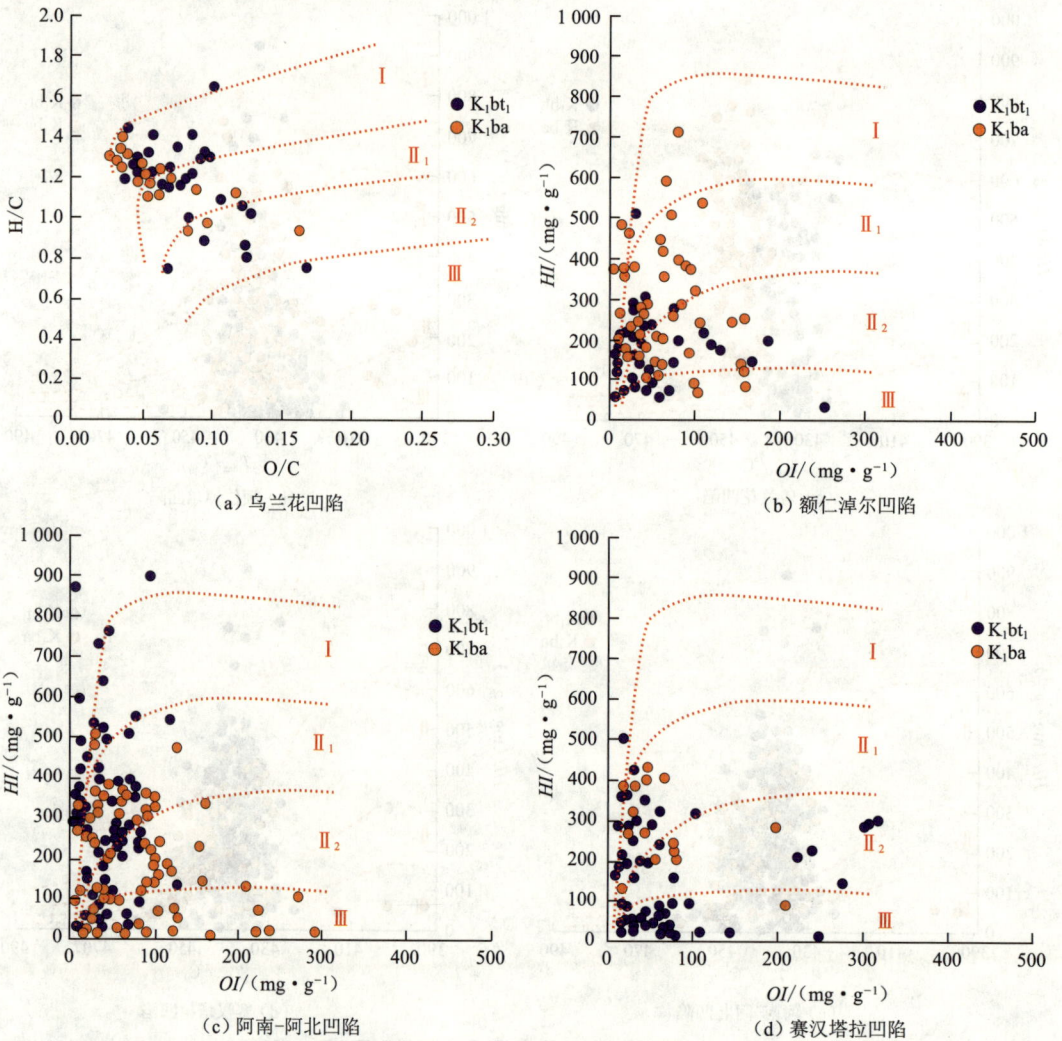

（a）乌兰花凹陷　　　　　　　　　　　　　　　（b）额仁淖尔凹陷

（c）阿南-阿北凹陷　　　　　　　　　　　　　　（d）赛汉塔拉凹陷

图 3-10　二连盆地 4 个凹陷有机质类型判别图

可以采用镜质体反射率（$R_o$）、热解峰温（$T_{max}$）、孢粉颜色等参数来对泥岩的成熟度进行划分，其中镜质体反射率是应用广泛、效果较好的指标（赵俊峰等，2004）。

　　乌兰花凹陷腾一段烃源岩 $R_o$ 在 0.3%～0.7% 之间，处于低熟—成熟阶段，阿尔善组烃源岩 $R_o$ 在 0.4%～1.0% 之间，处于成熟阶段，生烃门限为 1 600 m（图 3-11a）；额仁淖尔凹陷腾一段烃源岩 $R_o$ 在 0.5%～1.2% 之间，处于低熟—成熟阶段，阿尔善组烃源岩 $R_o$ 为 0.7%～1.5%，处于成熟—高熟阶段，生烃门限为 1 200 m（图 3-11b）；阿南-阿北凹陷腾一段烃源岩 $R_o$ 在 0.5%～1.0% 之间，处于低熟—成熟阶段，阿尔善组烃源岩 $R_o$ 为 0.7%～1.5%，处于成熟—高熟阶段，生烃门限为 1 200 m（图 3-11c）；赛汉塔拉凹陷腾一段烃源岩 $R_o$ 在 0.5%～1.0% 之间，为低熟—成熟阶段，阿尔善组烃源岩 $R_o$ 为 0.7%～1.4%，处于成熟—高熟阶段，生烃门限为 1 400 m（图 3-11d）。整体上，4 个凹陷腾一段烃源岩处于低熟—成熟阶段，阿尔善组烃源岩处于成熟—高熟阶段，生烃门限以额仁淖尔凹陷和阿南-阿北凹陷最浅，以乌兰花凹陷最深。

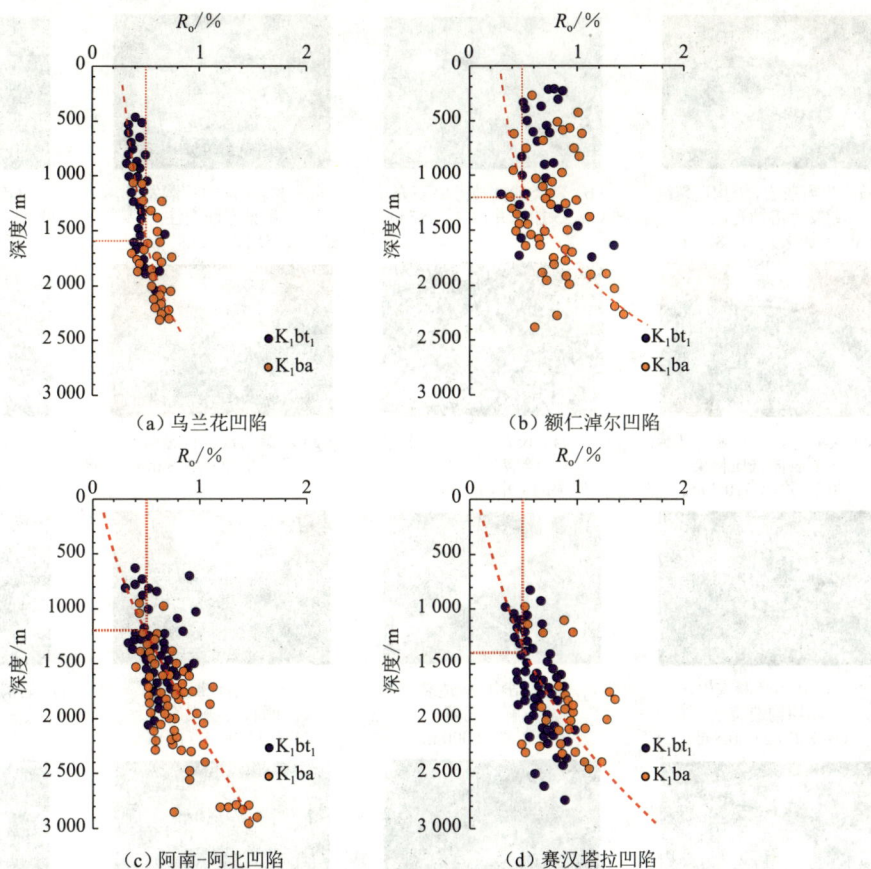

图 3-11　二连盆地 4 个凹陷 $R_o$ 随深度变化图

# 第二节　储集层条件

## 一、岩石类型及其分布特征

### 1. 岩石类型

二连盆地基底岩性复杂多变,潜山岩性主要为碳酸盐岩、凝灰岩、蛇纹岩、花岗岩、动力变质岩(碎裂花岗岩、碎裂大理岩)、区域变质岩(片岩、大理岩)等,其中片岩、碎裂岩、花岗岩和凝灰岩分布广泛。

1)灰岩

岩芯以灰褐色、灰色、灰白色为主,质纯、性硬、块状。薄片鉴定为泥晶灰岩和生屑灰岩,以泥晶结构为主,含细晶和粉晶,零星分布着有孔虫、棘皮、介形虫等生屑,生物遗体被方解石充填。矿物成分主要为方解石,含量大于 90％,少量泥质,含量一般为 3％～8％(图 3-12a～d)。

2)凝灰岩

最常见的是凝灰岩,其次为泥化凝灰岩和蚀变凝灰岩。岩芯以灰黑色、灰白色、灰绿色、紫红色、灰褐色为主,质纯、性硬、块状;镜下具凝灰结构,碎屑颗粒粒径较小,主要成分为火山灰(图 3-12e～p)。

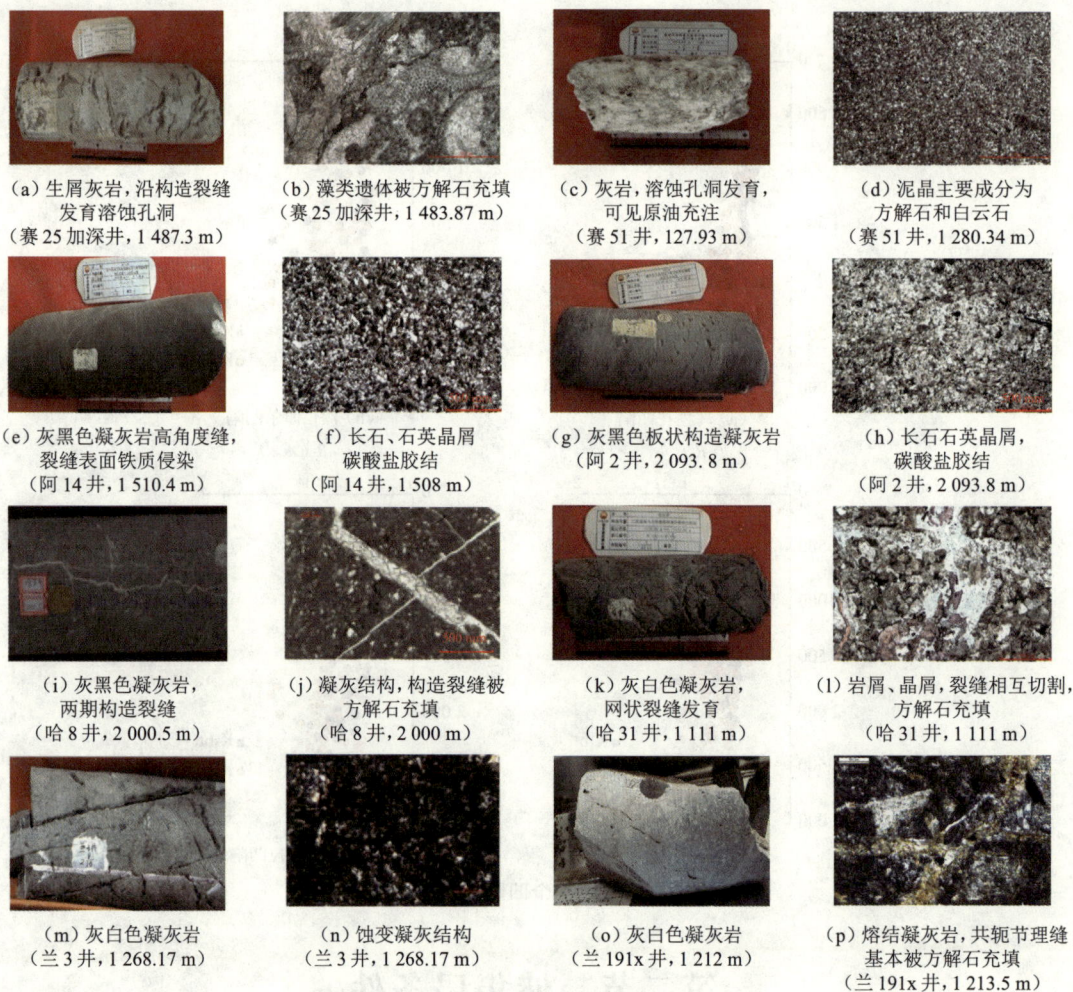

（a）生屑灰岩，沿构造裂缝
发育溶蚀孔洞
（赛 25 加深井，1 487.3 m）

（b）藻类遗体被方解石充填
（赛 25 加深井，1 483.87 m）

（c）灰岩，溶蚀孔洞发育，
可见原油充注
（赛 51 井，127.93 m）

（d）泥晶主要成分为
方解石和白云石
（赛 51 井，1 280.34 m）

（e）灰黑色凝灰岩高角度缝，
裂缝表面铁质侵染
（阿 14 井，1 510.4 m）

（f）长石、石英晶屑
碳酸盐胶结
（阿 14 井，1 508 m）

（g）灰黑色板状构造凝灰岩
（阿 2 井，2 093.8 m）

（h）长石石英晶屑，
碳酸盐胶结
（阿 2 井，2 093.8 m）

（i）灰黑色凝灰岩，
两期构造裂缝
（哈 8 井，2 000.5 m）

（j）凝灰结构，构造裂缝被
方解石充填
（哈 8 井，2 000 m）

（k）灰白色凝灰岩，
网状裂缝发育
（哈 31 井，1 111 m）

（l）岩屑、晶屑，裂缝相互切割，
方解石充填
（哈 31 井，1 111 m）

（m）灰白色凝灰岩
（兰 3 井，1 268.17 m）

（n）蚀变凝灰结构
（兰 3 井，1 268.17 m）

（o）灰白色凝灰岩
（兰 191x 井，1 212 m）

（p）熔结凝灰岩，共轭节理缝
基本被方解石充填
（兰 191x 井，1 213.5 m）

图 3-12 二连盆地典型潜山地层岩性图版 Ⅰ

3）花岗岩类

岩芯以肉红色、灰白色、灰褐色以及灰绿色为主，镜下具有典型的花岗结构，主要矿物成分为石英和长石（含量在 85%以上），暗色矿物为黑云母、角闪石等（含量为 5%～10%），风化壳部位花岗岩长石绢云母化和高岭石化（图 3-13a～h）。

4）动力变质岩

额仁淖尔凹陷潜山岩性主要为碎裂花岗岩和花岗碎裂岩，岩芯以肉红色和浅灰色为主，镜下具碎裂结构、花岗结构和粗粒结构，主要矿物为石英、长石以及部分绢云母和绿泥石（图 3-13i～l）。糜棱岩岩芯颜色为深灰色和灰绿色，表面见擦痕，具糜棱状结构，岩石主要由细小长石、绿泥石、绢云母组成，具定向排列，鳞片状绿泥石、绢云母组成片理。长石被碳酸盐交代，裂缝发育，多被铁质充填（图 3-13m～p）。

5）区域变质岩

二连盆地区域变质岩主要分布在赛汉塔拉凹陷，岩石类型多样，主要有片岩类和大理岩类。

(a) 粗粒二长花岗岩
(兰18x井, 2 175.1 m)

(b) 长石绢云母化
(兰18x井, 2 175.1 m,
正交偏光)

(c) 粗粒白岗岩
(兰9-1x井, 2 299.9 m)

(d) 长石石英嵌式,
构造裂缝发育
(兰9-1x井, 2 298.7 m)

(e) 细粒闪长花岗岩
(兰9井, 2 093.8 m)

(f) 石英长石嵌式接触
(兰9井, 2 093.8 m)

(g) 二长花岗岩, 钾长石
含量高, 黑云母发育
(淖33井, 1 068.7 m)

(h) 构造裂缝发育, 长石颗粒
变质交代, 长石溶孔发育
(淖33井, 1 067.57 m)

(i) 碎裂花岗岩, 裂缝发育,
串珠状溶蚀孔
(淖102井, 846.7 m)

(j) 碎裂结构, 石英、长石碎裂,
大量被交代变质
(淖102井, 1 433.1 m)

(k) 碎裂花岗岩, 裂缝发育,
岩芯破碎严重
(淖14井, 1 433.85 m)

(l) 石英、长石碎裂, 斑状构造
(淖14井, 1 433.1 m)

(m) 糜棱泥岩, 高角度缝,
方解石充填
(淖107井, 1 292.4 m)

(n) 原岩泥岩, 方解石充填
(淖107井, 899.03 m)

(o) 糜棱花岗岩,
暗色矿物定向排列
(淖26井, 1 464.9 m)

(p) 石英、长石碎裂, 斑状构造
(淖14井, 1 433.1 m)

图 3-13　二连盆地典型潜山地层岩性图版Ⅱ

　　片岩为云英质片岩,岩芯颜色主要为灰色、灰绿色和灰白色,具有片状构造。岩芯表面可见揉皱变形、变棱结构,镜下为片状变晶结构,片理构造,主要矿物为石英、长石和云母,含少量的绿泥石等暗色矿物(图 3-14a～h)。大理岩岩芯以灰白色、浅灰色和灰绿色为主,岩性致密坚硬,主要矿物成分为方解石和白云石,具粒状变晶结构。部分地区发育矽卡岩化大理岩,主要矿物成分为粒状变晶长石和碳酸盐(图 3-14i 和 j)。

## 2. 区域分布特征

　　赛汉塔拉凹陷南北两端的布和构造带和扎布构造带为石炭系灰岩发育区,而凹陷中部主要为蓟县系灰绿色片岩和千枚岩系发育区(图 3-15a)。额仁淖尔凹陷东部淖东洼槽及东北部包尔断裂带为碎裂岩发育区,其中包尔断裂带、巴润断裂带以及吉格森断裂带北部发育花岗岩原岩的碎裂岩,仅在巴润断裂带部分区域钻遇大理岩原岩的碎裂岩,凹陷西南部巴润断裂带为大理岩发育区,西北部淖西断鼻带和亚希根断鼻带为花岗岩发育区(图 3-15b)。阿南凹陷全区发育凝灰岩,仅在阿尔善背斜构造带发育蛇纹岩(图 3-15c)。乌兰花凹陷主要岩性为花岗岩

（a）斜长石绿泥石片岩，
方解石充填裂缝
（赛 10 井，890.84 m）

（b）片状构造，长石、云母碎裂，
长石内发育溶蚀孔
（赛 10 井，890.84 m）

（c）角闪石云英质片岩
（赛 4 井，1 531.5 m）

（d）石英云母鳞片状，
粒状变晶，定向排布
（赛 4 井 1 351.59 m）

（e）变质砾岩，岩屑挤压变形
严重，具糜棱结构
（赛 75 井，1 276.0 m）

（f）绿泥石大量发育，
云英质片岩
（赛 75 井，1 275.6 m）

（g）灰绿色片岩，沿裂缝充填
方解石和铁质
（赛古 4 井，2 079.2 m）

（h）泥晶颗粒主要成分为
石英、长石
（赛古 4 井，2 078.36 m）

（i）大理岩，沿裂缝发育溶蚀孔
（淖 48 井，967.0 m）

（j）方解石破碎，暗色矿物发育
（淖 48 井，966.6 m）

（k）灰白色变质砂岩
（兰地 5x 井，988.35 m）

（l）青白口系变质砂岩
（兰地 5x 井，1 024.4 m）

图 3-14　二连盆地典型潜山地层岩性图版Ⅲ

类，分布于凹陷中心区域，红格尔构造带与土牧尔构造带南部边缘发育少量凝灰岩，赛乌苏构造带北部和南洼槽发育变质砂岩，凹陷南部边缘的红井构造带发育少量灰岩（图 3-15d）。

## 二、储集空间类型及特征

通过岩芯观察和薄片鉴定，二连盆地潜山储层主要储集空间为构造裂缝、溶蚀孔缝、粒内溶孔、晶间孔洞和凝灰基质溶孔等，其中构造裂缝和溶蚀孔缝是主要的储集空间，晶间孔仅在灰岩内大量发育，而粒内溶孔则在乌兰花地区花岗岩内大量发育。储层岩性不同导致储层主要储集空间类型存在差异。

1）灰岩

灰岩主要储集空间为构造裂缝、溶蚀缝（洞）、粒内溶孔和晶间溶孔以及生物腔体孔等。

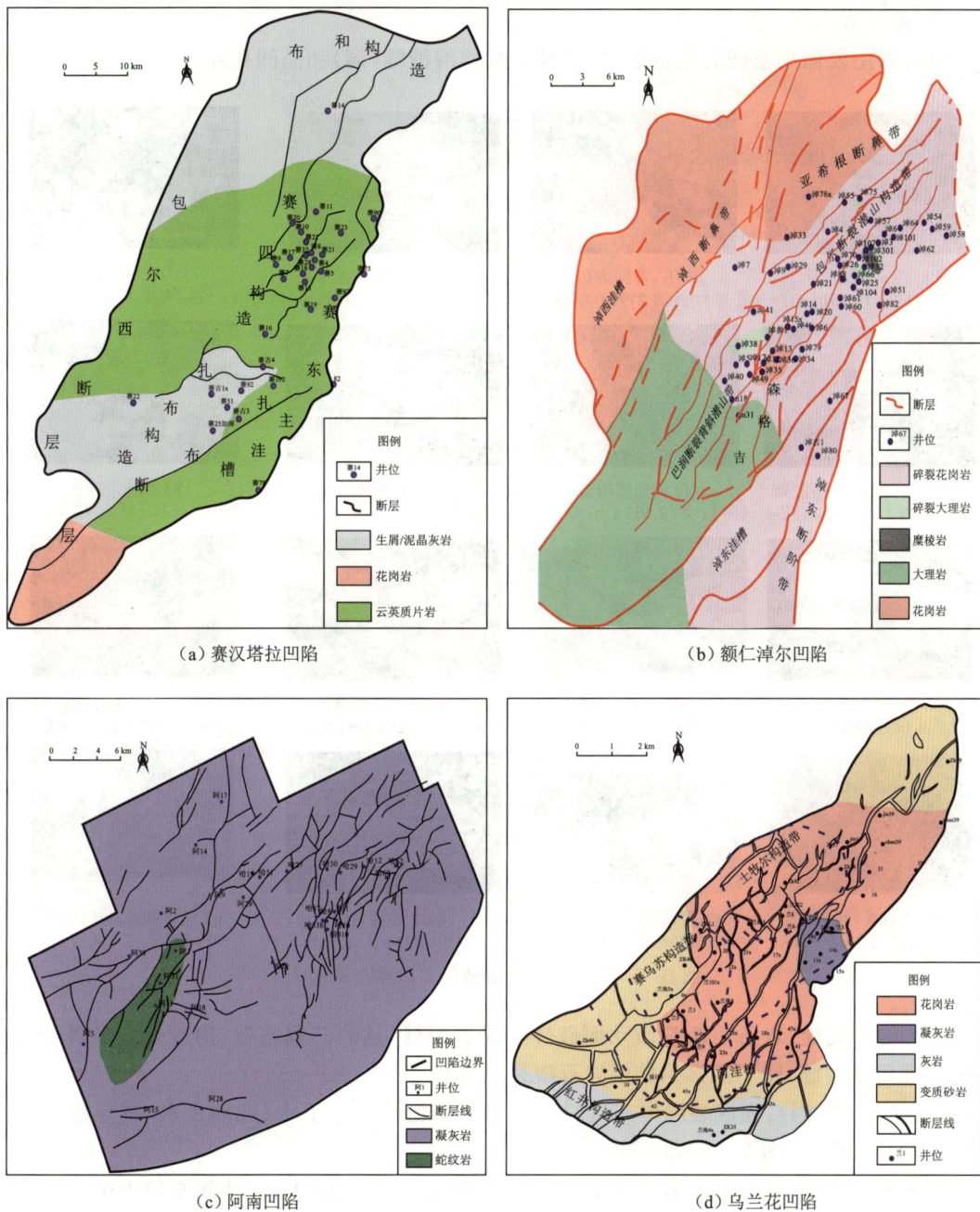

（a）赛汉塔拉凹陷    （b）额仁淖尔凹陷

（c）阿南凹陷    （d）乌兰花凹陷

图 3-15 二连盆地 4 个凹陷古生界岩性分布平面图

（1）溶蚀缝（洞）：风化裂缝、构造裂缝等先成裂缝接受地下水（或地表水）的溶蚀形成的扩大孔隙。钻井过程中的放空或漏失现象主要是由溶洞的存在而造成的（图 3-16a～c）。

（2）粒内溶孔：泥晶灰岩或白云石交代物被溶蚀而形成的溶孔（图 3-16b 和 d）。

（3）晶间溶孔：方解石晶体间被溶蚀而形成的溶孔（图 3-16b）。

（4）生物腔体孔：苔藓虫、介形虫等生物死亡后，其壳体内的软体腐烂分解，腔体内未被灰泥等充填或部分充填而保留下来的孔隙，属于原生孔隙，大部分生物腔体孔被方解石充填（图 3-16b）。

2）凝灰岩

凝灰岩主要储集空间为构造裂缝，以及少量的溶蚀缝（洞）和晶间孔隙。

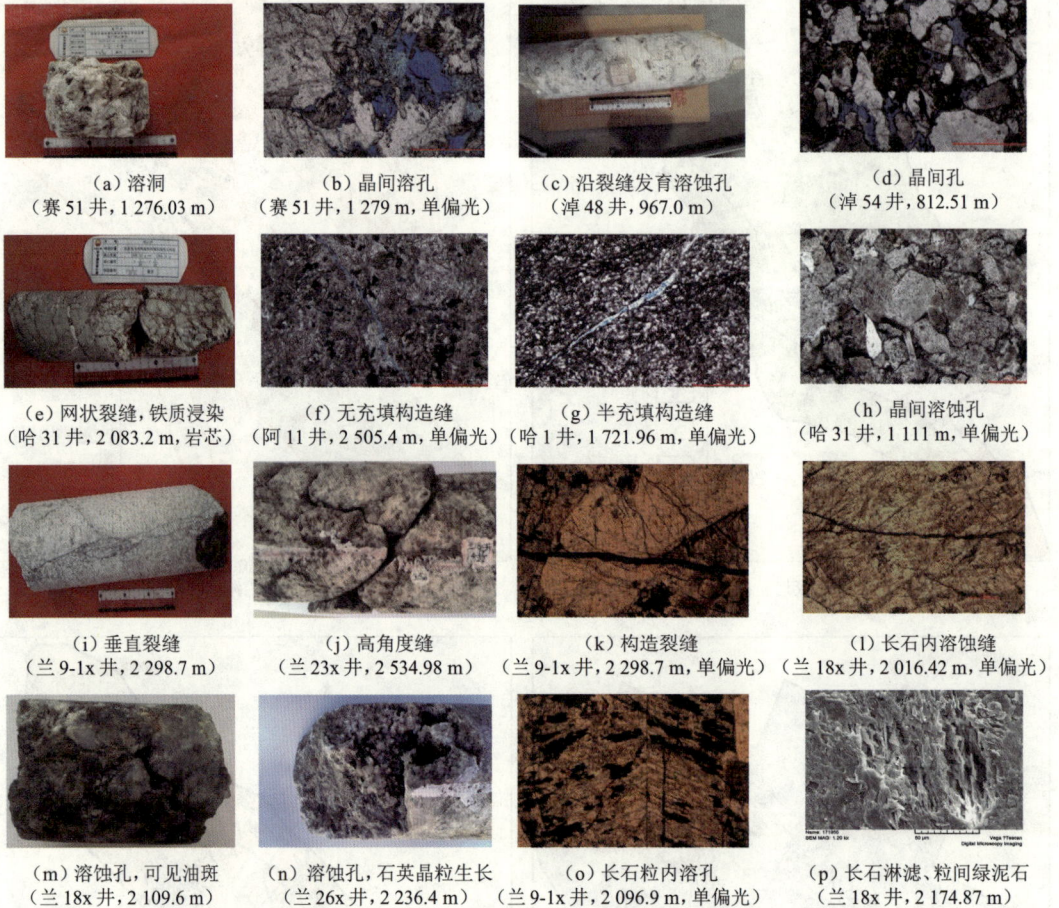

（a）溶洞
（赛 51 井，1 276.03 m）

（b）晶间溶孔
（赛 51 井，1 279 m，单偏光）

（c）沿裂缝发育溶蚀孔
（淖 48 井，967.0 m）

（d）晶间孔
（淖 54 井，812.51 m）

（e）网状裂缝，铁质浸染
（哈 31 井，2 083.2 m，岩芯）

（f）无充填构造缝
（阿 11 井，2 505.4 m，单偏光）

（g）半充填构造缝
（哈 1 井，1 721.96 m，单偏光）

（h）晶间溶蚀孔
（哈 31 井，1 111 m，单偏光）

（i）垂直裂缝
（兰 9-1x 井，2 298.7 m）

（j）高角度缝
（兰 23x 井，2 534.98 m）

（k）构造裂缝
（兰 9-1x 井，2 298.7 m，单偏光）

（l）长石内溶蚀缝
（兰 18x 井，2 016.42 m，单偏光）

（m）溶蚀孔，可见油斑
（兰 18x 井，2 109.6 m）

（n）溶蚀孔，石英晶粒生长
（兰 26x 井，2 236.4 m）

（o）长石粒内溶孔
（兰 9-1x 井，2 096.9 m，单偏光）

（p）长石淋滤、粒间绿泥石
（兰 18x 井，2 174.87 m）

图 3-16 二连盆地潜山储层孔隙类型图版 I

（1）构造裂缝：岩石因断裂活动而破碎形成的裂缝，从岩芯观察看，构造裂缝多属于网状裂缝和高角度裂缝，镜下观察见储层岩石微裂隙发育（图 3-16e～g）。

（2）溶蚀缝（洞）：先成裂缝中充填的玻屑等易溶物接受地下水（或地表水）或热液的溶蚀而形成的扩大孔隙（图 3-16g 和 h）。

（3）晶间孔隙：在晶屑凝灰岩或岩屑凝灰岩内，晶体粒径较大，晶体间充填火山灰或胶结物溶蚀形成晶间孔隙（图 3-16h）。

3）花岗岩

花岗岩主要储集空间为构造裂缝、溶蚀孔缝或溶蚀洞，其中长石溶蚀形成的粒内溶孔与构造作用形成的构造裂缝是主要的储集空间。

（1）构造裂缝：岩石因构造运动而破碎形成的裂缝，从岩芯观察看，构造裂缝多属于斜交缝（图 3-16i～e）。

（2）溶蚀缝（洞）：风化缝、构造缝等先成裂缝接受地下水（或地表水）或热液的溶蚀形成的扩大的孔隙（图 3-16m～p）。

4）动力变质岩

碎裂花岗岩主要的储集空间为构造裂缝，沿构造裂缝发育了一系列溶蚀缝（孔），而碎裂大理岩还发育晶间孔。

（1）碎裂缝：岩石因构造运动或断裂活动而破碎形成的裂缝，岩芯观察见多期网状裂缝，中、高角度裂缝和 X 型共轭裂缝，镜下见碎裂结构（图 3-17a 和 b）。

（2）晶间孔：方解石晶体间被溶蚀而形成的溶孔，往往沿构造裂缝发育（图 3-17c）。

（3）溶蚀缝（孔）：风化缝、碎裂缝等先成裂缝接受地下水（或地表水）或热液的溶蚀而形成的扩大孔隙（图 3-17d）。

（4）压溶缝：镜下见石英颗粒边缘溶蚀明显，与周围颗粒呈缝合线接触（图 3-17d）。

（5）粒内溶孔：斜长石、钾长石等长石类矿物晶体颗粒内部发育的溶蚀孔（图 3-17c）。

5）区域变质岩

片岩、千枚岩等区域变质岩与碎裂岩相似，致密坚硬，主要矿物为长石和石英，因此构造裂缝、溶蚀孔以及粒内溶孔是主要的储集空间。另外，片岩和千枚岩矿物具有定向排列特征，还有沿岩石片理发育的顺层缝。

（1）构造裂缝：岩石因构造运动而破碎形成的裂缝，岩芯观察见网状裂缝、高角度缝，另见多组不同期次形成的构造裂缝（图 3-17e～g）。

（2）顺层缝：沿着岩石片理发育的裂缝，一般缝较窄（图 3-17f）。

（3）粒内溶孔：斜长石、钾长石等长石类矿物晶体颗粒内部发育的溶蚀孔。片岩变质作用强烈，形成大量绢云母、绿泥石，易被溶蚀形成沿裂缝发育的溶蚀孔（图 3-17h）。

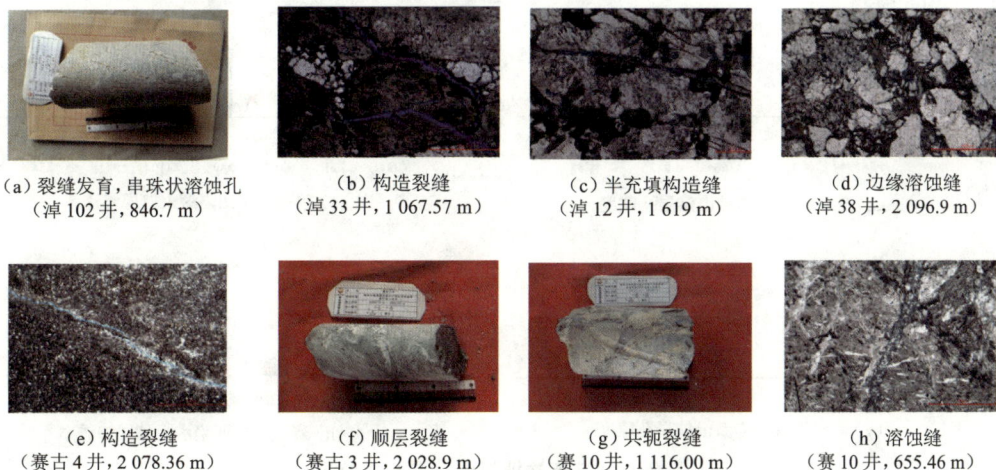

（a）裂缝发育，串珠状溶蚀孔（淖102井，846.7 m）　（b）构造裂缝（淖33井，1 067.57 m）　（c）半充填构造缝（淖12井，1 619 m）　（d）边缘溶蚀缝（淖38井，2 096.9 m）

（e）构造裂缝（赛古4井，2 078.36 m）　（f）顺层裂缝（赛古3井，2 028.9 m）　（g）共轭裂缝（赛10井，1 116.00 m）　（h）溶蚀缝（赛10井，655.46 m）

图 3-17　二连盆地潜山储层孔隙类型图版 Ⅱ

## 三、储层物性特征

二连盆地潜山储层孔隙度在 $0.01\%\sim30\%$ 之间，平均孔隙度为 $6.21\%$，渗透率在 $(0.01\sim6\,000)\times10^{-3}\,\mu m^2$ 之间，平均渗透率为 $5\times10^{-3}\,\mu m^2$，为低孔低渗型储层。

各凹陷不同岩性储层的物性存在差异，乌兰花凹陷花岗岩和似斑状构造花岗岩潜山储层孔隙度在 $2\%\sim9\%$ 之间，平均为 $4.12\%$，渗透率为 $(0.02\sim0.8)\times10^{-3}\,\mu m^2$，平均为 $0.035\times$

$10^{-3}\ \mu m^2$。由于受岩性、构造活动、热液活动等因素影响,其主要储集空间类型为裂缝-孔隙型,物性相对较好。阿南凹陷潜山储层孔隙度在 0.1% ~ 24% 之间,平均为 6.93%,渗透率在 $(0.02 \sim 400) \times 10^{-3}\ \mu m^2$ 之间,其储集空间类型为风化作用形成的裂缝-孔隙型。额仁淖尔凹陷储层孔隙度在 2% ~ 16% 之间,平均为 6.14%,渗透率在 $(0.01 \sim 5\ 500) \times 10^{-3}\ \mu m^2$ 之间,储集空间类型为裂缝型。赛汉塔拉凹陷潜山储层孔隙度在 2.5% ~ 24% 之间,平均为 5.84%,渗透率在 $(0.01 \sim 500) \times 10^{-3}\ \mu m^2$ 之间,平均为 $5.931 \times 10^{-3}\ \mu m^2$,储集空间为灰岩潜山的孔隙-裂缝型或片岩潜山的裂缝型。如图 3-18 所示。

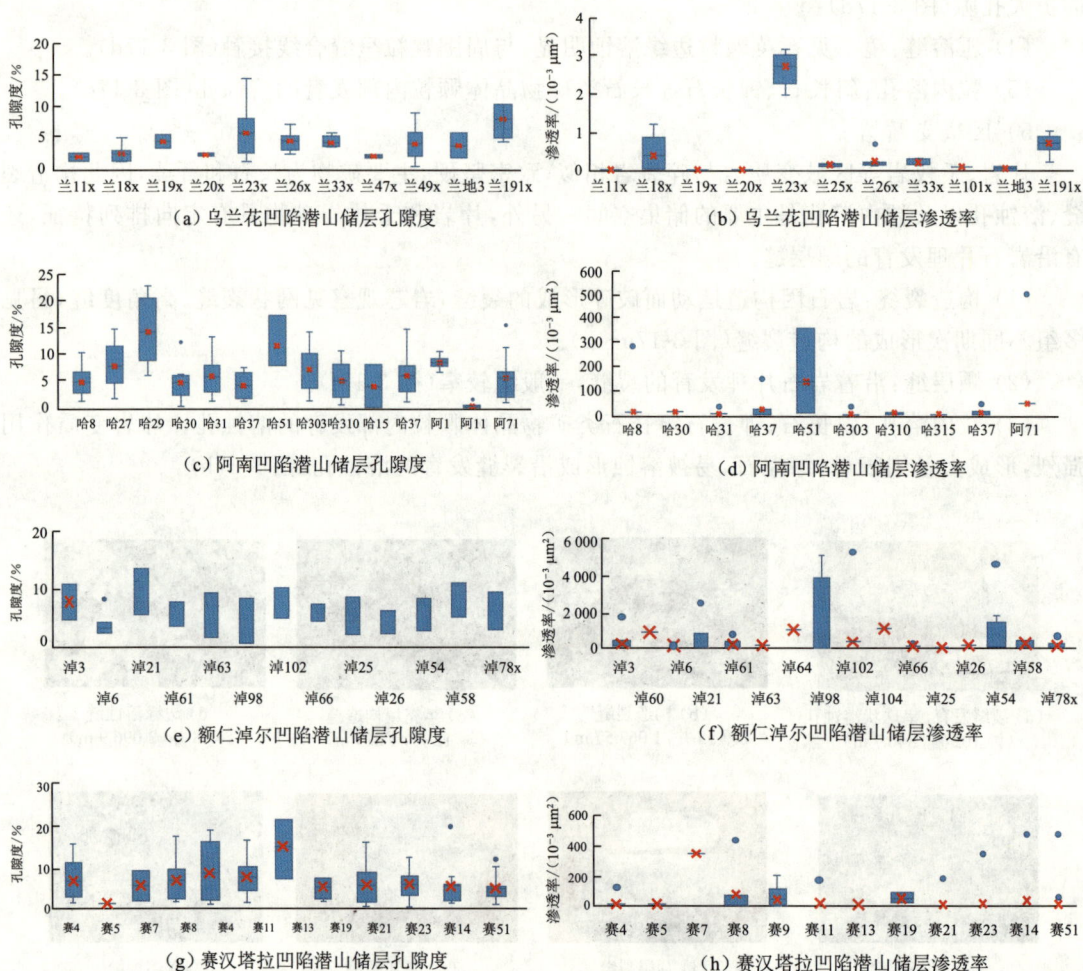

(a) 乌兰花凹陷潜山储层孔隙度

(b) 乌兰花凹陷潜山储层渗透率

(c) 阿南凹陷潜山储层孔隙度

(d) 阿南凹陷潜山储层渗透率

(e) 额仁淖尔凹陷潜山储层孔隙度

(f) 额仁淖尔凹陷潜山储层渗透率

(g) 赛汉塔拉凹陷潜山储层孔隙度

(h) 赛汉塔拉凹陷潜山储层渗透率

图 3-18　二连盆地潜山储层孔渗特征

## 四、储层类型及特征

基于测井识别,结合地质资料分析,对古生界潜山储层进行定性分类,将储层分为 3 类,其中 I 类和 II 类储层为有效储层,III 类为无效储层。

**1. 灰岩**

1）Ⅰ类储层

强岩溶,裂缝发育段,在岩芯上可见大量的溶蚀孔缝和洞穴。深、浅双侧向电阻率差值较大,低阻特征明显,深电阻率小于 70 Ω·m,声波时差通常大于 190 $\mu$s/m,密度普遍小于 2.6 g/cm³;中子孔隙度一般大于 8%,声波孔隙度大于 10%,裂缝孔隙度一般为 2%~7%,渗透率多分布在(1~600)×10⁻³ $\mu$m² 之间(表 3-1)。

2）Ⅱ类储层

溶蚀孔缝发育段,在岩芯上溶蚀孔缝较发育。深、浅双侧向电阻率有一定的幅度差,电阻率主要分布在 70~300 Ω·m 之间,声波时差一般为 175~190 $\mu$s/m,密度分布在 2.6~2.7 g/cm³ 之间,略高于Ⅰ类储层,中子孔隙度分布在 2%~8% 之间,明显低于Ⅰ类储层,声波孔隙度一般为 5%~10%,裂缝孔隙度多为 1%~3%,渗透率普遍小于 10×10⁻³ $\mu$m²。Ⅱ类储层物性明显差于Ⅰ类储层(表 3-1)。

3）Ⅲ类储层

裂缝、溶蚀孔缝欠发育,岩芯上裂缝多为半充填缝。深、浅双侧向电阻率值几乎重合,表现高阻特征,电阻率一般为 150~500 Ω·m,声波时差一般为 165~175 $\mu$s/m,密度主要为 2.64~2.72 g/cm³,中子孔隙度一般为 1%~3%,声波孔隙度一般为 3%~5%,裂缝孔隙度小于 1.5%,渗透率一般在(0.01~0.05)×10⁻³ $\mu$m² 之间。该类储层一般为无效储层(表 3-1)。

表 3-1　二连盆地古生界灰岩潜山储层级别划分标准

| 灰岩储层特征 | | | | | |
|---|---|---|---|---|---|
| 储层类型 | $DEN$ /(g·cm⁻³) | $CNL$ /% | $AC$ /($\mu$s·m⁻¹) | $RLLD$ /(Ω·m) | 声波孔隙度 /% | 渗透率 /(10⁻³ $\mu$m²) |
| Ⅰ类 | <2.6 | >8 | >190 | <70 | >10 | 1~600 |
| Ⅱ类 | 2.6~2.7 | 2~8 | 175~190 | 70~300 | 5~10 | 0.02~10 |
| Ⅲ类 | 2.64~2.72 | 1~3 | 165~175 | 150~500 | 3~5 | 0.01~0.05 |

**2. 凝灰岩**

1）Ⅰ类储层

裂缝发育段,岩芯较破碎,可见大量的溶蚀孔缝。深、浅双侧向电阻率幅度差明显,低阻特征明显,深电阻率小于 200 Ω·m,声波时差通常大于 210 $\mu$s/m,密度普遍小于 2.45 g/cm³,中子孔隙度一般大于 15%,声波孔隙度大于 10%,裂缝孔隙度一般为 2%~10%,渗透率多分布在(1~350)×10⁻³ $\mu$m² 之间(表 3-2)。

2）Ⅱ类储层

裂缝较发育段。深、浅双侧向电阻率有一定的幅度差,深电阻率主要分布在 90~700 Ω·m,声波时差一般大于 190 $\mu$s/m,密度一般在 2.45~2.53 g/cm³ 之间,中子孔隙度分布在 7%~15% 之间,声波孔隙度一般为 5%~10%,裂缝孔隙度多为 2%~6%,渗透率普遍在(0.1~10)×10⁻³ $\mu$m² 之间(表 3-2)。

**3）Ⅲ类储层**

裂缝欠发育，岩芯上裂缝多为半充填缝。深、浅双侧向电阻率值几乎重合，表现高阻特征，电阻率一般大于 220 $\Omega \cdot m$，声波时差一般小于 190 $\mu s/m$，密度一般大于 2.53 $g/cm^3$，中子孔隙度一般在 0%～7% 之间，声波孔隙度一般小于 5%，裂缝孔隙度一般为 1%～4%，渗透率分布于 0.1×10$^{-3}$ $\mu m^2$ 之下。该类储层一般为无效储层（表 3-2）。

表 3-2 二连盆地古生界凝灰岩潜山储层级别划分标准

| 凝灰岩储层特征 | | | | | |
|---|---|---|---|---|---|
| 储层类型 | DEN /(g·cm$^{-3}$) | CNL /% | AC /(μs·m$^{-1}$) | RLLD /(Ω·m) | 声波孔隙度 /% | 渗透率 /(10$^{-3}$ μm$^2$) |
| Ⅰ类 | <2.45 | >15 | >210 | <200 | >10 | 1～350 |
| Ⅱ类 | 2.45～2.53 | 7～15 | >190 | 90～700 | 5～10 | 0.1～10 |
| Ⅲ类 | >2.53 | 0～7 | <190 | >220 | <5 | <0.1 |

## 3. 花岗岩

**1）Ⅰ类储层**

裂缝发育段，岩芯较破碎，见大量的溶孔（洞）。深、浅双侧向电阻率幅度差明显，低阻特征明显，深电阻率小于 60 $\Omega \cdot m$，声波时差通常大于 244 $\mu s/m$，密度普遍小于 2.4 $g/cm^3$，中子孔隙度一般大于 17%，声波孔隙度大于 10%，裂缝孔隙度一般为 2%～10%，渗透率多分布在 (0.2～60)×10$^{-3}$ $\mu m^2$ 之间（表 3-3）。

**2）Ⅱ类储层**

裂缝较发育段。深、浅双侧向电阻率有一定的幅度差，深电阻率主要分布在 110～460 $\Omega \cdot m$ 之间，声波时差一般为 190～240 $\mu s/m$，密度一般在 2.40～2.60 $g/cm^3$ 之间，中子孔隙度分布在 4.8%～12% 之间，声波孔隙度一般为 4%～10%，裂缝孔隙度多为 0.2%～7%，渗透率普遍小于 8×10$^{-3}$ $\mu m^2$（表 3-3）。

**3）Ⅲ类储层**

裂缝欠发育，岩芯上裂缝多为半充填缝。深、浅双侧向电阻率值几乎重合，表现高阻特征，深电阻率一般为 100～500 $\Omega \cdot m$，声波时差一般在 180～210 $\mu s/m$ 之间，密度一般为 2.6～2.7 $g/cm^3$，中子孔隙度一般为 6.0%～10.0%，声波孔隙度一般为 1%～4%，裂缝孔隙度一般小于 0.2%，渗透率一般小于 0.2×10$^{-3}$ $\mu m^2$。该类储层一般为无效储层（表 3-3）。

表 3-3 二连盆地古生界花岗岩潜山储层级别划分标准

| 花岗岩储层特征 | | | | | |
|---|---|---|---|---|---|
| 储层类型 | DEN /(g·cm$^{-3}$) | CNL /% | AC /(μs·m$^{-1}$) | RLLD /(Ω·m) | 声波孔隙度 /% | 渗透率 /(10$^{-3}$ μm$^2$) |
| Ⅰ类 | <2.4 | >17 | >244 | <60 | >10 | 0.2～60 |
| Ⅱ类 | 2.4～2.6 | 4.8～12 | 190～240 | 110～460 | 4～10 | <8 |
| Ⅲ类 | 2.6～2.7 | 6.0～10.0 | 180～210 | 100～500 | 1～4 | <0.2 |

#### 4. 碎裂岩

1）Ⅰ类储层

裂缝发育段,岩芯破碎,见大量的溶蚀孔缝。深、浅双侧向电阻率幅度差明显,低阻特征明显,深电阻率小于 30 Ω·m,声波时差通常大于 210 $\mu$s/m,密度普遍小于 2.58 g/cm³,中子孔隙度一般大于 11%,声波孔隙度大于 10%,裂缝孔隙度一般大于 10%,渗透率一般为 (100~6 000)×10$^{-3}$ $\mu$m²(表 3-4)。

2）Ⅱ类储层

裂缝较发育段。深、浅双侧向电阻率有一定的幅度差,电阻率主要分布在 20~80 Ω·m 之间,声波时差一般为 190~220 $\mu$s/m,密度一般在 2.58~2.64 g/cm³ 之间,中子孔隙度在 5%~11% 之间,声波孔隙度一般为 5%~10%,裂缝孔隙度多为 5%~10%,渗透率普遍小于 100×10$^{-3}$ $\mu$m²(表 3-4)。

3）Ⅲ类储层

裂缝欠发育,岩芯上裂缝多为半充填缝。深、浅双侧向电阻率几乎重合,表现为高阻特征,电阻率一般大于 60 Ω·m,声波时差一般为 170~200 $\mu$s/m,密度一般大于 2.62 g/cm³,中子孔隙度一般为 1%~5%,声波孔隙度一般为 3%~5%,裂缝孔隙度一般小于 5%,渗透率一般在 (0.05~1)×10$^{-3}$ $\mu$m² 之间。该类储层一般为无效储层(表 3-4)。

表 3-4　二连盆地古生界碎裂岩潜山储层级别划分标准

| 储层类型 | 碎裂岩储层特征 | | | | | |
| --- | --- | --- | --- | --- | --- | --- |
| | DEN /(g·cm⁻³) | CNL /% | AC /($\mu$s·m⁻¹) | RLLD /(Ω·m) | 声波孔隙度 /% | 渗透率 /(10⁻³ $\mu$m²) |
| Ⅰ类 | <2.58 | >11 | >210 | <30 | >10 | 100~6 000 |
| Ⅱ类 | 2.58~2.64 | 5~11 | 190~220 | 20~80 | 5~10 | 1~100 |
| Ⅲ类 | >2.62 | 1~5 | 170~200 | >60 | 3~5 | 0.05~1 |

#### 5. 片岩、千枚岩

1）Ⅰ类储层

裂缝发育段,岩芯较破碎,可见大量的高角度裂缝。深、浅双侧向电阻率幅度差明显,表现为低阻特征,深电阻率小于 200 Ω·m,声波时差通常大于 210 $\mu$s/m,声波孔隙度大于 10%,裂缝孔隙度一般为 2%~10%,渗透率多分布在 (1~350)×10$^{-3}$ $\mu$m² 之间(表 3-5)。

2）Ⅱ类储层

裂缝较发育段。深、浅双侧向电阻率有一定的幅度差,深电阻率主要分布在 100~300 Ω·m 之间,声波时差一般为 195~210 $\mu$s/m,声波孔隙度一般为 4%~10%,裂缝孔隙度多为 1%~4%,渗透率普遍在 (0.15~10)×10$^{-3}$ $\mu$m² 之间(表 3-5)。

3）Ⅲ类储层

裂缝欠发育,岩芯上的裂缝多为半充填缝。深、浅双侧向电阻率值几乎重合,表现为高阻特征,深电阻率一般为 200~750 Ω·m,声波时差一般小于 195 $\mu$s/m,声波孔隙度一般小于 4%,裂缝孔隙度一般在 0.7%~2% 之间,渗透率分布在 (0.01~1.3)×10$^{-3}$ $\mu$m² 之间。该类储层一般为无效储层(表 3-5)。

表 3-5　二连盆地古生界片岩、千枚岩潜山储层级别划分标准

| 片岩及千枚岩储层特征 | | | | |
|---|---|---|---|---|
| 储层类型 | $AC/(\mu s \cdot m^{-1})$ | $RLLD/(\Omega \cdot m)$ | 声波孔隙度/% | 渗透率/$(10^{-3} \mu m^2)$ |
| Ⅰ类 | >210 | <200 | >10 | 1～350 |
| Ⅱ类 | 195～210 | 100～300 | 4～10 | 0.15～10 |
| Ⅲ类 | <195 | 200～750 | <4 | 0.01～1.3 |

## 五、储层形成控制因素

### 1. 岩性

岩性是储层发育差异的根本控制因素,不同岩性具有不同的硬度、密度、成分、结构、构造等,导致不同岩性的潜山储层具有不同的储集空间类型和物性特征。

凝灰岩为火山碎屑岩,成分主要是火山灰、火山碎屑中的岩屑和晶屑中的长石等不稳定组分,易被溶蚀形成溶蚀孔缝(图 3-19a 和 b)。另外,凝灰岩中的玻屑脱玻化作用使玻璃质变成隐晶或者结晶的细小颗粒,由于体积缩小,故形成微孔和基质溶孔,使物性变好,因此凝灰岩易发育溶蚀孔洞型储层(图 3-19c)。

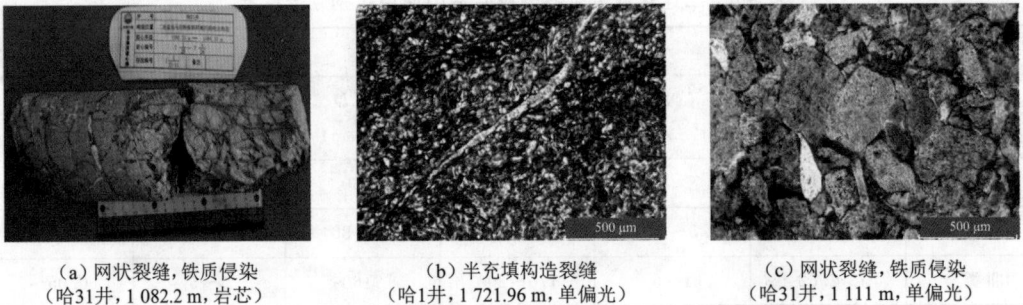

(a) 网状裂缝,铁质侵染　　　　(b) 半充填构造裂缝　　　　(c) 网状裂缝,铁质侵染
(哈31井,1 082.2 m,岩芯)　　(哈1井,1 721.96 m,单偏光)　　(哈31井,1 111 m,单偏光)

图 3-19　凝灰岩储集空间类型

长英质岩类是研究区内潜山储层的主要岩性,包含长英质侵入岩(二长花岗岩、闪长岩)、长英质区域变质岩(片岩、千枚岩)以及长英质动力变质岩(碎裂花岗岩、碎裂大理岩、糜棱岩)。花岗岩为中、碱性火成岩,主要成分为石英、长石和云母,硬度高、抗风化、耐腐蚀,不易形成溶蚀孔洞和溶蚀缝,但因其脆性特征易产生高角度构造裂缝(图 3-20a),而先期产生的构造裂缝也会由于地表的淋滤作用或深层的热液活动发生扩容(图 3-20b)。因此,花岗岩储层可以在潜山顶部风化壳和断裂带两侧形成储层。碎裂岩往往遭受强烈的断裂作用,使岩石发生动力变质作用,表现为岩石破碎、大量裂缝形成,镜下矿物见碎裂结构,部分矿物颗粒边缘因发生压溶作用而形成缝合线(图 3-20c)。另外,断裂作用产生大量的裂缝,使得地层流体渗入其中,导致先期形成的构造裂缝进一步溶蚀扩大,从而改善储集物性,镜下可见大量长石粒内溶孔。研究区内的云英质片岩原岩以花岗岩为主,其岩性与花岗岩相近,断裂形成的构造裂缝和沿裂缝所发育的长石粒内溶孔是其主要储集空间。

（a）构造裂缝　　　　　　　　（b）溶蚀裂缝　　　　　　　　（c）顺层裂缝
（淖33井，1067.57 m）　　　　（淖63井，946.14 m）　　　　（淖107井，1 111 m）

图 3-20　长英质岩储集空间类型

灰岩潜山储层物性最好，储集空间类型主要为溶蚀孔缝和溶洞（图 3-21）。不同深度岩溶环境差别较大，岩溶机理也不同，因此灰岩潜山岩溶具有纵向分带特征，由上至下发育表层岩溶带、垂直渗流岩溶带和水平潜流岩溶带。表层灰岩地层受大气、地表水的风化淋滤作用，遭受溶蚀形成大小不一、产状错综复杂的溶孔、溶缝和洞穴；大气降水沿着裂缝或孔隙向下渗滤，往往在灰岩地层的中上层段形成纵向分布的溶蚀孔、溶蚀缝，进而形成中层渗流岩溶带；地表水通过基底深大断裂进入灰岩地层内部，进而沿大断裂形成垂直分布的岩溶带；深层的潜水层地层水水平流动，使深部灰岩地层遭受溶蚀，形成沿潜水层水平分布的岩溶带。

（a）溶洞　　　　　　　　　（b）晶间溶孔　　　　　　　　（c）方解石溶蚀缝
（赛51井，1 276.03 m，岩芯）　（赛51井，1 279 m，单偏光）　（赛51井，1 279 m，单偏光）

图 3-21　灰岩储集空间类型

## 2. 构造作用

构造活动对潜山储层的影响主要表现为两个方面：① 构造活动导致的断裂带可以在岩体内形成大量裂缝，形成储集空间并连通原生孔隙和次生孔隙，从而改善储层的储集物性；② 构造活动产生的大量裂缝为地下流体提供了运移通道，使得交代、溶解、溶蚀等改造作用在构造裂缝集中区表现更为突出，进一步改善潜山储层储集物性。对重点凹陷内古生界储层距其控制断层的距离进行统计，结果表明断层对裂缝型储层具有控制作用，影响程度与距断层距离的远近和储层发育时期断层活动强度大小以及储层岩性有关（图 3-22）。

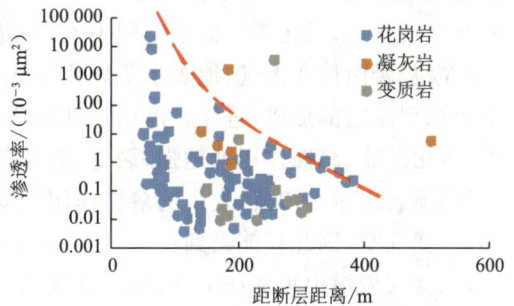

图 3-22　距断层距离与储层物性关系图

兰 18 潜山内兰 18-4x 井、兰 18x 井、兰 18-2x 井和兰 18-5x 井距断层距离由近到远，裂缝发育程度由高到低，储层物性由差到好。对比 4 口井的成像测井资料，兰 18-4x 井大量亮黄色背景分布，岩性致密，斜交缝大量发育，裂缝发育程度最好，但裂缝开度较小，缝洞空间小导致储集物性较差;兰 18x 井暗色条带状裂缝和暗色斑点分布,发育几条裂缝和少量溶蚀孔,但缝洞空间较大,是缝洞型储层,储层物性相对较好;兰 18-2x 井和兰 18-5x 井,图像上暗色斑块状孔洞发育,裂缝相对发育,但沿裂缝发育大量的溶蚀孔缝,其储集物性反而最好(图 3-23)。

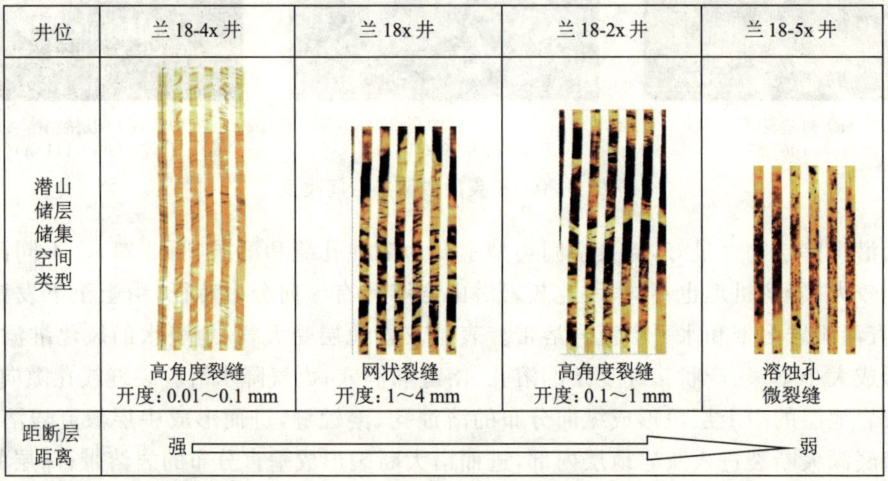

| 井位 | 兰 18-4x 井 | 兰 18x 井 | 兰 18-2x 井 | 兰 18-5x 井 |
|---|---|---|---|---|
| 潜山储层储集空间类型 | 高角度裂缝 开度:0.01~0.1 mm | 网状裂缝 开度:1~4 mm | 高角度裂缝 开度:0.1~1 mm | 溶蚀孔微裂缝 |
| 距断层距离 | 强 ⟵ | | | 弱 ⟶ |

图 3-23 兰 18 花岗岩潜山储集空间对比图

### 3. 风化作用

盆地内基岩潜山在经历一系列构造抬升时,暴露在地表受大气降水、物理风化等作用而破碎,岩石中可溶矿物被流体溶解带走,形成次生溶孔、溶洞,使储层的孔渗性显著改善。横向上,风化强度自构造顶部中央向边部逐渐减弱。纵向上,下部风化体的风化程度高于上部,所以不同位置风化程度与埋深无关,而与其位于潜山的部位有关。风化强度从潜山顶部向下逐渐变弱,形成了纵向上具有明显分带性的风化壳储层。

根据不同深度风化强弱的不同,将凝灰岩潜山顶部风化壳储层划分为风化带和半风化带。风化带的主要储集空间为网状风化缝、基质溶蚀孔以及晶间孔,储层类型为较好的Ⅰ类、Ⅱ类储层,测井响应特征表现为较低的电阻率,高声波时差,低密度,高中子孔隙度,自然伽马曲线幅度较大,U 和 Th 含量较高,能谱曲线呈指尖状;半风化带主要储集空间为斜交缝、高角度缝以及沿裂缝发育的溶蚀孔缝,储层物性一般,以Ⅱ类储层为主要储层类型,电阻率较高,声波时差变化幅度减小,密度较低,中子孔隙度较低,自然伽马曲线呈指状,U 和 Th 含量较高,能谱曲线呈指状;未风化基岩储集空间不发育、储层物性极差,测井曲线较平直。

凝灰岩山体在大气、地表水等风化淋滤作用下,其中的长石晶屑、玻屑或岩屑易被溶蚀,利于溶蚀型储层的形成,进而在潜山顶部形成纵向上具有一定范围的风化带。距离潜山顶面越近,风化淋滤、溶蚀作用就越强,裂缝、溶蚀孔洞型储层也就越发育;距离潜山顶面越远,即埋藏越深,地表水越难渗流,发生的溶蚀作用越弱,再加之上覆地层压力的影响,构造裂缝越易被压实,缝宽变窄,因此只能见到小的裂缝,向下逐渐变为致密的岩石。因此,在风化淋滤作用影响下,从凝灰岩潜山顶部往下,储层发育逐渐变差。而火山喷发具有旋回周期性,一般而言,每次喷发间断期,只要凝灰岩潜山暴露时间足够长即可在其顶部形成风化带。因此,凝灰岩形成的多期性决定了凝灰岩潜山发育多个风化带,进而决定了其储层纵向上分带发育以及储层由好变差的旋回分布的特征。

不同期次喷发的凝灰岩粒度不同,哈 31 井顶部发育灰白色晶屑凝灰岩,晶屑粒级较大;中部发育一期紫红色凝灰岩,为火山尘结构;下部发育深灰色岩屑晶屑凝灰岩。在哈 31 井凝灰岩地层氧化物含量与风化指数剖面图上见发育两个古风化壳,表明至少发生两期火山喷发(图3-24)。

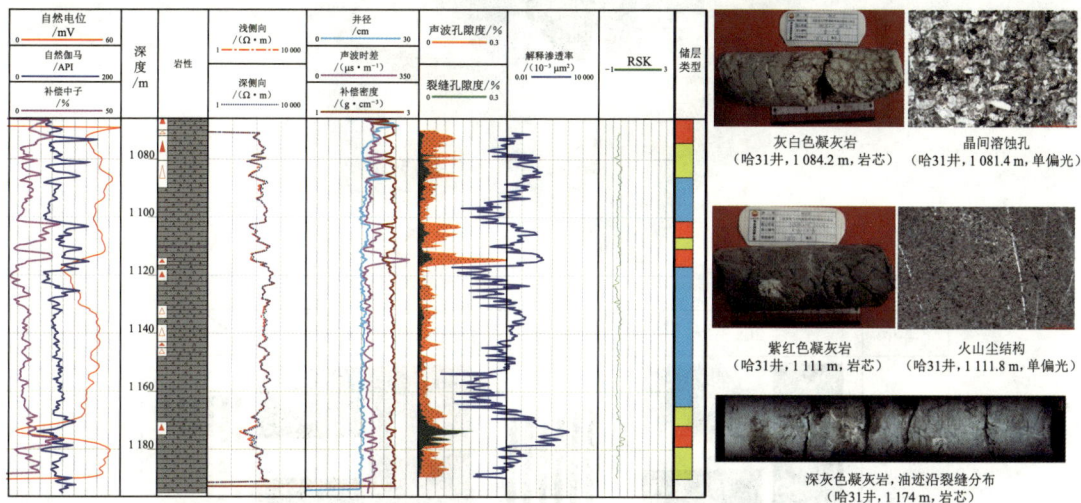

图 3-24  哈 31 井凝灰岩潜山储层综合解释图

#### 4. 地层流体作用

热液通过裂缝循环流动递送物质,花岗岩内不稳定的暗色矿物以及长石等受环境条件改变发生结构及元素的改变而形成孔隙。花岗岩内的裂隙附近被热液溶解形成溶洞,部分裂缝被次生矿物充填。通过大量的岩芯和薄片观察,潜山储层内部发育大量溶蚀孔洞,同时存在大量黄铁矿、方解石、绿泥石等与热液活动相关的矿物。通过调研发现,乌兰花凹陷内热液存在两种来源:一种是岩浆热液和火山热液,这两种热液作用时间短,温度、压力下降快,充填物结晶速度快,对储层的改造是突发性的;另一种为抬升期发生火山活动所产生的地层热水,这种热液存在时期长,沿断裂带运移,对储层改造充分,形成大量溶蚀孔洞,是潜山储层主要的控制因素,使得潜山储层具有双层结构。

乌兰花凹陷内地层流体改造作用最为明显,其中兰 18 潜山为典型的残丘型潜山,潜山内 I 类储层厚度较大,II 类储层厚度较为发育,在邻近主控断层附近发育裂缝型储层,主要储集空间类型为构造裂缝,而潜山顶部发育的风化型储层主要储集空间类型为风化作用形成的网状裂缝和沿裂缝发育的大量溶蚀孔洞(图 3-25)。赛乌苏构造带南部发育兰 9、兰 48、兰 23 等断块型潜山,潜山内发育裂缝型储层。

## 六、储层发育模式

二连盆地内潜山类型丰富,不同构造类型的潜山内风化作用和构造作用形成的储层分布存在差异。通常残丘潜山以潜山顶部发育的由风化作用形成的储层为主,而断块型潜山则以沿断裂带两侧发育的构造型储层为主。综合分析残丘型和断块型潜山内不同类型储层组合特征及发育控制因素,建立两种潜山储层发育模式。

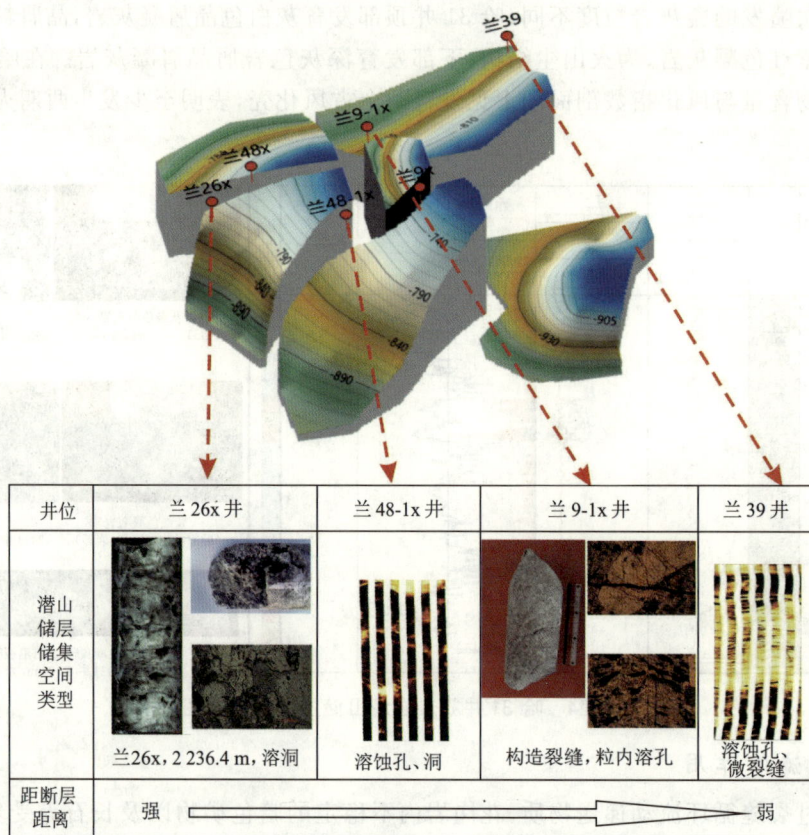

| 井位 | 兰26x井 | 兰48-1x井 | 兰9-1x井 | 兰39井 |
|---|---|---|---|---|
| 潜山储层储集空间类型 | 兰26x，2 236.4 m，溶洞 | 溶蚀孔、洞 | 构造裂缝，粒内溶孔 | 溶蚀孔、微裂缝 |
| 距断层距离 | 强 | | | 弱 |

图 3-25　地层流体对潜山储层改造作用程度图

**1. 残丘型潜山储层发育模式**

残丘型潜山通常位于基底的构造高部位，经历较长时间的风化淋滤作用，潜山顶部形成厚度较大的风化壳储层，后期被构造作用改造，在控山断裂附近发育裂缝储层。因此，残丘型潜山储层属于风化壳储层和断裂沟通的裂缝溶蚀型储层复合发育模式。另外，不同岩性残丘型潜山的储层发育模式也存在差异。

残丘型花岗岩潜山储层主要分布在潜山顶部的风化带，呈单带连续分布，纵向上具有分带性。在基底断裂的作用下，潜山内部存在由断裂向两侧延伸的储层，储层内裂缝发育程度逐渐减弱。残丘型花岗岩潜山储层发育模式具有以下特征：① 主要储集空间为构造裂缝、网状风化缝、串珠状溶蚀孔、溶蚀扩大缝；② 纵向上储层厚度大，储层物性垂向表现为由大到小的变化特征；③ 平面上，储层分布于潜山构造高部位上倾角较小的缓坡处、潜山主控断层和山体内部断层附近。如图 3-26a 所示。

兰 18 潜山为残丘型花岗岩潜山储层发育模式的典型代表。潜山西侧断裂附近的储层内发育构造裂缝，平均裂缝线密度为 16.4 条/m。但是这些裂缝受溶蚀作用改造程度较小，裂缝开度一般在 0.01～0.06 mm 之间，导致储层的储集能力较差。潜山中上部受风化和构造双重作用控制，从上至下依次发育网状风化缝和沿裂缝发育的串珠状溶蚀孔、开度较大的溶蚀缝和低角度缝、开度较小的构造裂缝和微裂缝，其储集物性逐渐变差；潜山东北侧的缓坡远离断裂带，储集空间主要为溶蚀孔，构造裂缝基本不发育。因此，兰 18 潜山的优质储层主要发育在潜山高构造部位的断裂带与风化壳复合区域，并受潜山构造形态控制，沿东北侧缓坡展布。

残丘型凝灰岩潜山内存在多期风化作用形成的多个古风化壳,储层纵向上具有分带不连续分布的特征,由此形成的凝灰岩潜山储层具有多期古风化壳储层叠加模式。残丘型凝灰岩潜山储层发育模式具有以下特征(图 3-26b):① 多期次的火山喷发形成多期古风化壳,因此潜山内部在纵向上发育多个风化壳储层;② 同一期火山喷发形成的凝灰岩层可以划分为风化带、半风化带和未风化带基岩,储层主要分布在风化带和半风化带;③ 潜山储层平面分布受构造形态控制,潜山构造顶部和倾角较小的山坡储层厚度大、储集性能好。目前在哈 8 凝灰岩残丘潜山内已经发现 3 期火山喷发形成的凝灰岩,在垂向剖面上具有多期风化壳叠加特征。潜山西南部优质储层较薄,东南部储层厚度较大,表明凝灰岩潜山储层厚度受潜山构造形态控制。

灰岩等碳酸盐岩构成的残丘型潜山顶部遭受风化和岩溶共同作用形成了溶蚀孔、溶蚀缝和溶洞等储集空间,从而形成潜山储层。不同深度的潜山储层由于流体环境、流体性质、岩溶作用机理不同,造成纵向上储集空间组合不同,具有明显的分带性。因此,残丘型灰岩潜山储层具有以下特征:① 潜山储层的主要储集空间为溶蚀孔、溶蚀缝和溶洞;② 潜山储层平面上分布于潜山构造高部位的缓坡和山间凹陷处;③ 纵向上储层厚度大,由上到下分别为垂直渗流带、水平潜流带以及深部缓流带。如图 3-26c 所示。

二连盆地内的灰岩潜山主要分布在赛汉塔拉凹陷南部的扎布断裂带上升盘。赛 51 潜山岩性为泥晶灰岩,赛 51 台地构造高位置(如赛 51 井区)、赛 51 井东侧的洼地储层较发育。由赛 51 井测井综合图可见,潜山顶部发育 I 类储层与 II 类储层交互的优质储层,厚约 100 m,主要储集空间为相交的网状裂缝、溶蚀孔缝、洞穴。潜山内部水平潜流带(1 500～1 570 m)内发育的优质储层以 II 类储层为主,主要储集空间为高角度溶蚀缝。深部缓流层内少量发育 II 类储层,储集空间为水平溶蚀缝、溶蚀孔洞。

## 2. 断块型潜山储层发育模式

盆地内的断块型潜山类型为单斜潜山、断阶型潜山和断垒型潜山。这些断块型潜山发育受控于长期继承性活动的基底断裂,使得该类型潜山储层往往沿断裂发育。

断块型花岗岩潜山储层发育模式属于断裂作用和地层流体改造复合作用下的发育模式。储层主要分布在潜山主控断层附近,呈条带状分布。断块型花岗岩潜山储层发育模式具有以下特征:① 主要储集空间为构造裂缝、溶蚀扩大缝以及溶蚀孔、洞;② 潜山储层平面上沿断裂带分布;③ 部分地层流体作用强度较大的地区,潜山中下部由构造作用形成的裂缝型储层被进一步溶蚀改造成为优质储层,使得潜山优质储层具有“双层”分布的特征。如图 3-27a 所示。

兰 9 潜山位于乌兰花凹陷赛乌苏构造带南部,是被同生断层呈阶梯状切割形成的东北向展布的断块潜山。潜山岩性为二长花岗岩、闪长玢岩,其主要矿物为长石和石英。兰 9 断块潜山被 4 条一级断裂切过,这些断裂具有活动速率大、持续时间长的特征。因此,兰 9、兰 9-1x 井内发现构造裂缝具有多期发育、相互切割的特征,镜下可见长石粒内溶孔发育。断层沟通深部热液对断裂带附近的裂缝层进行改造,断裂带附近常发育大量裂缝及溶蚀孔洞。潜山东南侧为南洼槽,油气通过断层输导体系侧向运移进入花岗岩潜山储层,形成兰 9 潜山油藏。潜山主控断层两侧的构造型优质储层为潜山油气分布的主要部位,而潜山内部发育的小断层两侧也可发育构造型优质储层,在潜山内部油气可沿相互连通的小断层分布。

断块型凝灰岩潜山储层发育模式与花岗岩断块型潜山相似,主要控制作用都是断裂作用和地层流体改造。与前者不同的是,断块型凝灰岩潜山内部不同时期的凝灰岩使潜山内部储层具有分层的特征。而控山断层与潜山内发育的构造断裂进一步改善和连通这些储层(图 3-27b)。

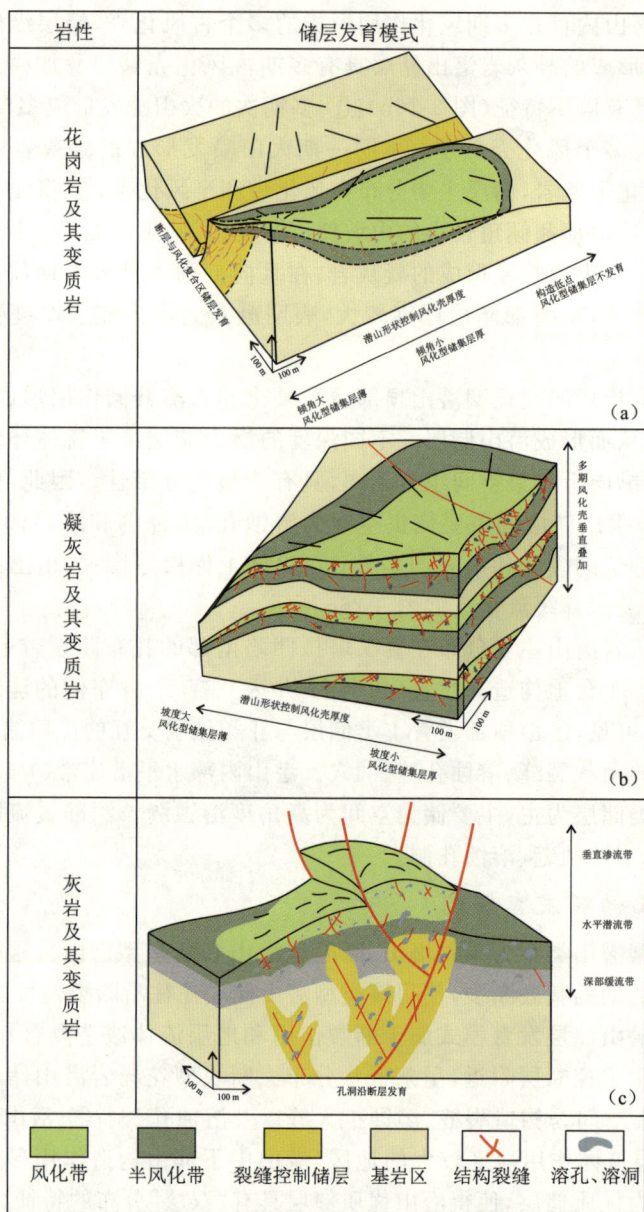

| 岩性 | 储层发育模式 |
|------|------------|
| 花岗岩及其变质岩 | |
| 凝灰岩及其变质岩 | |
| 灰岩及其变质岩 | |

图 3-26　残丘型潜山储层发育模式

阿南凹陷中部和南部的潜山断裂带发育系列断块型凝灰岩潜山,目前已钻遇有油气显示的井基本分布在断裂带两侧。

　　断块型灰岩潜山储层发育模式是断裂作用和岩溶作用共同影响的断溶体储层发育模式,具有以下特征:① 主要储集空间为沿着断裂带发育的构造裂缝、溶蚀缝和溶洞;② 潜山内部断裂相互交织处往往形成空间较大的溶洞,造成灰岩断块型潜山内部储层不规则分布的特征;③ 潜山储层在平面上沿断裂带呈条带状分布,在纵向上表现为一系列相互沟通的断裂与溶洞的“断溶体”。赛51潜山西南部处于扎布构造带的构造低部位,岩溶带潜山储层厚度小于赛51残丘型潜山,但在断裂附近发现储集物性较好的裂缝-溶蚀型储层。如图 3-27c 所示。

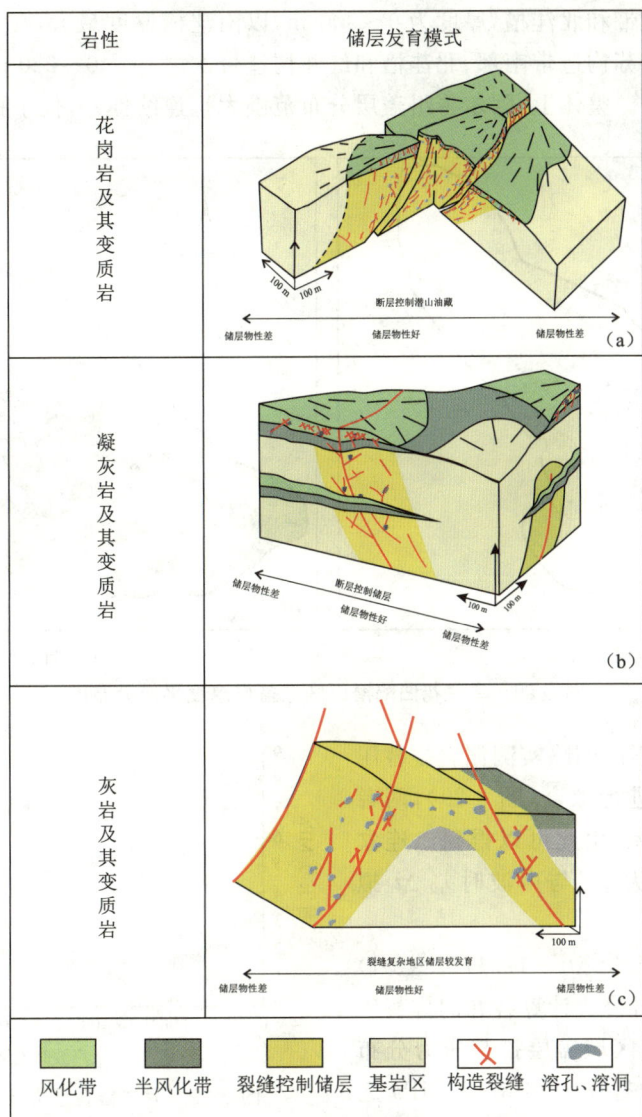

图 3-27  断块型潜山储层发育模式

# 第三节　盖层特征

　　二连盆地潜山盖层可以分为区域盖层和直接盖层两类。对 4 个凹陷盖层的基本特征进行研究,主要包括盖层层位、岩性、厚度、分布和排替压力等。

## 一、乌兰花凹陷

### 1. 区域盖层

　　乌兰花凹陷区域盖层主要为腾一下段和阿尔善组泥岩。腾一下段区域盖层分布范围较局限,主要分布于北洼槽部分区域和赛乌苏构造带南部,厚度在 0~250 m 之间,泥地比为 0.6~0.8,泥地比较大但分布范围小(图 3-28a)。阿尔善组区域盖层广泛分布,主要分布于赛乌苏、红格尔、土牧尔构造带和北洼槽,厚度为 0～300 m,以南洼槽厚度最大,在 180～340 m 之间,红格尔构造带、赛乌苏构造带南部、北洼槽和红井构造带次之,为 40～220 m(图 3-28b)。泥地比在 0.6～1.0 之间。整体上,阿尔善组盖层分布范围大且连续性好,优于腾一下段区域盖层。

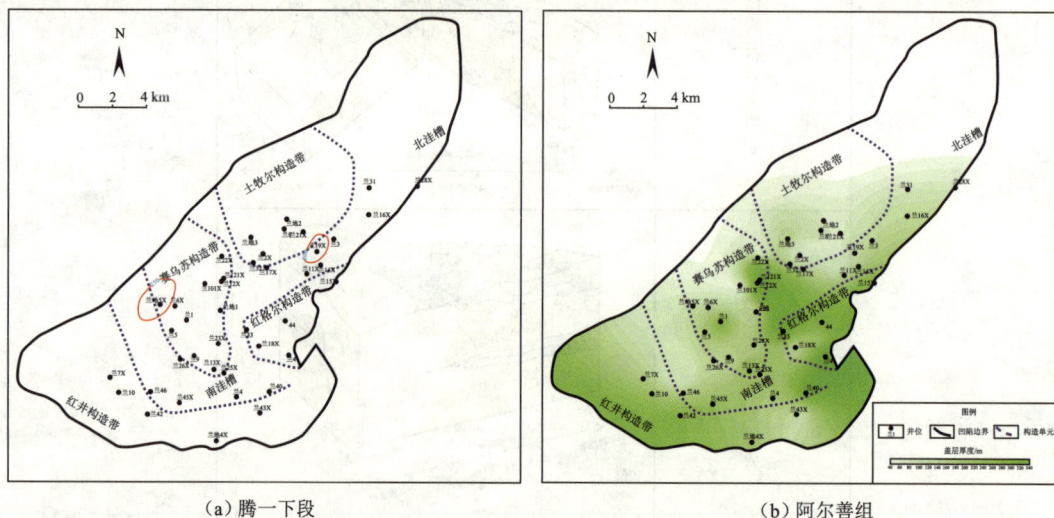

(a)腾一下段 　　　　　　　(b)阿尔善组

图 3-28　乌兰花凹陷潜山区域盖层厚度平面分布图

选取二连盆地不同凹陷实测泥岩排替压力与声波时差数据进行拟合(图 3-29),两者存在明显的线性关系,由此可以得到二连盆地盖层泥岩排替压力 $p_d$ 与声波时差 $\Delta t$ 拟合公式:

$$p_d = -1\,726.3/\Delta t + 12.172 \quad (3\text{-}1)$$

根据得出的拟合公式计算各井的排替压力,明确乌兰花凹陷区域盖层排替压力分布特征:区域盖层的排替压力在 3～8 MPa 之间,呈条带状分布,以赛乌苏构造带北部、红

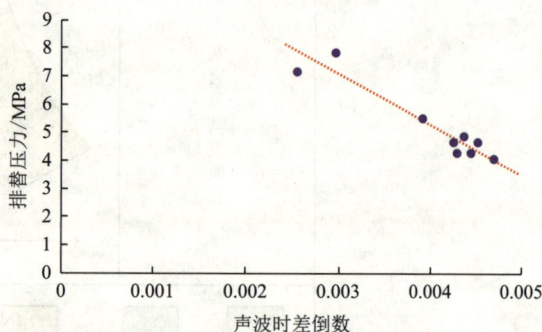

图 3-29　泥岩排替压力与声波时差交会图

井构造带西部和土牧尔构造带北部排替压力最大,在 6.2～7.6 MPa 之间,其次为红格尔构造带和南洼槽,为 5.2～6.4 MPa(图 3-30)。

## 2. 直接盖层

乌兰花凹陷潜山油气直接盖层的岩性分为泥岩和致密安山岩两类,其中泥岩盖层厚度为 0～40 m,主要分布于凹陷中北部,以南洼槽和北洼槽厚度最大,在 10～40 m 之间;其次为赛乌苏、土牧尔构造带南部和红格尔构造带西部,厚度为 0～25 m(图 3-31)。

凹陷内泥岩盖层排替压力在 4～8 MPa 之间,具有很好的封闭能力,其中排替压力大于 5 MPa 的泥岩盖层分布于北洼槽、赛乌苏构造带南部和红格尔构造带大部分区域,以土牧尔构造带北部和赛乌苏构造带东北部排替压力最大,在 6.0 MPa 以上,具有较高的封闭能力(图 3-32)。

乌兰花凹陷致密安山岩盖层厚度为 0～5 m,分布较局限,主要分布于红井构造带和南洼槽,厚度中心在南洼槽西部和东部,厚度在 7～9 m 之间(图 3-33)。统计安山岩排替压力实测值和对应深度声波时差进行公式拟合,二者存在一定的线性指数关系(图 3-34)。由此可以得到安山岩排替压力与声波时差关系为:

$$p_d = e^{0.062\,4\Delta t - 8.935\,4} \tag{3-2}$$

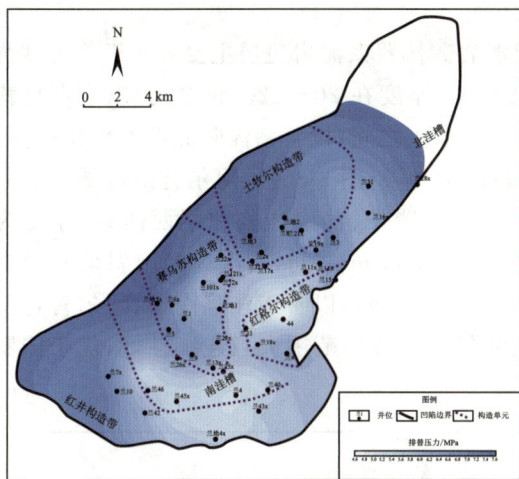

图 3-30　乌兰花凹陷潜山区域盖层排替压力平面分布图

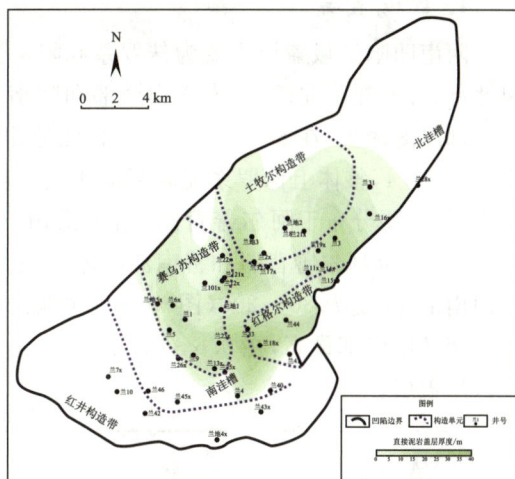

图 3-31　乌兰花凹陷直接盖层泥岩厚度分布图

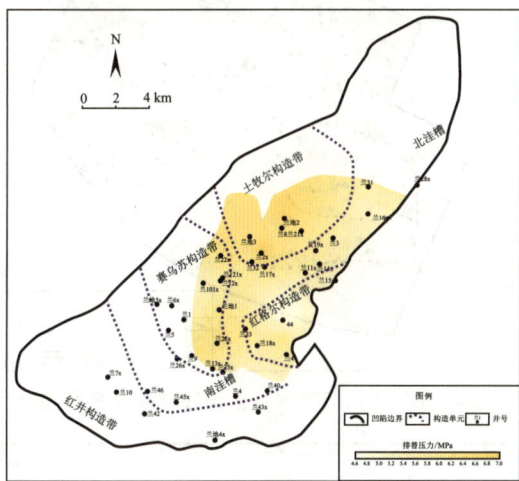

图 3-32　乌兰花凹陷直接盖层排替压力分布图

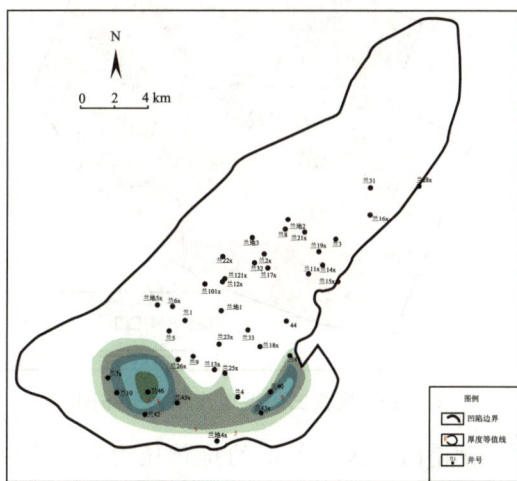

图 3-33　乌兰花凹陷致密安山岩盖层厚度分布图

通过该拟合公式,计算南洼槽和红井构造带各井致密安山岩的排替压力,结果表明致密安山岩盖层排替压力在 10~15 MPa 之间,具有很好的封闭性。

对比上述两种岩性的直接盖层可知,两者都具有很好的封闭能力,但泥岩盖层厚度和展布范围大于致密安山岩,其中花岗岩和凝灰岩储层区顶部为厚层泥岩直接盖层,具有很好的储盖配置;致密砂岩储层区顶部为致密安山岩直接盖层,也具有很好的封闭

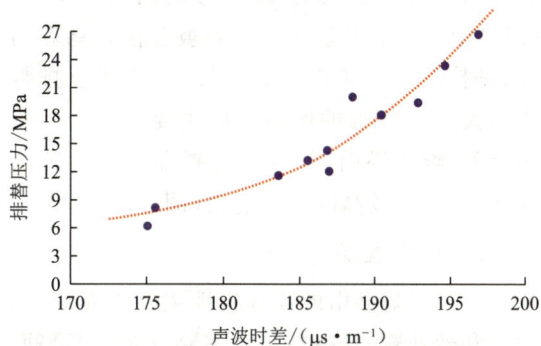

图 3-34　安山岩排替压力与声波时差交会图

性,但整体连续性不好。灰岩储层上部盖层条件差,不利于潜山油气富集。

## 二、阿南凹陷

### 1. 区域盖层

阿南凹陷区域盖层主要为侏罗系和阿尔善组泥岩。侏罗系泥岩盖层主要分布于蒙古林背斜北部、善南洼陷北部、哈南潜山西部和阿南斜坡北部,厚度在 20~120 m 之间,以蒙古林背斜北部厚度最大,在 80~120 m 之间;泥地比在 0.1~0.4 之间,以善南洼陷北部泥地比最高,为 0.2~0.4,整体上侏罗系泥岩泥地比较小且分布范围局限(图 3-35)。阿尔善组区域盖层分布广泛,主要分布于阿尔善背斜、哈南潜山、莎音乌苏构造带、善南洼陷和蒙西洼陷,厚度为 0~300 m,以阿尔善背斜和善南洼陷厚度最大,在 160~280 m 之间,其次为阿南斜坡和哈南潜山南部,厚度为 80~200(图 3-36);泥地比在 0.2~1.0 之间,以善南洼陷南部、阿尔善背斜和哈南潜山南部最高,在 0.6~0.8 之间。整体上阿尔善组分布范围大且连续性好,优于侏罗系区域盖层。

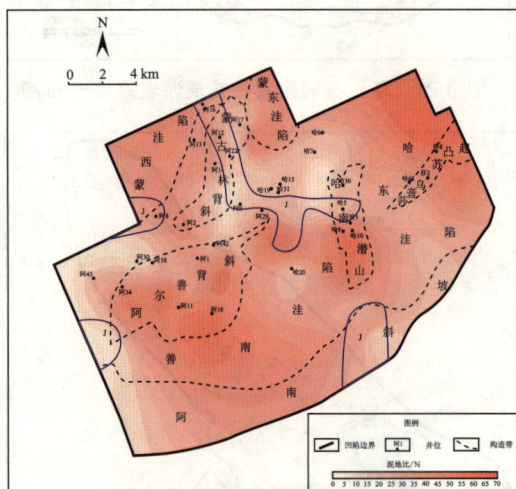

图 3-35 阿南凹陷泥地比平面分布图

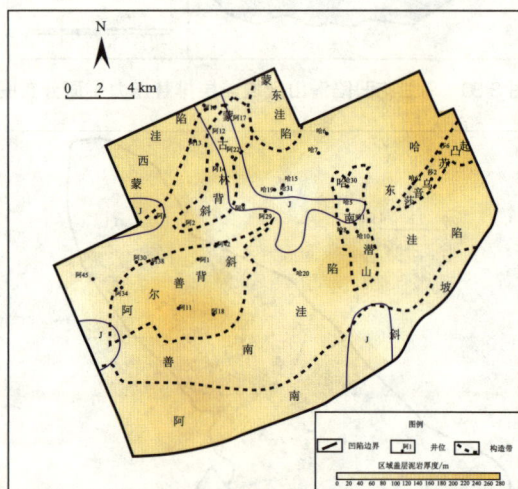

图 3-36 阿南凹陷区域盖层厚度平面分布图

阿南凹陷区域盖层的排替压力在 3.5~7.0 MPa 之间,以蒙古林背斜、哈南潜山北部和阿尔善背斜南部排替压力最高,在 5.8~6.8 MPa 之间,其次为阿南斜坡和莎音乌苏凸起,排替压力为 4.6~5.8 MPa。整体上排替压力大于 5 MPa 的区域盖层主要分布于阿尔善背斜、哈南潜山、蒙古林背斜和莎音乌苏凸起南部,具有较高的封闭能力(图 3-37)。

### 2. 直接盖层

阿南凹陷潜山的顶部岩性主要为凝灰岩、泥岩和砂砾岩,其中凝灰岩主要分布于凹陷西南部,分布范围小(图 3-38),砂砾岩主要分布于蒙古林背斜、阿尔善背斜、阿南斜坡和善南

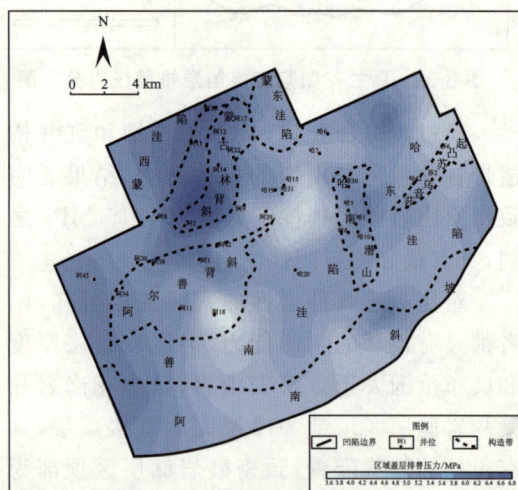

图 3-37 阿南凹陷区域盖层排替压力平面分布图

洼陷,分布范围较广,但砂砾岩和凝灰岩不具有封盖能力。阿南凹陷直接盖层岩性为泥岩,凹陷内广泛分布,厚度为 2～24 m,以善南洼陷厚度最大,在 10～24 m 之间,其次为哈南潜山和阿尔善背斜,厚度为 6～18 m(图 3-39)。

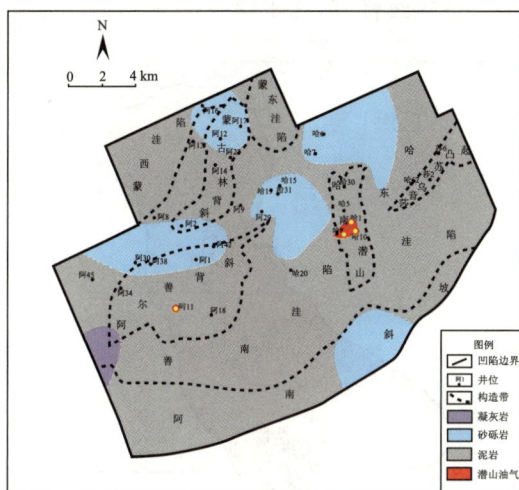

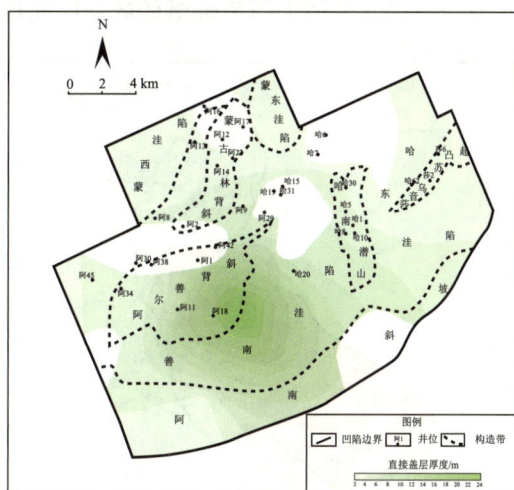

图 3-38　阿南凹陷潜山顶部岩性分布图　　　　　图 3-39　阿南凹陷直接盖层泥岩厚度平面分布图

## 三、赛汉塔拉凹陷

### 1. 区域盖层

赛汉塔拉凹陷区域盖层主要为阿尔善组和腾一段泥岩。阿尔善组区域盖层分布范围较大,主要分布于布和构造带、赛四构造带、锡林陡坡带、扎布和西部斜坡带,厚度在 40～280 m 之间,以布和赛四构造带厚度最大,在 160～280 m 之间,其次为伊和、扎布构造带和西部斜坡带,厚度为 40～220 m(图 3-40a);泥地比在 0.4～0.9 之间,以赛四、扎布和伊和构造带最高,在 0.60～0.90 之间,其次为西部斜坡带和布和构造带,为 0.4～0.7(图 3-41a)。腾一段区域

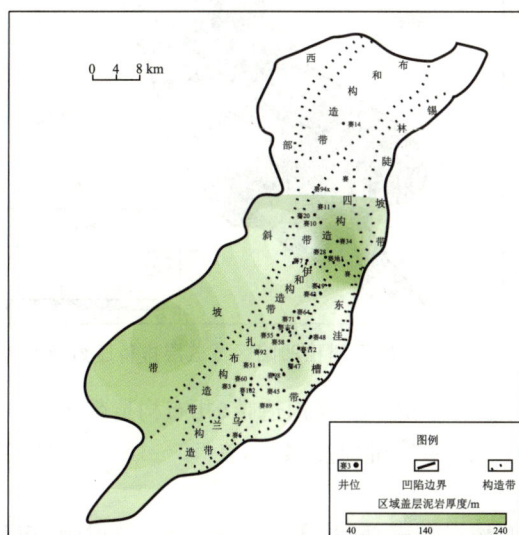

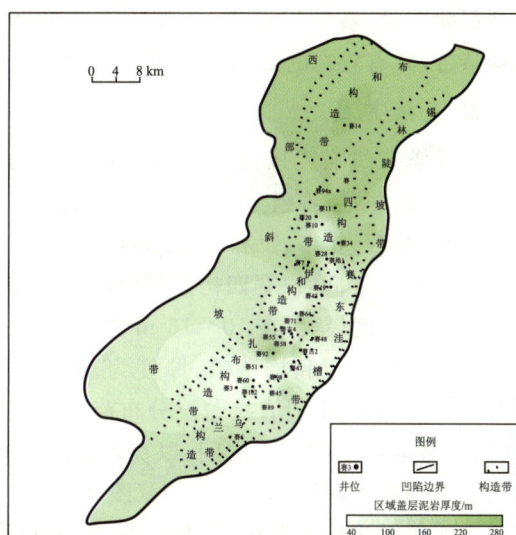

（a）腾一段　　　　　　　　　　　　　　　（b）阿尔善组

图 3-40　赛汉塔拉凹陷区域盖层厚度分布图

盖层主要分布于赛四、扎布、伊和构造带、西部斜坡带和淖东洼槽，厚度为 $40\sim240$ m，以赛四构造带和西部斜坡带厚度最大，在 $140\sim240$ m 之间，其次为扎布和伊和构造带，厚度为 $100\sim160$ m（图 3-40b）；泥地比在 $0.4\sim0.9$ 之间，以西部斜坡带、赛四构造带最高，在 $0.6\sim0.9$ 之间（图 3-41b）。整体上阿尔善组区域盖层分布范围大且连续性好，优于腾一段。

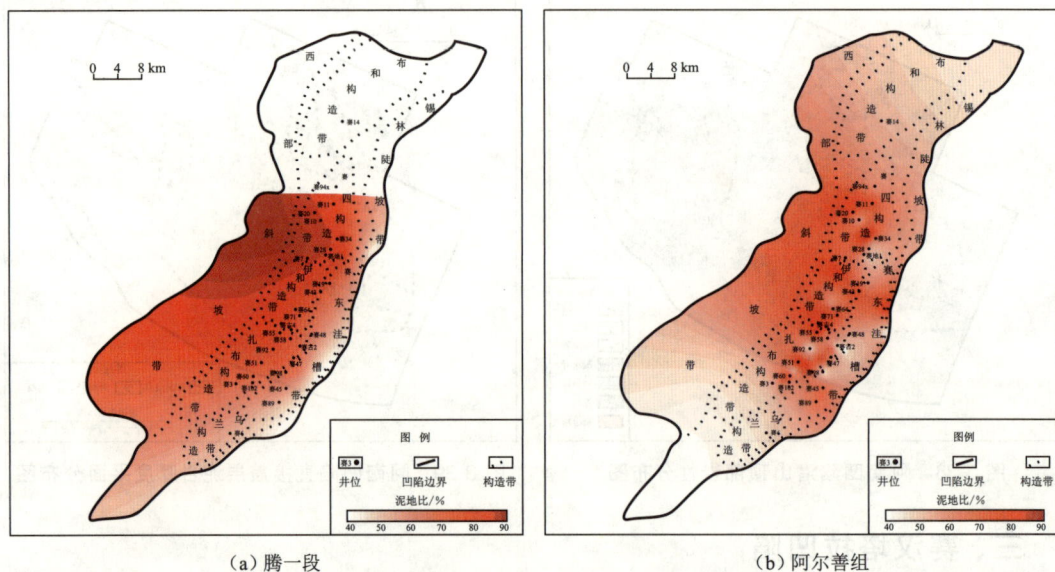

（a）腾一段　　　　　　　　　　（b）阿尔善组

图 3-41　赛汉塔拉凹陷区域盖层泥地比分布图

赛汉塔拉凹陷区域盖层排替压力在 $4.6\sim8.4$ MPa 之间，西部斜坡带排替压力较大，在 8 MPa 以上，赛东洼槽带中部排替压力较小，小于 5 MPa，整体上以从西到东递减的趋势分布。大于 5 MPa 的区域盖层主要分布于西部斜坡带、赛四构造带、扎布构造带和布和构造带，具有较高的封闭能力（图 3-42）。

**2. 直接盖层**

赛汉塔拉凹陷直接盖层为阿尔善组和腾一下段泥岩。阿尔善组分布范围较广，主要分布于布和、赛四、扎布、伊和、西部等构造带，厚度在 $1\sim16$ m 之间，以赛四构造带南部和扎布构造带北部厚度最大，在 $10\sim16$ m 之间，其次为西部斜坡带和布和构造带，厚度为 $1\sim7$ m

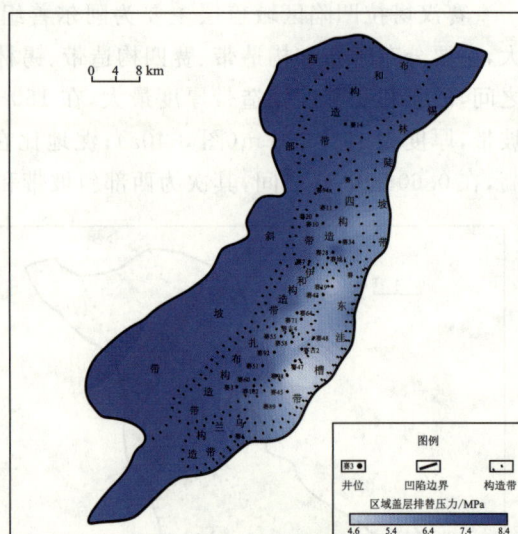

图 3-42　赛汉塔拉凹陷区域盖层排替压力分布图

（图 3-43a）。腾一下段直接盖层分布范围较局限，主要分布于赛四构造带、扎布构造带中部、赛东洼槽，厚度在 $1\sim18$ m 之间，以赛东洼槽和扎布构造带中部厚度最大，在 $10\sim18$ m 之间，其次为赛四构造带，厚度为 $1\sim10$ m（图 3-43b）。

直接盖层排替压力在 $4\sim8$ MPa 之间，以赛四构造带南部、扎布构造带、西部斜坡带、布和构造带北部和乌兰构造带较大，在 $6\sim8$ MPa 之间，其次为伊和构造带和赛东洼槽，为 $4\sim7$ MPa。排替压力大于 5 MPa 的直接盖层主要分布于西部斜坡带南部、扎布构造带、赛四构造带中部、乌兰构造带和布和构造带北部,具有较好的封闭能力(图 3-44)。

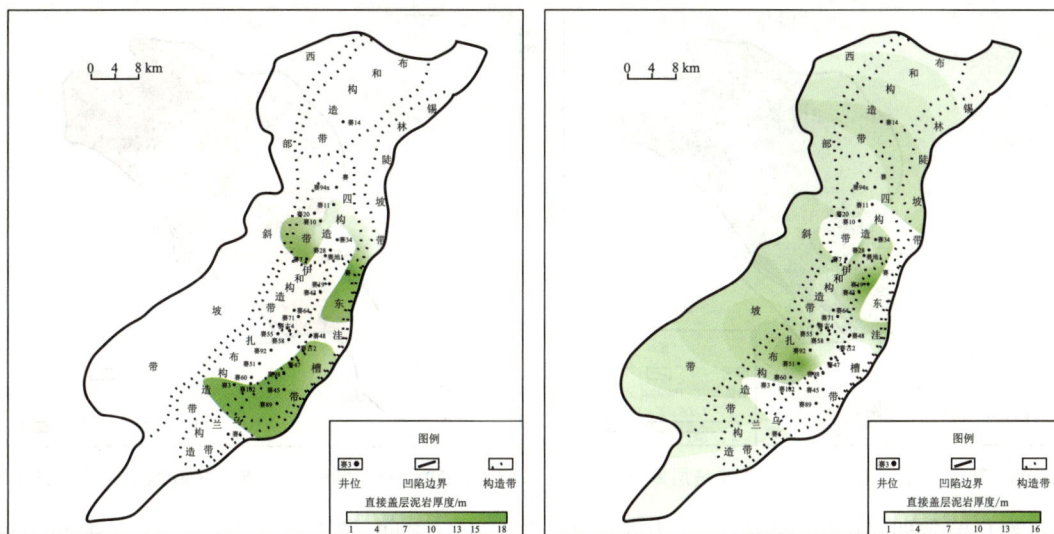

（a）腾一段　　　　　　　　　　　（b）阿尔善组

图 3-43　赛汉塔拉凹陷直接盖层厚度分布图

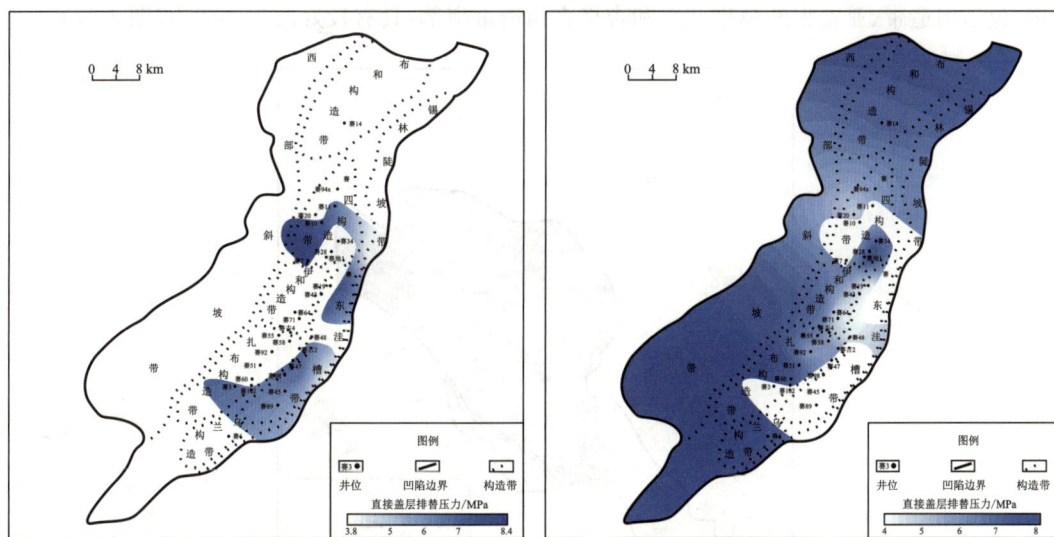

（a）腾一段　　　　　　　　　　　（b）阿尔善组

图 3-44　赛汉塔拉凹陷直接盖层排替压力分布图

## 四、额仁淖尔凹陷

### 1. 区域盖层

额仁淖尔凹陷的区域盖层为阿尔善组泥岩,厚度在 $60\sim220$ m 之间,以淖东洼槽以及巴润、吉格森和包尔构造带厚度最大,在 $140\sim220$ m 之间,其次为亚希根断鼻带和淖西断鼻带,厚度为 $60\sim160$ m(图 3-45)。区域盖层泥地比在 $0.4\sim0.8$ 之间,淖东洼槽西部、吉格森-包尔断裂潜山构造带北部和巴润断裂背斜潜山带北部泥地比较大,可达 $0.8$,淖西洼槽西部和吉格森-包尔断裂潜山构造带中部泥地比较小,不到 $0.5$(图 3-46)。

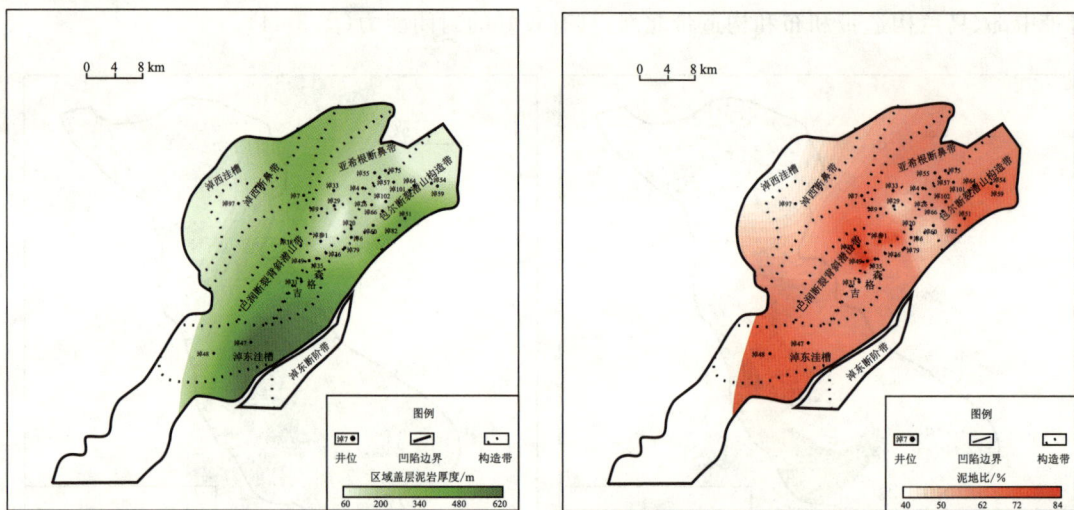

图 3-45　额仁淖尔凹陷阿尔善组区域盖层厚度分布图　图 3-46　额仁淖尔凹陷阿尔善组区域盖层泥地比分布图

　　额仁淖尔凹陷区域盖层排替压力在 4.4～7.6 MPa 之间,淖东洼槽西部和吉格森-包尔断裂潜山构造带北部排替压力较大,可达到 7.4 MPa,吉格森-包尔断裂潜山构造带南部、中部排替压力较小,小于 5 MPa。整体上排替压力大于 5 MPa 的阿尔善组区域盖层主要分布于巴润构造带、包尔构造带、亚希根断鼻带北部和吉格森构造带南部,具有较好的封闭能力(图 3-47)。

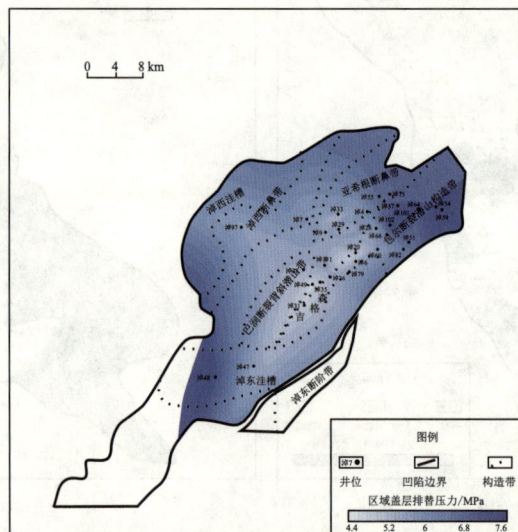

图 3-47　额仁淖尔凹陷区域盖层排替压力分布图

## 2. 直接盖层

　　额仁淖尔凹陷直接盖层为阿尔善组泥岩,厚度在 2～15 m 之间,以巴润断裂背斜潜山带北部泥岩厚度最大,在 10 m 以上,其次为包尔构造带,厚度在 6～10 m 之间,整体上凹陷南部直接盖层泥岩厚度高于北部(图 3-48)。直接盖层排替压力在 4.4～7 MPa 之间,亚希根断鼻带北部排替压力最大,可达 6.6 MPa,巴润断裂背斜潜山带北部、吉格森-包尔断裂潜山构造带南部和淖东洼槽北部排替压力较小,小于 5 MPa,整体上直接盖层排替压力以从南到北递增的趋势分布(图 3-49)。

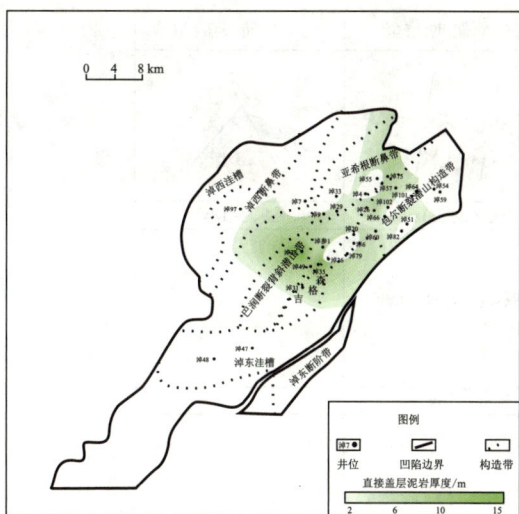

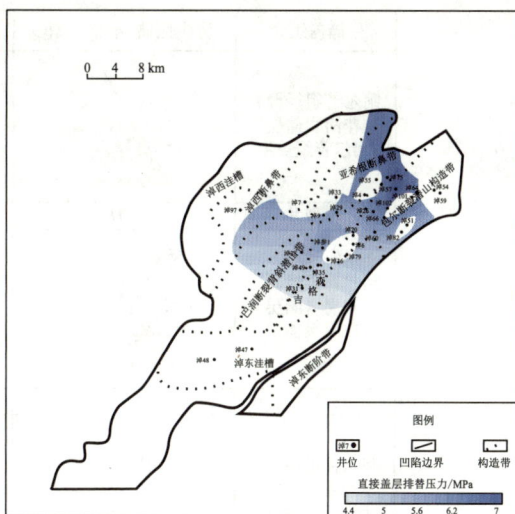

图 3-48　额仁淖尔凹陷直接盖层厚度分布图　　　图 3-49　额仁淖尔凹陷直接盖层排替压力分布图

# 第四节　生储盖组合特征

## 一、乌兰花凹陷

乌兰花凹陷潜山生储盖组合以旁生侧储为主,烃源岩为阿尔善组暗色泥岩,储层为变质砂岩、凝灰岩、花岗岩和灰岩,盖层分为阿尔善组泥岩、腾一下段泥岩和致密安山岩3类。根据不同的输导体系,生储盖组合类型可以细分为断层型、不整合型和复合型3类。根据岩性特征,储盖组合类型可以划分为花岗岩储层-阿尔善组盖层、花岗岩储层-侏罗系盖层、凝灰岩储层-腾一下段盖层、凝灰岩储层-阿尔善组盖层和变质砂岩储层-侏罗系盖层组合5大类(图3-50)。

油气显示主要分布于花岗岩储层-阿尔善组盖层组合中,其次为变质砂岩储层-侏罗系盖层组合,凝灰岩储层-阿尔善组/腾一下段盖层和花岗岩储层-侏罗系盖层生储盖组合油气显示较差(图3-51)。

## 二、阿南凹陷

阿南凹陷潜山生储盖组合以旁生侧储为主,储层为凝灰岩和蛇纹岩,盖层分为侏罗系盖层和阿尔善组盖层两类。根据不同的输导体系可以细分为旁生侧储-断层型、下生上储-断层型和旁生侧储-复合型3类,根据岩性特征可以划分为凝灰岩储层-阿尔善组盖层、凝灰岩储层-侏罗系盖层和蛇纹岩储层-阿尔善组盖层3类(图3-52)。

阿南凹陷油气显示主要分布于凝灰岩储层-阿尔善组盖层组合中,其次为蛇纹岩储层-阿尔善组盖层组合(图3-51)。

## 三、赛汉塔拉凹陷

赛汉塔拉凹陷潜山生储盖组合以旁生侧储为主,储层为片岩、灰岩和浅变质岩,盖层分为侏罗系盖层和阿尔善组盖层两类。根据不同的输导体系,储盖组合类型可以细分为旁生侧储-断层型、旁生侧储-不整合型和旁生侧储-复合型3类,以旁生侧储-断层型为主。根据岩性特征,

| 生储盖组合 | 旁生侧储-不整合型 | 旁生侧储-断层型 | 旁生侧储-复合型 |
|---|---|---|---|
| 阿尔善组烃源岩<br>花岗岩储层<br>阿尔善组盖层 |  |  |  |
| 典型井 | 兰16 | 兰8、兰23x | 兰9、兰18x |
| 阿尔善组烃源岩<br>花岗岩储层<br>侏罗系盖层 |  |  | |
| 典型井 | 兰41 | 兰26x | |
| 阿尔善组烃源岩<br>凝灰岩储层<br>腾一下段盖层 |  | | |
| 典型井 | 兰19、兰191x | | |
| 阿尔善组烃源岩<br>凝灰岩储层<br>阿尔善组盖层 |  |  | |
| 典型井 | 兰15 | 兰21 | |
| 阿尔善组烃源岩<br>变质砂岩储层<br>侏罗系盖层 | |  | 储层<br>盖层<br>烃源岩<br>烃源岩+盖层 |
| 典型井 | | 兰7x | |

图 3-50　乌兰花凹陷生储盖组合类型

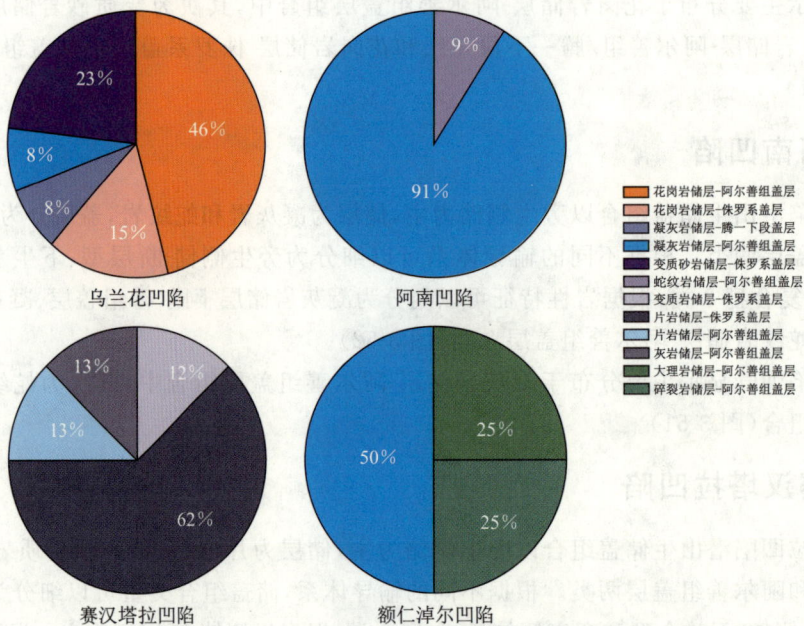

图 3-51　4个凹陷不同生储盖组合油气显示井比例

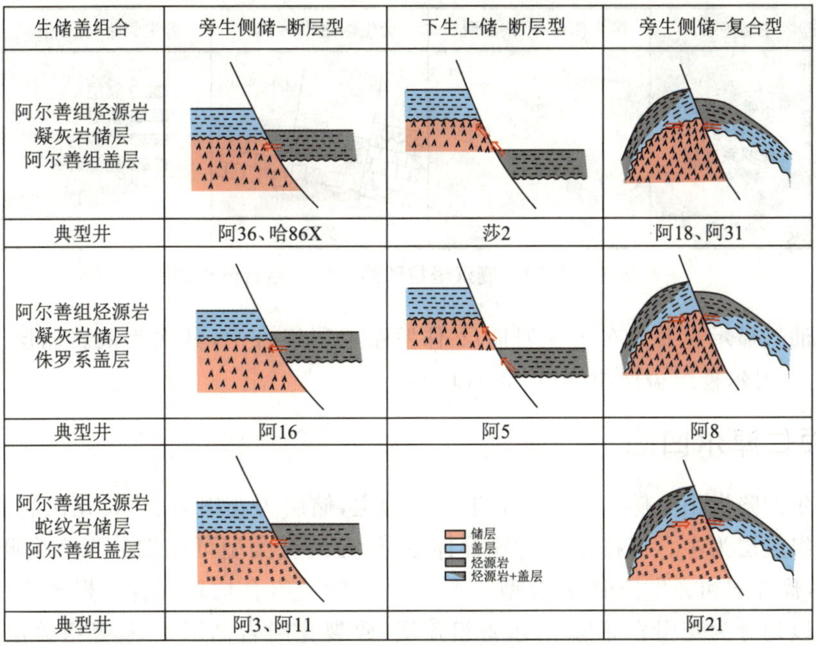

| 生储盖组合 | 旁生侧储-断层型 | 下生上储-断层型 | 旁生侧储-复合型 |
|---|---|---|---|
| 阿尔善组烃源岩<br>凝灰岩储层<br>阿尔善组盖层 | | | |
| 典型井 | 阿36、哈86X | 莎2 | 阿18、阿31 |
| 阿尔善组烃源岩<br>凝灰岩储层<br>侏罗系盖层 | | | |
| 典型井 | 阿16 | 阿5 | 阿8 |
| 阿尔善组烃源岩<br>蛇纹岩储层<br>阿尔善组盖层 | | | |
| 典型井 | 阿3、阿11 | | 阿21 |

图 3-52　阿南凹陷生储盖组合分类图

储盖组合类型可以划分为片岩储层-阿尔善组盖层、片岩储层-侏罗系盖层、浅变质岩储层-侏罗系盖层、灰岩储层-阿尔善组盖层和灰岩储层-侏罗系盖层 5 类，以片岩储层-侏罗系盖层为主(图 3-53)。

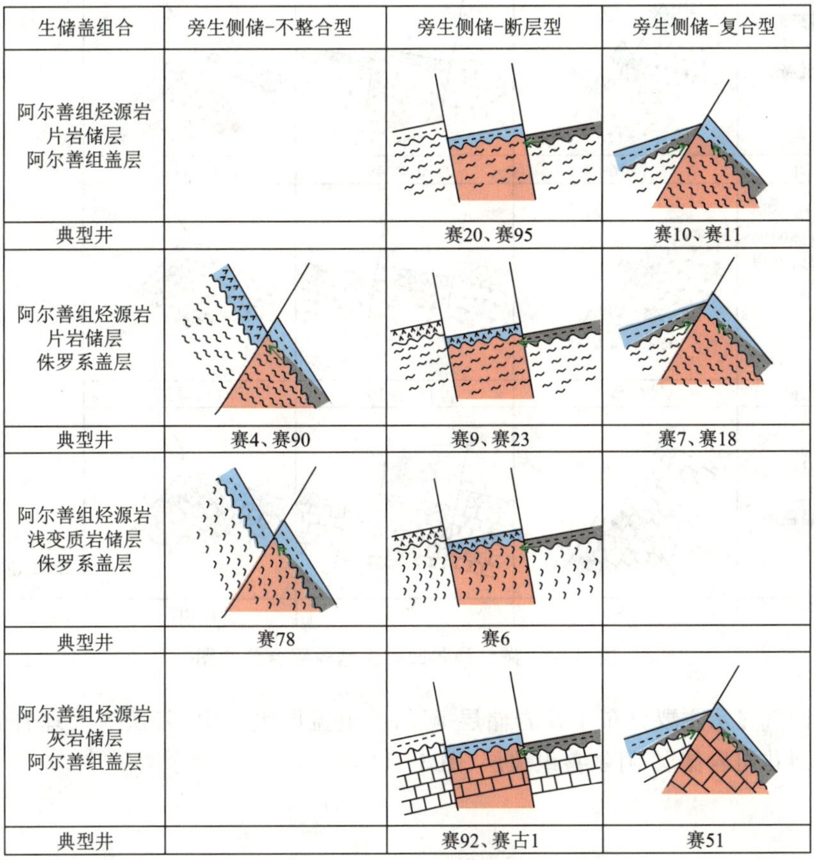

| 生储盖组合 | 旁生侧储-不整合型 | 旁生侧储-断层型 | 旁生侧储-复合型 |
|---|---|---|---|
| 阿尔善组烃源岩<br>片岩储层<br>阿尔善组盖层 | | | |
| 典型井 | | 赛20、赛95 | 赛10、赛11 |
| 阿尔善组烃源岩<br>片岩储层<br>侏罗系盖层 | | | |
| 典型井 | 赛4、赛90 | 赛9、赛23 | 赛7、赛18 |
| 阿尔善组烃源岩<br>浅变质岩储层<br>侏罗系盖层 | | | |
| 典型井 | 赛78 | 赛6 | |
| 阿尔善组烃源岩<br>灰岩储层<br>阿尔善组盖层 | | | |
| 典型井 | | 赛92、赛古1 | 赛51 |

图 3-53　赛汉塔拉凹陷生储盖组合分类图

| 生储盖组合 | 旁生侧储-不整合型 | 旁生侧储-断层型 | 旁生侧储-复合型 |
|---|---|---|---|
| 阿尔善组烃源岩<br>灰岩储层<br>侏罗系盖层 | | 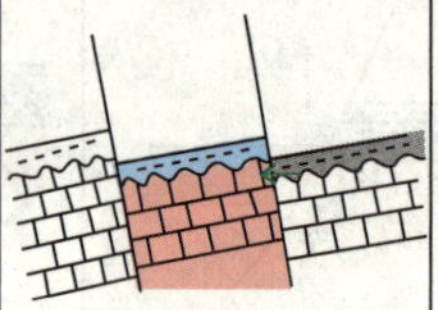 | 储层<br>盖层<br>烃源岩<br>烃源岩+盖层 |
| 典型井 | | 赛14 | |

图 3-53(续)  赛汉塔拉凹陷生储盖组合分类图

凹陷内油气显示主要分布于片岩储层-侏罗系盖层组合中,其次为灰岩储层-阿尔善组盖层和片岩储层-阿尔善组盖层组合(图 3-51)。

## 四、额仁淖尔凹陷

额仁淖尔凹陷潜山生储盖组合以旁生侧储为主,储层为花岗岩、碎裂花岗岩和大理岩,盖层以阿尔善组盖层为主。根据不同的输导体系,储盖组合类型可以细分为旁生侧储-断层型、旁生侧储-不整合型和旁生侧储-复合型 3 类,3 类生储盖组合均较发育。根据岩性特征,储盖组合类型可以划分为花岗岩储层-阿尔善组盖层、碎裂花岗岩储层-阿尔善组盖层和大理岩储层-阿尔善组盖层 3 类,以碎裂花岗岩储层-阿尔善组盖层为主(图 3-54)。

| 生储盖组合 | 旁生侧储-不整合型 | 旁生侧储-断层型 | 旁生侧储-复合型 |
|---|---|---|---|
| 阿尔善组烃源岩<br>花岗岩储层<br>阿尔善组盖层 | 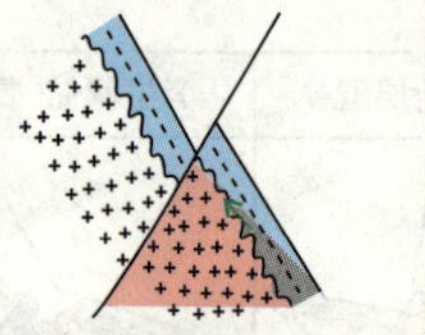 | 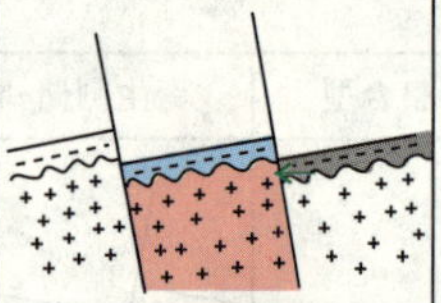 | 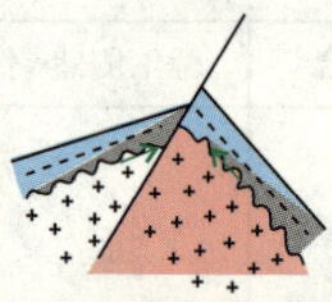 |
| 典型井 | 淖26 | 淖30、淖49 | 淖12、淖13 |
| 阿尔善组烃源岩<br>碎裂花岗岩储层<br>阿尔善组盖层 | 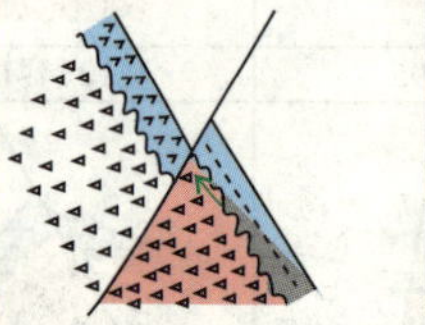 | 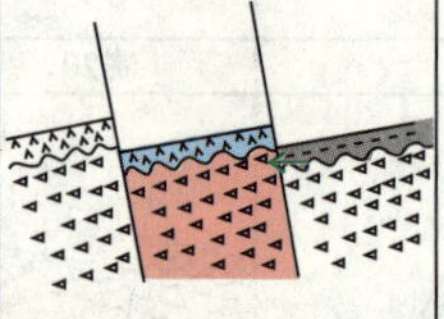 |  |
| 典型井 | 淖6、淖7 | 淖15、淖19 | 淖14、淖57 |
| 阿尔善组烃源岩<br>大理岩储层<br>阿尔善组盖层 | 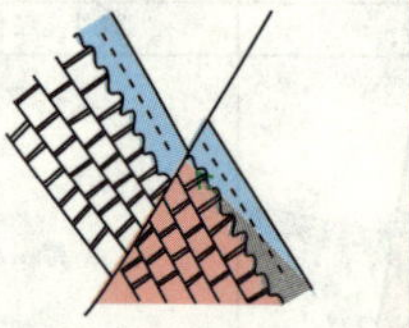 | 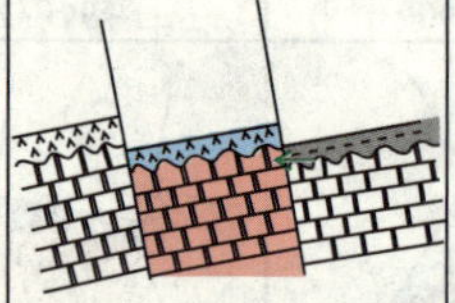 | 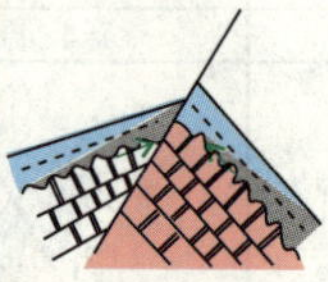 储层<br>盖层<br>烃源岩<br>烃源岩+盖层 |
| 典型井 | 淖52 | 淖66 | 淖107 |

图 3-54  额仁淖尔凹陷生储盖组合分类图

凹陷内油气显示主要分布于片岩储层-阿尔善组盖层组合中,其次为大理岩储层-阿尔善组盖层和碎裂花岗岩储层-阿尔善组盖层(图 3-51)。

## 第五节　圈闭条件

### 一、潜山圈闭类型

二连盆地潜山圈闭类型多样,根据构造特征将其划分为地貌型和构造型两大类。地貌型潜山圈闭以残丘型为主,构造型潜山圈闭根据断层与地层组合关系可以进一步细分为断阶型、断垒型、断堑型和单断型4类。

残丘型潜山圈闭主要为抗风化能力强的基岩经风化剥蚀后形成的潜山,断层并未或部分切穿至潜山,具残丘形态,以兰18x和哈南潜山为典型代表;单断型潜山圈闭为基底断层不发育的单斜型潜山被断层切割形成,以淖102油气藏为典型代表;断阶型潜山圈闭为地层被断层呈阶梯状切割形成,各凹陷内广泛分布,以兰9和兰23x油气藏为典型代表;断垒型潜山圈闭为一组性质相同的断层中部潜山地块上升形成,以哈8油气藏为典型代表;断堑型潜山圈闭为一组性质相同的断层中部潜山地块下降形成(图3-55)。

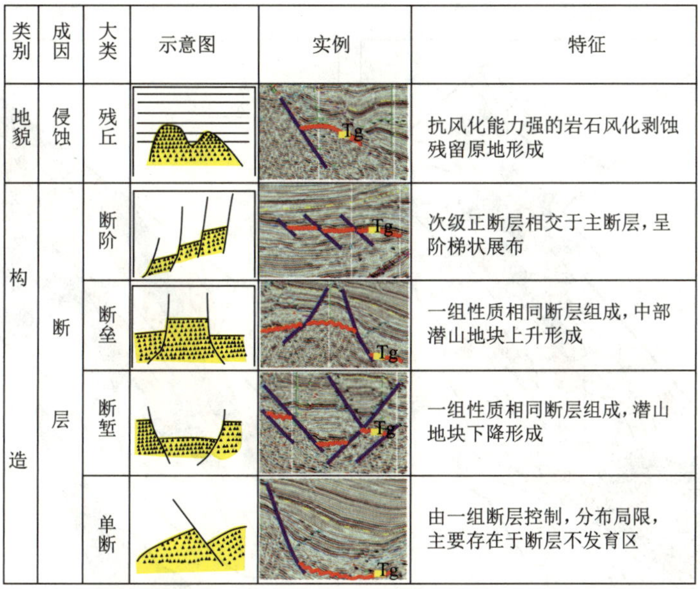

| 类别 | 成因 | 大类 | 示意图 | 实例 | 特征 |
|---|---|---|---|---|---|
| 地貌 | 侵蚀 | 残丘 | | Tg | 抗风化能力强的岩石风化剥蚀残留原地形成 |
| 构造 | 断层 | 断阶 | | Tg | 次级正断层相交于主断层,呈阶梯状展布 |
| | | 断垒 | | Tg | 一组性质相同断层组成,中部潜山地块上升形成 |
| | | 断堑 | | Tg | 一组性质相同断层组成,潜山地块下降形成 |
| | | 单断 | | Tg | 由一组断层控制,分布局限,主要存在于断层不发育区 |

图3-55　二连盆地潜山类型划分

### 二、潜山圈闭分布

乌兰花凹陷主要存在残丘型、断堑型、断垒型和断阶型4类潜山圈闭。残丘型潜山圈闭主要分布于土牧尔和红格尔构造带,断阶型潜山圈闭主要分布于赛乌苏、土牧尔和红井构造带,断垒型潜山圈闭主要分布于土牧尔构造带,断堑型潜山圈闭主要分布于土牧尔构造带、南洼槽和红井构造带。整体上,乌兰花凹陷潜山圈闭以断阶型为主,凹陷北部潜山圈闭类型多于凹陷南部(图3-56a)。

阿南凹陷存在断阶型、残丘型、断堑型、断垒型和单断型5类潜山圈闭。残丘型潜山圈闭主要分布于哈南潜山、阿尔善背斜和蒙古林背斜,断阶型潜山圈闭主要分布于善南洼槽和阿南斜坡,断堑型潜山圈闭主要分布于阿尔善背斜和阿南斜坡,断垒型潜山圈闭主要分布于阿尔善背斜和莎音乌苏凸起,单断型潜山圈闭主要分布于阿南斜坡和哈南潜山。整体上,阿南凹陷以断阶型和残丘型潜山圈闭为主,不同类型潜山圈闭呈北北东向带状分布(图 3-56b)。

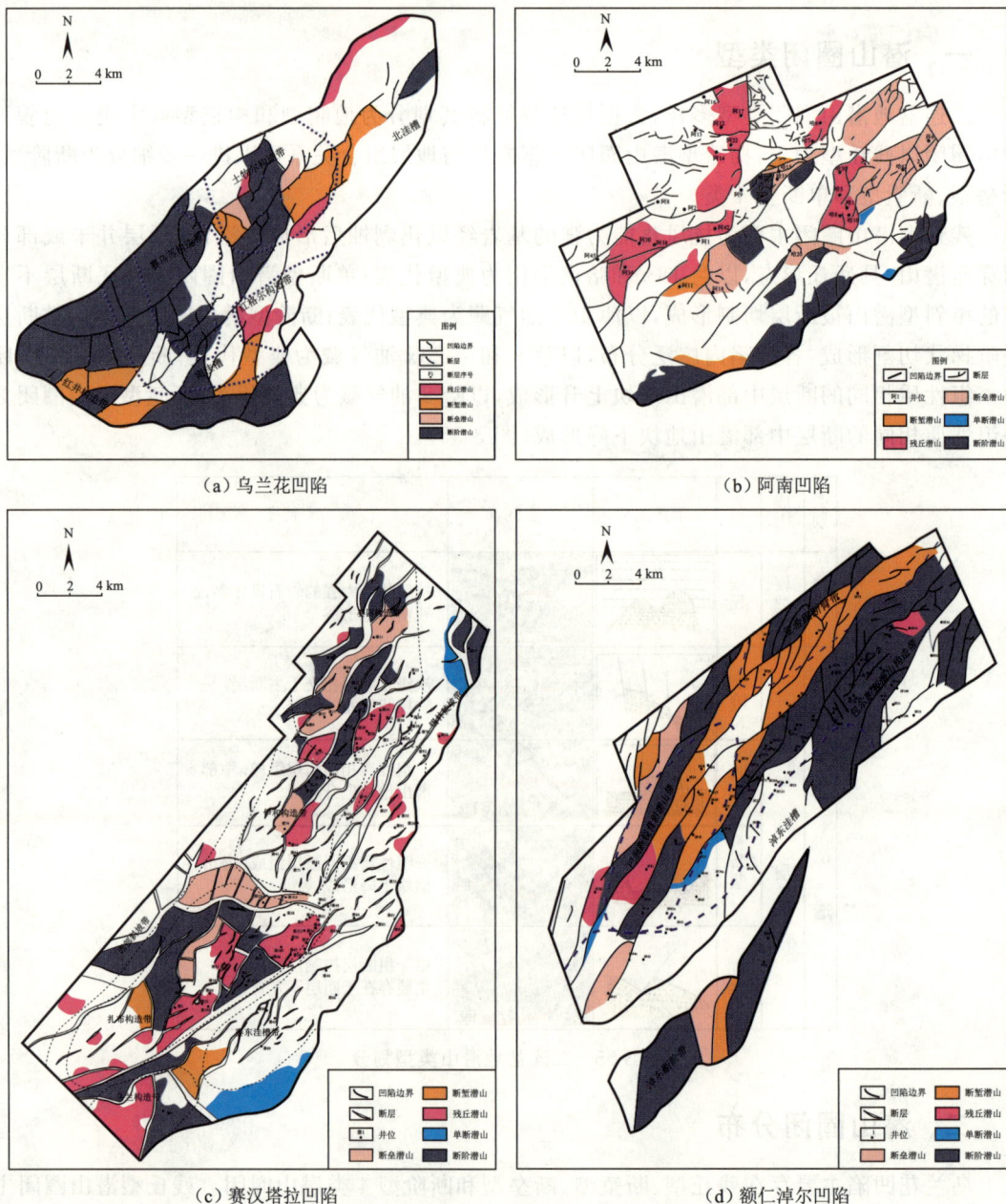

(a)乌兰花凹陷　　　　　　　　　　　(b)阿南凹陷

(c)赛汉塔拉凹陷　　　　　　　　　　(d)额仁淖尔凹陷

图 3-56　二连盆地潜山类型平面分布图

　　赛汉塔拉凹陷存在断阶型、残丘型、断堑型、断垒型和单断型 5 类潜山圈闭。残丘型潜山圈闭主要分布于赛四、扎布、乌兰和伊和构造带,断阶型潜山圈闭主要分布于扎布和赛四构造带,断堑型潜山圈闭主要分布于扎布、乌兰构造带和赛东洼槽带,断垒型潜山圈闭主要分布于扎布、赛四和伊和构造带,单断型潜山圈闭主要分布于赛东洼槽带。整体上,赛汉塔拉凹陷潜山圈闭以断阶型和残丘型为主,扎布构造带潜山圈闭类型最多,不同类型潜山圈闭呈北北东向带状展布(图 3-56c)。

　　额仁淖尔凹陷存在断阶型、残丘型、断堑型、断垒型和单断型 5 类潜山圈闭。残丘型潜山圈闭主要分布于巴润和包尔断裂潜山构造带,断阶型潜山圈闭凹陷内广泛分布,主要分布于包尔、巴润和亚希根构造带,断堑型潜山圈闭主要分布于巴润和亚希根构造带,断垒型潜山圈闭主要分布于淖东洼槽和淖东断阶带,单断型潜山圈闭主要分布于巴润构造带。整体上,额仁淖尔凹陷潜山圈闭以断阶型为主,不同类型潜山圈闭呈北北东向展布(图 3-56d)。

# 第四章 自源型潜山油气成藏机理

断陷盆地潜山油气成藏条件复杂,渤海湾盆地潜山油气来源以古近系和前古近系烃源岩为主。其中油气来源于前古近系的潜山油气藏称为自源型潜山油气藏。渤海湾盆地自源型潜山油气藏主要分布于石炭—二叠系烃源岩较为发育的黄骅坳陷、冀中坳陷、临清坳陷等,以乌马营、孔西、苏桥、马厂、文23、高古4、歧北等潜山油气藏较为典型。下面以乌马营、苏桥和歧北潜山油气藏为代表对自源型潜山油气藏的油气成藏机理进行分析。

## 第一节 乌马营潜山油气藏

### 一、地质概况

乌马营潜山位于黄骅坳陷南区,是由新生界披覆下的中生代挤压形成的逆冲背斜带;沿主逆断层(乌马营断层)两侧背斜圈闭发育,向西、东北方向为构造低部位,石炭—二叠系整体埋深在 4 500 m 以下(图 4-1)。西侧以沧东断层与沧县隆起相隔,东侧以徐西村断层为界与徐黑构造带相接,向北至孔东断层末端与王官屯构造带相连,面积约 250 km²。乌马营潜山构造层主要发育北东、北东东向两组断裂,是黄骅坳陷已发现的原始结构保存相对较完整的"低位潜山"构造。

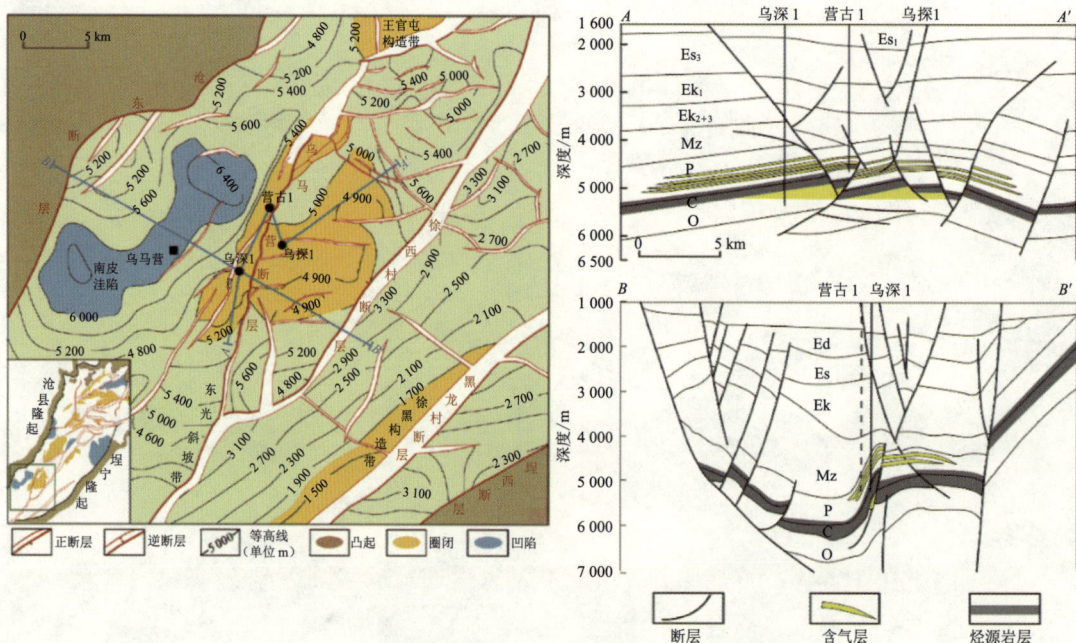

图 4-1　乌马营地区构造平面与剖面图(据金凤鸣等,2019)

　　乌马营地区经历了多期构造旋回，主要分为加里东—海西期的整体隆升与沉降、印支期的逆冲构造变形、燕山期的构造变形以及喜山期的伸展阶段(图 4-2)。其构造发育过程与黄骅坳陷乃至渤海湾盆地的区域构造变迁有密切关系，体现了克拉通解体及盆地再生的整个过程。乌马营地区发育 3 层结构：以新近系及古近系底界两大区域性不整合界面为界，可划分出新近系—第四系(上)构造层、古近系(中)构造层、潜山(下)构造层。上构造层是黄骅坳陷乃至渤海湾盆地新近纪以来拗陷阶段的产物；中构造层是区域伸展断陷作用的产物，表现为双断地堑；下构造层是中生代印支—燕山运动过程的产物，揭示了中生代挤压应力状态及转换过程。

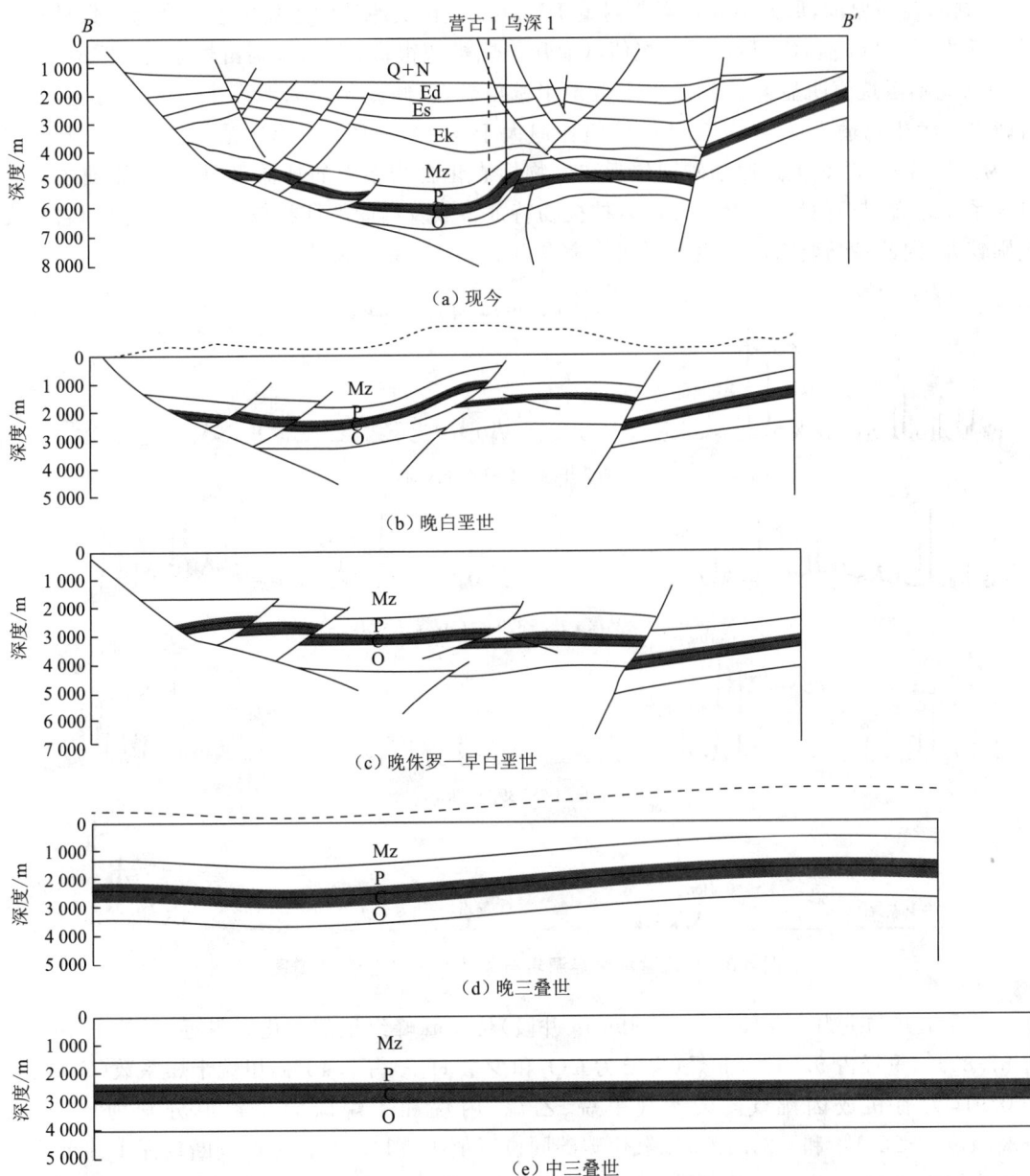

图 4-2　乌马营地区构造发育史示意图

　　乌马营地区以二叠系下石盒子组和奥陶系峰峰组为主力产层，油气均有产出且以产气为主。截至目前共钻探古生界探井 4 口，其中，潜山西部的乌深 1 井在上古生界多处见荧光级以上油气显示,在奥陶系峰峰组发现了天然气层,日产气约 $11×10^4$ m³,但由于油气流高含硫化氢(16.5%),永久性封井;营古 1 井、营古 2 井均为二叠系下石盒子组含气,营古 1 井日产油 30.2 m³,日产气 80 121 m³,营古 2 井日产气 178 897 m³,日产凝析油 23.4 m³,且均不含硫化氢。

## 二、油气成因与来源

根据乌马营潜山营古 1 井和营古 2 井下石盒子组原油分析结果,潜山古生界原油属于中凝、低黏的轻质原油,原油碳同位素普遍重于−26‰。该类原油的生物标志化合物参数具有相对较低的 Ts/Tm 值,$C_{29}$ Ts/$C_{29}$ 藿烷值、$C_{35}$ 升藿烷指数很低,$C_{27-29}$ 规则甾烷呈近"L"型分布,$C_{27}/C_{29}$ 规则甾烷值明显大于 1,几乎不含 4-甲基甾烷,反映其母质来源以水生生物为主,表明有较多水生生物输入;$C_{19}/C_{23}$ 三环萜烷值普遍大于 0.20,三环萜烷/$C_{30}$ 藿烷值较高且原油以 $C_{23}$ 为主峰(图 4-3)。上述原油碳同位素和生物标志化合物参数的特征表明,此类原油主要源自煤系烃源岩,与石炭—二叠系烃源岩抽提物特征参数及谱图特征相似,与孔二段烃源岩特征差别较大,因此乌马营潜山古生界原油均来自石炭—二叠系烃源岩。

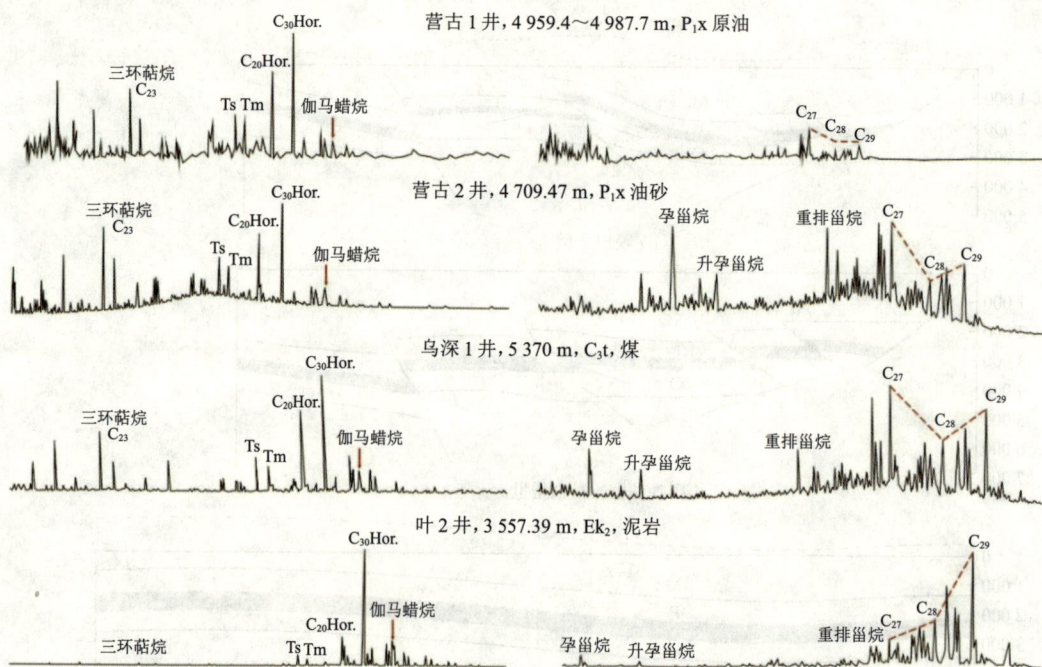

图 4-3 乌马营地区烃源岩与原油饱和烃色谱-质谱图

乌深 1 井的主力气层(5 460~5 496 m 井段)位于峰峰组顶部风化壳附近,天然气中甲烷占 87.82%,重烃占 9.24%,非烃(主要为 $CO_2$ 和少量 $H_2S$)占 3.48%,甲烷干燥系数($C_1/C_{1-5}$)为 0.91,为有机成因湿气。天然气甲烷、乙烷、丙烷和丁烷碳同位素值分别为−38‰、−22.4‰、−22.1‰和−24.1‰,二氧化碳碳同位素值为−14.6‰。据此判断乌深 1 井天然气主要为煤型气,为石炭—二叠系煤系烃源岩高成熟阶段的产物。另外,该井中下部 5 538 m 附近及 5 618~5 637 m 井段低产层中产少量甲烷气,$H_2S$ 含量高达 16%,$H_2S$ 气体中硫同位素比约 23.7%,是甲烷在高温下与峰峰组石膏层中的硫发生置换所致。

## 三、油气成藏期

### 1. 流体包裹体岩相学特征

根据观察,乌马营潜山古生界烃类包裹体主要分布在石英颗粒内裂缝及穿石英裂缝内,以黄色荧光、绿色荧光烃类包裹体及不发荧光或弱荧光包裹体为主,其中黄色荧光包裹体主要赋存在早期石英内裂缝中,绿色荧光包裹体主要赋存在晚期穿石英裂缝中。乌马营潜山不发荧光的气态包裹体含量较多,多分布于石英颗粒表面,呈孤立或零星状分布,部分气态包裹体与烃类包裹体伴生(图4-4)。通过镜下薄片观察,乌马营潜山古生界储层发育沥青,但种类和数量较少,主要赋存在粒间孔隙以及溶蚀的颗粒表面,以沥青质沥青为主,油质沥青荧光较暗,以绿色为主(图4-5),说明乌马营地区气态烃充注程度要优于液态烃。

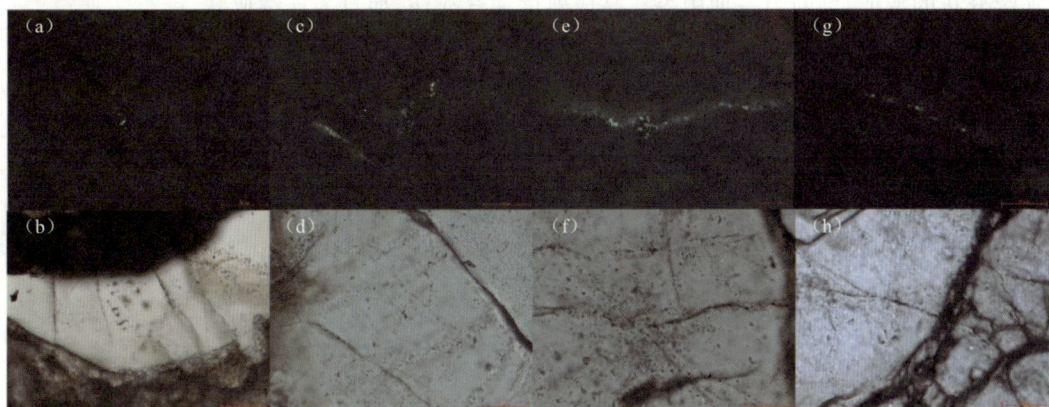

**图4-4 乌马营潜山烃类包裹体镜下特征**

(a)~(f)营古1井,4 651.8 m,二叠系;(g)和(h)乌深1井,4 854.75 m,二叠系

**图4-5 乌马营潜山储层沥青镜下特征**

(a)和(b)乌深1井,4 854.75 m,二叠系;(c)和(d)营古1井,4 651.8 m,二叠系

### 2. 成藏期次与时间

国内外学者研究表明,基于傅里叶变换显微红外光谱技术提取的 $CH_{2a}/CH_{3a}$、$X_{inc}$ 和 $X_{std}$ 等红外参数,可以应用于油包裹体的成熟度分析。其中,$CH_{2a}$ 和 $CH_{3a}$ 分别为 $CH_2$ 非对称振动吸收峰和 $CH_3$ 非对称振动吸收峰,$X_{inc}$ 和 $X_{std}$ 分别表征有机质烷基链碳原子数和直链碳原子数。$CH_{2a}/CH_{3a}$、$X_{inc}$、$X_{std}$ 值越小,表明油包裹体中有机质的成熟度越高。

研究区二叠系储层流体包裹体样品红外光谱分析结果显示,黄色荧光包裹体、黄绿色荧光包裹体、蓝绿色荧光包裹体和弱荧光气烃包裹体的 3 个红外参数值存在明显差异(图 4-6)。其中,黄色荧光包裹体的 $X_{inc}$、$X_{std}$、$CH_{2a}/CH_{3a}$ 值较大,且与黄绿色荧光包裹体、蓝绿色荧光包裹体和弱荧光气烃包裹体的参数差异明显,判断为一幕低成熟度油充注;黄绿色荧光包裹体、蓝绿色荧光包裹体、弱荧光气烃包裹体的 $X_{inc}$、$X_{std}$、$CH_{2a}/CH_{3a}$ 值相对偏小,而且三者基本呈现出连续分布的特征,判断为一期中等—高成熟度油气充注,而且为连续成藏。

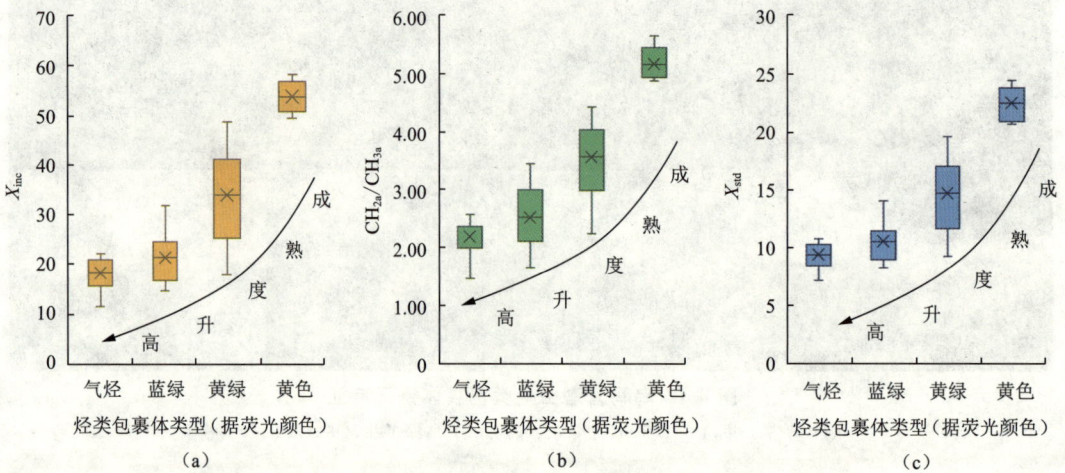

图 4-6　乌马营地区二叠系储层流体包裹体红外光谱参数特征

对不同赋存位置及荧光颜色烃类包裹体所伴生的盐水包裹体进行均一温度测量,结果显示,赋存在石英内裂缝的黄色荧光烃类包裹体伴生盐水包裹体的均一温度分布范围为 $80\sim120\ ℃$,峰值温度为 $100\sim110\ ℃$;赋存在穿石英裂缝内的绿—蓝绿色荧光烃类包裹体伴生盐水包裹体的均一温度分布范围主要为 $110\sim150\ ℃$,峰值温度为 $130\sim140\ ℃$(图 4-7)。

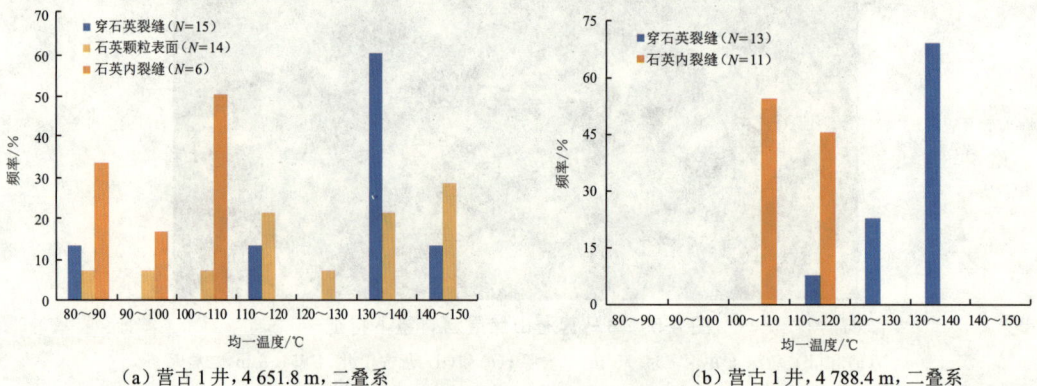

(a) 营古 1 井, 4 651.8 m, 二叠系　　　　　　(b) 营古 1 井, 4 788.4 m, 二叠系

图 4-7　乌马营潜山包裹体均一温度分布图

在上述研究的基础上,运用流体包裹体均一温度-埋藏史投影法,获得确切的油气充注时间。乌马营地区二叠系储层烃类包裹体伴生盐水包裹体的均一温度主要存在 100～110 ℃ 和 130～140 ℃ 两个区间主峰,显示出两期成藏的特征:第一期为晚侏罗至早白垩世,第二期为新近纪—第四纪(图 4-8)。

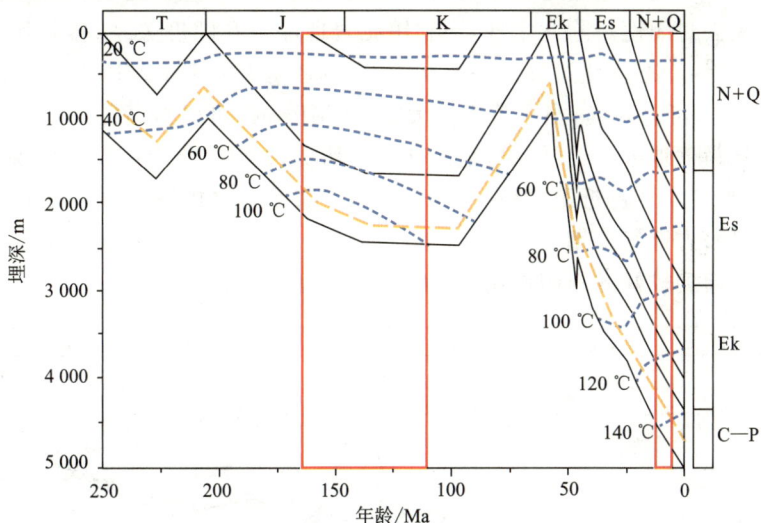

图 4-8  利用流体包裹体均一温度埋藏-热演化史确定油气成藏期

## 四、油气相态演化

### 1. 烃源岩生烃相态特征

根据乌马营地区石炭—二叠系烃源岩埋藏-热演化史分析,石炭—二叠系烃源岩整体经历海西—印支期、燕山期、喜山期 3 次受热演化,第一期受热时烃源岩处于未熟—低熟阶段,最大 $R_o$ 小于 0.7%;第二期受热时烃源岩达到成熟阶段,$R_o$ 介于 0.7%～1.3% 之间;第三期受热时烃源岩处于成熟—高成熟阶段,$R_o$ 最高达 2.0%。与埋藏-热演化史相对应,研究区石炭—二叠系烃源岩分别于三叠纪末期、侏罗纪—早中白垩世、古近纪中后期—现今发生 3 期生烃,生烃转化率分别为 2%、70% 和 23%,表明研究区石炭—二叠系烃源岩生烃相态经历了油相向气相的转变(图 4-9)。

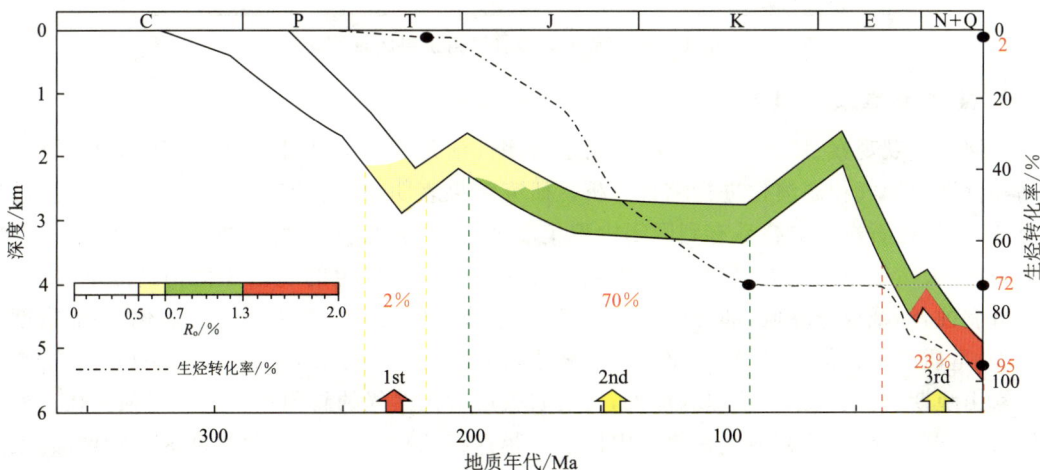

图 4-9  乌马营地区石炭—二叠系烃源岩埋藏-热演化史

## 2. 盖层对油气保存的影响

盖层对油气的保存至关重要,并影响到油气相态的变化。采用泥岩的 $OCR$(即泥岩的超固结比参数,最大垂直有效压力与现今垂直有效压力之比)对盖层封闭性的动态演化进行定量评价,有利于揭示盖层隆升改造过程中的封闭性动态演化。一般认为,当 $OCR \geqslant 2.5$ 时,泥岩发生破裂,从而失去封闭性。除此之外,还利用泥岩埋深与孔隙度关系、排替压力与孔隙度关系来求取排替压力的动态演化过程。一般认为,当排替压力大于 1 MPa 时,可以封油;当排替压力大于 5 MPa 时,可以封气;当排替压力大于 10 MPa 时,可以封高压气。

结果显示,乌马营地区二叠系泥岩盖层在地质历史时期的 $OCR < 2.5$,反映盖层因构造抬升发生破裂的风险较小。古近纪之前,乌马营潜山二叠系盖层排替压力一直小于 5 MPa,只能对油起到封闭作用;古近纪末期至今,由于盖层埋深逐渐增加,二叠系泥岩盖层排替压力持续增大,并对天然气起到较好的封闭作用(图 4-10)。

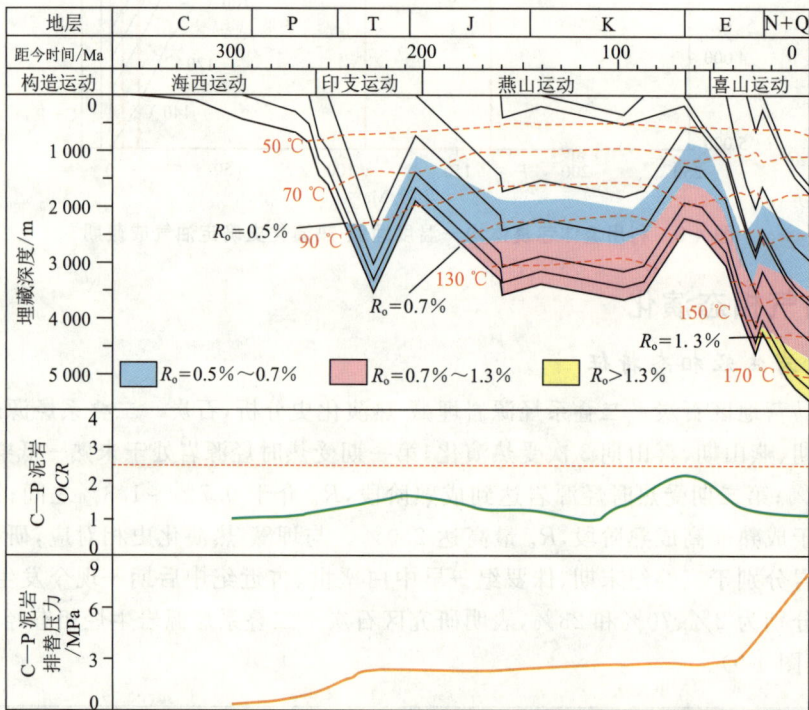

图 4-10 乌马营地区二叠系盖层封闭性演化

## 3. 油气相态演化过程

在储层微观观察、烃源岩生烃演化、盖层封闭性演化等研究基础上,结合 PVT 相图模拟,对乌马营潜山油气相态演化进行综合分析。研究结果表明,乌马营潜山在早白垩世发生过油气充注,油气在石炭—二叠系有利圈闭中聚集成藏;但由于盖层埋藏浅,排替压力小,对气的封闭能力差,天然气发生散失,只有原油得到较好保存。随后发生的晚白垩世构造运动,局部区域抬升剥蚀,油藏温压降低,部分断裂较为发育,造成油气沿断裂散失和水洗氧化,油藏密度增大变稠,重质组分含量增高,气油比进一步减小,部分原油降解或形成沥青(图 4-11a 和 b)。

喜山晚期,石炭—二叠系埋深加大,泥质岩盖层对天然气的封闭作用显著增强。在古近纪末期,油气开始充注,起初油气在储层中以油气相存在,随着烃源岩演化程度的不断增加,天然气所占比例逐渐增高,早期形成的油气藏随着晚期大量天然气的注入,形成含液态烃的天然气藏,并在地下温度、压力升高时,早期注入的原油不断溶入晚期充注的大量天然气中,当温压条件达到露点以上时,形成现今的凝析气藏(图 4-11c 和 d)。

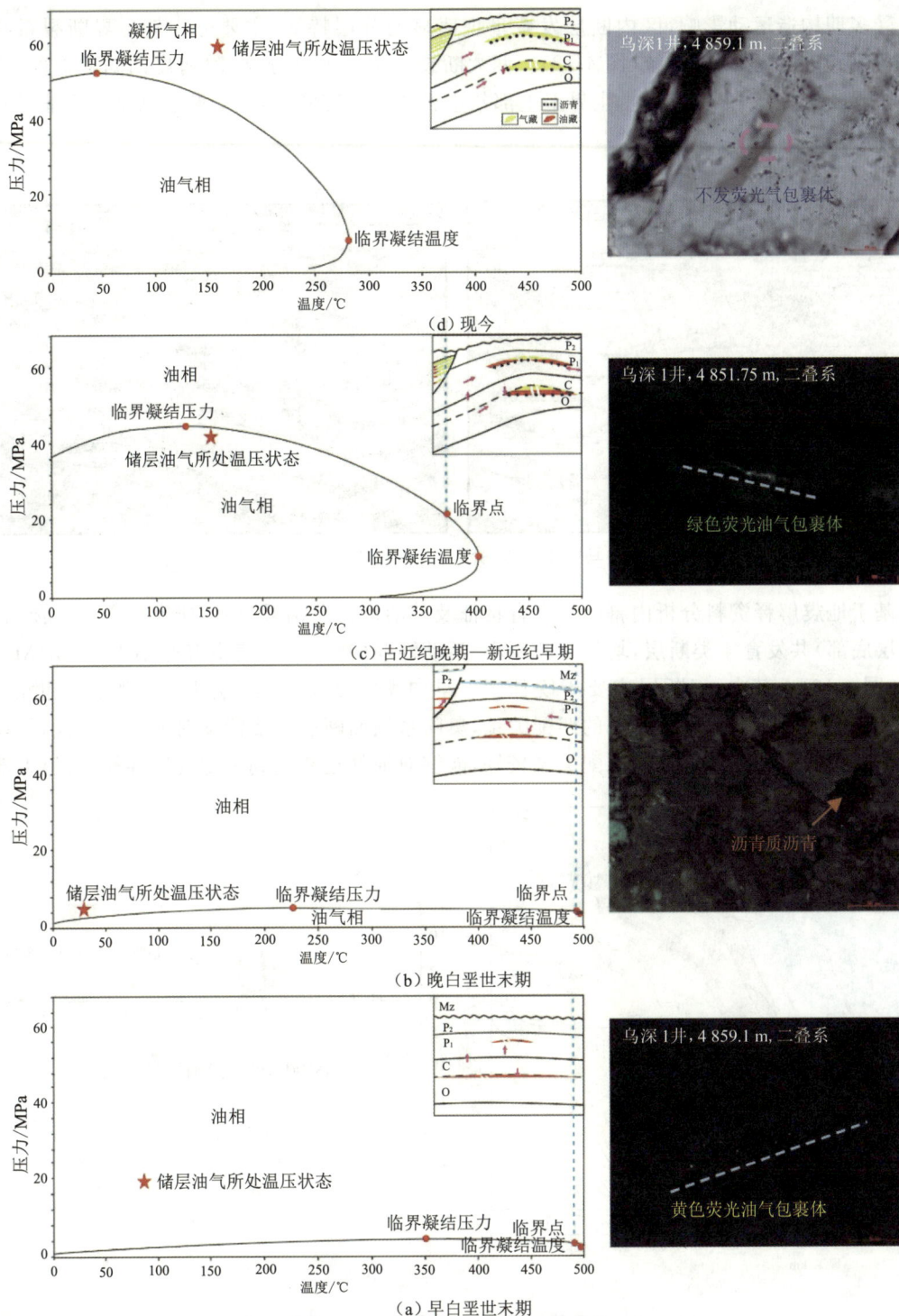

图 4-11　乌马营潜山油气相态演化图

## 五、油气运移通道

### 1. 断裂发育特征

受多期构造运动影响,区内断层发育呈现明显的分层特征,主要分为新生界断裂系统和中、古生界基底内幕断裂系统(图 4-12)。两大断裂系统呈上下分层,除南皮凹陷的徐西、沧东两大边界断层外,不存在贯穿古生界至上部新生界的大尺度断层,表明断裂活动具有非继承性特征。

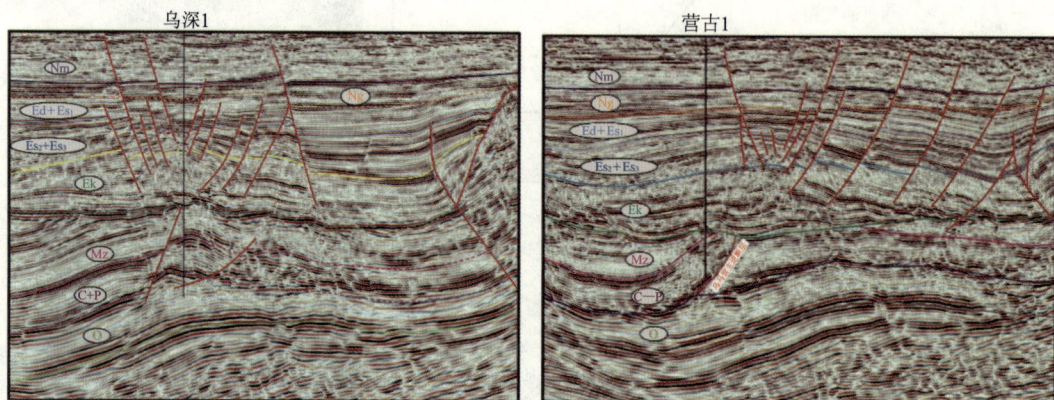

图 4-12 乌马营地区过乌深 1 井和营古 1 井地震剖面图

基于地震解释资料分析内幕断层发育特征及其活动性。结果显示,研究区奥陶系顶面(烃源岩层底部)共发育 4 类断层,均具有断距小、活动性弱(断层活动速率普遍小于 10 m/Ma)的特征(图 4-13)。其中,正断层主要于晚侏罗—早白垩世活动,逆断层主要于晚白垩世活动。根据断层活动时期与油气成藏期的匹配关系,奥陶系顶面断层主要活动时期为中生代,与乌马营潜山早白垩世的油气成藏期匹配关系较好,能够对油气运移起到一定的输导作用;但大部分

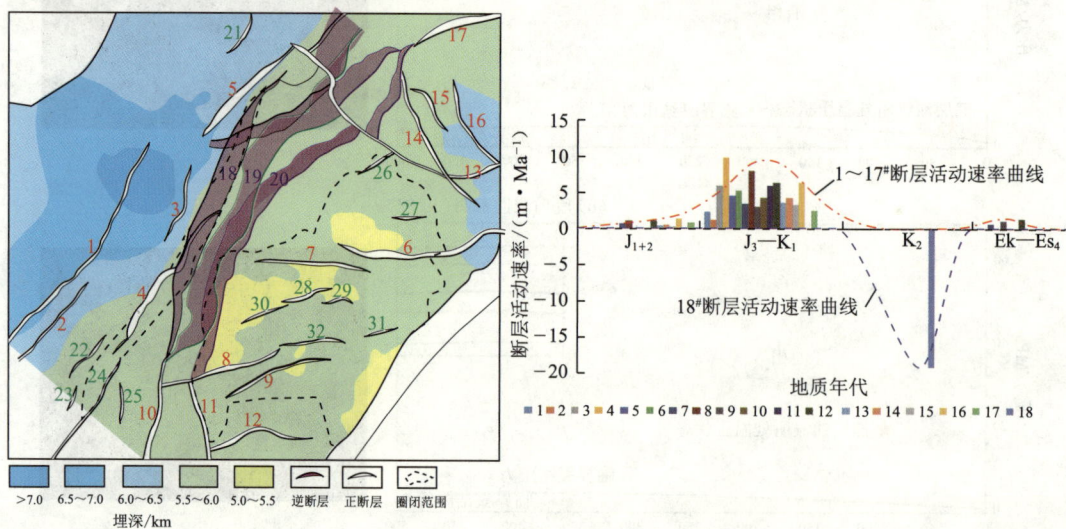

(a)  (b)

图 4-13 乌马营地区中、古生界断层分布及其活动性

断层在新近纪—第四纪活动较弱或不活动,断层向下切割深度较浅,无法沟通古近系油气源与中、古生界储层,很难作为油气运移的有效通道。

结合岩芯观察及成像测井资料分析古生界裂缝发育情况。结果显示,研究区二叠系砂岩层和泥岩层均发育大量裂缝,并以高角度裂缝为主,部分小尺度近水平缝,裂缝宽度多为毫米级(<5 mm);砂岩层内裂缝长度较大,平均3~30 cm,仅少量被充填,而泥岩段内裂缝长度相对较小,平均3~10 cm,多被碳酸盐胶结物充填;含裂缝的砂岩段常见荧光显示,裂缝破裂面见黄铁矿、沥青等,证实裂缝曾作为油气运移的有效输导通道。成像测井资料显示,研究区奥陶系风化壳内发育大量高导缝,裂缝宽度5~10 mm,未充填,可以作为油气垂向充注的有效通道(图4-14)。

图 4-14　乌马营地区二叠系及奥陶系裂缝发育特征

(a) 奥陶系风化壳成像测井,乌深1井,5 465~5 466 m,高导缝;(b) 营古2井,4 698.78~4 699.02 m,砂岩中高角度裂缝,未充填;(c) 乌深1井,4 858.7 m,砂岩中高角度裂缝,方解石充填;(d) 营古2井,4 697.95~4 698.15 m,泥岩中高角度裂缝,沥青充填;(e) 营古2井,4 696.54 m,泥岩中低角度小尺度裂缝,方解石充填;(f) 营古2井,4 695.62 m,泥岩裂缝破裂面中有黄铁矿、沥青

### 2. 砂体发育特征

乌马营潜山上古生界砂岩储层主要分布在上、下石盒子组。其中上石盒子组富石英砂岩储层以中粗砂岩、含砾砂岩为主,孔隙以粒间溶孔、粒内溶孔和晶间微孔为主;下石盒子组的砂岩厚度较大,分布稳定,砂层累积厚度可达100 m,孔隙以次生孔缝为主,与上石盒子组下段厚层泥质岩构成一套完整的储盖组合。据岩芯分析资料,下石盒子组埋深可达5 000 m,整体孔渗性较差,局部储层孔隙度最大12%,渗透率最大$10 \times 10^{-3} \mu m^2$。

### 3. 不整合发育特征

乌马营潜山主要发育下古生界奥陶系顶部不整合,上覆岩层为石炭系泥岩夹煤系地层,下伏地层为奥陶系碳酸盐岩,其风化淋滤带在风化剥蚀期遭受风化作用,溶洞及裂缝发育,物性较好,可作为良好的输导层及储层,而上覆岩层封闭性较好,能够有效阻止油气向上逸散,使得该套不整合成为油气运移的重要通道及油气聚集层段(图4-15)。以乌深1井为例,研究区奥陶系风化壳包括厚约 60 m 的垂直渗流带和约 300 m 的水平潜流带,其中垂直渗流带孔隙度为 4%～20%,由风化壳顶部向下孔隙度降低;水平潜流带孔隙度为 3%～10%,发育多个独立的内幕水平溶蚀缝洞带。但根据油气显示,油气主要在风化壳顶部发生运聚(图 4-15)。

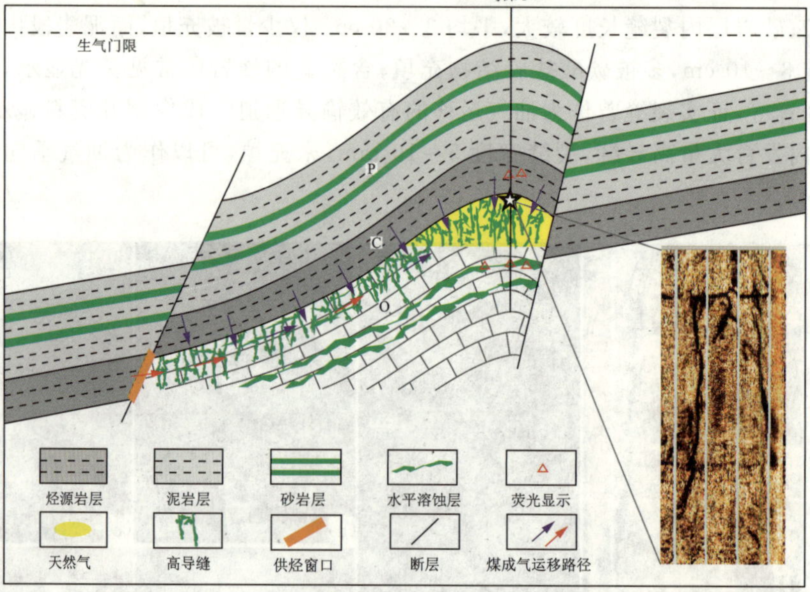

图 4-15　乌马营潜山奥陶系顶不整合特征及油气充注模式图

综合来看,乌马营潜山穹隆状构造为油气聚集提供了良好的圈闭形态,裂缝、不整合和砂体构成良好的输导通道,且潜山源储距离近,有利于油气的运移聚集。

## 六、油气成藏过程及成藏模式

综合乌马营潜山的油气来源、成藏期、相态演化、运移通道等研究,认为研究区古生界油气成藏过程表现为单源供烃、两期充注、储层(裂缝)输导、近源或源内聚集。具体如下:

晚侏罗—早白垩世,乌马营潜山为一低幅背斜构造,石炭—二叠系煤系烃源岩埋深超过 2 000 m,地层温度超过 100 ℃,进入生油高峰,石炭—二叠系煤系烃源岩生成的油气可沿储集砂体或微裂缝运移至相邻的二叠系和奥陶系储集层内,并在低幅背斜顶部聚集(图 4-16a)。

晚白垩世末期,受燕山期挤压作用影响,乌马营潜山形成逆冲断层,并遭受抬升剥蚀,古生界聚集的油气遭受一定的生物降解或氧化作用(图 4-16b)。

古近纪,潜山再次发生沉降,此时期伸展断层活动但未断至中、古生界。石炭—二叠系埋深超过早白垩世末期,开始二次生烃,油气向相邻层系发生充注(图 4-16c)。

新近纪以来,潜山持续沉降,石炭—二叠系煤系烃源岩埋深普遍在 4 000～6 000 m 之间,$R_o$ 大于 1.3%,进入大量生气阶段。该时期古生界储层部分已发生致密化,但因早期油气充注可有效改善储层润湿性进而减小油气充注阻力,因此在储层及裂缝等输导作用下,天然气在生烃层系相邻的二叠系和奥陶系聚集成藏,石炭—二叠系优质盖层的发育为二叠系和奥陶系天然气保存提供了优越的条件,同时晚期天然气的充注对早期油气藏进行改造,形成现今油气藏(图 4-16d)。

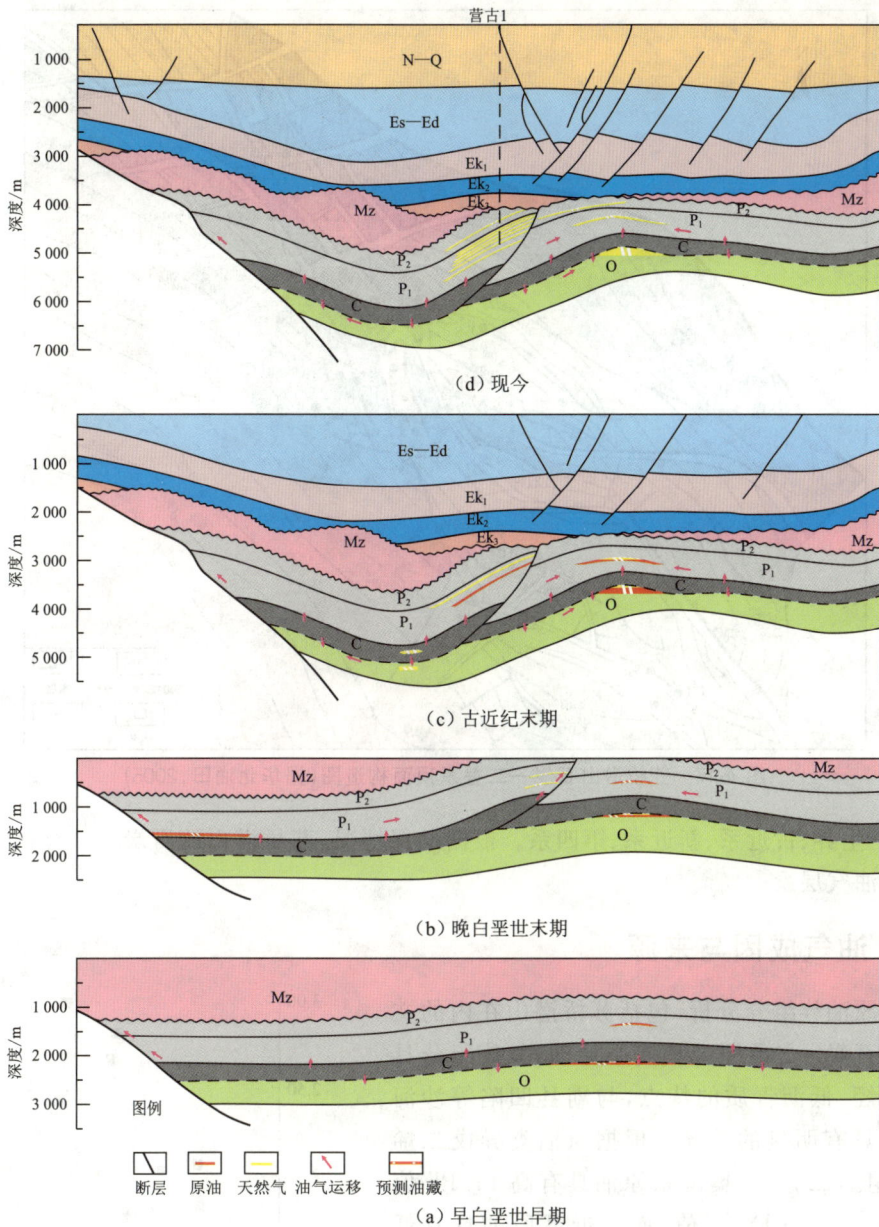

图 4-16　乌马营潜山古生界油气成藏过程及模式图

# 第二节　苏桥潜山油气藏

## 一、地质概况

苏桥潜山位于冀中坳陷文安斜坡中北段(图 4-17),东向大城凸起过渡,西与霸县洼槽及马西-鄚州洼槽相邻,北以里坦断层与武清凹陷相隔,向南与苏桥南、史各庄、长丰镇、议论堡等4 个北西向的断裂鼻状构造带相邻。受北北东走向相向分布的古近纪断层的控制,苏桥潜山形成垒、堑相间构造。潜山带发育地层从老到新为蓟县系、青白口系、寒武系、奥陶系、石炭—

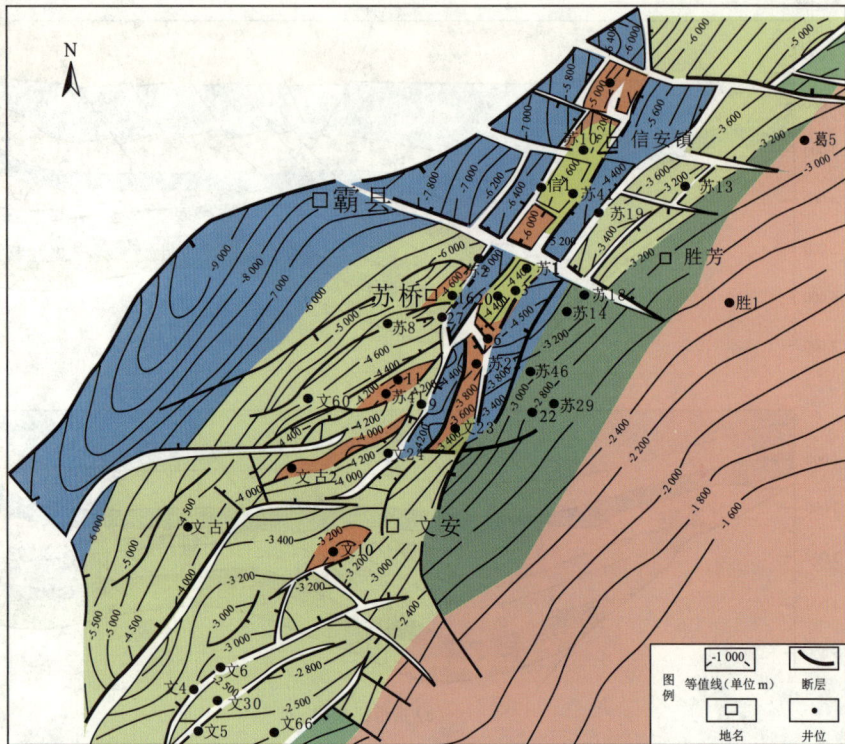

图 4-17 苏桥潜山石炭—二叠系顶面构造图(据华北油田,2005)

二叠系、中生界、古近系、新近系、第四系。根据勘探情况,苏桥潜山的石炭—二叠系和奥陶系
为主要含油气层系。

## 二、油气成因与来源

根据原油族组分分析,包括苏桥潜山在内的文
安斜坡带石炭—二叠系及奥陶系原油,其族组分具
有高饱和烃、低沥青质的特点,与霸县凹陷等沙河
街组原油具有明显的差异。根据原油类异戊二烯
型烷烃对比,二叠系、奥陶系原油具有高 $Pr/Ph$ 值
和高 $i\text{-}C_{15+16+18}/i\text{-}C_{19+20}$ 值,而古近系原油具有低
$Pr/Ph$ 值和低 $i\text{-}C_{15+16+18}/i\text{-}C_{19+20}$ 值(图 4-18),二者
表现出明显的差异。

苏桥潜山以奥陶系和石炭—二叠系含油为主,
其中苏 20 井石炭—二叠系原油规则甾烷表现出反
"L"型分布样式,伽马蜡烷含量低,与石炭—二叠系
煤系烃源岩具有相似性(图 4-19),证明原油主要来
源于石炭—二叠系煤系烃源岩。苏 4 井奥陶系原油
规则甾烷表现出近反"L"型分布样式,与石炭—二
叠系和沙四段烃源岩具有一定的亲缘关系,且与石
炭—二叠系的相似性更高(图 4-19),说明该潜山原

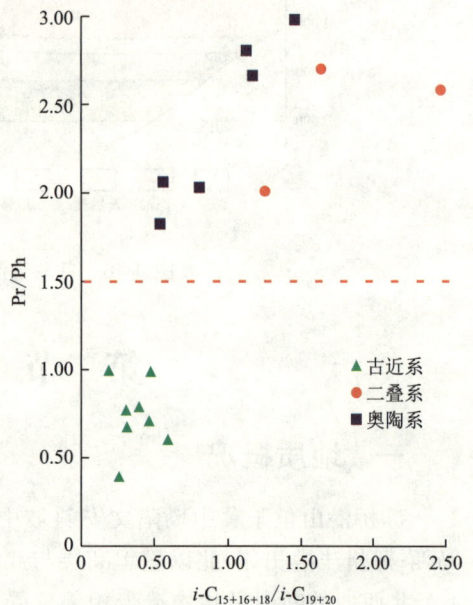

图 4-18 文安斜坡带二叠系、奥陶系与
古近系原油饱和烃参数对比

油主要来自石炭—二叠系煤系烃源岩,可能混有少量古近系沙四段湖相烃源岩。

苏桥潜山石炭—二叠系和奥陶系天然气碳同位素值较重,甲烷碳同位素值介于$-42.1‰$~$-35.6‰$之间,与该区石炭—二叠系的碳质泥岩和煤的吸附气的甲烷碳同位素值较为接近,因此判断苏桥潜山天然气为煤型气区,来自石炭—二叠系煤系烃源岩。

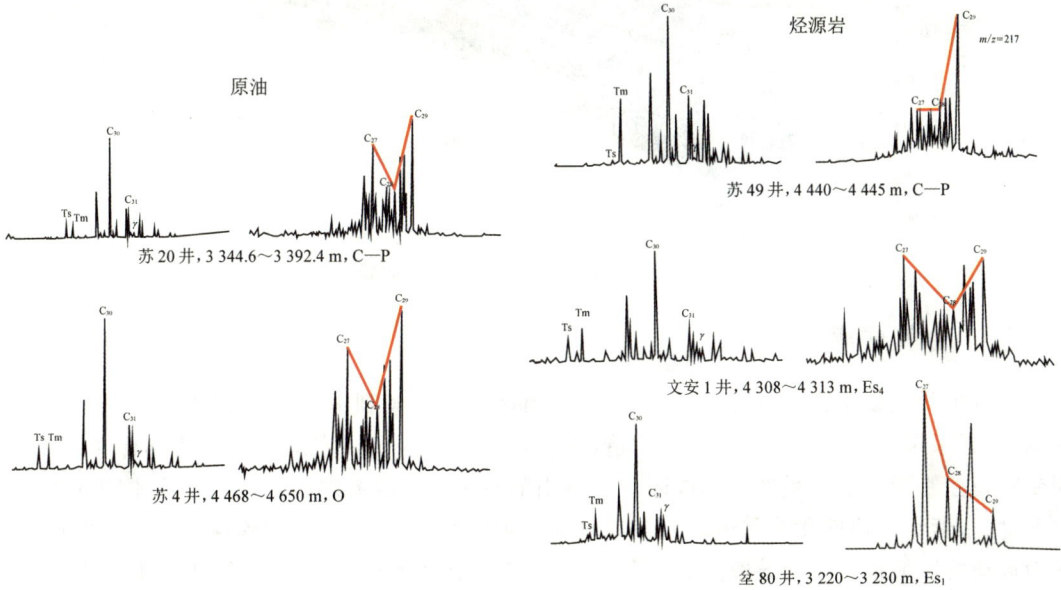

图 4-19　文安斜坡带潜山原油与烃源岩色谱-质谱图对比

## 三、储盖组合特征

苏桥潜山奥陶系储层主要为马家沟组和峰峰组碳酸盐岩,奥陶系经历了约 140 Ma 的风化、淋滤、剥蚀,并且经过了印支—燕山和喜山两大构造变动期,晶间孔、溶蚀孔、顺缝溶洞、构造缝和层间缝等较为发育,形成了具有较高孔隙度和渗透率的储层;奥陶系上覆有石炭—二叠系区域性盖层进行封堵,形成有利的储盖组合。二叠系储层以石盒子组河流相砂岩为主,其中上石盒子组和下石盒子组平均孔隙度均大于 $9.0\%$,渗透率均大于 $0.25×10^{-3}\ \mu m^2$。上石盒子组顶部和石千峰组泥岩发育,特别是苏桥—文安地区泥岩厚度较大,砂质含量低,具有较好的封盖条件,在纵向上可形成良好的储盖组合。

## 四、油气运移通道

苏桥潜山发育储集层、不整合和断层等多种输导通道。受新生代断层控制,该潜山垒堑结构明显,存在石炭—二叠系烃源岩与奥陶系及其自身储层对接,油气易于发生侧向充注(图 4-20)。同时断层也起到垂向输导的作用,有利于石炭—二叠系油气垂向运移并进入奥陶系或二叠系成藏。奥陶系顶部碳酸盐岩地层发育顺层溶蚀带,形成了油气优势运移通道,油气可以在潜山高部位储层物性较好的圈闭中聚集成藏。苏桥潜山西侧紧邻霸县洼槽,沙四段—孔店组烃源岩超覆在不整合面之上,烃源岩生成的油气少量可以沿不整合通道进入潜山,与石炭—二叠系来源油气混合(图 4-20)。

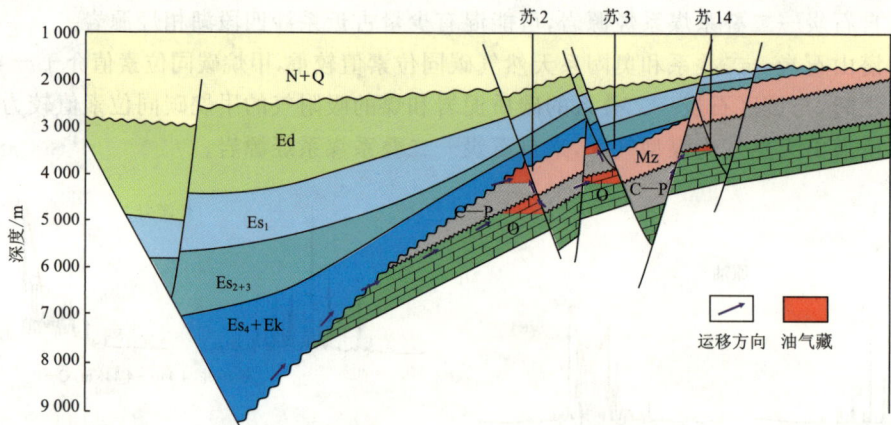

图 4-20　苏桥潜山油气输导通道及运聚方向

## 五、油气成藏期

从古生代到新生代，苏桥潜山经历了一个由区域性东倾到区域性西倾的"跷跷板"式构造变动，古近系沉积之前为一东倾单斜构造，古近纪以来苏桥—文安地区转变为西倾单斜，该时期受断裂控制形成了一系列潜山圈闭。该潜山的石炭—二叠系煤系烃源岩经历了晚侏罗—早白垩世、东营组沉积期和馆陶组沉积以来 3 次主要的生烃过程，其中晚侏罗—早白垩世由于燕山运动的区域抬升作用导致生烃过程中断，东营组沉积期和馆陶组沉积期以来真正实现了大规模生排烃。

烃源岩的生、排烃史和圈闭形成时期的良好配置是苏桥潜山油气藏形成的关键。晚侏罗—早白垩世，石炭—二叠系烃源岩生烃时，苏桥潜山圈闭仍未形成，不利于油气的充注成藏。石炭—二叠系烃源岩在东营组沉积期和馆陶组沉积期以来发生较大规模生烃时，苏桥潜山已经形成，二者匹配关系良好。因此判断苏桥潜山奥陶系和二叠系存在东营组沉积期和馆陶组沉积期以来两次主要成藏期。

## 六、油气成藏过程及成藏模式

通过对苏桥潜山油气来源、储盖组合、成藏期次、运移通道等方面的综合研究，总结苏桥潜山油气成藏过程及成藏模式，表现为石炭—二叠系供烃为主、多类型通道输导、古近纪以来成藏(图 4-21)。具体如下：

沙一段—东营组沉积期，潜山发育较好的储集层和圈闭条件，石炭—二叠系烃源岩进入较大规模生油气阶段，油气易于垂向或侧向运移至相邻二叠系储层和奥陶系顶部储层；沙四段—孔店组烃源岩进入生油门限，少量油气沿奥陶系顶部不整合和二叠系砂体等通道侧向充注。东营组抬升期，受断层破坏影响，部分油气发生散失(图 4-21a 和 b)。

馆陶组沉积期以来，石炭—二叠系烃源岩进入大量生气阶段，沙四段—孔店组进入高成熟阶段，油气沿不整合、断层、砂体等发生垂向、侧向运移，并向潜山储层中充注，与早期原油混合，使早期原油较多溶解于天然气中，形成现今以天然气为主的油气藏(图-21c)。

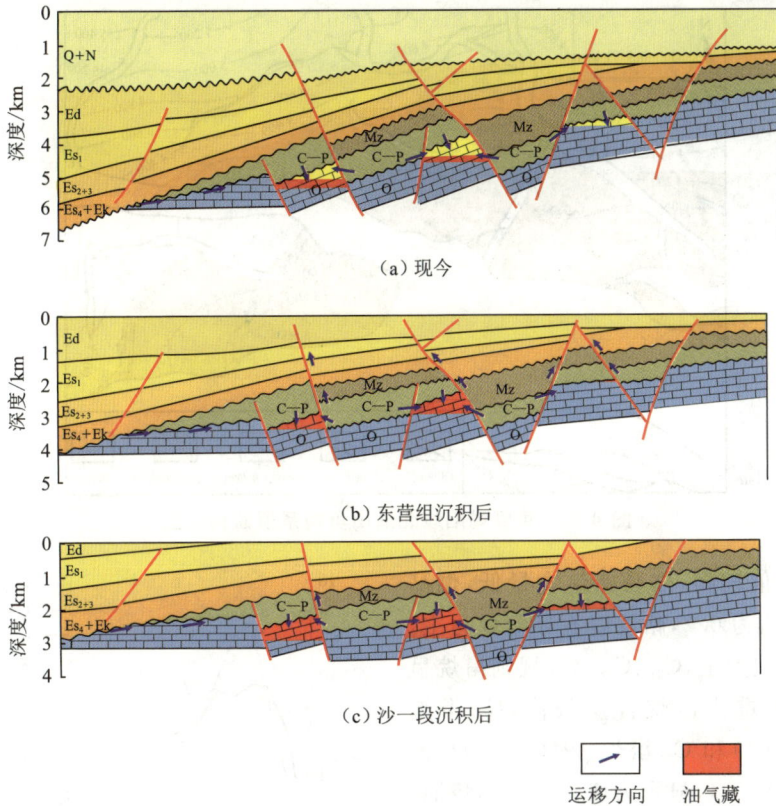

（a）现今

（b）东营组沉积后

（c）沙一段沉积后

运移方向　油气藏

图 4-21　苏桥潜山油气成藏过程及成藏模式图

# 第三节　歧北潜山油气藏

## 一、地质概况

歧北潜山位于黄骅坳陷中部,东北方向与歧口凹陷相邻,夹于北大港潜山与南大港潜山之间,中、古生界表现为断鼻潜山形态（图 4-22）,勘探面积可达 200 km²。2017 年部署实施的歧古 8 井钻井深度为 4 060.41 m,是针对歧北地区古生界部署的第一口预探井。钻探结果显示,歧古 8 井在中、古生界钻遇油气层厚度 121.2 m,其中奥陶系解释油气层 64.9 m,奥陶系峰峰组获日产原油 46.3 t,日产天然气约 16×10⁴ m³。原油相对密度为 0.772 3（20 ℃）,黏度 0.71 mPa·s（50 ℃）,凝固点为 −30 ℃,属于低密度、低黏度、低凝固点的挥发油。天然气组分以甲烷为主,含量为 70.61%,重烃（$C_{2+}$）含量为 16.12%,天然气属湿气范畴;非烃组分以 $CO_2$ 和 $N_2$ 为主,不含 $H_2S$,其中 $CO_2$ 含量为 12.32%,$N_2$ 含量为 0.95%。

## 二、油气成因与来源

歧北潜山歧古 8 井奥陶系原油碳同位素较重,饱和烃碳同位素为 −29.1‰,芳烃碳同位素为 −26.8‰,属煤型凝析油。歧古 8 井奥陶系原油正构烷烃碳数分布范围较广,主峰碳为 $n\text{-}C_{15}$,与石炭—二叠系烃源岩具有一定的相似性（图 4-23）。根据饱和烃色谱、质谱分析,奥陶

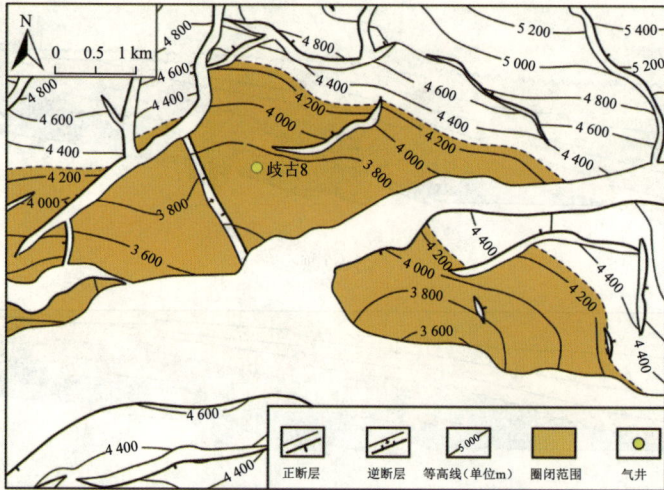

图 4-22 黄骅坳陷歧北潜山奥陶系顶面构造图

系原油 Pr/Ph 值较高，伽马蜡烷含量低，伽马蜡烷/$C_{30}$ 藿烷值为 0.2，萜烷以五环萜烷为主，甾烷以规则甾烷为主，$C_{27}$、$C_{28}$、$C_{29}$ 规则甾烷呈明显反"L"型，重排甾烷含量较高，$C_{29}$ 甾烷 $20S/(20S+20R)$ 和 $C_{29}$ 甾烷 $\beta\beta/(\alpha\alpha+\beta\beta)$ 值分别为 0.27 和 0.34，显示为成熟原油的特征，与港古 1501 井二叠系泥岩的生物标志化合物组成相似（图 4-24）。歧古 8 井奥陶系天然气甲烷碳同位素为 $-39.7‰$，乙烷碳同位素为 $-26.7‰$，属典型煤型气。因此，歧北潜山奥陶系峰峰组油气均是由石炭—二叠系煤系烃源岩生成的煤型油气。

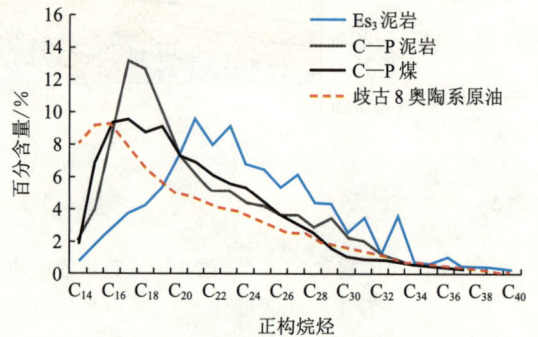

图 4-23 歧古 8 井奥陶系原油与烃源岩正构烷烃分布图

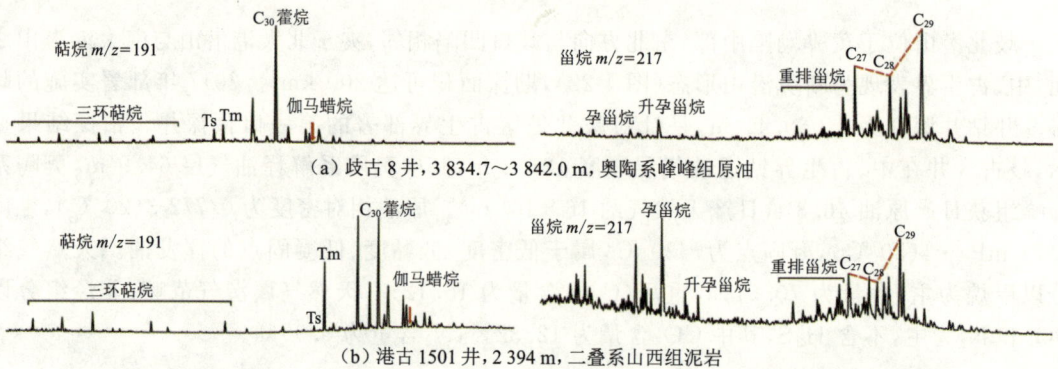

（a）歧古 8 井，3 834.7～3 842.0 m，奥陶系峰峰组原油

（b）港古 1501 井，2 394 m，二叠系山西组泥岩

图 4-24 歧古 8 井奥陶系原油与二叠系泥岩萜烷和甾烷质量色谱图

## 三、油气运移通道

### 1. 断层发育特征

歧北潜山发育多条切穿中、古生界的断层，倾向相同、平行排列的断层组合形成断阶，倾向

相反的断层组合形成地垒。这里将歧古 8 井附近的 3 条断层称为一号、二号和三号断层(图 4-25)。其中一号断层的二叠系断距为 728 m,中生界断距为 243 m;二号断层的二叠系断距为 276 m,中生界断距为 153 m;三号断层的二叠系断距为 484 m,中生界断距为 156 m。根据断层活动性分析,上述 3 条断层在中生代和古近纪早期具有活动性,其中断层活动速率多在中生代中晚期达到最大,平均为 8 m/Ma。

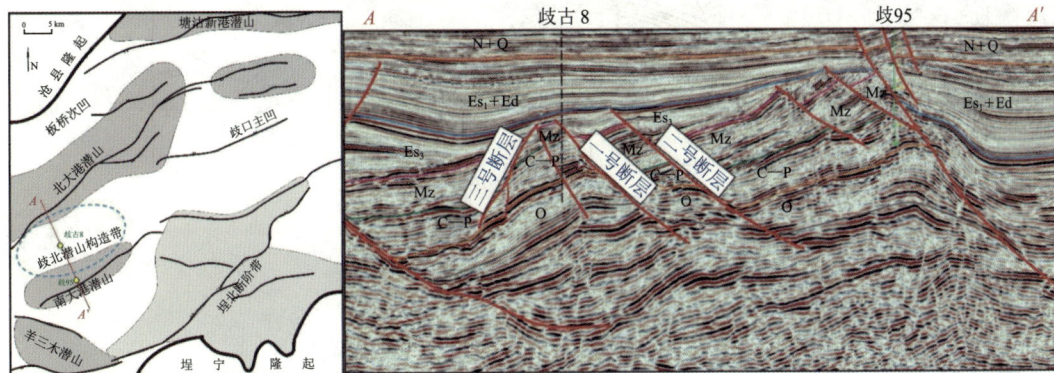

图 4-25  过歧古 8 井构造剖面图

由断层活动时间与油气主要成藏时期的匹配关系可知,歧古 8 井附近主要断层与中三叠世油气成藏时期相匹配,对石炭—二叠系煤系烃源岩所生成的油气有纵向输导作用;而与新近纪—第四纪油气成藏期的匹配关系较差,断层在油气主要成藏期已经停止活动,对油气的运移无法起到有效的输导作用,但停止活动后可以与砂岩储层组合形成断块型构造圈闭,为圈闭提供侧向遮挡条件。

### 2. 储层发育特征

歧北潜山主要发育两套储集层系,即上古生界二叠系上、下石盒子组砂岩储层以及下古生界奥陶系峰峰组碳酸盐岩储层。潜山上古生界整体残留地层在高部位较厚,而翼部地层厚度减小,地层最厚约 500 m,平均厚度约 200 m,而二叠系上、下石盒子组残余地层较薄,主要为河流相砂岩,储集空间为原生及次生孔隙,储集物性较好。潜山下古生界奥陶系平均厚度约 500 m,主要为海相碳酸盐岩,属于华北陆表海沉积,顶部为加里东风化壳。奥陶系储层主要为中奥陶统上部峰峰组以及下部马家沟组,其中峰峰组以泥灰岩夹薄层灰岩为主,马家沟组为厚层灰岩夹白云岩。潜山奥陶系海相碳酸盐岩储层主要为裂缝储层,大气水岩溶作用形成的风化壳储层不占主导地位,储层非均质性强,高孔渗带的分布多与基底构造变形有关,多分布在大型断层构造附近,潜山高部位构造裂缝比较发育,储集条件好。

### 3. 油气运移特征

歧北潜山输导体系主要由断层以及储集层两大输导要素组成。潜山主力储层为奥陶系碳酸盐岩及二叠系砂岩储层,断层活动时间短,活动性弱,且主要活动时期为中生代,难以对新近纪以来的油气提供有效输导,但断层与储层、盖层组合能够形成多个断块型圈闭。歧北潜山隐伏在古近系斜坡之下,除东部局部中、古生界与古近系烃源岩接触外,沙三段烃源岩所产生的原油难以大量地发生"倒灌"。古生界煤系地层分布广泛,直接覆盖在奥陶系峰峰组顶部的风化壳上,形成平行不整合,有利于油气就近运移至下伏奥陶系碳酸盐岩储层中(图 4-26)。

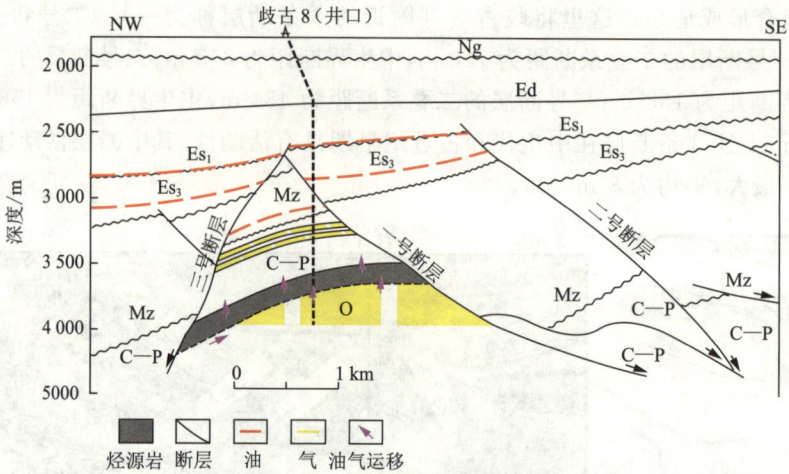

图 4-26　歧北潜山油藏剖面图

## 四、油气成藏期

### 1. 流体包裹体岩相学特征

歧北潜山烃类包裹体主要分布在石英颗粒表面,包括非岩浆侵入的围岩及重结晶形成的岩石颗粒。根据烃类包裹体在荧光下的颜色,可以分为黄色荧光烃类包裹体和蓝绿色荧光烃类包裹体。黄色荧光烃类包裹体主要分布在围岩颗粒内,颗粒表面较脏,被火山岩包围,呈孤立状分布;蓝绿色荧光烃类包裹体主要分布在裂缝附近的重结晶颗粒内,这些颗粒表面干净平滑,分布具有连续性。如图 4-27 所示。

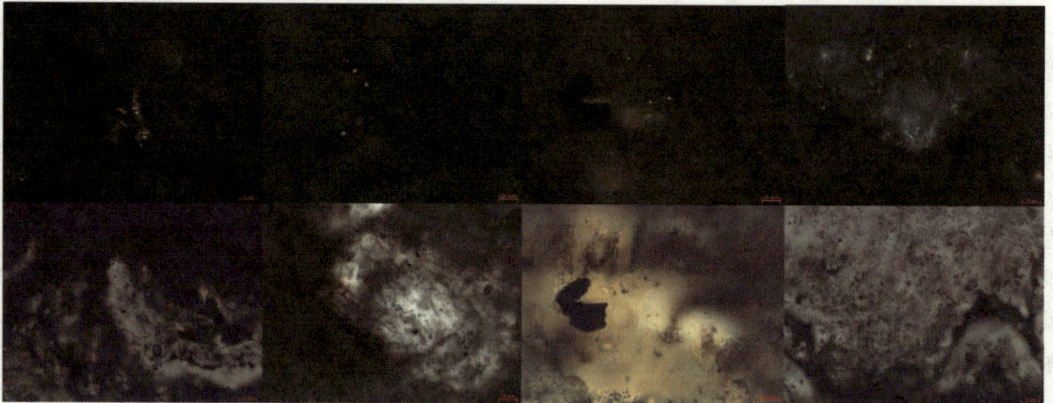

　(a) 3 371.82 m　　　　(b) 3 367.16 m　　　　(c) 3 372.25 m　　　　(d) 3 371.82 m

图 4-27　歧古 8 井二叠系流体包裹体镜下特征

歧北潜山存在油质沥青、沥青质沥青和碳质沥青,以沥青质沥青为主。油质沥青以黄绿色荧光为主,主要赋存在颗粒表面,指示歧北潜山存在晚期油气充注;沥青质沥青以红褐色荧光为主,主要赋存在裂缝及重结晶颗粒的周围;碳质沥青含量较少,主要围绕重结晶颗粒分布。如图 4-28 所示。

### 2. 成藏期次与时间

歧北潜山由于受后期火山作用影响,岩石中可测包裹体较少。测温结果显示,歧古 8 井烃

(a) 3 368 m　　　　(b) 3 372.96 m　　　　(c) 3 368 m　　　　(d) 3 367.16 m

图 4-28　歧古 8 井二叠系储层沥青镜下特征

类包裹体伴生盐水包裹体的均一温度分布范围为 105～115 ℃,测温对象为围岩颗粒包裹的黄色荧光包裹体,据其赋存的位置可知该黄色荧光包裹体为火山岩侵入之前充注的低熟油(图 4-29)。由于所测的均一温度是包裹体经历岩浆作用之后的再平衡包裹体,其温度可能不具有有效参考价值,根据歧北潜山的构造演化史,认为早期油气成藏的时间为中三叠世。通过流体包裹体和储层沥青显微观察,蓝绿色荧光烃类包裹体和油质沥青都证实存在晚期油气充注过程。由埋藏史图可以看出,歧北潜山自沙河街组沉积期开始进入持续深埋过程,推测其在新近纪—第四纪发生第二期成藏。

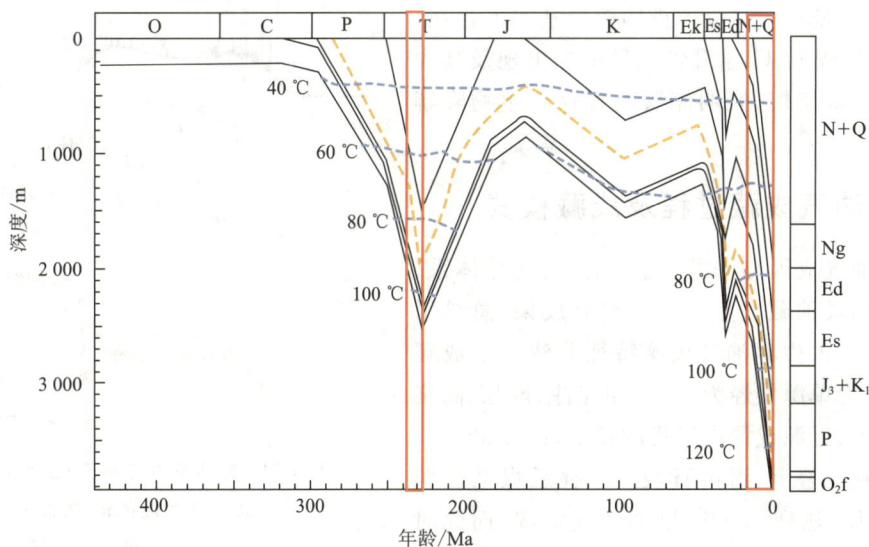

图 4-29　利用流体包裹体均一温度与热演化生烃史确定油气成藏期

### 3. 油气充注调整及次生变化

通过歧北潜山歧古 8 井二叠系储层固体沥青反射率、族组分、红外光谱、饱和烃色谱-质谱等分析,认为该区储层沥青主要为氧化作用或生物降解作用的产物。整体上,研究区储层沥青反射率较低,为 0.29%～0.34%,根据赵兴齐等(2012)提出的沥青反射率与镜质体反射率间的换算公式($R_o = 0.656\,9R_b + 0.336\,4$),得到该区沥青对应的镜质体反射率介于 0.53%～

0.56%之间,表明沥青成熟度较低。歧古8井储层沥青的沥青质含量最高,饱和烃含量次之,芳烃和非烃含量最低,其中沥青质含量介于 44.07%～45.18% 之间,饱和烃含量介于 20.48%～22.03%之间,饱和烃/芳烃值较低,为 1.06～1.08。储层沥青显微红外光谱分析(图 4-30)表明,储层沥青富含 C=O 等基团,宏观上沿裂缝分布或充填于缝洞内,推测其为原油经历过氧化作用的结果。

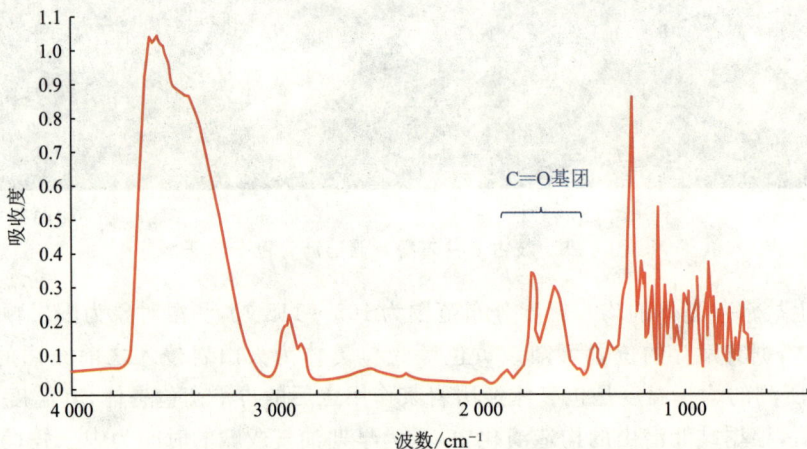

图 4-30　歧古 8 井二叠系(3 368.44 m)沥青红外光谱特征

歧古 8 井二叠系沥青样品的饱和烃色谱-质谱图(图 4-31)上,谱图基线不平且正构烷烃分布存在明显的"鼓包"、高分子正构烷烃基本不存在,$C_{30}$ 藿烷含量较低、$C_{33-35}$ 升藿烷呈单峰出现及高含量的 $C_{29}$ 25-降藿烷,表明储层沥青存在生物降解成因。

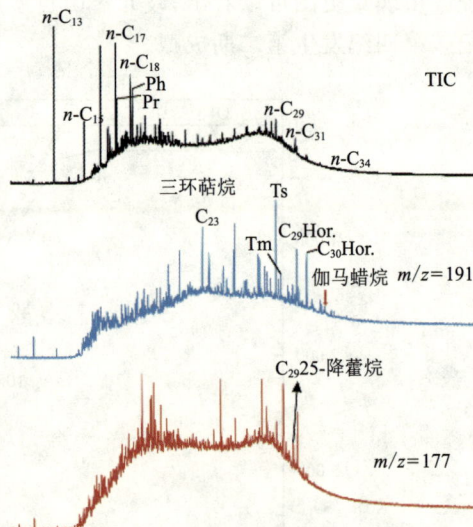

图 4-31　歧古 8 井二叠系(3 368.44 m)沥青饱和烃色谱-质谱图

## 五、油气成藏过程及成藏模式

综合油气成因与来源、储盖组合、输导体系、油气充注期及油藏次生变化等研究成果,总结了歧北潜山中、古生界油气成藏特征并建立了成藏模式,表现为单源供烃为主、两期充注、断层-储集层输导为主、近源或源内聚集的特征(图 4-32)。

中—晚三叠世,潜山石炭—二叠系煤系烃源岩成熟度 $R_o$ 达到 0.5%,早期油气生成,而此时地层较为平稳,断裂不发育,且上古生界储层因构造抬升发育溶解带,下古生界储层形成部分微裂缝,油气沿源储接触位置的优势砂体和裂缝向相邻的奥陶系和二叠系充注(图 4-32a)。

晚白垩世末期,全区构造抬升,地层剥蚀且大量断层持续活动,为油气调整逸散提供了运移通道(图 4-32b)。

新近纪以来,潜山中、古生界快速埋深,石炭—二叠系和沙三段烃源岩达到大量生烃阶段,潜山主体部位的石炭—二叠系来源油气沿断层供烃窗口或储层通道向源岩附近的储层发生充注,洼陷带沙三段烃源岩生成的油气同样通过局部的断层供烃窗口向潜山斜坡部位充注。受供烃窗口影响,石炭—二叠系烃源岩为主要供烃来源,并形成歧北潜山主体部位的油气聚集(图 4-32c 和 d)。

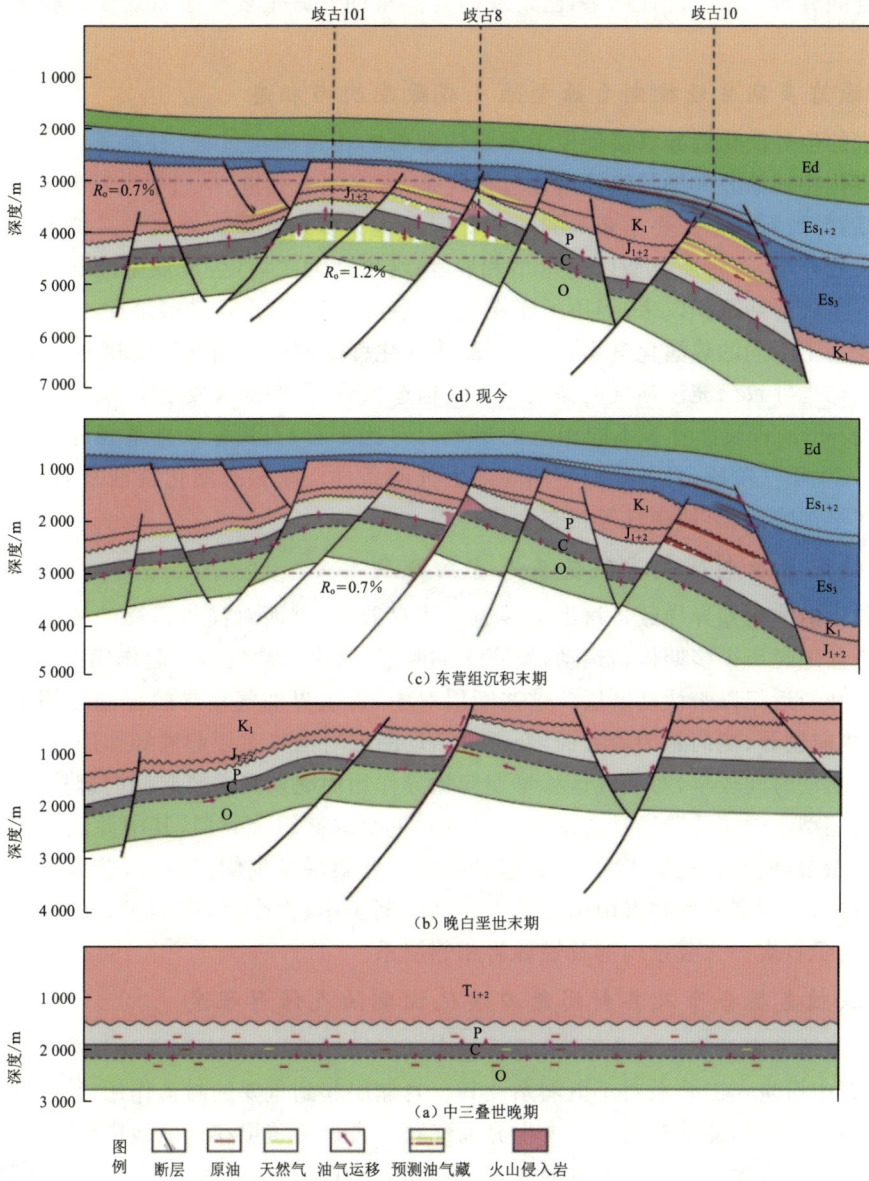

图 4-32　歧北潜山油气成藏过程及成藏模式图

# 第四节　油气成藏主控因素

通过对典型自源型潜山油气藏的油气成藏条件及成藏机理分析,认为断陷盆地自源型潜山油气藏主要受石炭—二叠系烃源岩分布与生烃、源储配置关系、盖层保存条件等因素控制。

## 1. 石炭—二叠系烃源岩分布控制自源型油气藏分布

不同潜山主力烃源岩的空间分布及演化差异是造成油气来源差异的主要原因。渤海湾盆地发育孔店组、沙四段、沙三段、孔一段、东营组及石炭—二叠系等多套烃源岩,各套烃源岩在各坳陷分布存在明显差异,导致盆地潜山油气来源的多样性。其中盆地中南部的冀中坳陷、黄骅坳陷、济阳坳陷、临清坳陷存在石炭—二叠系烃源岩,该套烃源岩的发育程度控制了自源型油气藏的空间分布。根据统计结果,已发现的自源型油气藏主要位于石炭—二叠系烃源岩的强生烃区。

### 2. 烃源岩多期生烃控制自源型油气成藏期次与相态

烃源岩的生烃演化差异直接受控于不同构造带的构造演化过程,石炭—二叠系煤系烃源岩因构造演化特征的差异导致生烃演化过程复杂,存在中三叠世、早白垩世和新近纪—第四纪等多次生烃,导致石炭—二叠系来源的油气对应发生了多期成藏。石炭—二叠系烃源岩沉积于海陆交互相环境,有机质类型以腐殖型和腐泥-腐殖型为主,可生成煤型油和煤型气。渤海湾盆地自古生代开始沉积以来,经历了印支运动、燕山运动、喜山运动等多期构造运动,导致上述烃源岩经历了不同的热演化过程,而不同的热演化程度同样对油气生成相态产生重要影响;多期构造运动也导致已充注油气的储集层发生构造抬升,早期油气发生生物降解、氧化等次生变化,导致胶质-沥青质沥青等不同相态的形成。对比来看,石炭—二叠系烃源岩现今成熟度较高,已进入生干气阶段,具备早期生油晚期生气的条件。从相态演化特征来看,自源型潜山油气藏存在早油晚油、早油晚气等相态变化过程。

### 3. 源储配置控制油气富集层系及富集程度

沉积和构造演化差异导致各潜山输导通道发育差异,进而对油气运移的控制作用明显不同。渤海湾盆地经历了多期构造运动,发育多期断层,其中对油气输导起作用的断层包括中生代活动断层和新近纪以来活动断层。这些断层对中、古生界油气输导的控制作用主要体现在垂向输导、侧向输导、侧向封闭等方面,新近纪活动断层对油气主要起输导作用,而中生代活动断层因停止活动时间较早,对油气运移早期起输导作用而晚期则主要起侧向遮挡作用。

源储侧接型和源储叠置型是自源型油气藏的主要源储组合类型,其中源储侧接型也发育新生代活动断层,但发育规模不大,仅造成烃源岩与储集层发生侧向对接,造成油气在对接层系聚集的特点;而源储叠置型潜山则无新生代断层断至中、古生界,未形成有效的断层供烃窗口,油气聚集于石炭—二叠系内部及烃源岩相邻层系。

### 4. 区域性盖层分布及其封闭能力演化控制油气保存程度

渤海湾盆地发育石炭—二叠系、古近系等多套区域性盖层,对不同含油气层系具有重要的控制作用,其中石炭—二叠系对于奥陶系及其自身储层起到重要的封盖作用,特别是对于新生界断层不发育的情况,能够有效保存古生界油气藏。古近系盖层在全盆地广泛分布,特别是对于直接覆盖在中、古生界储集层上方的古近系烃源岩,既是供烃层系又是封盖层系,具有优越的保存条件。从平面对比来看,渤海湾盆地自源型油气藏主要受石炭—二叠系直接盖层控制,古近系多为上覆盖层。

对于石炭—二叠系来源的油气藏,形成时间跨度大,存在中三叠世、早白垩世、新近纪—第四纪等多期成藏。从各期次油气藏的形成深度来看,前两期油气成藏时的埋深较浅,其盖层主要为石炭—二叠系盖层,在晚三叠世和晚白垩世的构造抬升期受早期油气规模有限及盖层封闭能力偏弱等因素影响,目前保存下来的早期油气藏规模相对有限。对于新近纪—第四纪的油气成藏来说,由于该时期以来石炭—二叠系盖层未再次经历抬升破坏,所以晚期深埋有利于油气藏的保存。

# 第五章　它源型潜山油气成藏机理

按照潜山油气藏的油气来源,主要来源于潜山层系以外烃源岩的油气藏称为它源型潜山油气藏,总体上渤海湾盆地古近系生烃层系、二连盆地白垩系生烃层系以外形成的潜山油气藏均属于此类。它源型潜山油气藏主要分布于二连盆地及渤海湾盆地的辽河坳陷、冀中坳陷、渤中坳陷和济阳坳陷等,是分布最广、储产量最大的一类潜山油气藏。本章以埕岛-桩西、富台、兰18和兰9、哈南潜山油气藏为代表,对它源型油气藏的形成机理进行分析。

## 第一节　埕岛-桩西潜山油气藏

### 一、地质概况

埕岛-桩西潜山带位于济阳坳陷沾化凹陷的东北部,勘探面积约 860 km²。研究区自北向南发育埕岛、桩海和桩西 3 个潜山,其中埕岛潜山受埕北断层、埕北 20 断层、埕北 30 北断层和埕北 30 南断层的控制,进一步可以分为埕北 11 潜山、埕北 20 潜山和埕北 30 潜山,形成了自西向东的三排山格局(图 5-1)。

埕岛-桩西潜山带四面临洼,油气资源丰富。研究区西部埕北 11 潜山以埕北断层与埕北凹陷相连,北部埕北 20 潜山以多期不整合面与沙南凹陷相接,东部埕北 30 潜山和桩海潜山以埕北 30 北断层和埕北 30 南断层与黄河口凹陷对接,南部桩西潜山则以桩南断层与孤北洼陷相邻。目前埕岛-桩西潜山带已发现太古界、下古生界、上古生界、中生界及新生界等多套含油层系,其中古生界潜山探明石油储量约 $0.9 \times 10^8$ t,是济阳坳陷最重要的含油气潜山带。

### 二、油气来源

埕岛-桩西潜山带的原油具有 Pr/Ph>1、伽马蜡烷含量低、4-甲基甾烷含量高的特征,原始有机质以低等水生生物为主,沉积环境为微咸水沉积;油气成熟度较高,达到高—过成熟阶段,主要来自沙三段烃源岩;少量井伽马蜡烷含量较高,反映出存在少量沙一段混源油的特征(表 5-1)。

综合各生物标志化合物参数可以看出,研究区具有多个油气源,其中埕北 11 潜山的油气来自埕北凹陷沙三段,埕北 20 潜山的油气为沙南凹陷沙一段和沙三段的混源油气,埕北 30 潜山和桩海潜山的油气来自黄河口凹陷沙三段,桩西潜山的油气则来自孤北洼陷沙三段(图 5-2)。

### 三、油气成藏期

对埕岛-桩西潜山带 9 口井 21 块奥陶系储层样品进行包裹体分析,用于判断油气充注期次与时间。

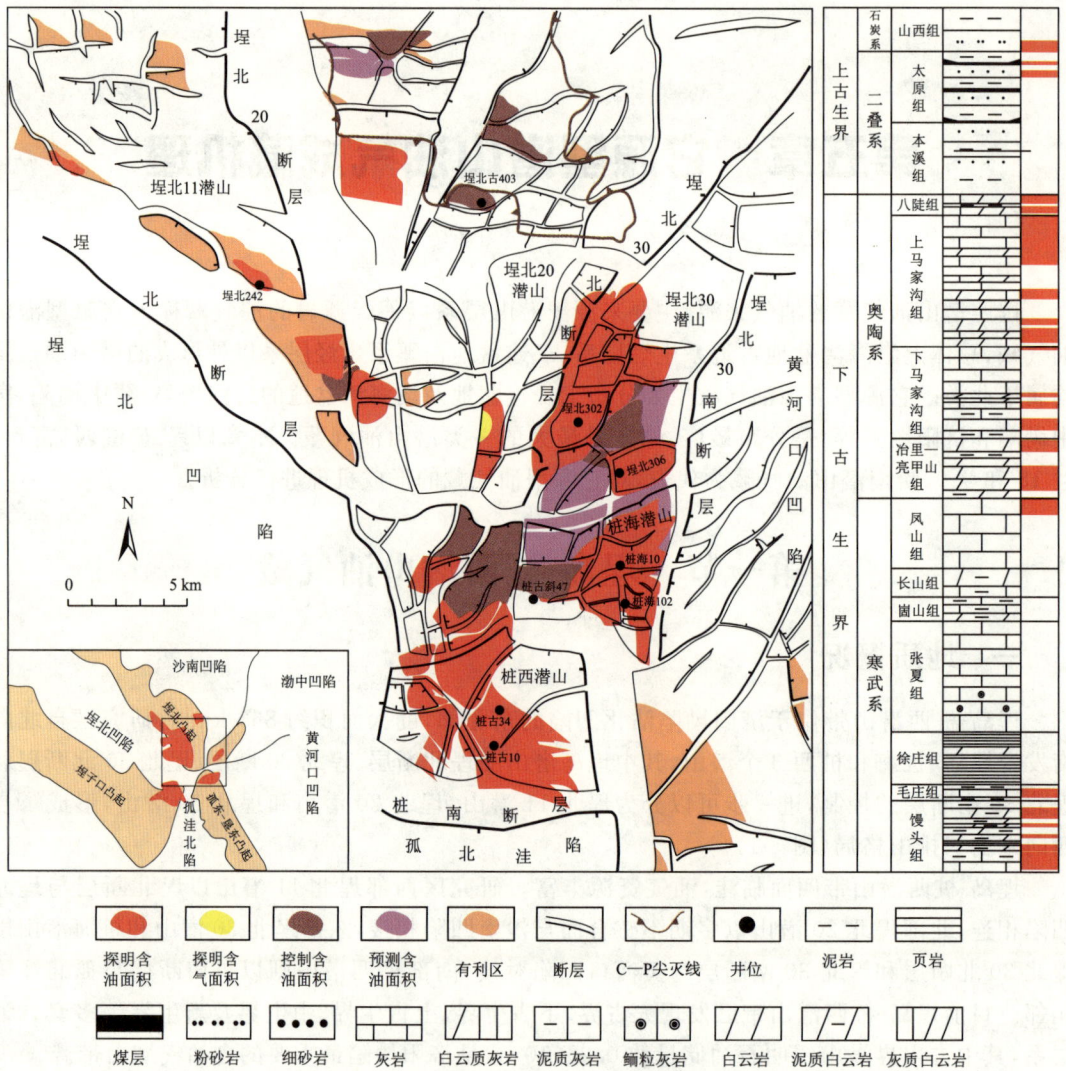

图 5-1  埕岛-桩西潜山带研究区位置图(据胜利油田,2005)

表 5-1  埕岛-桩西潜山带原油地化参数特征

| 参　　数 | 埕北 11 潜山 | 埕北 20 潜山 | 埕北 30 潜山 | 桩海潜山 | 桩西潜山 |
|---|---|---|---|---|---|
| Pr/Ph | 1.19~1.66 | 0.70~1.74 | 0.98~1.52 | 1.55~1.67 | 0.96~1.59 |
| Pr/$n$-C$_{17}$ | 0.42 | 0.18~1.03 | 0.13~0.46 | 0.23~0.34 | 0.16~0.37 |
| Ph/$n$-C$_{18}$ | 0.28~0.33 | 0.14~0.37 | 0.10~0.44 | 0.16~0.23 | 0.12~0.28 |
| G/C$_{30}$H | 0.06~0.16 | 0.03~0.44 | 0.11~0.22 | 0.14~0.24 | 0.09~0.37 |
| 4-MS/C$_{29}$S | — | 0.31~0.53 | 0.29~0.85 | 0.30~0.78 | 0.40~0.80 |
| C$_{29}$20S/(20S+20R) | 0.43~0.60 | 0.28~0.59 | 0.43~0.69 | 0.48~0.72 | 0.48~0.69 |
| C$_{29}\beta\beta/(\alpha\alpha+\beta\beta)$ | 0.40 | 0.30~0.55 | 0.39~0.65 | 0.36~0.58 | 0.48~0.59 |
| TMNr | 0.57 | 0.59~0.77 | 0.69~0.83 | 0.78~0.95 | 0.46~0.88 |
| TeMNr | 0.58 | 0.47~0.71 | 0.71~0.79 | 0.75~0.92 | 0.71~0.88 |

| 参　　数 | 埕北 11 潜山 | 埕北 20 潜山 | 埕北 30 潜山 | 桩海潜山 | 桩西潜山 |
|---|---|---|---|---|---|
| Ts/(Ts+Tm) | 0.55～0.57 | 0.25～0.59 | 0.52～0.80 | 0.67～0.85 | 0.55～0.76 |
| $C_{29}$Ts/$C_{29}$ | 0.30 | 0.17～0.25 | 0.34～0.52 | 0.28～0.59 | 0.34～0.60 |
| $C_{21+22}$P/$C_{27}$S | 0.11 | 0.03～0.26 | 0.23～0.47 | 0.11～0.44 | 0.15～0.47 |
| $C_{19-29}$TT/$C_{30}$H | 0.23 | 0.15～0.74 | 0.55～1.51 | 0.69～4.10 | 0.47～2.16 |
| Dia-$C_{27}$S/Reg-$C_{27}$S | 0.45 | 0.11～0.30 | 0.35～0.59 | 0.27～0.54 | 0.29～0.54 |

注：G/$C_{30}$H 为伽马蜡烷/$C_{30}$藿烷；4-MS/$C_{29}$S 为 4-甲基甾烷/$C_{29}$甾烷；$C_{29}$20S(20S+20R) 为 $C_{29}$20S/(20S+20R)胆甾烷；TMNr 为三甲基萘指数；TeMNr 为四甲基萘指数；$C_{21+22}$P/$C_{27}$S 为 $C_{21+22}$孕甾烷/$C_{27}$规则甾烷；$C_{19-29}$TT/$C_{30}$H 为 $C_{19-29}$三环萜烷/$C_{30}$藿烷；Dia-$C_{27}$S/Reg-$C_{27}$S 为 $C_{27}$重排甾烷/$C_{27}$规则甾烷。

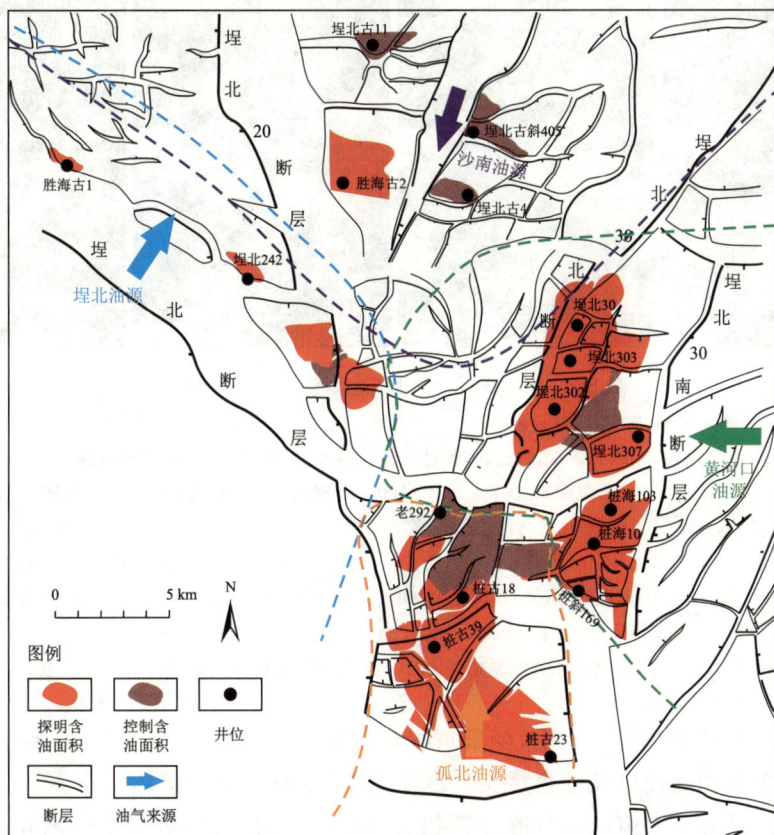

图 5-2　埕岛-桩西潜山带源-藏对应关系

## 1. 流体包裹体岩相学特征

研究区埕北 11 潜山和埕北 20 潜山主要发育黄绿色荧光包裹体,透射光下无色或浅褐色。其中,埕北 11 潜山发育单一液相和气液两相 2 种类型的烃类包裹体(图 5-3a～d),而埕北 20 潜山主要为单一液相包裹体,烃类包裹体丰度较低(图 5-3e～h)。这两个潜山构造带的烃类包裹体形状不规则,呈孤立状、零星状或集群状分布在充填裂缝的方解石脉体中,少数包裹体呈串珠状分布在矿物颗粒表面,个体较小。

埕北 30 潜山、桩海潜山和桩西潜山发育多种荧光颜色的烃类包裹体,其中埕北 30 潜山和

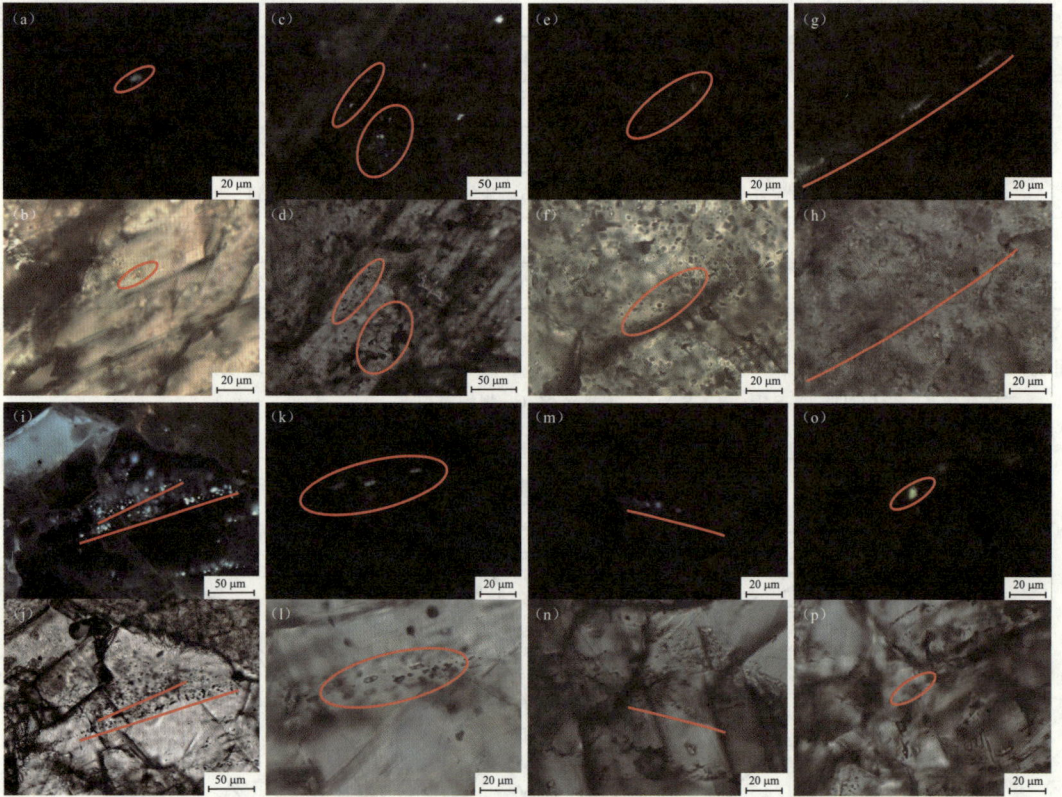

**图 5-3　埕岛-桩西潜山带流体包裹体镜下特征**

(a) 埕北 244 井,2 899.40 m,奥陶系,白云岩,荧光×100;(b) 埕北 244 井,2 899.40 m,奥陶系,白云岩,透射光×100;(c) 埕北 244 井,2 904.52 m,奥陶系,白云岩,荧光×50;(d) 埕北 244 井,2 904.52 m,奥陶系,白云岩,透射光×50;(e) 埕北古 403 井,2 755.64 m,奥陶系,灰岩,荧光×100;(f) 埕北古 403 井,2 755.64 m,奥陶系,灰岩,透射光×100;(g) 胜海古 2 井,2 403.50 m,寒武系,白云岩,荧光×100;(h) 胜海古 2 井,2 403.50 m,寒武系,白云岩,透射光×100;(i) 埕北 302 井,4 002.40 m,奥陶系,灰岩,荧光×50;(j) 埕北 302 井,4 002.40 m,奥陶系,灰岩,透射光×50;(k) 埕北 306 井,3 807.10 m,奥陶系,灰岩,荧光×100;(l) 埕北 306 井,3 807.10 m,奥陶系,灰岩,透射光×100;(m) 桩古 34 井,4 763.10 m,奥陶系,灰岩,荧光×100;(n) 桩古 34 井,4 763.10 m,奥陶系,灰岩,透射光×100;(o) 桩古斜 47 井,4 193.20 m,奥陶系,灰岩,荧光×100;(p) 桩古斜 47 井,4 193.20 m,奥陶系,灰岩,透射光×100

桩海潜山以蓝白色荧光包裹体为主,少量黄绿色荧光包裹体(图 5-4i～l),反映出油气成熟度较高的特征。而桩西潜山以黄绿色烃类包裹体为主,少数烃类包裹体具有黄色和蓝白色荧光(图 5-4m～p)。这 3 个潜山构造带的烃类包裹体丰度相对较高,可见单一液相和气液两相 2 种类型包裹体,并以气液两相包裹体为主,呈长条状、椭球状或近矩形,少数包裹体形状不规则,呈零星状、串珠状或集群状分布在充填裂缝的方解石脉体或溶孔的方解石中。

因此,埕岛-桩西潜山带古生界储层中发育单一液相和气液两相 2 种类型的烃类包裹体,呈零星状、串珠状或群体状赋存在充填裂缝的方解石脉体中。烃类包裹体以黄绿色荧光和蓝白色荧光为主,其中黄绿色荧光包裹体在整个研究区均有分布,而蓝白色荧光包裹体主要分布在研究区东部的埕北 30 潜山和桩海潜山地区,在研究区南部的桩西潜山可见少量黄色荧光包裹体。此外,研究区广泛分布碳质和油质 2 种沥青(图 5-4),表明研究区可能存在早期的油气充注,但油气藏遭到破坏。

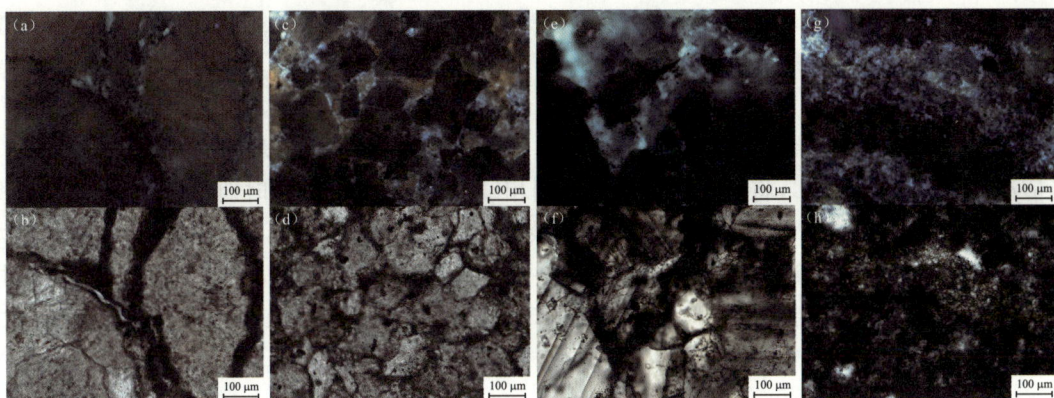

图 5-4　埕岛-桩西潜山带储层沥青镜下特征

（a）埕北 244 井，2 911.60 m，奥陶系，白云岩，荧光×20；（b）埕北 244 井，2 911.60 m，奥陶系，白云岩，透射光×20；
（c）胜海古 2 井，2 407.20 m，寒武系，白云岩，荧光×20；（d）胜海古 2 井，2 407.20 m，寒武系，白云岩，透射光×20；
（e）ZH102 井，4 624.30 m，寒武系，白云岩，荧光×20；（f）ZH102 井，4 624.30 m，寒武系，白云岩，透射光×20；
（g）桩古 10 井，3 586.20 m，奥陶系，白云岩，荧光×20；（h）桩古 10 井，3 586.20 m，奥陶系，白云岩，透射光×20

## 2. 流体包裹体均一温度与成藏时期

### 1）流体包裹体均一温度特征

由于碳酸盐岩储层中的包裹体会发生再平衡现象，或受到矿物重结晶作用的影响而发生次生变化，所以研究中仅选取了形态较为规则的伴生盐水包裹体进行测温。研究区不同潜山构造带伴生盐水包裹体的均一温度均只有一个峰值温度区间，体现出一期成藏的特征。其中，埕北 11 潜山的峰值温度为 105～115 ℃（图 5-5a），埕北 20 潜山的峰值温度为 110～120 ℃

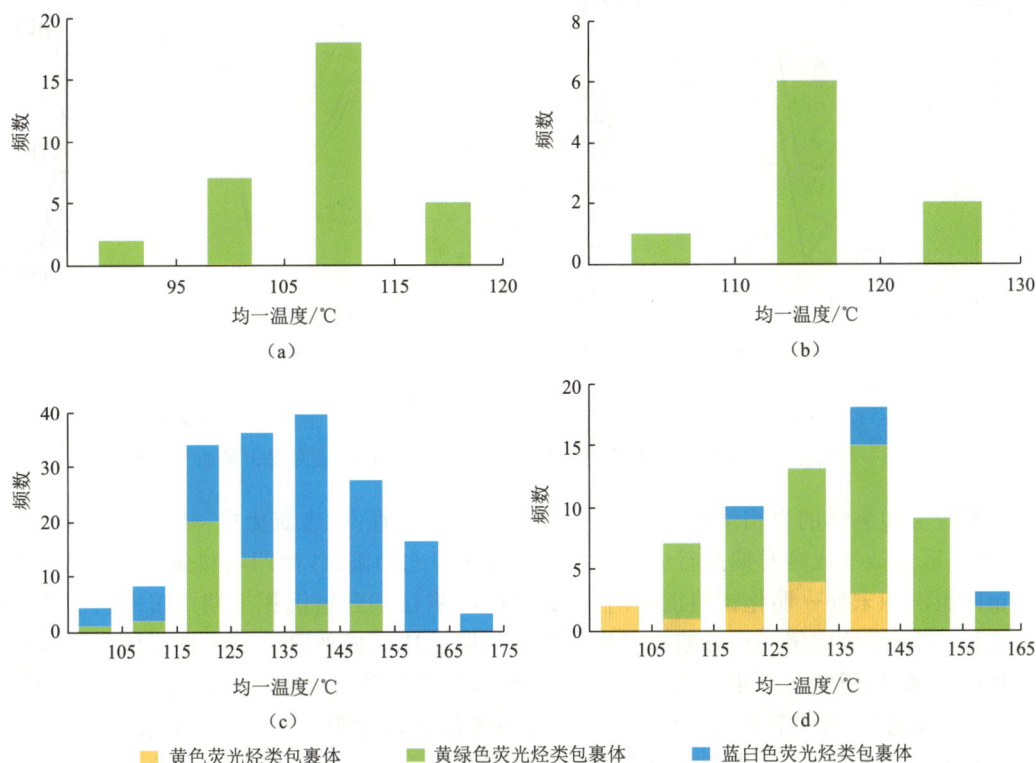

黄色荧光烃类包裹体　　黄绿色荧光烃类包裹体　　蓝白色荧光烃类包裹体

图 5-5　埕岛-桩西潜山带古生界流体包裹体均一温度分布图

（图 5-5b），埕北 30 潜山、桩海潜山的峰值温度为 115～145 ℃（图 5-5c），桩西潜山的峰值温度为 125～145 ℃（图 5-5d）。

2）油气成藏时期

埕北 244 井发育黄绿色荧光的烃类包裹体，其伴生盐水包裹体的均一温度为 77～123 ℃，峰值温度为 105～115 ℃，将其与储层埋藏史图相结合，得到油气充注时期为距今 8～2 Ma（图 5-6a）。埕北 302 井具有黄绿色和蓝白色两种荧光颜色的烃类包裹体，但伴生盐水包裹体的均一温度具有连续的峰值温度区间，分别为 110～130 ℃ 和 130～140 ℃，将其与储层埋藏史图相结合，得到油气充注时期为距今 15～2 Ma（图 5-6c），反映了油气从低熟到高熟连续充注的过程。

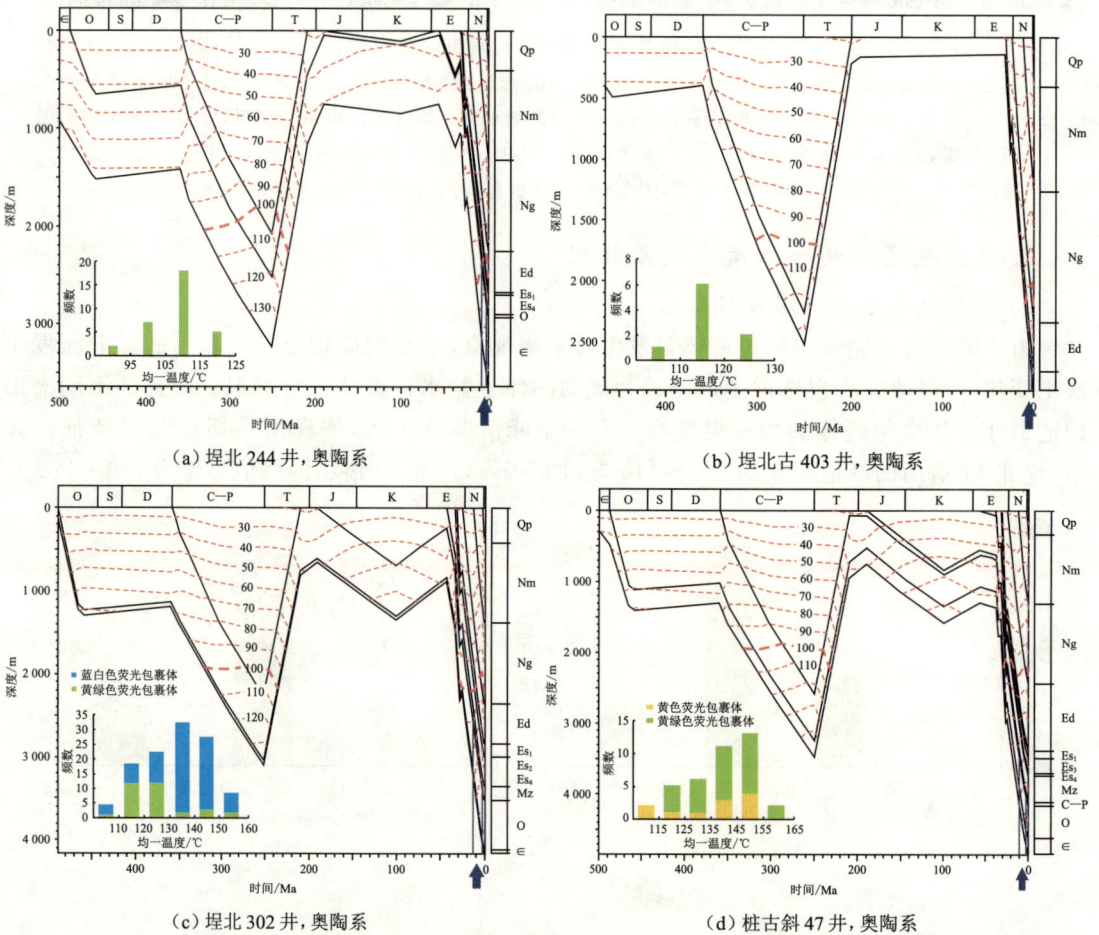

（a）埕北 244 井，奥陶系

（b）埕北古 403 井，奥陶系

（c）埕北 302 井，奥陶系

（d）桩古斜 47 井，奥陶系

图 5-6　利用流体包裹体均一温度与储层埋藏史图确定埕岛-桩西潜山带油气成藏期

根据烃类包裹体的岩相学特征、显微测温结果和储层埋藏-热演化史，结合烃源岩的生烃史，对研究区的油气成藏时期进行综合分析。研究区埕北凹陷、沙南凹陷和孤北洼陷的主生烃期为馆陶组沉积末期—明化镇组沉积期，而黄河口凹陷在东营组沉积末期—馆陶组沉积初期进入生烃门限，在馆陶组沉积末期—明化镇组沉积期已达高成熟阶段。通过流体包裹体的系列分析可以确定，研究区埕北 11 潜山、埕北 20 潜山和桩西潜山构造带的油气充注时间为距今 10～2 Ma，埕北 30 潜山和桩海潜山构造带的油气充注时间为距今 15～2 Ma（表 5-2）。因此，研究区存在一期油气充注，成藏时期为馆陶组沉积末期—明化镇组沉积期（距今 15～2 Ma）。

表 5-2　埕岛-桩西潜山带油气成藏时期

| 构造区带 | 井　号 | 层　位 | 包裹体颜色 | 均一温度峰值/℃ | 成藏时间（距今）/Ma |
|---|---|---|---|---|---|
| 埕北 11 潜山 | 埕北 244 | $O_1l+O_1y$ | 黄绿色 | 105～115 | 8～2 |
| 埕北 20 潜山 | 埕北古 403 | $O$ | 黄绿色 | 110～120 | 5～2 |
| 埕北 30 潜山 | 埕北 302 | $O$ | 黄绿色＋蓝白色 | 130～140 | 15～2 |
| | 埕北 306 | $O_2ms+\in_2z$ | 黄绿色＋蓝白色 | 130～145 | 12～2 |
| 桩海潜山 | 桩海 10 | $O_2ms+O_2mx$ | 黄绿色＋蓝白色 | 130～140 | 12～2 |
| | 桩海 102 | $O_2b+\in_3f$ | 黄绿色＋蓝白色 | 120～140 | 15～2 |
| 桩西潜山 | 桩古斜 47 | $O_2b$ | 黄色＋黄绿色 | 145～155 | 10～2 |
| | 桩古 10 | $O_2m$ | 黄绿色 | 120～130 | 10～2 |
| | 桩古 34 | $O_2b+O_2mx$ | 黄绿色＋蓝白色 | 135～145 | 8～2 |

## 四、输导体系与油气运移

### 1. 断层特征与油气输导

埕岛-桩西潜山带断层发育程度高，发育有埕北断层、埕北 20 古断层、埕北 30 北断层、埕北 30 南断层和桩南断层 5 条基底断裂和大量次级断裂（图 5-7），它们是研究区最重要的油气输导通道。其中，基底断层不仅控制了研究区的地质构造，而且切入了生烃凹陷并活动至明化镇组沉积期，对研究区的油气运移起到了决定性的作用；而次级断裂大多在古近纪已停止活动，对油气具有一定的遮挡作用。

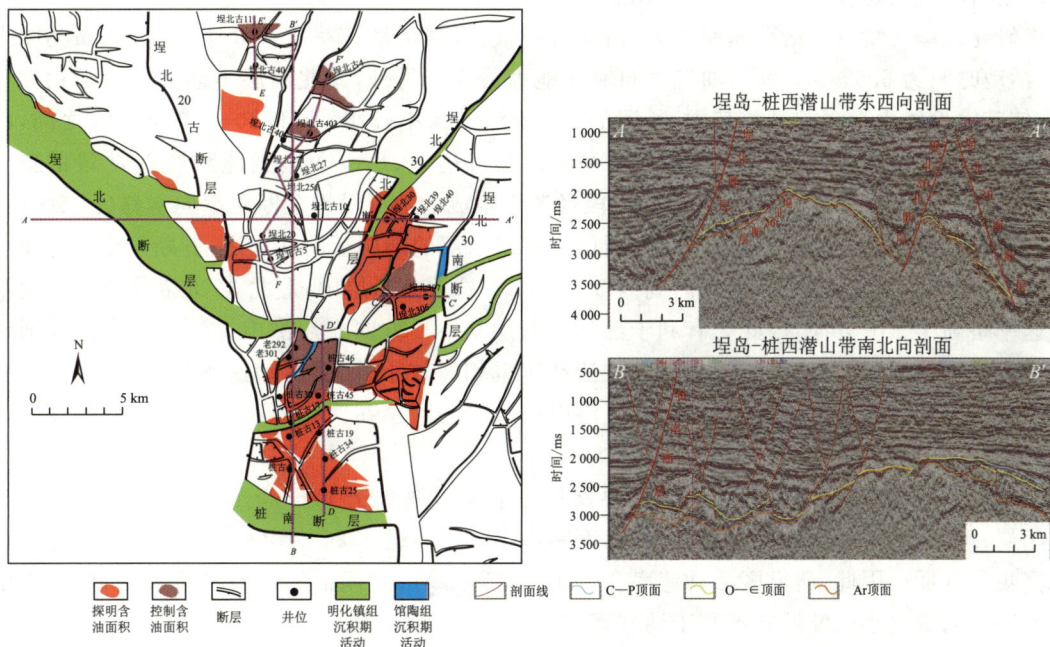

图 5-7　埕岛-桩西潜山带断裂分布图（据胜利油田，2017，修改）

1）油源断层静态特征与油气分布

根据断层与烃源岩的切割关系，埕岛-桩西潜山带共发育 4 条主要的油源断层：埕北断层、埕北 30 北断层、埕北 30 南断层和桩南断层。这 4 条断层活动至馆陶—明化镇组沉积期，有效沟通了古生界潜山和烃源岩，对研究区的油气运移起到了重要作用。而埕北 20 古断层在古近纪就已停止活动，油气输导能力有限，仅控制了研究区潜山构造带的形态和发育。

2）明化镇组沉积期主油源断层活动性与油气运移

研究区 4 条主油源断层在中生代末期开始活动，古近纪沙河街组和东营组沉积期活动性最强，馆陶组沉积期断层活动性减弱，至明化镇组沉积期，这 4 条油源断层又呈短暂活跃，断层活动性增强。研究区主成藏期为馆陶组沉积末期—明化镇组沉积期，因此主要分析明化镇组沉积期断层的活动性对油气运移的影响。

在明化镇组沉积期，4 条主油源断层的平均活动速率分别为 30.7 m/Ma、17.0 m/Ma、18.6 m/Ma 和 16.1 m/Ma（图 5-8），其断层活动性再次增强的特征有利于主成藏期断层对油气的输导作用。通过对比发现，研究区埕北断层活动速率最大，活动强度最高，断面开启程度最大，垂向输导能力最强；埕北 30 北断层、埕北 30 南断层和桩南断层活动速率次之，垂向输导能力弱于埕北断层。

断层的输导能力与其活动强度和活动时间密切相关，成藏时期断层活动速率越大、断层停止活动时间越晚，断层输导能力越强。

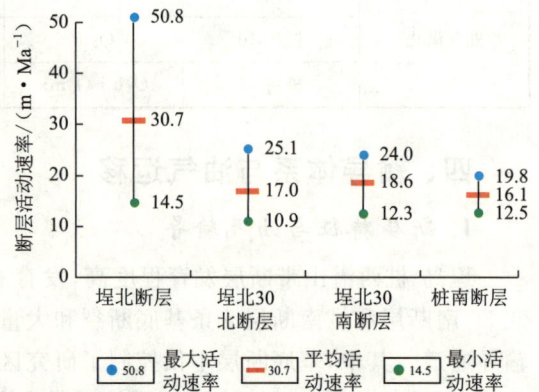

图 5-8  埕岛-桩西潜山带明化镇组沉积期主油源断层活动速率计算结果

研究区埕北断层的活动速率最大、活动时间最长，其活动速率普遍介于 20～50 m/Ma 之间，活动时间为 6.5～7.5 Ma，油气垂向输导能力最强。另外，埕北断层不同部位的活动性不同，使其输导能力存在差异。其中，断层的 SE 段活动速率较小，介于 20～25 m/Ma 之间，而 NW 段活动性增强，活动速率大于 30 m/Ma，最高可达 50.8 m/Ma，因此断层 NW 段的输导能力强于 SE 段，从而更有利于深部沙三段烃源岩生成的油气沿埕北断层垂向运移（图 5-9）。

研究区埕北 30 北断层、埕北 30 南断层和桩南断层的断层活动性次之，其断层活动速率普遍介于 10～25 m/Ma 之间，活动时间为 5～7 Ma。这 3 条断层中，埕北 30 北断层 NE 方向活动速率略高于 SW 方向，因此更有利于油气沿断层从 NE 方向充注潜山；埕北 30 南断层活动速率差异变化不明显；桩南断层中间部位活动速率相对较小、两翼活动速率较大，因此油气更易于从两翼部位充注进入潜山。埕北 20 潜山构造带的断层在明化镇组沉积期均已停止活动（图 5-9）。

结合油气分布特征，研究区油气主要富集在活动速率介于 10～25 m/Ma 之间的埕北 30 北断层、埕北 30 南断层和桩南断层附近，而断层不活动的埕北 20 潜山地区和埕北断层地区油气富集程度低。因此，研究区活动速率介于 10～25 m/Ma 之间的断层有利于油气富集，而活动速率过大或过小的断层则不利于油气富集。

综上所述，研究区主油源断层的静态特征和活动性对研究区的油气分布具有一定的影响，其中断面平直、活动速率适中且两盘为源储对接的断层附近油气富集程度较高，而断面下凹、活动性过强或过弱的地区则油气分布较少。

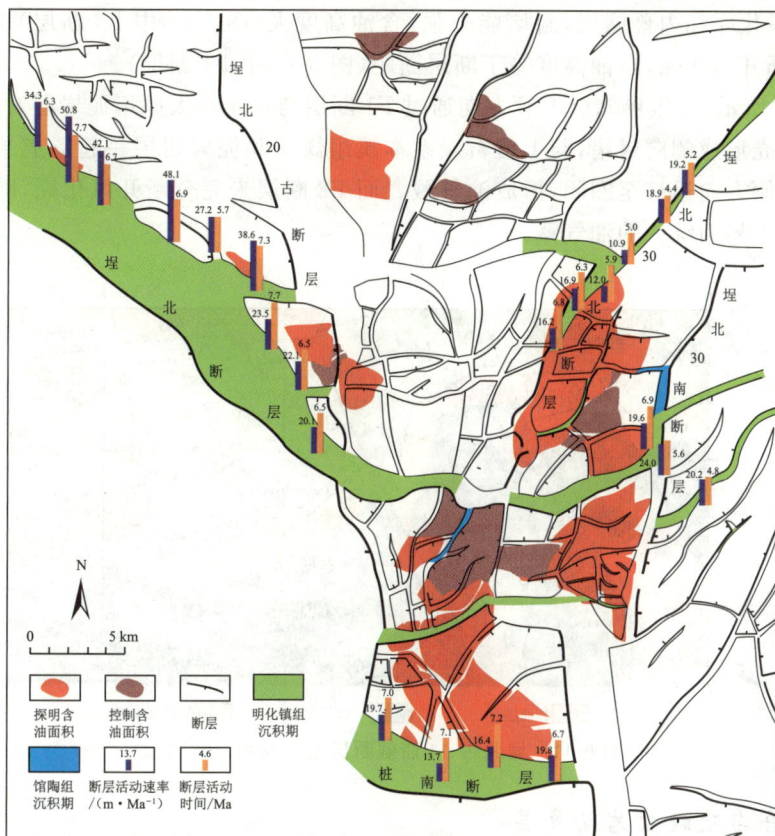

图 5-9　埕岛-桩西潜山带明化镇组沉积期主油源断层活动速率和时间平面分布图

3) 次级断层活动性与油气富集

除了 4 条油源断层及埕北 20 古断层,研究区还发育 3 组 NW 向、NE 向和 WE 向张性的次级断层。这些次级断层在前第三纪或古近纪停止活动,成藏期纵向输导能力弱。但由于断层早期活动,这些次级断层下盘的下古生界碳酸盐岩储层与上盘的上古生界、中生界或者古近系泥岩层侧向对接,具有一定的封堵能力,可以作为遮挡断层与周边其他封堵条件一起构成圈闭,阻止油气继续运移而使之聚集成藏。根据断层发育特征,研究区具有 4 种封堵类型:① 走滑断层封堵,封堵能力普遍好,基本不受断距影响(图 5-10 中 F1 断层);② 顺向断层封堵,断层只有断开风化壳、不对接内幕储层时才具有封堵能力(图 5-10 中 F2 断层);③ 反向断层封

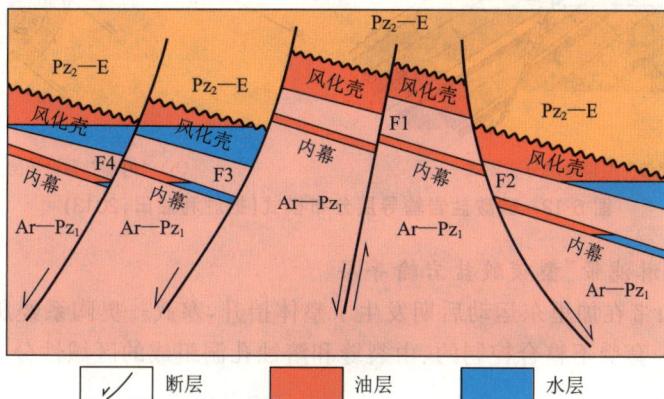

图 5-10　埕岛-桩西潜山带断层遮挡作用示意图(据胜利油田,2017,修改)

堵,断层断开风化壳和内幕储层,封堵能力强,含油高度大(图 5-10 中 F3 断层);④ 反向断层封堵,断层未断开风化壳,含油高度等于断层断距(图 5-10 中 F4 断层)。

如图 5-11 所示,古生界储层上倾方向通过 F1 断层与石炭系太原组泥岩层对接,反向断层完全断开风化壳形成侧向封堵,与上覆石炭系本溪组煤层和泥岩盖层一起形成了断层遮挡圈闭。油气从下倾方向运移至圈闭,形成油气藏。而 F2 断层未完全断开风化壳,断层两盘的储层中形成了油水界面统一的油气藏。

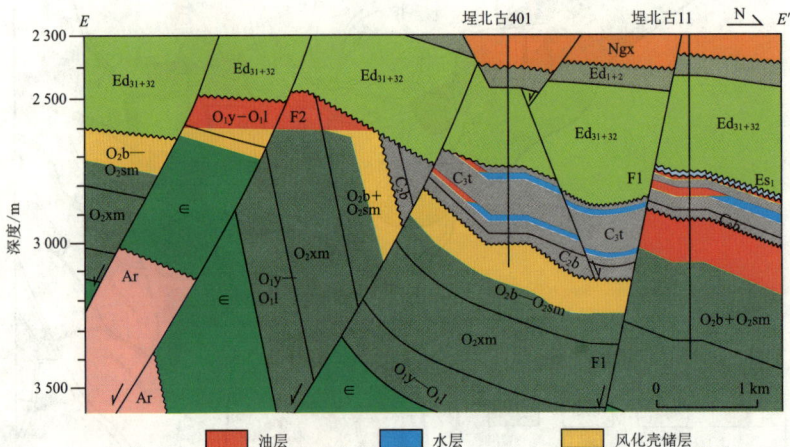

图 5-11　埕北古 11 油藏断层遮挡作用示意图

## 2. 不整合与碳酸盐岩输导层

碳酸盐岩储集层经淋滤溶蚀和构造作用等改造后,会产生大量的溶蚀孔洞和构造缝,形成"孔-洞-缝"网络系统,成为有效的油气运移通道。根据成因,碳酸盐岩输导层可以分为"淋滤带"型输导层和"内幕"型输导层。"淋滤带"型输导层是碳酸盐岩经历了长期的风化淋滤后形成的以缝、洞系统为主要输导空间的输导层(图 5-12a);"内幕"型输导层则主要是由构造裂缝和深埋条件下产生的溶蚀孔洞组成的输导层(图 5-12b)。

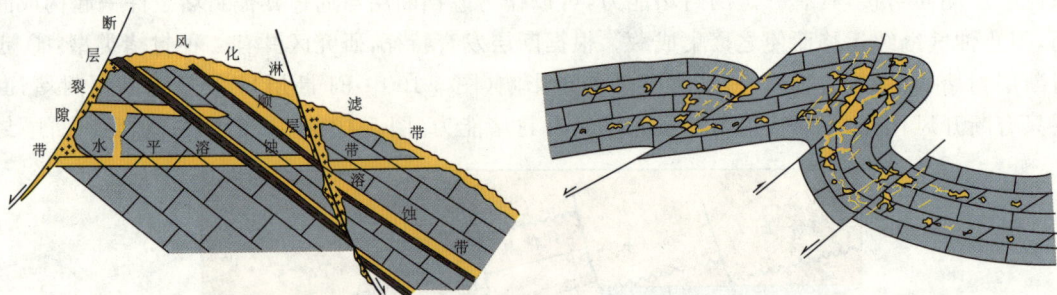

(a)"淋滤带"型输导层分布模式　　　(b)"内幕"型输导层分布模式

图 5-12　碳酸盐岩输导层分布模式(据胜利油田,2013)

### 1) 不整合与"淋滤带"型碳酸盐岩输导层

埕岛-桩西潜山带在加里东运动后期发生了整体抬升,寒武—奥陶系经历了长期强烈的淋滤和剥蚀,形成了一套受不整合控制的、由裂缝和溶蚀孔洞组成的区域性分布的"淋滤带"型碳酸盐岩输导层。

埕岛-桩西潜山带的裂缝主要为构造缝,其中燕山中—晚期和喜山期形成的张裂缝充填程度低,多为半充填或充填,裂缝倾角一般为45°～90°,北东向和近东西向的裂缝开启性较好,开启度介于20%～45%之间,半开启和开启的裂缝约为40%(图5-13a)。在裂缝边缘可见到溶蚀扩大的现象,缝中充填沥青(图5-13b),多分布在断裂带内或断裂带附近,可作为输导油气的有效通道。研究区也发育压溶作用形成的缝合线,与构造缝等相互连通,并充填泥质和沥青质(图5-13c),其对油气的储集能力有限,但对油气的渗滤具有一定的作用。

图5-13　埕岛-桩西潜山带"淋滤带"型输导层裂缝类型
(a)桩海102井,4 307 m,奥陶系,泥质白云岩;(b)埕北244井,2 911.6 m,奥陶系,白云岩,透射光×5;
(c)桩古34井,4 291.40 m,奥陶系,灰岩,透射光×5

埕岛-桩西潜山带的溶孔由方解石或白云石晶体被溶蚀后形成,在研究区下古生界碳酸盐岩中易发生溶蚀的部位普遍发育;而溶洞的直径一般为0.2～2 cm,最大可达5 cm左右,未完全充填的溶洞中还可见到方解石晶簇(图5-14a)。此外,在白云岩层系中还可观察到晶间溶孔,其直径一般为20 μm左右(图5-14b)。溶蚀孔洞与裂缝相连通,组成了"孔-洞-缝"的网络通道,可以有效地储集和渗滤油气。

图5-14　埕岛-桩西潜山带"淋滤带"型输导层溶蚀孔洞类型
(a)桩古34井,4 759.10 m,奥陶系,灰岩;(b)胜海古2井,2 407.20 m,寒武系,白云岩,透射光×20

"淋滤带"型碳酸盐岩输导层和不整合面可以组合形成一套有效的油气输导通道。埕岛-桩西潜山带构造复杂,寒武—奥陶系分别与上古生界、中生界、古近系沙河街组和东营组相接,形成了多种类型的不整合面。不整合面之下的"淋滤带"型输导层是油气的主要储集空间和渗滤通道;不整合面之上由厚20～150 m的泥岩或煤层形成盖层,可阻止油气向上逸散,促使油气在输导层中横向运移。

该类型输导通道在整个研究区均有分布,并在埕北20潜山构造带起到了主要的油气输导作用。由于埕北20潜山构造带的断层在明化镇组沉积期大多已停止活动,难以大规模地输导油气,所以油气主要通过碳酸盐岩输导层进行运移。不整合面之下的"淋滤带"型碳酸盐岩输导层是油气运移的通道;而不整合面之上发育的石炭—二叠系或东营组泥岩层和煤层,厚度达

80～150 m,作为盖层阻止油气向上逸散。埕北 20 潜山北低南高,沙南凹陷生成的油气可以通过"淋滤带"型碳酸盐岩输导层从北侧的生烃凹陷向潜山构造带运移,在有断层遮挡等圈闭条件下形成油气藏。

2)"内幕"型碳酸盐岩输导层

"内幕"型碳酸盐岩输导层主要由构造裂缝带及深埋条件下产生的溶蚀孔洞层组成。研究区"内幕"型输导层广泛分布,其中奥陶系各组段均可发育"内幕"型输导层,并以冶里—亮甲山组为主;寒武系则主要分布在凤山组,张夏组和馒头组也发育少数"内幕"型输导层。以埕北302 井为例,该井位于埕北 30 潜山构造带的断块高部位,3 985.2～4 019 m 井段(距不整合面464.7 m)储层缝洞发育(图 5-15),溶蚀孔洞是主要的储集空间,裂缝是主要的渗滤通道。

图 5-15　埕岛-桩西潜山带"内幕"型输导层裂缝和溶蚀孔洞类型

(a) 埕北 3024 井,4 006.30 m,奥陶系,灰岩;(b) 埕北 302 井,4 003.20 m,奥陶系,灰岩

因此,研究区纵向上发育"淋滤带"型和"内幕"型两种类型的碳酸盐岩输导层,其中"淋滤带"型输导层集中分布在不整合面之下 150 m 的范围内,而"内幕"型输导层在不整合面之下的多个深度均有分布,形成了纵向上多层系输导的格架。当供烃条件有利时,油气可以同时充注多个碳酸盐岩输导层,形成多个含油层系。

## 五、油气成藏过程及成藏模式

根据埕岛-桩西潜山带油气来源、输导体系、油气成藏期等研究,总结出研究区古生界油气成藏过程及成藏模式。

### 1."源储侧接-复合输导-阶梯状运移"成藏模式

"源储侧接-复合输导-阶梯状运移"成藏模式发育在埕北 30 潜山的埕北 307—埕北 306 油气藏和桩西潜山油气藏,是研究区最高效的成藏模式,有利于形成大规模油气藏。

以埕北 307—埕北 306 油气藏为例,长期的风化剥蚀和复杂的构造运动使古生界潜山发育了风化壳和内幕等多套储层及大量次级断裂,其储层的构造缝与溶蚀孔洞相互连通,既可作为油气的储集空间,又可作为区域性分布的碳酸盐岩输导层;次级断裂则在古近纪停止活动,使古生界储层与中生界泥岩层对接,起到一定的封堵作用,有利于圈闭的形成。明化镇组沉积期,黄河口凹陷沙三段烃源岩进入高成熟阶段。埕北 30 南断层在这一时期的持续活动使沙三段烃源岩与古生界潜山侧向对接,供烃窗口超过 500 m。烃源岩大量排烃时,油气跨过断层直接充注至供烃窗口内的多套储层中,形成多层系含油的特点。油气充注达到溢出点后,沿输导层上倾的方向发生阶梯状运移,并在下一个圈闭中聚集(图 5-16)。

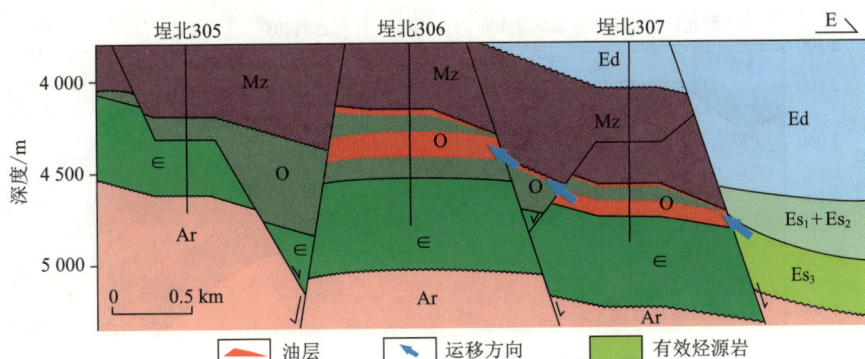

图 5-16  埕北 307—埕北 306 油气成藏模式图

## 2. "源储分离-断层输导-垂向/走向运移"成藏模式

"源储分离-断层输导-垂向/走向运移"成藏模式发育在埕北 11 潜山的胜海古 1 油气藏和埕北 244 油气藏、埕北 30 潜山的埕北 30—埕北 302 油气藏以及桩海潜山油气藏。该类型成藏模式的储层未与烃源岩直接接触,需要借助断层的输导使油气充注进入潜山圈闭中形成油气藏。

以埕北 11 潜山的胜海古 1 油气藏为例,埕北断层的发育使埕北 11 潜山源储分离,浅部古生界经风化淋滤形成储层,深部发育埕北凹陷沙三段厚层烃源岩。明化镇组沉积期,烃源岩达到成熟阶段,开始大量排烃。这一时期埕北断层活动性增强,使断层具有较强的垂向输导能力。深部沙三段烃源岩排出的油气沿断层发生垂向运移充注至浅部的潜山储层中,形成了胜海古 1 断鼻型潜山油气藏(图 5-17)。

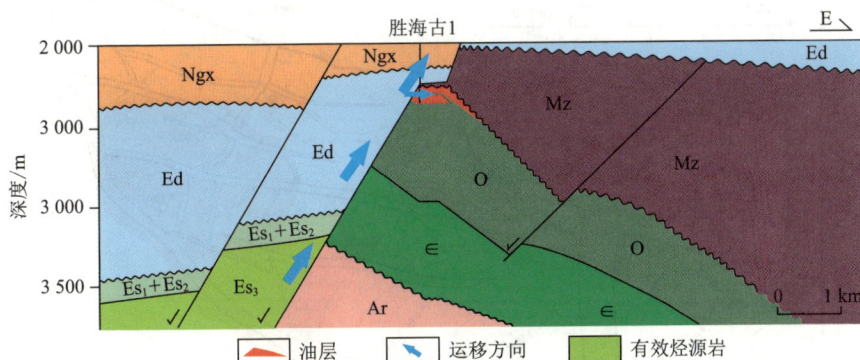

图 5-17  胜海古 1 油气成藏模式图

## 3. "源储分离-不整合输导-横向运移"成藏模式

"源储分离-不整合输导-横向运移"成藏模式发育在研究区埕北 20 潜山。这种成藏模式以不整合作为主要的油气运移通道,油气横向运移形成油气藏。

埕北 20 潜山构造带的油气来自北侧沙南凹陷,但是该区的断层在明化镇组沉积期已停止活动,主要起封闭作用,难以大规模地输导油气,因此油气主要通过碳酸盐岩输导层进入潜山。埕北 20 潜山构造带通过多期不整合面与沙南凹陷古近系烃源岩间接接触,不整合之下的"淋滤带"型输导层是主要的运移通道,不整合之上的泥岩或煤岩层作为有效的封盖层阻止了油气向上逸散。沙南凹陷沙一段和沙三段的混源油沿着输导层长距离横向运移并依次充注多个圈闭,形成了主要受不整合控制的残丘型潜山油气藏或层状油气藏(图 5-18)。

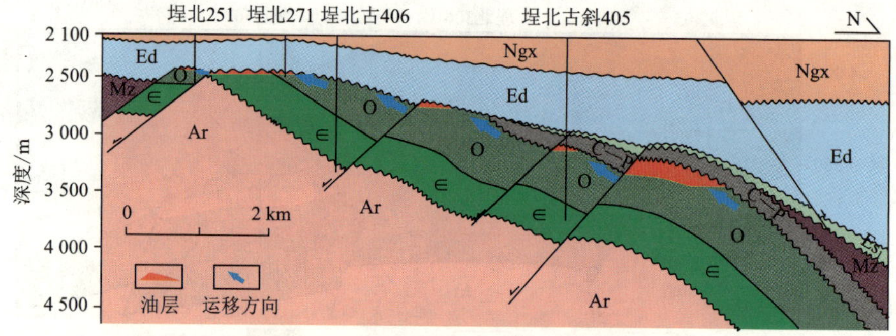


图 5-18　埕北 20 潜山油气成藏模式图

# 第二节　富台潜山油气藏

## 一、地质概况

富台潜山位于济阳坳陷车镇凹陷北部陡坡带，以下古生界风化壳和内幕型油藏为主，按源储接触关系属于源储间隔型潜山油藏，按圈闭构造形态为滑脱断块型潜山油气藏。潜山以南为车西洼陷，北部至埕南断层，由于继承性强烈活动，派生出一系列的次级断层，深部断层十分发育(图 5-19)。富台潜山油气藏的规模较邻近的东风港、大王庄等潜山油气藏更大，是一个受台阶断层控制的 NW 向断块山，大量的次级断层将潜山切割成一系列小断块。

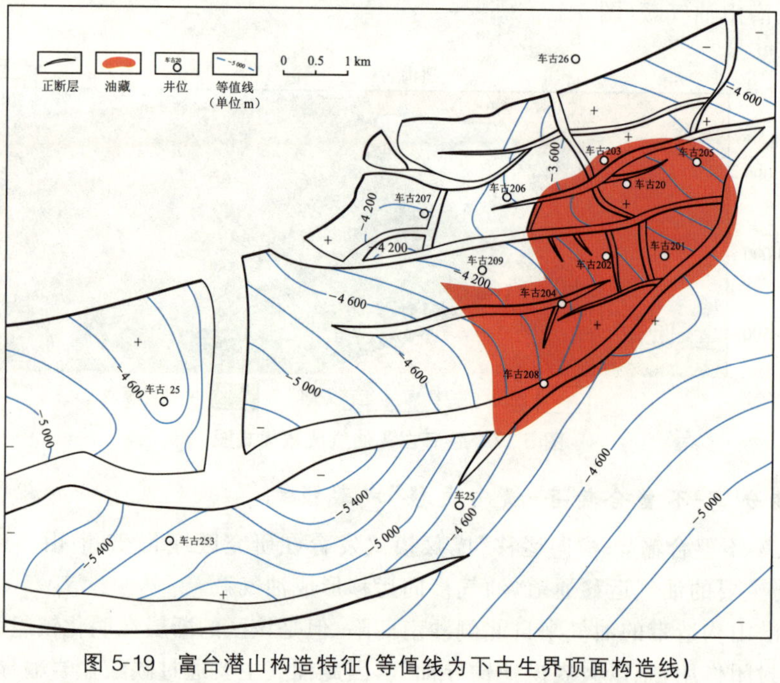


图 5-19　富台潜山构造特征(等值线为下古生界顶面构造线)

富台潜山油藏的含油规模大、丰度高，寒武—奥陶系的探明油藏含油面积达 4.7 $km^2$，地质储量超过 0.32×$10^8$ t，车古 20、车古 201、车古 202 井等探井均获得高产工业油流。奥陶系顶部风化壳原油资源富集，向下发育内幕层状油藏，多种类型油藏发育，是一个多层系含油、不同层系的油层在平面上叠合连片的复式油气聚集带。

## 二、油气来源

富台潜山毗邻车西洼陷,发育古近系沙河街组沙一段、沙三下亚段和沙四上亚段泥岩以及上古生界煤岩等多套烃源岩。

沙三下亚段为深湖—半深湖相沉积,岩性以深灰色泥岩、油页岩为主。沙三下亚段泥岩厚度超过 700 m,$TOC$ 主要分布在 2.0%～3.0% 之间,氯仿沥青"A"含量在 0.10%～0.55% 之间,热解生烃潜量($S_1 + S_2$)多在 6～20 mg/g 之间,生烃强度为 $4.5 \times 10^6$ t/km²,为一套优质烃源岩。

由富台潜山奥陶系沥青与邻近车西洼陷古近系样品的伽马蜡烷、规则甾烷等参数的对比分析可见,沙一段烃源岩 Ts/Tm 小于 1,伽马蜡烷/$C_{30}$ 藿烷为 0.82,$\alpha\alpha\alpha20R\text{-}C_{27}$、$C_{28}$、$C_{29}$ 规则甾烷呈 V 型;沙四下亚段烃源岩 Ts/Tm 小于 1,伽马蜡烷/$C_{30}$ 藿烷为 0.18,$\alpha\alpha\alpha20R\text{-}C_{27}$、$C_{28}$、$C_{29}$ 规则甾烷呈 V 型;沙三下亚段烃源岩甾烷类化合物以规则甾烷为主,其次是重排甾烷,同时样品中含有较多的 $4\alpha\text{-}$甲基甾烷,Ts/Tm 接近 1,伽马蜡烷/$C_{30}$ 藿烷为 0.11,规则甾烷含量变化大,$\alpha\alpha\alpha20R\text{-}C_{27}$、$C_{28}$、$C_{29}$ 规则甾烷呈 L 型,与奥陶系原油样品的测试结果具有较好的吻合性,反映富台潜山油藏的主力烃源岩为车西洼陷沙三下亚段(图 5-20)。

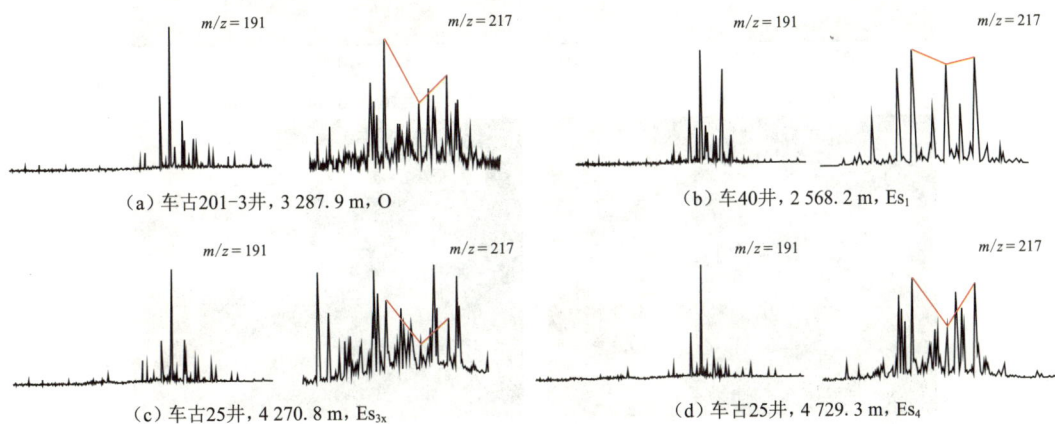

(a) 车古201-3井, 3 287.9 m, O  (b) 车40井, 2 568.2 m, Es₁
(c) 车古25井, 4 270.8 m, Es₃ₓ  (d) 车古25井, 4 729.3 m, Es₄

图 5-20　富台潜山奥陶系原油与烃源岩质谱对比图

## 三、储盖组合

富台潜山早古生代发育了一套相对稳定的碳酸盐岩沉积,属于陆表海潮上泥坪-潮间云坪环境,地层厚度大、纵向非均质性强,主要发育白云岩、泥质白云岩、灰岩、豹皮灰岩。据录井资料,富台潜山下古生界由老到新依次发育馒头组、凤山组、冶里—亮甲山组、下马家沟组和上马家沟—八陡组等储层,原生孔隙不发育,储层经历白云岩化及风化岩溶等作用改造形成大量裂缝和溶蚀孔、洞,在空间上相互连通并形成有效的油气运移通道(图 5-21)。

奥陶系发育厚层泥质白云岩、灰岩沉积,局部可见石膏。顶部上马家沟—八陡组经历了长达 130 Ma 以上的风化改造作用,形成优质的风化壳储层,发育大量裂缝和溶蚀孔、洞,溶洞大小一般分布在 2～10 mm 范围内(图 5-21),为富台潜山油藏最主要的储层;冶里—亮甲山组储层为内幕溶洞型储层,存在成层分布的地层水溶蚀作用且岩芯中偶尔见到零星分布的溶蚀孔、洞,白云岩中常见不均匀分布的晶间孔,孔隙直径一般为 30～100 $\mu m$,可见直径达 270 $\mu m$ 的晶洞,受白云岩化作用、内幕溶蚀作用和构造作用改造,使得储层最大渗透率可达 $95.3 \times 10^{-3}$ $\mu m^2$。

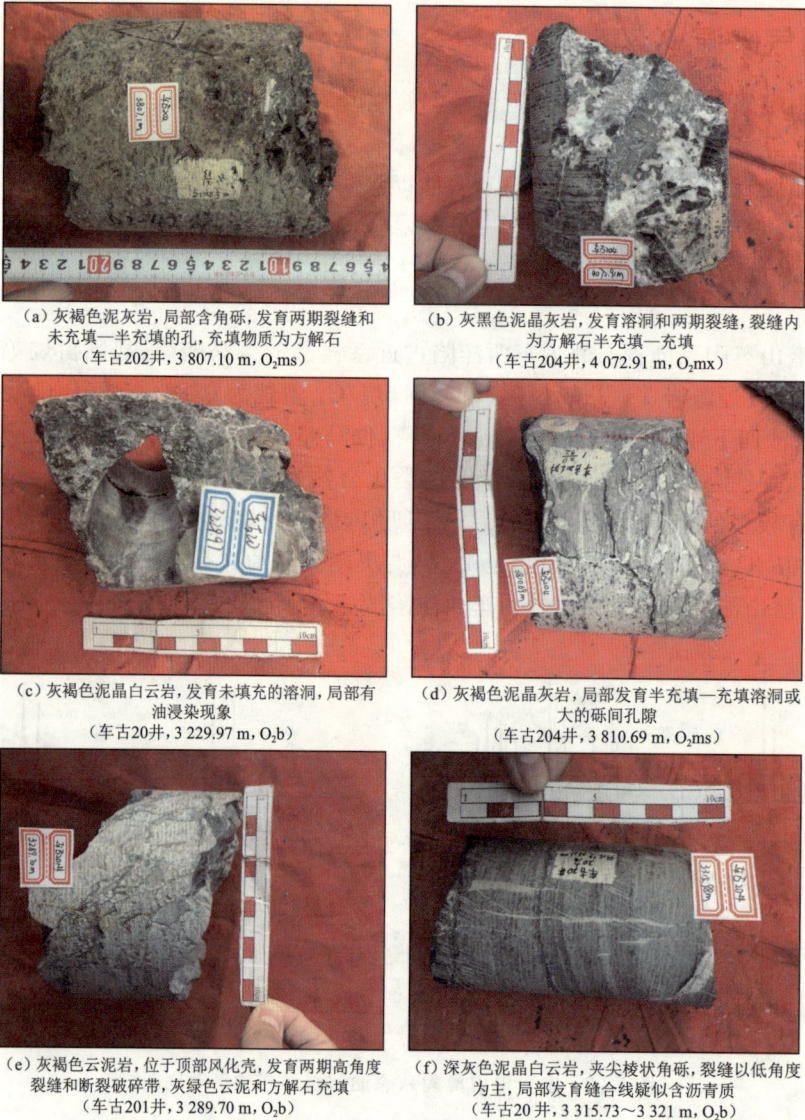

(a) 灰褐色泥灰岩,局部含角砾,发育两期裂缝和
未充填—半充填的孔,充填物质为方解石
(车古202井,3 807.10 m,O₂ms)

(b) 灰黑色泥晶灰岩,发育溶洞和两期裂缝,裂缝内
为方解石半充填—充填
(车古204井,4 072.91 m,O₂mx)

(c) 灰褐色泥晶白云岩,发育未填充的溶洞,局部有
油浸染现象
(车古20井,3 229.97 m,O₂b)

(d) 灰褐色泥晶灰岩,局部发育半充填—充填溶洞或
大的砾间孔隙
(车古204井,3 810.69 m,O₂ms)

(e) 灰褐色云泥岩,位于顶部风化壳,发育两期高角度
裂缝和断裂破碎带,灰绿色云泥和方解石充填
(车古201井,3 289.70 m,O₂b)

(f) 深灰色泥晶白云岩,夹尖棱状角砾,裂缝以低角度
为主,局部发育缝合线疑似含沥青质
(车古20井,3 315.73~3 321 m,O₂b)

图 5-21 富台潜山奥陶系碳酸盐岩岩芯照片

　　沙三段烃源岩与下古生界碳酸盐岩潜山之间不仅有沙四段,还被上古生界分隔。研究表
明,车西地区上古生界石炭—二叠系储层孔隙不发育,裂缝是影响储集空间及渗流能力的主要
因素,且主要存在构造裂缝及压实裂缝。此外,上古生界中发育小断裂,受断陷期区域张性应
力场的作用,上古生界碎屑岩内形成大量张性裂缝;下古生界碳酸盐岩裂缝更为发育,车西地
区下古生界碳酸盐岩储层经历了长期的成岩作用、风化作用和构造作用,不仅发育构造裂缝,
而且在沉积孔隙、构造裂缝的基础上经过改造,还产生了大量溶蚀孔、洞,同时发育成岩裂缝。
通过构造裂缝的连通作用,这些溶蚀孔、洞及成岩收缩裂缝也可以成为潜山有效的储集空间。

　　富台潜山发育沙三段和沙一—东一段 2 套区域性盖层,沙三段发育稳定沉积的厚层湖相
泥岩,厚度达 380~900 m,是潜山油气成藏中最主要的区域盖层。虽然石炭—二叠系遭受中
生代印支—燕山运动的区域性抬升作用,导致地层遭受严重剥蚀,但仍是富台潜山油气藏重要
的局部盖层。该套地层发育泥岩的连续性好,泥层总厚度占地层厚度的 50%~70%。本溪组

底部发育一套厚度稳定的铝土层,直接覆盖于奥陶系储层之上,构成了下古生界潜山储层的直接盖层。录井资料含油情况显示,石炭—二叠系局部盖层与上覆古近系区域盖层可以有效遮挡潜山油藏。

受控于储层和盖层的空间分布,富台潜山发育 2 类主要的储盖组合形式:一种是以下古生界碳酸盐岩为储层、上古生界石炭—二叠系泥岩为局部盖层的储盖组合方式,另一种是以下古生界碳酸盐岩为储层、古近系区域性盖层封盖的组合方式。

## 四、油气成藏期

通过对 20 余个包裹体薄片进行透射光及荧光显微观察,富台潜山古生界储集层中发育油质沥青、沥青-胶质沥青、碳质沥青等,颗粒溶蚀缝中填充沥青脉(图 5-22)。通过镜下观察对比,富台潜山古生界储层发育多种类型的包裹体,以液态烃类包裹体、气-液两相包裹体、伴生盐水包裹体和沥青包裹体为主,可见少量气体包裹体;烃类包裹体以零星状或群体状分布在颗粒内裂缝、颗粒表面(图 5-23)。

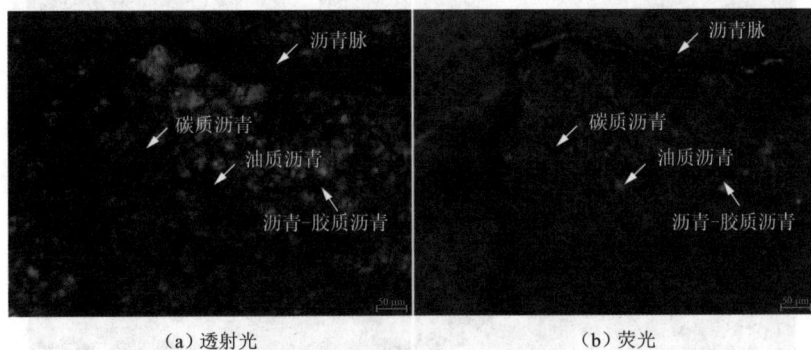

（a）透射光　　　　　　　　　　　　　　（b）荧光

图 5-22　富台潜山奥陶系沥青显微荧光观察

烃类包裹体在紫外光下主要呈现橙黄—黄绿色和蓝白色两种荧光颜色,包裹体赋存特征随构造位置的不同具有明显差异,推断富台潜山存在两期油气成藏。车古 202 井、车古 20 井远离二台阶断层,其中,车古 202 井发育黄绿色、蓝白色荧光的烃类包裹体,在透射光下呈浅黄褐色,少数为无色,包裹体和气泡均较小,大部分以群体状分布在颗粒表面,少量气体包裹体为零星分布(图 5-23);车古 20 井常见黄绿色荧光包裹体,在透射光下呈浅黄褐色,形态特征、赋存位置等都与车古 202 井发育的包裹体相近。靠近二台阶断层的车古 201 井发育较多沥青包裹体,大部分为椭球状,在透射光及荧光下均呈黑色,多见于碳酸盐岩储层孔、洞或裂缝充填晚期所形成的自生矿物内。此外,常见在紫外光下呈黄—黄绿色荧光的包裹体,在透射光下呈黄褐色,形状为椭球状、不规则长条状,定向性明显,多分布于石英内裂缝中,包裹体尺寸较小;发育少量蓝白色荧光烃类包裹体,以单个椭球状或群体状分布在石英颗粒表面(图 5-23)。

通过储层流体包裹体均一温度测试,富台潜山奥陶系储层中盐水包裹体均一温度的两个峰值区间为 75～85 ℃和 95～110 ℃,对应埋藏史图中古近纪末东营组沉积期和新近纪馆陶—明化镇组沉积期。车西洼陷古近系沙三段烃源岩的干酪根生气门限深度约为 2 700 m,当车西洼陷古近系烃源岩埋深达到 4 000 m 时,有机质生气的比例依旧很低,由于天然气更易逸散,古近系烃源岩产生的天然气不具备大规模成藏的条件。

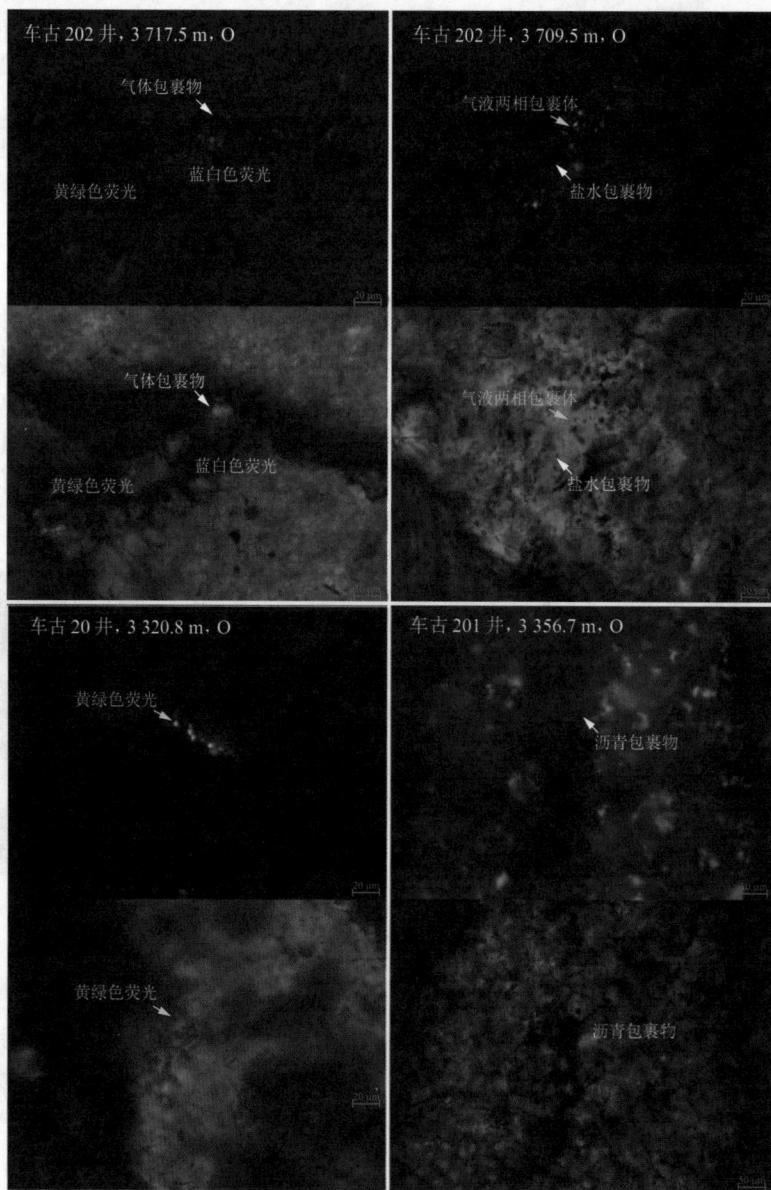

图 5-23　富台潜山奥陶系包裹体显微荧光特征

## 五、油气输导体系

富台潜山位于盆地边缘陡坡带一侧,古生代加里东运动和海西运动时期,地层以构造升降为主,中—晚三叠世的印支运动期间富台潜山受郯庐断裂左旋压扭作用形成了逆冲断层,燕山运动时期的负反转作用将地层切断和上推,中生界剥蚀严重。喜马拉雅期潜山形态基本定型,潜山整体下沉接受沉积。

### 1. 断层

富台潜山古生界发育埕南和二台阶 2 条控边断层以及 19 条次级断层,控边断层均于中生代末期开始活动,于沙河街组沉积期达到最大活动速率,区块内部的次级断层于三叠纪开始活动,在中侏罗世达到最大活动速率 20 m/Ma(图 5-24)。根据富台潜山断层发育和切割关系判断,除二台阶断层自基底开始发育外,多数断层都是在燕山运动晚期向下断穿至寒武系底部或太古界,并于古近系持续发育。而内幕断层错切幅度相对较小,未切穿古生界且表现出明显的同生性。

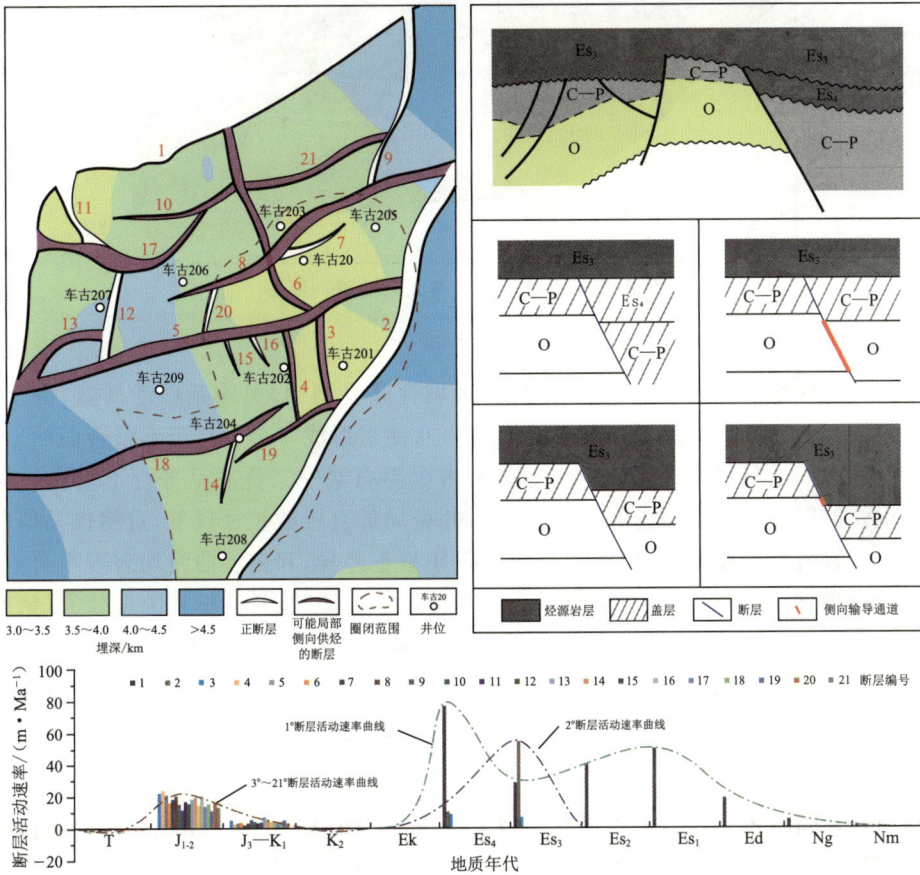

图 5-24 富台潜山上古生界顶面构造及断层发育特征图

下古生界以脆性的碳酸盐岩沉积为主,断层周围伴生大量破碎带,因此断层两盘岩性配置对富台潜山内幕断层侧向封闭性起至关重要的作用。由于泥岩涂抹作用只存在于砂、泥岩互层中泥岩位移经过的断层部分,除古近系、石炭—二叠系、馒头组和毛庄组等泥岩、页岩段存在泥岩涂抹现象外,其他层段以塑性差的碳酸盐岩为主,泥岩涂抹并不发育。对 21 条断层在石炭—二叠系具有泥岩涂抹现象的层段计算泥岩涂抹因子,埕南断裂和二台阶断层在这些层段的泥岩涂抹因子多数都小于 4,断层侧向封闭,对富台潜山油气在运聚过程中发生侧向逸散起到抑制作用。

富台潜山主要含油层是奥陶系顶部上马家沟—八陡组,在断层发育处与下降盘石炭—二叠系对接,因此源储间不具有供烃窗口,断层侧向封闭(图 5-24)。大部分内幕断层两侧储集体形成侧向对接,连通性好,油气可以在断块间发生侧向运移。冶里—亮甲山组、凤山组内幕储层与对接盘同组地层或其他含油层段对接时,不具备性封闭条件,内幕断层侧向开启;当储层对接盘是张夏组、徐庄组、毛庄组和馒头组等泥灰岩、泥页岩段时,断层处于侧向封闭(图 5-25)。

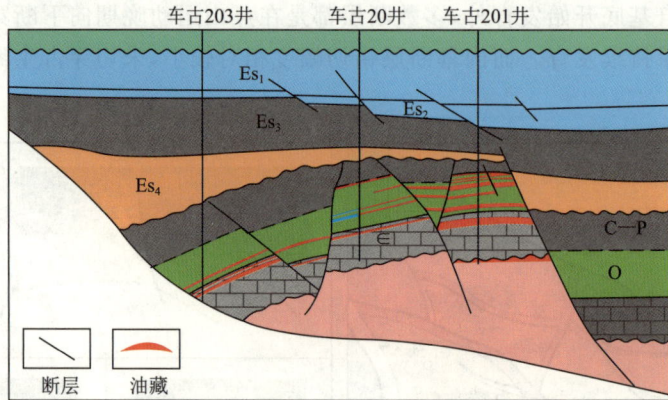

图 5-25　富台潜山近南北向油藏剖面图

### 2. 风化壳

中奥陶世八陡组沉积末期，富台潜山经历区域性隆升剥蚀，奥陶系广泛暴露，由于长期遭受风化淋滤（约 130 Ma），奥陶系顶部上马家沟—八陡组形成一个平行于不整合面的岩溶带。

下古生界顶部上马家沟—八陡组与上覆上古生界石炭—二叠系呈平行不整合接触，形成的优质风化壳储层发育大量裂缝和溶蚀孔、洞，井径局部有轻微扩径现象，自然伽马值较低，表明该层段的灰岩岩性纯度较大；深浅双侧向电阻率呈正差异，和密度曲线均表现出自上而下呈逐渐升高的趋势，即地层溶蚀作用随距风化壳距离增加逐渐减弱；根据孔隙度较大，密度、声波时差测井响应特征曲线呈钟形，可划分出垂直渗流带，其对应储层的物性最好（图 5-26）。垂直渗流带向下为以溶蚀孔洞为主的水平潜流带，孔隙度发育较差且非均质性强，储层物性次之。深部缓流带的溶蚀孔缝零星分布，孔隙度小且储层物性差。

### 3. 裂缝

裂缝的发育同断层、褶皱、潜山风化壳以及深度密切相关，富台潜山储层中发育构造缝、溶蚀缝、风化裂缝、缝合线等多种裂缝类型，以构造缝最为发育。在断层、褶皱附近的裂缝发育程度高，即在构造曲率大的部位和溶蚀带附近的裂缝密度大。潜山风化壳附近的裂缝通常为区域性分布，以高角度缝为主。深部裂缝的形成机制极其复杂，在潜山任何层位、任何深度都可能形成局部裂缝发育区。

通过观察下古生界储层岩芯发现，富台潜山裂缝类型以构造裂缝为主，有些经溶蚀作用扩大形成了两壁不平整的溶蚀裂缝；不同期次的裂缝产状不同，彼此间相互切割，具有一定的规律性。八陡组最大裂缝线密度为 35 条/m，裂缝宽度一般为 0.5～2.0 mm，局部可见较大的溶洞或破碎；上、下马家沟组最大裂缝密度分别为 32 条/m 和 28 条/m，大部分裂缝的充填现象严重；冶里—亮甲山组裂缝非常发育，最大裂缝发育密度可达 36 条/m，裂缝平直，宽度一般为 0.5～1.0 mm。总体上，富台潜山下部储层裂缝更为发育，但大部分裂缝都被方解石、白云石、泥质、硅质或石膏等充填；上部储层开启裂缝的数目更多，是富台潜山下古生界储层主要的渗流通道和储集空间。

综合来看，富台潜山不同的输导要素能够组合形成不同的输导体系。富台潜山断层和不整合发育，由于不同构造部位的断层落差、断面与不整合面关系等差异，形成较复杂的输导网络。

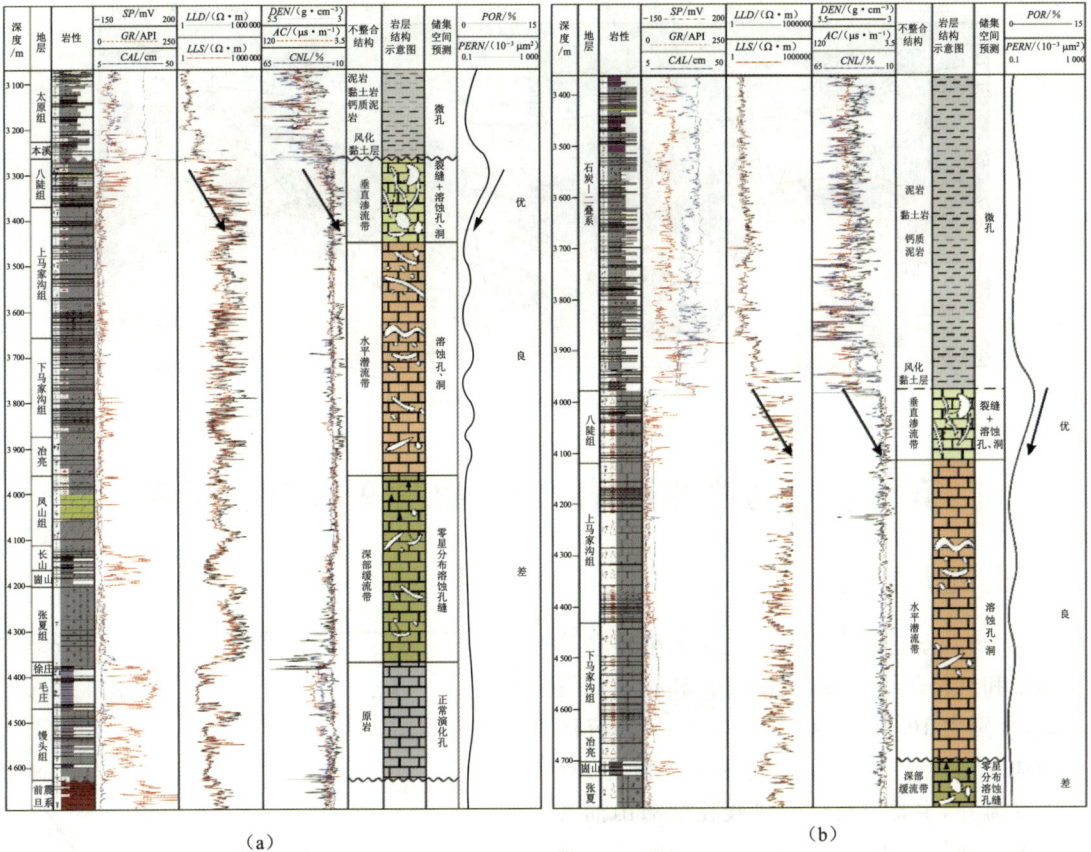

图 5-26 车古 201 井(a)和车古 206 井(b)风化壳结构划分图

## 六、油气成藏过程及成藏模式

富台潜山属于断块内幕层状潜山油气藏,下古生界潜山油藏的纵向分布主要受储层条件控制。根据富台潜山油气来源、输导体系、油气成藏期等的研究,总结了研究区下古生界奥陶系油气成藏过程及成藏模式。此类潜山油气藏具有"单向供烃,裂网侧向输导,近源成藏"的特征。

富台潜山原油主要来自沙三下亚段烃源岩,受喜山期构造应力及流体压力共同控制,富台地区断裂幕式活化、裂缝开启,相互连接形成流体连通的通道。沙三下亚段烃源岩在馆陶—明化镇组沉积期大量生烃,发育超压,形成的油气在超压驱动下沿水平连通裂缝带呈弯曲状运移,整体具有向上运移的趋势。沙三下亚段形成的油气大多数向泥岩内部或最靠近泥岩的砂砾岩运移,砂砾岩体内油气更容易沿侧向连通裂缝发生油气运移。油气经过连通裂缝穿层进入下古生界潜山内,由于潜山下古生界碳酸盐岩地层受地层剥蚀、风化淋滤等作用形成风化壳型、潜山内幕型等层状储层,且下古生界岩溶型储层侧向连续性相对较好,因此油气进入潜山输导层后可沿相对连续的岩溶储层继续在潜山运移,在有利的圈闭部位聚集形成潜山油气藏。由于潜山内碳酸盐岩裂缝、溶洞较为发育,容易形成连通的缝洞体系,因此油气不仅在风化壳表层运移形成风化壳油藏,也可进入潜山内部形成内幕型油气聚集(图 5-27)。

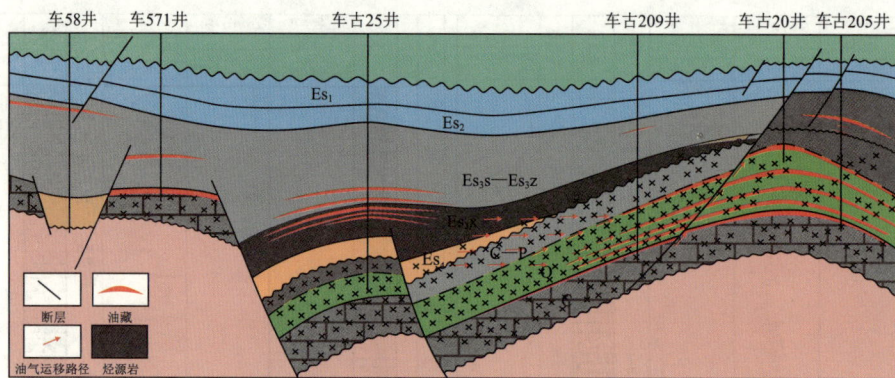

图 5-27　富台潜山油气成藏模式

# 第三节　乌兰花凹陷兰 18 和兰 9 潜山油气藏

## 一、地质概况

　　兰 18-兰 9 潜山带位于乌兰花凹陷赛乌苏构造带和红格尔构造带,含油面积和探明储量较高,分别为 10.1 km² 和 596×10⁴ t。研究区自西向东已发现兰 26x、兰 9、兰 23x 和兰 18x 工业油流井,主要为断阶型或残丘型潜山油气藏。潜山油气主要富集于古生界,受断层控制作用明显,其中兰 9 潜山油气藏以 F11 断层与南洼槽相连,兰 18 潜山油气藏以 F17 断层与南洼槽相连,油气资源丰富(图 5-28)。

## 二、油气来源

　　乌兰花凹陷兰 9 和兰 18 潜山毗邻南洼槽,发育下白垩统阿尔善组(K₁ba)和腾一段(K₁bt₁)两套烃源岩。潜山原油 Pr/Ph 分布范围为 0.8~1.3,伽马蜡烷指数在 0.2~1.0 之间,为高 Pr/Ph 和低伽马蜡烷指数特征,反映了弱还原—弱氧化的淡水—微咸水湖相特征。

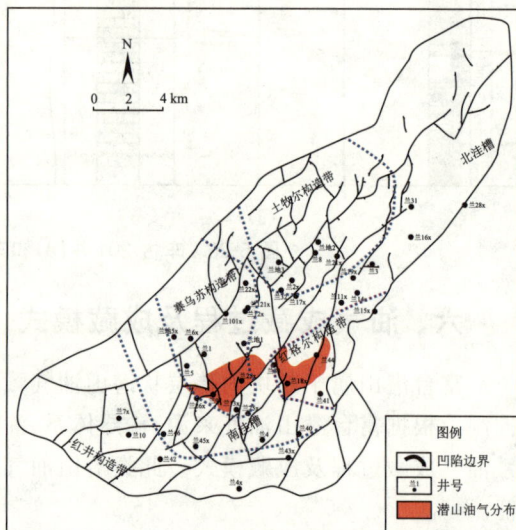

图 5-28　乌兰花凹陷潜山油气平面分布图

　　阿尔善组烃源岩 Pr/Ph 范围在 0.8~1.3 之间,反映了弱还原—弱氧化的沉积环境;腾一段烃源岩 Pr/Ph 在 0.2~0.6 之间,反映了还原环境(图 5-29a)。由(Pr/Ph)-(Ph/n-C₁₈)-(Pr/n-C₁₇)三角图(图 5-29b)可以看出,潜山原油与阿尔善组烃源岩为淡水—微咸水湖相沉积环境,而腾一段烃源岩为半咸水—咸水环境。整体上潜山原油与阿尔善组烃源岩亲缘关系明显(图 5-29)。

　　原油中的藿烷类化合物($m/z$=191)质量色谱图显示,C₃₀藿烷明显偏高,属于典型的大型湖泊烃源岩的藿烷分布指纹特征。三降藿烷的一对异构体的比值 Ts/Tm 大于 1,原油处于成熟阶段,与潜山原油的 C₂₉ββ/(αα+ββ)与 C₂₉20S/(20S+20R)数值所指示的成熟度也保持一致。C₃₁~C₃₅藿烷随着碳数的升高呈现出轻微的"翘尾巴"模式,常见于一般咸水湖生油岩。

甾烷（$m/z=217$）质量色谱图显示，在 $C_{27}$、$C_{28}$、$C_{29}$ 规则甾烷中，$C_{29}$ 规则甾烷丰度相对较高，$C_{27}$ 规则甾烷的相对丰度次之，$C_{28}$ 规则甾烷相对丰度最低，为反"L"型，表明陆源有机质输入略占优势（图 5-30）。

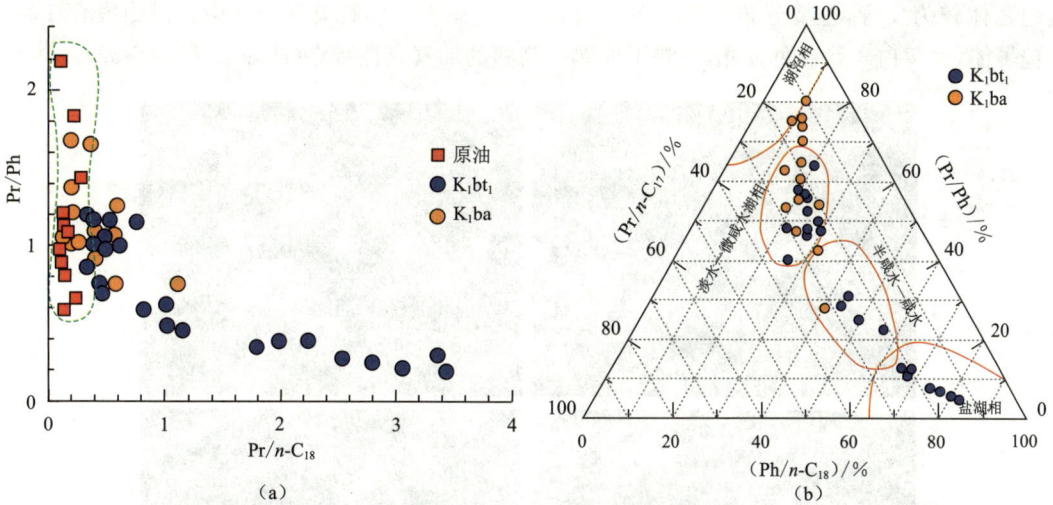

图 5-29　乌兰花凹陷原油与烃源岩 Pr/Ph 与 Ph/n-C$_{18}$ 交会图（a）和 Pr/Ph-Ph/n-C$_{18}$-Pr/n-C$_{17}$ 三角图（b）

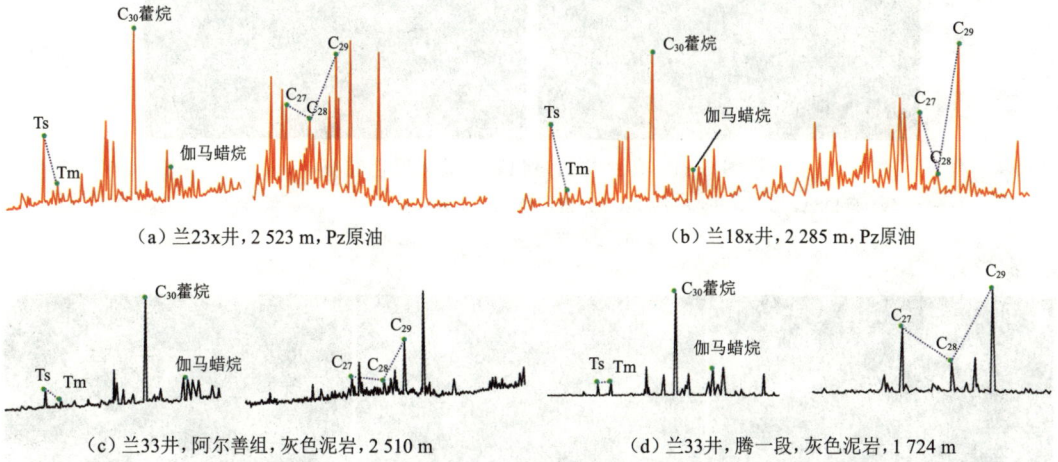

（a）兰23x井，2 523 m，Pz原油　　（b）兰18x井，2 285 m，Pz原油

（c）兰33井，阿尔善组，灰色泥岩，2 510 m　　（d）兰33井，腾一段，灰色泥岩，1 724 m

图 5-30　乌兰花凹陷潜山原油与烃源岩谱对比图

阿尔善组烃源岩样品的藿烷类化合物（$m/z=191$）质量色谱图显示，$C_{30}$ 藿烷明显偏高，Ts/Tm 大于 1，反映的成熟度与潜山原油成熟度较为一致；伽马蜡烷指数相对较小，指示水体环境相对较淡，与潜山原油特征一致。甾烷（$m/z=217$）质量色谱图显示，$C_{29}$ 规则甾烷丰度相对较高，主要为高等植物输入（图 5-30）。

腾一段烃源岩样品的藿烷类化合物（$m/z=191$）质量色谱图显示，$C_{30}$ 藿烷明显偏高，Ts/Tm 小于 1，腾一段烃源岩的成熟度相对于潜山原油成熟度略低，伽马蜡烷相对较高，存在明显的水体分层现象。甾烷（$m/z=217$）质量色谱图显示，$C_{29}$ 规则甾烷丰度相对较高，$C_{28}$ 规则甾烷相对丰度最低，表明陆源有机质输入略有优势（图 5-30）。

整体上，乌兰花凹陷潜山原油 $m/z=191$ 和 $m/z=217$ 谱图中生物标志化合物特征与阿尔善组烃源岩类似，亲缘关系明显，反映潜山油气由阿尔善组烃源岩单一层系供烃。

## 三、油气成藏期

对乌兰花凹陷兰 47、兰 26x、兰 18x 和兰 9-1x 共 4 口井潜山储层进行包裹体观测,潜山油气包裹体较为发育,主要分布于穿石英裂缝、石英颗粒表面和石英间裂缝中。潜山发育 1 期油气包裹体,发黄白—蓝白色荧光,反映了成熟—高熟的油气充注特点(图 5-31 和图 5-32)。

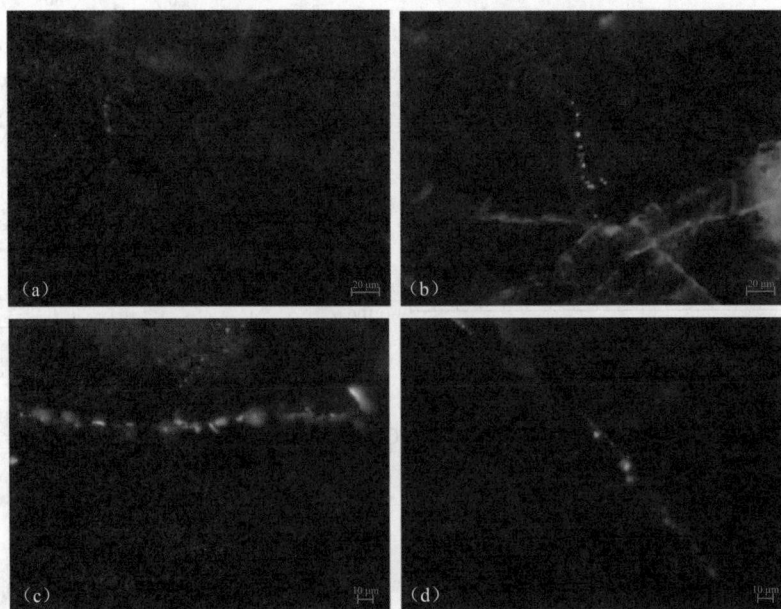

图 5-31　乌兰花凹陷包裹体荧光颜色特征
(a) 蓝白色,兰 18x 井,2 174 m;(b) 蓝白色,兰 47 井,2 118.6 m;(c) 黄白色,兰 47
井,2 118.6 m;(d) 蓝白色,兰 26x 井,2 402.6 m

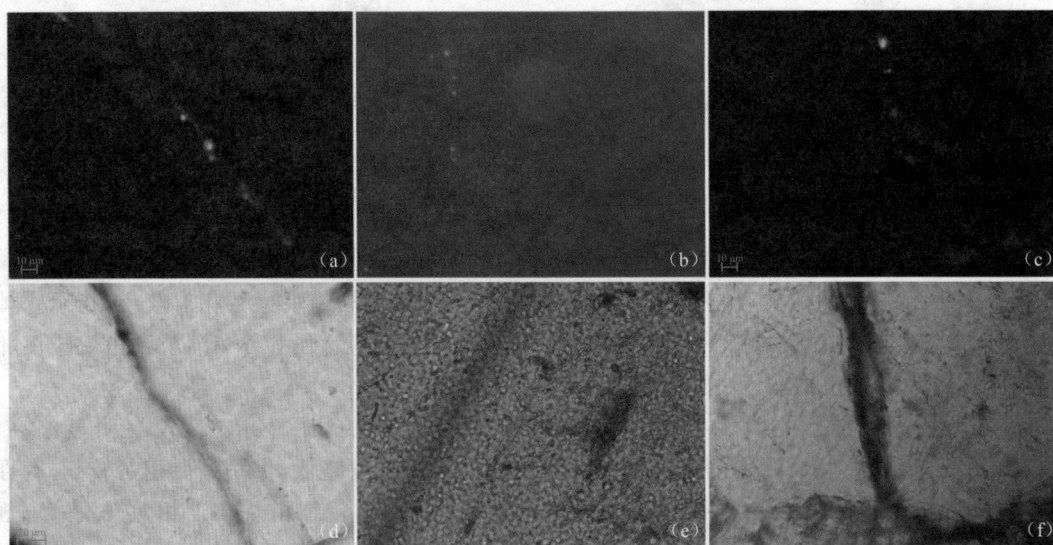

图 5-32　乌兰花凹陷包裹体赋存特征图
(a) 穿石英裂缝,兰 26x 井,2 402.6 m,荧光;(b) 颗粒表面,兰 18x 井,2 174.2 m,荧光;(c) 颗粒间裂缝,兰 47 井,
2 118.6 m,荧光;(d) 穿石英裂缝,兰 26x 井,2 402.6 m,透射光;(e) 颗粒表面,兰 18x 井,2 174.2 m,透射光;
(f) 颗粒间裂缝,兰 47 井,2 118.6 m,透射光

对 4 口井多个视域进行包裹体均一温度测试,兰 18x 井包裹体均一温度分布范围为 70～120 ℃,有一个特征明显的峰值区间,即 100～110 ℃。结合该井的埋藏受热史,分析认为存在一期成藏,即腾二段沉积中期到腾二段沉积末期(距今 120.9～115.5 Ma)(图 5-33a 和图 5-34a)。兰 47 井包裹体均一温度分布范围为 90～120 ℃,存在一个明显的峰值区间,即 100～110 ℃。结合该井的埋藏受热史,认为该井成藏期为腾二段沉积中期到腾二段沉积末期(距今 121.9～118.5 Ma)(图 5-33b 和图 5-34b)。兰 26x 井包裹体均一温度分布范围为 70～110 ℃,峰值区间为 90～100 ℃。结合该井的埋藏史,可以确定该井成藏期为腾二段沉积中期到腾二段沉积末期(距今 121.1～118.8 Ma)(图 5-33c 和图 5-34c)。兰 9-1x 井包裹体均一温度分布范围为 90～120 ℃,存在一个明显的峰值区间,即 100～110 ℃。结合该井的埋藏史,认为该井成藏期为腾二段沉积中期到腾二段沉积末期(距今 121.7～116.6 Ma)(图 5-33d 和图 5-34d)。

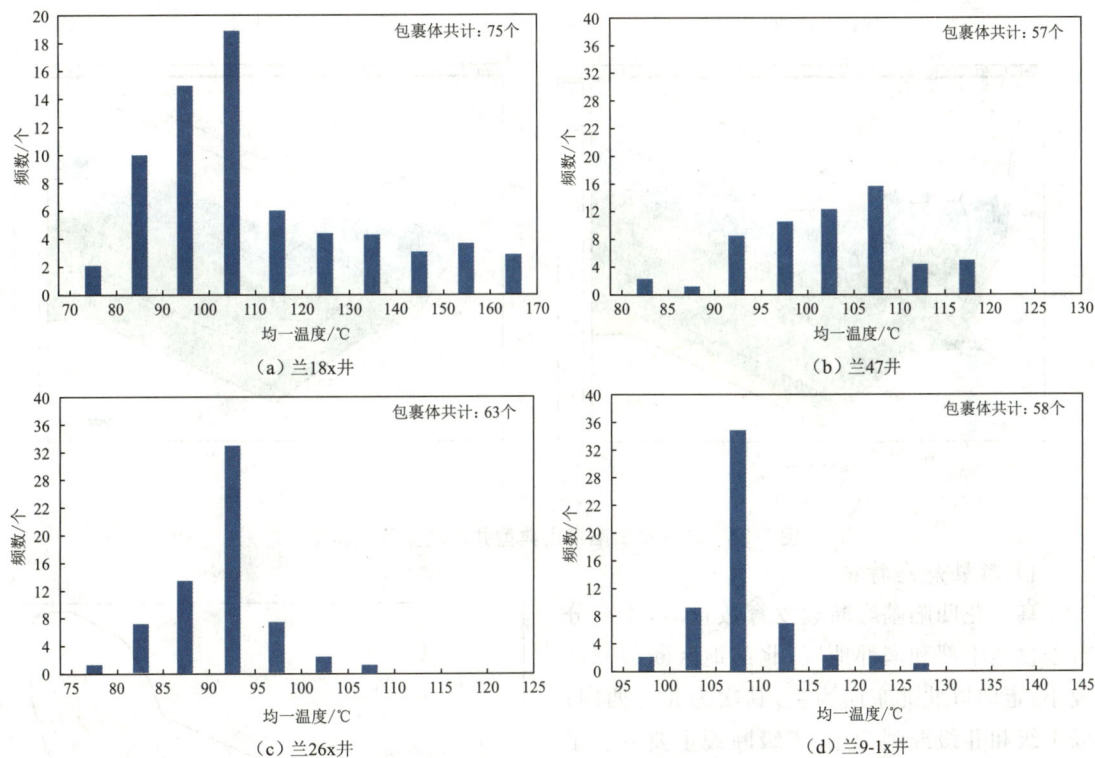

图 5-33　乌兰花凹陷潜山典型井包裹体均一温度分布

对乌兰花凹陷潜山储层包裹体均一温度数据综合分析认为,研究区储层包裹体存在一个明显的均一温度峰值区间,即 100～110 ℃,存在一期油气充注,结合烃源岩埋藏受热史分析,潜山油气成藏期为腾二段沉积中期到腾二段沉积末期(距今 121～115 Ma)。

## 四、输导体系与油气运移

### 1. 断裂特征

对断开古生界顶面($T_g$)的断层进行分级,将基底断裂分为 4 级:Ⅰ级断层为断裂深且垂向上延伸较大的多期活动断层,主要为断开腾二段—阿尔善组的正断层;Ⅱ级断层为断开腾一上段—阿尔善组的正断层;Ⅲ级断层断裂层位少,主要为断开腾一下段—阿尔善组的正断层;Ⅳ级断层为发育在阿尔善组和古生界的断层,未断穿地层。

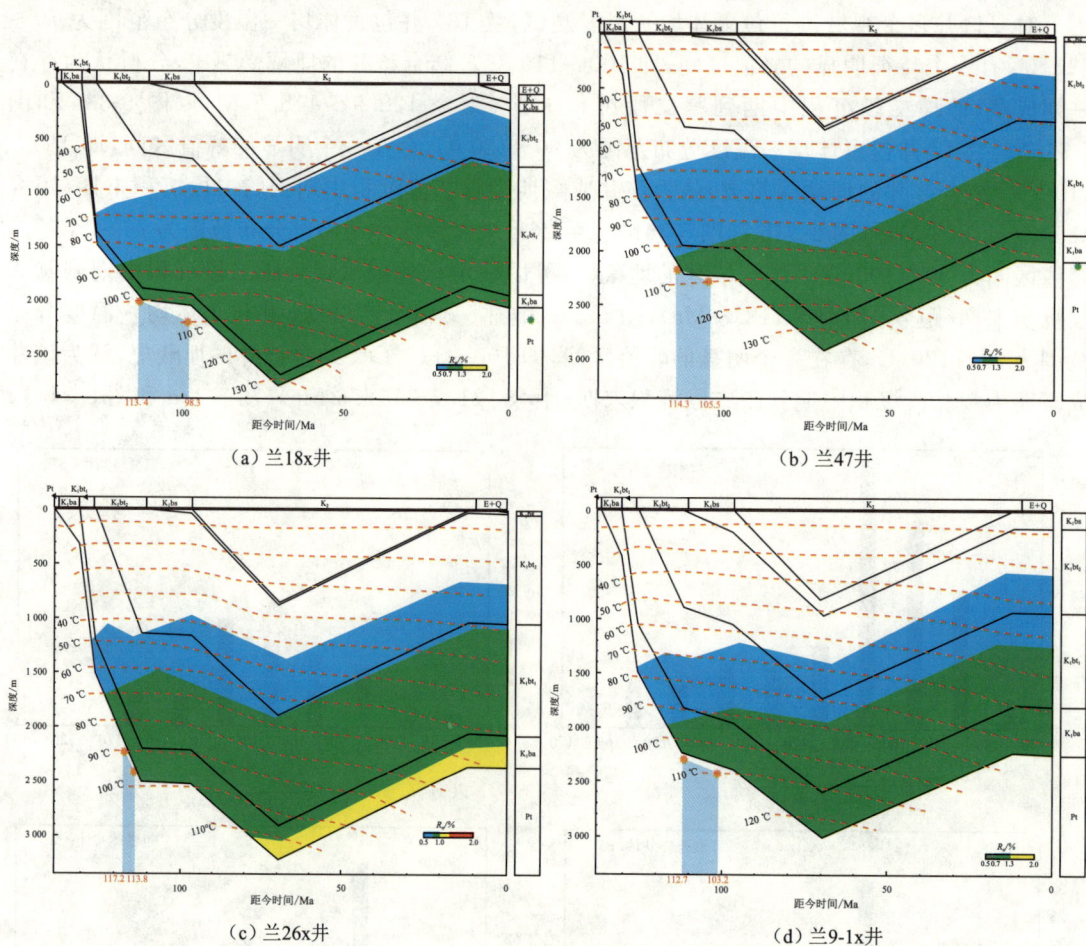

(a) 兰18x井　　　　　　　　　　　(b) 兰47井

(c) 兰26x井　　　　　　　　　　　(d) 兰9-1x井

图 5-34　乌兰花凹陷潜山典型井埋藏史及成藏期

### 1) 断裂静态特征

乌兰花凹陷基底断裂发育数量多,主要分布于盆地中部和南部地区,北部地区断裂密度较小;走向以北北东向为主,其次为北北西向;以Ⅰ级和Ⅱ级断裂为主,Ⅰ级断裂主要分布于凹陷边缘和南部地区,Ⅱ级断裂主要分布于凹陷中部地区(图 5-35);断裂延伸长度较小,主要断裂延伸长度在 2~4 km 之间,仅部分Ⅰ级断裂延伸长度可达 10 km 以上(图 5-36)。

乌兰花凹陷基底断裂平面形态主要有网格状、"人"字形和梳状 3 类,其中凹陷北部地区断裂平面形态主要以"人"字形和梳状为主,凹陷中部和南部断裂平面形态以网格状为主。Ⅰ级断裂平面形态以"人"字形为主,Ⅱ级断裂平面形态以网格状和梳状为主,Ⅲ级断裂平面形态以网格状和"人"字形为主。

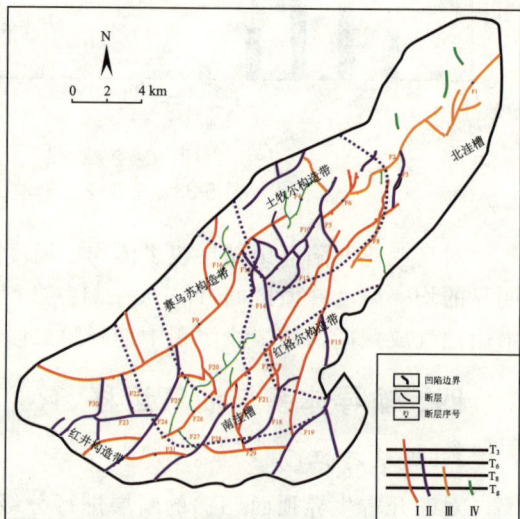

图 5-35　乌兰花凹陷基底断裂平面分布图

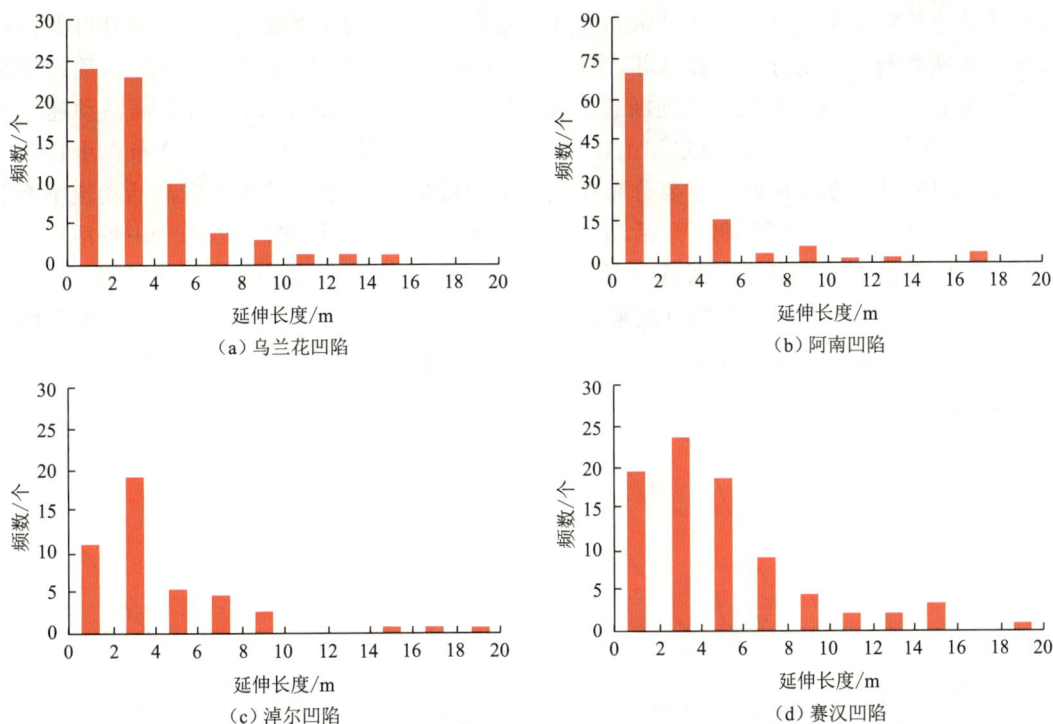

图 5-36　二连盆地 4 个凹陷断裂延伸长度频率分布图

二连盆地基底断裂剖面组合形态可以分为复合"Y"字形、阶梯状、地垒和地堑 4 类。复合"Y"字形断层剖面组合形态由一条主干断层与一条或多条倾向相反的次级断层组成,呈"Y"字形;地堑由走向大致平行、倾向相反、性质相同的两条(或数条)断层组成,它们中间共用一个下降盘;地垒则与地堑恰好相反,它们中间共用一个上升盘;阶梯状断层由若干条产状基本一致的正断层组成,各条断层的上盘依次向同一方向断落。整体上乌兰花凹陷以"Y"字形和阶梯状断裂最多,分布范围最广(图 5-37)。

### 2)断裂活动性

目前定量研究生长断层的活动性主要是计算断层的生长指数(上盘厚度/下盘厚度)和断层活动强度(Thorsen,1963)。正断层生长指数越大或逆断层生长指数越小,断层活动越强烈(Thorsen,1963)。断层活动强度可以用断距、断层年龄和断层活动速率来表征(赵勇等,2003)。研究中主要采用断层活动速率来定量研究断层活动性,并根据活动速率大小将

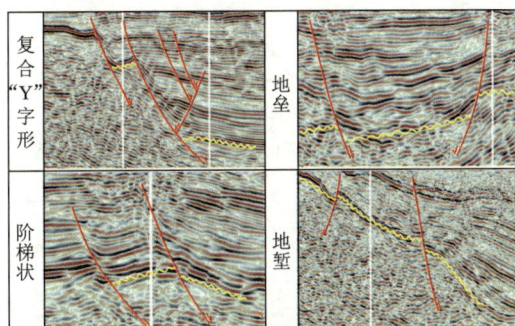

图 5-37　二连盆地基底断裂剖面组合形态

断层分为高活动速率断层(活动速率大于 20 m/Ma)、中等活动速率断层(活动速率在 10～20 m/Ma 之间)和低活动速率断层(活动速率小于 10 m/Ma)3 类。

阿尔善组沉积期断裂活动强度整体在 0～30 m/Ma 之间,高活动速率断层主要为分布在红格尔、赛乌苏和红井构造带的 F7、F9 等断层,中等活动速率断层主要为分布在南洼槽和土牧尔构造带的 F10、F22 等断层,低活动速率断层主要分布在北洼槽、红格尔和红井构造带,整体以低活动速率断层为主(图 5-38a)。腾一下段沉积期断裂活动强度整体在 0～25 m/Ma 之

间,高活动速率断层主要分布在红格尔和红井构造带,中等活动速率断层主要分布在红井构造带,低活动速率断层主要分布在赛乌苏、南洼槽和土牧尔构造带,整体以低—中等活动速率断层为主(图 5-38b)。腾一上段沉积期断裂活动强度整体在 10～40 m/Ma 之间,高活动速率断层主要分布在红井、赛乌苏、红格尔和土牧尔构造带,中等活动速率断层主要分布在土牧尔构造带和北洼槽,低活动速率断层主要分布在红格尔构造带东部地区,整体上以高活动速率断层为主(图 5-38c)。腾二段沉积期断层活动速率整体在 0～20 m/Ma 之间,以低—中等活动速率断层为主,中等活动速率断层主要分布在凹陷东部,低活动速率断层在凹陷内广泛分布(图 5-38d)。整体上,从不同沉积时期对比来看,以腾一上段沉积期断层活动性最高,其次为腾一下段沉积期;从不同构造带对比来看,土牧尔、红井和红格尔构造带断层活动速率相对较高。

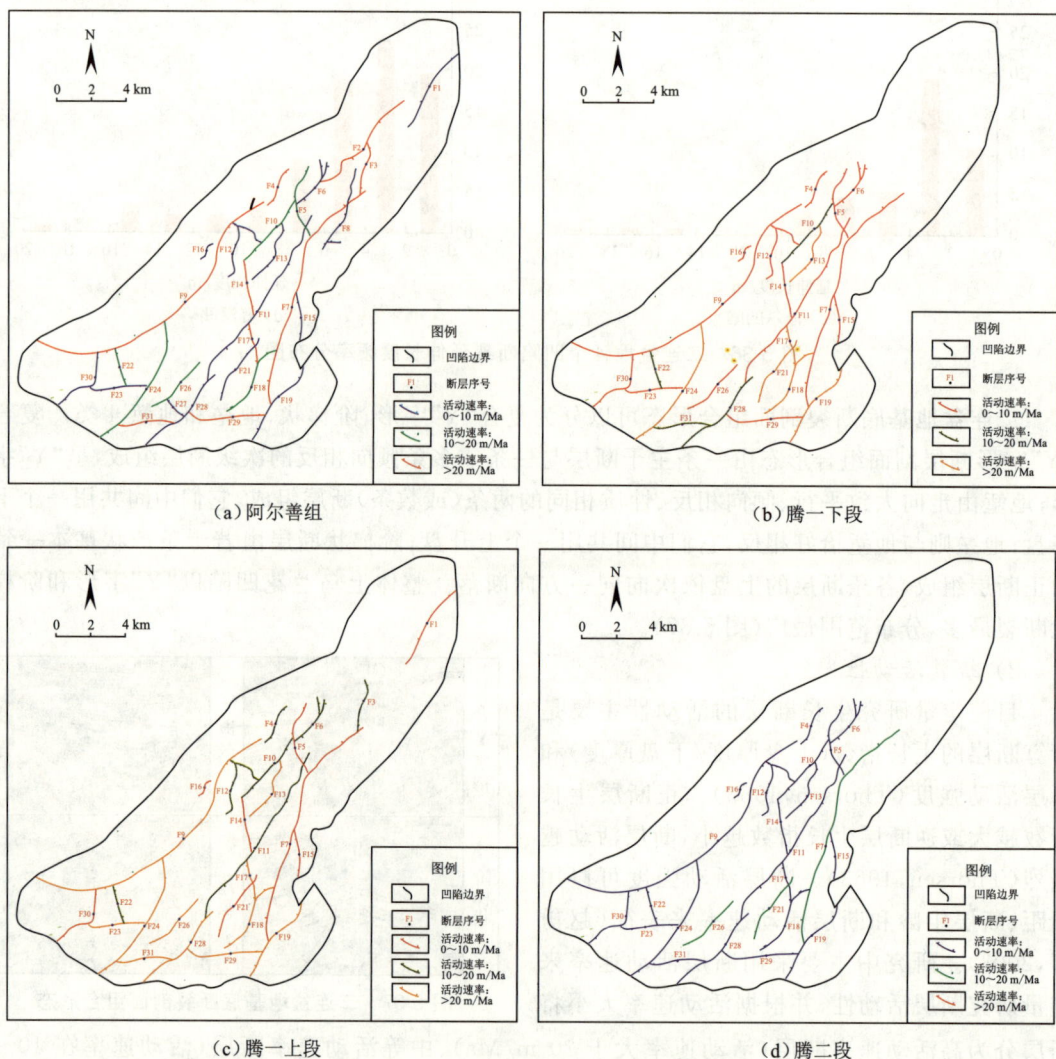

(a)阿尔善组        (b)腾一下段

(c)腾一上段        (d)腾二段

图 5-38 乌兰花凹陷不同时期断层活动性

  3)断裂活动时间

    研究表明,只有断裂在成藏期具有活动性,才能作为大规模垂向输导油气的通道(蒋有录等,2015a)。乌兰花凹陷基底断裂活动具有持续时间长、停止时间晚的特征,整体上断层活动时期为阿尔善组—赛汉组沉积期。

根据油气成藏时间和期次分析结果,乌兰花凹陷潜山油气具有一期充注的特点,为腾二段沉积末期—赛汉组沉积初期。断层活动时期与成藏期匹配关系表明:凹陷北部断裂活动性与生烃期匹配较差,由北至南断裂活动与生烃期匹配关系变好,其中匹配关系较好的断裂主要分布于土牧尔、红格尔和赛乌苏构造带,与潜山油气分布具有很好的一致性(图5-39)。

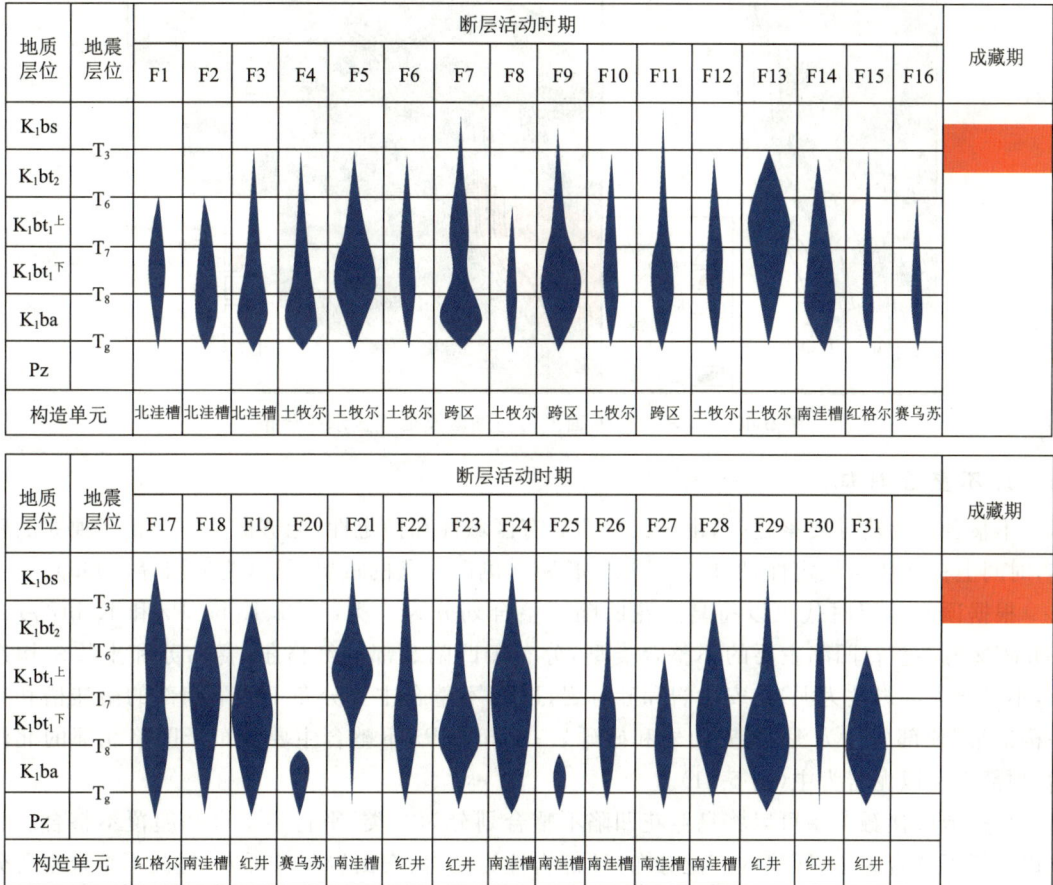

| 地质层位 | 地震层位 | 断层活动时期 | | | | | | | | | | | | | | | | 成藏期 |
|---|---|---|---|---|---|---|---|---|---|---|---|---|---|---|---|---|---|---|
| | | F1 | F2 | F3 | F4 | F5 | F6 | F7 | F8 | F9 | F10 | F11 | F12 | F13 | F14 | F15 | F16 | |
| K₁bs—T₃ | | | | | | | | | | | | | | | | | | |
| K₁bt₂—T₆ | | | | | | | | | | | | | | | | | | |
| K₁bt₁上—T₇ | | | | | | | | | | | | | | | | | | |
| K₁bt₁下—T₈ | | | | | | | | | | | | | | | | | | |
| K₁ba—Tg | | | | | | | | | | | | | | | | | | |
| Pz | | | | | | | | | | | | | | | | | | |
| 构造单元 | | 北洼槽 | 北洼槽 | 北洼槽 | 土牧尔 | 土牧尔 | 土牧尔 | 跨区 | 土牧尔 | 跨区 | 土牧尔 | 跨区 | 土牧尔 | 土牧尔 | 南洼槽 | 红格尔 | 赛乌苏 | |

| 地质层位 | 地震层位 | 断层活动时期 | | | | | | | | | | | | | | | 成藏期 |
|---|---|---|---|---|---|---|---|---|---|---|---|---|---|---|---|---|---|
| | | F17 | F18 | F19 | F20 | F21 | F22 | F23 | F24 | F25 | F26 | F27 | F28 | F29 | F30 | F31 | |
| K₁bs—T₃ | | | | | | | | | | | | | | | | | |
| K₁bt₂—T₆ | | | | | | | | | | | | | | | | | |
| K₁bt₁上—T₇ | | | | | | | | | | | | | | | | | |
| K₁bt₁下—T₈ | | | | | | | | | | | | | | | | | |
| K₁ba—Tg | | | | | | | | | | | | | | | | | |
| Pz | | | | | | | | | | | | | | | | | |
| 构造单元 | | 红格尔 | 南洼槽 | 红井 | 赛乌苏 | 南洼槽 | 红井 | 红井 | 南洼槽 | 南洼槽 | 南洼槽 | 南洼槽 | 南洼槽 | 红井 | 红井 | 红井 | |

图5-39　乌兰花凹陷31条断层活动时期与生烃期匹配关系

4)断面形态

根据断面埋深差异,断面形态可划分为汇聚型、发散型和平整型3类。断面形态控制油气运移路径,其中,平整型断面不存在优势运移路径;发散型断面使油气发散运移,不利于油气聚集;汇聚型断面使流体汇聚形成优势运移路径(李明诚,2014)。

选取F7和F11两条断层绘制其断面形态。F7断层与兰18和兰47潜山油藏相接,兰3井所在区为平整型断面,不具优势运移路径;兰15x井所在区为发散型断面,油气发散运移;兰18x、兰11x、兰41、兰47井所在区为汇聚型断面,为优势运移路径。F11断层与兰23x油藏相接,兰13x和兰25x井区为平整型断面,不具优势运移路径;兰8和兰地2井区为发散型断面,不利于潜山油气运聚;兰23x、兰2x井位于汇聚型断面,为优势运移路径。整体上潜山油气和油气显示井都位于汇聚型断面区,控制了潜山油气的运聚(图5-40)。

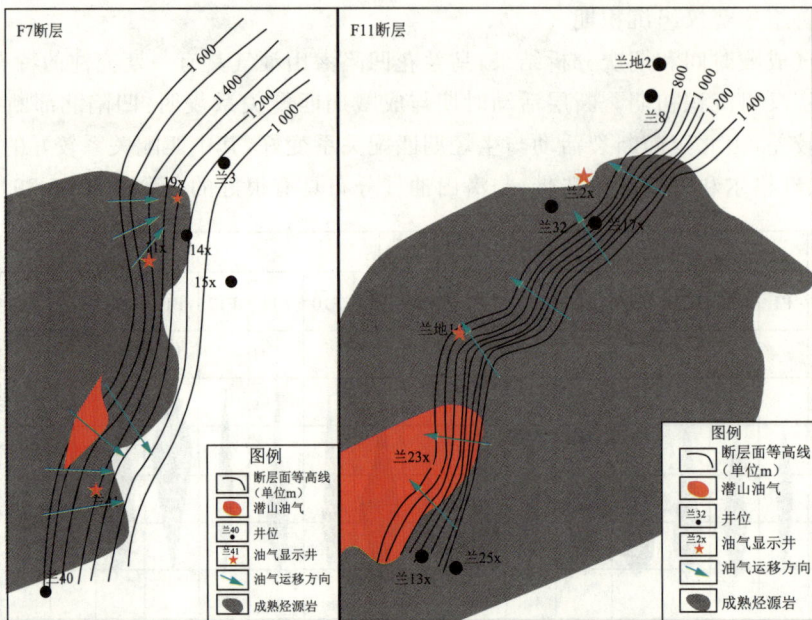

图 5-40　F7 和 F11 断面形态与油藏及油气显示井分布

## 2. 不整合特征

不整合作为输导要素之一,由于其分布具有区域性和稳定性,能够横向连接相互独立的砂体,时间上存在相对稳定性,所以其是油气长距离侧向运移的重要通道(艾华国等,1996)。

根据顶底地层时代可以将乌兰花凹陷不整合划分为 3 类:$J/Pz$、$K_1ba/Pz$ 和 $K_1bt_1^{\bar{}}/Pz$。$K_1ba/Pz$ 为乌兰花凹陷主要的不整合类型,分布于凹陷北部的红格尔、赛乌苏和土牧尔构造带,不整合顶部岩性为泥岩、安山岩和砂砾岩;$J/Pz$ 不整合主要分布于凹陷南部的南洼槽和红井构造带,顶部岩性为泥岩、安山岩和砂砾岩;$K_1bt_1^{\bar{}}/Pz$ 不整合主要分布于凹陷北部的北洼槽,顶部岩性以泥岩为主(图 5-41)。

根据地层接触关系可以将乌兰花凹陷不整合划分为 2 类:平行不整合和超覆不整合。整体以平行不整合为主,凹陷内广泛分布,顶部岩性为泥岩、安山岩和砂砾岩;超覆不整合主要分布于凹陷北部和南部边缘区,顶部岩性为泥岩和砂砾岩。

上部为泥岩的不整合主要分布于赛乌苏构造带南部、红格尔构造带、土牧尔构造带东部和北洼槽;上部为安山岩的不整合主要分布于南洼槽和红井构造带,其中上部为致密安山岩的不整合主要分布于南洼槽北部区域;上部为砂砾岩的不整合主要分布于凹陷北部的土牧尔构造带和北洼槽。整体上,顶部岩性为致密安山岩和泥岩的不整合为封盖型不整合,主要分布于赛乌苏、红格尔、土牧尔构造带和南洼槽,有利于潜山油气侧向运聚,控制了潜山油气分布(图5-42)。

## 3. 油气运聚动力及方向

### 1) 油气运聚动力

地层古压力可以反映油气充注时期的成藏动力特征,是潜山油气成藏研究必不可少的部分。目前恢复古压力的方法有很多,这里主要采用流体包裹体数据和盆地模拟相结合的方法恢复古压力。

| 不整合类型 | 样式 | 岩性配置 | | | | | | | | | |
|---|---|---|---|---|---|---|---|---|---|---|---|
| | | 泥岩/花岗岩 | 安山岩/花岗岩 | 砂砾岩/花岗岩 | 致密安山岩/花岗岩 | 泥岩/凝灰岩 | 砂砾岩/凝灰岩 | 安山岩/变质砂岩 | 致密安山岩/变质砂岩 | 安山岩/灰岩 | 致密安山岩/灰岩 |
| J/Pz | 平行式 | 封盖型 | 逸散型 | 逸散型 | 封盖型 | 封盖型 | 逸散型 | 逸散型 | 封盖型 | 逸散型 | 封盖型 |
| | 超覆式 | 封盖型 | 逸散型 | 逸散型 | 封盖型 | | 逸散型 | 逸散型 | 封盖型 | 逸散型 | 封盖型 |
| K₁ba/Pz | 平行式 | 封盖型（兰23x） | 逸散型 | | | | | | | | |
| | 超覆式 | 封盖型（兰18x） | 逸散型 | | | | | | | | |
| K₁bt?/Pz | 平行式 | | | | | 封盖型 | | | | | |
| | 超覆式 | | | | | 封盖型 | | | | | |

图 5-41　乌兰花凹陷不整合类型

利用流体包裹体数据计算地层古压力的方法比较多。很多学者根据盐水溶液建立了相关的温压关系等容式,其中较为常用的有 Zhang 和 Frantz(1987)导出的等容式。该等容式认为,流体包裹体均一温度、形成时的温度、盐度和形成时的古压力 4 个参数之间具有一定的函数关系。其中,流体包裹体的均一温度和盐度可以通过实验测得。通过较精确的方法确定出包裹体形成时的温度,就可以计算出其形成时的压力。流体包裹体的形成压力可以用下面的公式得到:

$$P = A_1 + A_2 T \tag{5-1}$$

图 5-42　乌兰花凹陷上部岩性平面分布图

其中:

$$A_1 = 6.1 \times 10^{-3} + (2.383 \times 10^{-1} - a_1)T_h - (2.855 \times 10^{-3} + a_2)T_h^2 - (a_3 T_h + a_4 T_h^2)m \tag{5-2}$$

$$A_2 = a_1 + a_2 T_h + 9.888 \times 10^{-6} \times T_h^2 + (a_3 + a_4 T_h)m \tag{5-3}$$

式中,$P$ 为古压力,$10^{-1}$ MPa;$T$ 为捕获温度,℃,比均一温度高 15 ℃;$T_h$ 为均一温度,℃;$m$ 为盐类质量摩尔浓度,mol/kg,它与盐度 $w(\%)$ 的换算公式为 $m = 1\,000 \times w/[111 \times (100 - w)]$;$a_1$、$a_2$、$a_3$、$a_4$ 为常数,对于 $CaCl_2\text{-}H_2O$ 体系,$a_1 = 2.848 \times 10^1$,$a_2 = -6.445 \times 10^{-2}$,$a_3 = -4.159 \times 10^{-1}$,$a_4 = 7.438 \times 10^{-3}$。

一般来说,利用上述方法得到的压力是包裹体的均一压力,即古压力的下限值,由此求得的包裹体捕获压力需要进行压力校正。结合文献值(米敬奎等,2005),在计算中认为流体包裹体的捕获压力比其均一压力高 6 MPa,并以此进行计算。盐水包裹体的溶液密度 $\rho$ 主要根据刘斌和沈昆(1999)拟合的盐水包裹体流体密度计算公式,即

$$\rho = A + BT_h + CT_h^2 \tag{5-4}$$

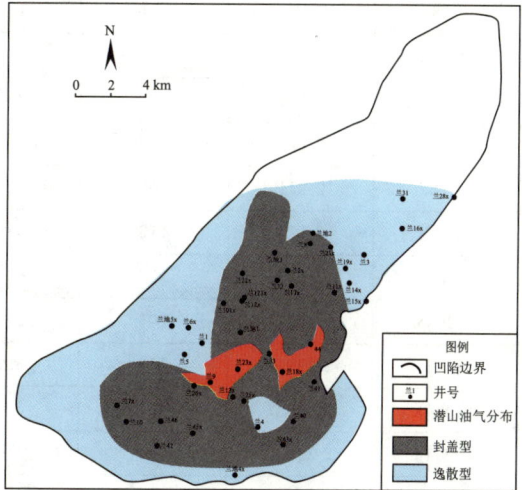

式中，$A$、$B$、$C$ 为盐度的函数。

$$A = A_0 + A_1 w + A_2 w^2 \qquad (5\text{-}5)$$
$$B = B_0 + B_1 w + B_2 w^2 \qquad (5\text{-}6)$$
$$C = C_0 + C_1 w + C_2 w^2 \qquad (5\text{-}7)$$

式中，$w$ 为盐度，%。当盐度为 1%～30% 时：

$A_0 = 0.993\,531$，$A_1 = 8.721\,47 \times 10^{-3}$，$A_2 = -2.439\,75 \times 10^{-5}$；

$B_0 = 7.116\,52 \times 10^{-5}$，$B_1 = -5.220\,8 \times 10^{-5}$，$B_2 = 1.266\,56 \times 10^{-6}$；

$C_0 = -3.499\,7 \times 10^{-6}$，$C_1 = 2.121\,24 \times 10^{-7}$，$C_2 = -4.523\,18 \times 10^{-9}$

选取兰 18x、兰 9-1x 和兰 47 井，通过包裹体均一温度和盐度测试，利用等容式恢复古压力，结果表明乌兰花凹陷潜山储层在成藏期存在压力异常。兰 18x 井潜山地层古剩余压力为 25.87～27.69 MPa，古压力系数为 1.15～1.64；兰 9-1x 井潜山地层古剩余压力为 25.98～27.85 MPa，古压力系数为 1.08～1.58；兰 47 井潜山地层古剩余压力为 26.70～27.64 MPa，压力系数为 1.36～1.64。3 口井古压力系数均较大，存在明显的超压（表 5-3）。

表 5-3　兰 18x、兰 47 和兰 9-1x 井古剩余压力计算结果

| 井　位 | 深度/m | 均一温度/℃ | 盐度/% | 古埋深/m | 古剩余压力/MPa | 古压力系数 |
|---|---|---|---|---|---|---|
| 兰 18x | 2 174 | 101 | 1.59 | 1 717 | 27.69 | 1.64 |
| 兰 18x | 2 174 | 109 | 3.64 | 1 907 | 27.04 | 1.44 |
| 兰 18x | 2 174 | 115 | 2.85 | 2 063 | 26.44 | 1.30 |
| 兰 18x | 2 174 | 102 | 3.21 | 1 898 | 27.67 | 1.48 |
| 兰 18x | 2 174 | 106 | 3.22 | 1 813 | 27.30 | 1.53 |
| 兰 18x | 2 174 | 116 | 3.56 | 2 079 | 26.39 | 1.29 |
| 兰 18x | 2 174 | 122 | 4.01 | 2 279 | 25.87 | 1.15 |
| 兰 9-1x | 2 298.7 | 106 | 2.56 | 1 984 | 27.26 | 1.40 |
| 兰 9-1x | 2 298.7 | 111 | 3.55 | 2 135 | 26.85 | 1.28 |
| 兰 9-1x | 2 298.7 | 109 | 3.01 | 2 076 | 27.01 | 1.32 |
| 兰 9-1x | 2 298.7 | 121 | 4.31 | 2 446 | 25.98 | 1.08 |
| 兰 9-1x | 2 298.7 | 100 | 1.05 | 1 832 | 27.76 | 1.54 |
| 兰 9-1x | 2 298.7 | 99 | 0.88 | 1 790 | 27.85 | 1.58 |
| 兰 9-1x | 2 298.7 | 99 | 0.89 | 1 790 | 27.85 | 1.58 |
| 兰 9-1x | 2 298.7 | 99 | 1.01 | 1 790 | 27.85 | 1.58 |
| 兰 47 | 2 402.6 | 105 | 2.75 | 1 791 | 27.37 | 1.55 |
| 兰 47 | 2 402.6 | 106 | 3.01 | 1 817 | 27.29 | 1.53 |
| 兰 47 | 2 402.6 | 109 | 3.02 | 1 903 | 27.01 | 1.44 |
| 兰 47 | 2 402.6 | 112 | 3.95 | 1 972 | 26.78 | 1.38 |
| 兰 47 | 2 402.6 | 108 | 2.98 | 1 869 | 27.10 | 1.47 |
| 兰 47 | 2 402.6 | 113 | 4.03 | 1 998 | 26.70 | 1.36 |
| 兰 47 | 2 402.6 | 102 | 2.55 | 1 714 | 27.64 | 1.64 |
| 兰 47 | 2 402.6 | 103 | 2.76 | 1 731 | 27.56 | 1.62 |

应用盆地模拟方法对地层古压力进行恢复主要是通过回剥的方法把某一地层现今的厚度和地层压力恢复到沉积时或埋藏中途某一时刻的厚度和压力。它的基本假设是:在整个盆地的发育过程中,理想地认为岩石颗粒体积保持不变(由于岩石的压缩系数较小)。这样在盆地演化过程中,由于上覆岩层的增加,地层的孔隙度和厚度就减小,地层厚度的变化主要通过孔隙流体体积及孔隙度的变化来实现。此方法的关键是建立比较准确的孔隙度压实趋势线,对于单井古压力恢复,需要知道单井的各地层的分层厚度、沉积年限、剥蚀量、各类岩石所占百分比以及岩石物理参数、古地温梯度演化史等。通过对单井古压力演化情况进行恢复,进而得到整个地区的古压力演化史。

采用盆地模拟技术恢复古压力的关键是建立的地质模型要与实际地质情况相符合。在古压力恢复过程中,以现今实测地层压力为最终约束,以流体包裹体恢复的古压力作为过程约束,并结合现今镜质体反射率反复校正,力求模拟演化过程尽可能贴近实际地质情况。模拟时使用的压实方法是机械压实方法,计算压力使用的是回剥模型,计算孔隙度使用的是 Falvey 和 Middleton 模型,计算渗透率使用的是修正的 Kozeny-Carman 模型。

由恢复结果可以看出,乌兰花凹陷地质时期古压力演化过程可以分为 3 个阶段:① 压力初始积累阶段(距今 126～69 Ma)。该阶段可以细分为两部分:阿尔善组—腾二段沉积期,地层埋深迅速增大,地层压力由 0 MPa 上升到 30 MPa;腾二段沉积期至赛汉组沉积期,阿尔善组和腾一下段烃源岩大量生排烃,地层压力持续增大,增速小于第一阶段,为主成藏期,油气成藏动力为超压驱动。② 压力释放阶段(距今 69～12 Ma)。该阶段为地层抬升剥蚀,压力逐渐释放,油气运移以浮力驱动为主。③ 压力再积累阶段(距今 12 Ma 至今)。该阶段地层继续沉降,但并未达到剥蚀前地层压力,现今压力以常压为主,成藏动力以浮力驱动为主(图 5-43)。

2)油气运移示踪

在油气运移充注成藏过程中,烃源岩热演化程度、油气运移分异效应及生物降解作用对生物标志化合物指标会产生不同影响,使得各指标呈现规律性变化(吕修祥,1999)。所研究的潜山储层中未发现反映生物降解的生物标志化合物,降解情况较少,因此着重从烃源岩热演化程度和油气运移分异效应考虑生物标志化合物示踪参数的选取。油气成熟度与烃源岩热演化程度和运移过程中环境条件的改变具有密切关系,烃源岩早期生排烃运移距离较晚期生排烃运移距离远,且油气成熟度在运移过程中因氧化作用等而具有逐渐降低的规律。因此,由源到藏,油气成熟度呈现逐渐降低的趋势,而且由于轻烃较重烃具有易扩散、运移速度快的特点,沿着运移方向,轻烃较重烃富集程度高(万涛等,2013)。

根据上述原则,选取 $Tm/Ts$、$C_{31}$藿烷 $22S/22R$ 和 $C_{29}$胆甾烷 $20S/(20S+20R)$ 3 个生物标志化合物指标对油气运移路径进行示踪。随着运移距离的增加,$C_{31}$藿烷 $22S/22R$ 和 $C_{29}$胆甾烷 $20S/(20S+20R)$呈现逐渐增大的趋势,$Tm/Ts$ 则呈现逐渐减小的趋势,因此可以看出兰 33 井所在的南洼槽为潜山原油主要供烃区,油气沿断层向兰 23x 和兰 18x 油藏运移,兰 18x 井区所在的红格尔构造带烃源岩油气生成后向兰 18-1x 和兰 47 井区运移(图 5-44)。

3)油气运移方向

油气优势运移方向宏观上受流体势的高低和流体势平面等值线的平面分布形态等因素控制(常波涛等,2005)。本小节选取流体势来指示油气运移方向,油气的优势运移方向为垂直于流体势等值线的流体势能降低梯度最大的方向,由高势区向低势区运移。

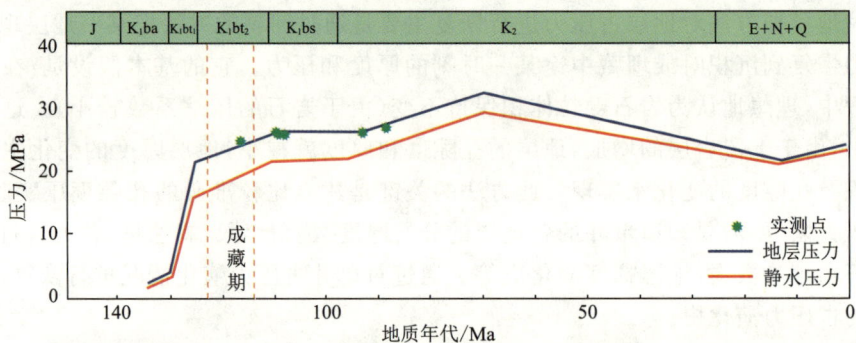

（a）兰18x井，古生界

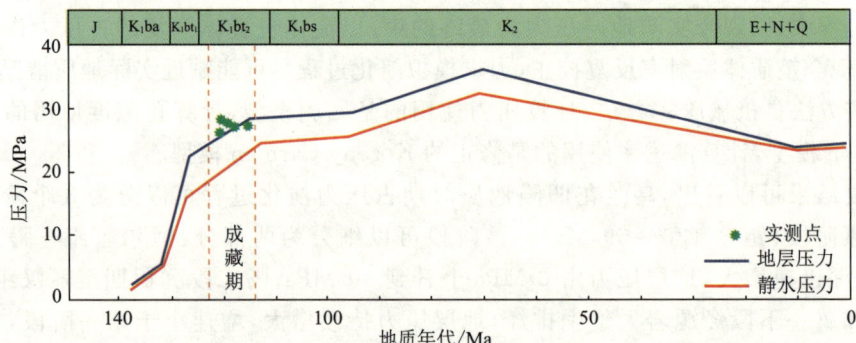

（b）兰9-1x井，古生界

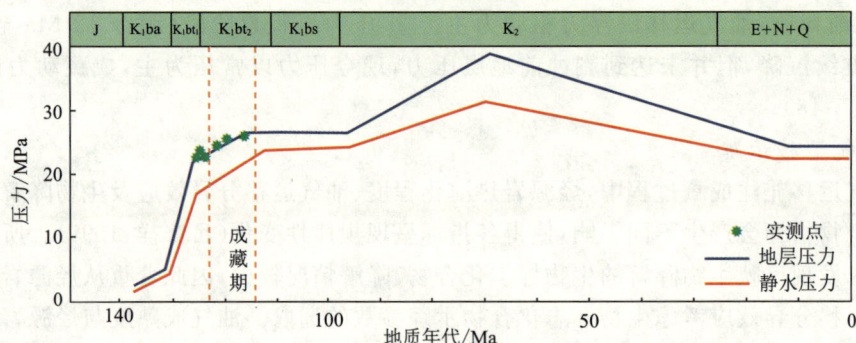

（c）兰47井，古生界

图 5-43  乌兰花凹陷兰 18x、兰 9-1x 和兰 47 井古压力模拟结果

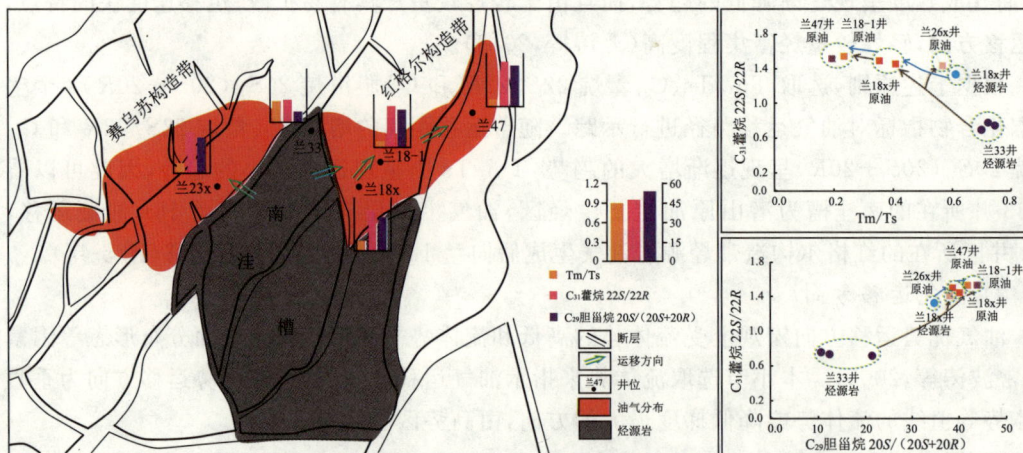

图 5-44  乌兰花凹陷潜山油气运移路径示踪

（1）计算公式。

乌兰花凹陷潜山原油主要由阿尔善组烃源岩供烃,将阿尔善组作为研究对象,利用 Hubbert 公式计算阿尔善组底部现今流体势。

流体势指的是单位质量流体所具有的机械能的总和(杜晓峰和范土芝,2001)。在实际应用中,应考虑地层流体渗流速度低、可压缩性小的特点,综合分析影响流体势的主要和次要因素。本书选取简化的 Hubbert 公式计算流体势:

$$\Phi = gZ + \int_0^p \frac{\mathrm{d}\rho}{\rho(p)} \tag{5-8}$$

式中,$\Phi$ 为流体势,J;$\rho$ 为流体密度,g/cm³;$g$ 为地球重力加速度,取值为 9.8 m/s²;$p$ 为流体压力,MPa;$Z$ 为埋深,m。

原油密度参数由原油体积膨胀系数和地表与地层条件的温差之间的关系获得,计算公式为:

$$\rho = \rho_0[1 + \beta(T - T_0)] \tag{5-9}$$

式中,$\rho$ 为地层油密度,g/cm³;$\rho_0$ 为地表油密度,g/cm³;$\beta$ 为体积膨胀系数;$T$ 为地温,℃;$T_0$ 为地表温度,℃。

地层流体压力经凹陷内多口井测压数据进行的压力系数计算求得;结合剥蚀厚度恢复,地层埋深为现今地层埋深与剥蚀厚度之和。

（2）运移方向。

通过流体势恢复结果可以看出,乌兰花凹陷存在 3 个低流体势区,主要分布于赛乌苏、红格尔、土牧尔和红井构造带,为赛乌苏构造带南-红格尔构造带西低势区、赛乌苏构造带北-土牧尔构造带西低势区和红井构造带西南低势区,低势区和已经发现的潜山油气有良好的配置关系;存在 2 个高流体势区,分别对应北洼槽和南洼槽。流体由高流体势区向低流体势区运移,乌兰花凹陷潜山原油优势运移方向为南洼槽和北洼槽向赛乌苏南部、红格尔、红井和土牧尔构造带运移(图 5-45)。

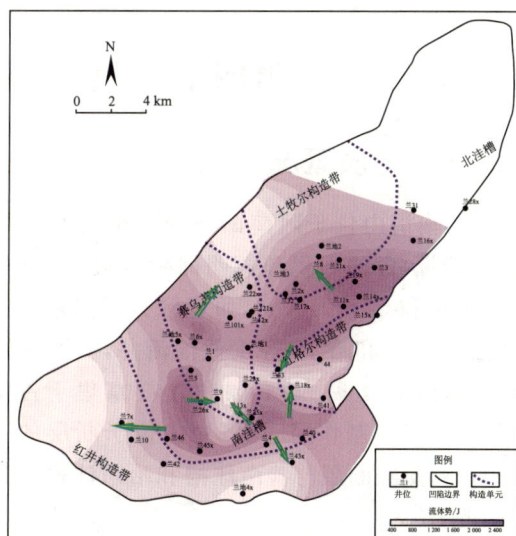

图 5-45　乌兰花凹陷潜山顶面流体势分布

## 五、油气成藏过程及成藏模式

综合上述乌兰花凹陷兰 18 和兰 9 潜山油气藏油气来源、油气成藏期、输导体系和油气运移特征研究,建立了研究区"源储对接-多向直接供烃-断层和不整合复合输导"的油气成藏模式。潜山供烃层系为阿尔善组烃源岩,源储直接接触,双(多)向供烃,储层岩性为花岗岩,输导体系为断层和不整合。

阿尔善组沉积期为主力烃源岩沉积期,此时有效盖层和潜山圈闭雏形基本形成,断层活动速率较大,在 0～30 m/Ma 之间,但烃源岩处于未成熟阶段,断层活动主要起到改善储层物性的作用。腾一下段沉积期,烃源岩部分成熟,开始排烃,潜山圈闭形成,断层和不整合可以作为侧向输导通道,高活动速率断层主要分布于红格尔构造带,控制了南洼槽油气向红格尔构造带的兰18圈闭运移。腾一上段沉积期,烃源岩大部分成熟,断层和不整合作为有效输导体系侧向输导油气,高活动速率断层位于赛乌苏和红格尔构造带,油气自南洼槽向赛乌苏和红格尔构造带潜山圈闭运移。腾二段沉积期为烃源岩大量生排烃期,也是潜山油气的主要充注期,成藏动力以超压驱动为主,南洼槽形成的油气经断层和不整合向两侧的兰18和兰9潜山圈闭大量充注,潜山油气基本形成(图5-46)。

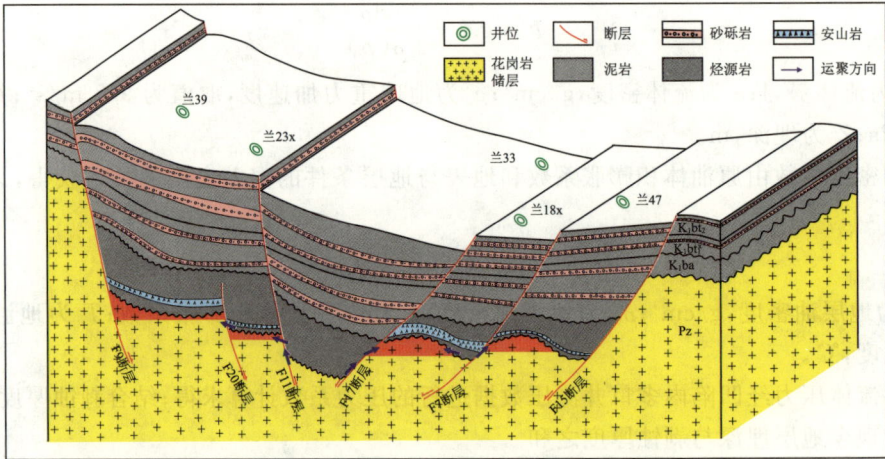

图5-46 乌兰花凹陷潜山油气成藏模式图

# 第四节 阿南凹陷哈南潜山油气藏

## 一、地质概况

哈南潜山位于阿南凹陷中东部的哈南潜山构造带,含油面积和探明储量较高,分别为 4.3 km² 和 537×10⁴ t。研究区自西向东已发现哈8、哈1和哈10等工业油流井,主要为断垒型潜山油气藏。潜山油气主要富集于古生界,受断层控制作用明显,潜山位于断层的上升盘,两侧经断层与善南洼槽和哈东洼槽相连(图5-47)。

## 二、油气来源

阿南凹陷哈南潜山两侧毗邻善南和哈东洼槽,发育下白垩统阿尔善组和腾一段两套烃源岩。潜山原油 Pr/Ph 分布范围为 0.8~

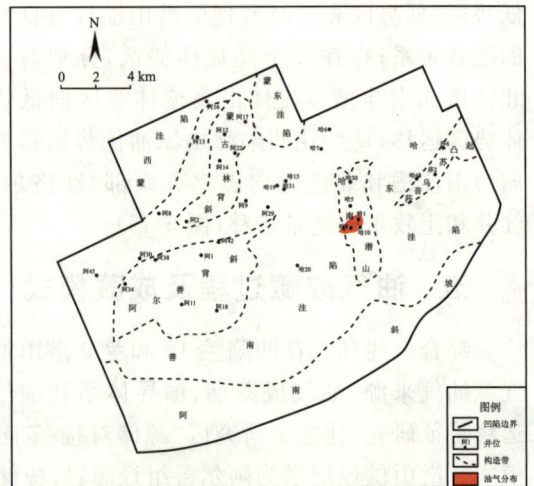

图5-47 阿南凹陷潜山油气平面分布图

1.1,伽马蜡烷指数在 1.0~2.0 之间,为低 Pr/Ph 和高伽马蜡烷指数特征,反映了还原的淡水—微咸水沉积环境。

腾一段和阿尔善组烃源岩 Pr/Ph 范围在 0.7~1.3 之间,反映了还原—弱还原的沉积环境(图 5-48a)。由(Pr/Ph)-(Ph/$n$-$C_{18}$)-(Pr/$n$-$C_{17}$)三角图可以看出,阿尔善组和腾一段烃源岩数据点分布范围较广,反映了淡水—微咸水或半咸水—咸水沉积环境,但数据点整体上分布于淡水—微咸水沉积环境范围内,与原油分布范围一致,潜山原油与腾一段和阿尔善组烃源岩都具有亲缘关系(图 5-48b)。

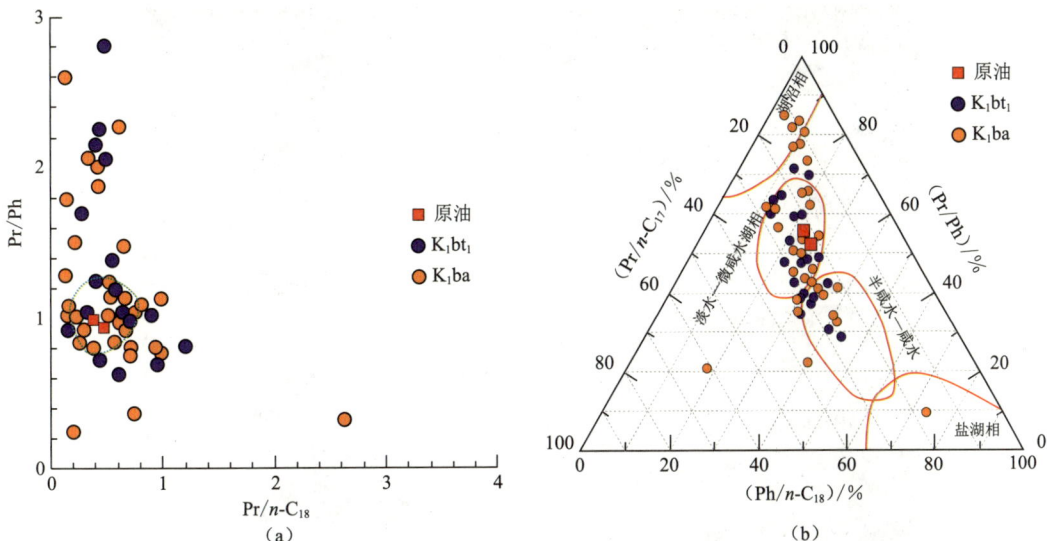

图 5-48　阿南凹陷原油与烃源岩 Pr/Ph 与 Ph/$n$-$C_{18}$交会图(a)和 Pr/Ph-Ph/$n$-$C_{18}$-Pr/$n$-$C_{17}$三角图(b)

哈 1 井潜山原油的藿烷类化合物($m/z=191$)质量色谱图显示,$C_{30}$ 藿烷明显偏高,指示原油的母岩为典型的湖相烃源岩;Ts/Tm 大于 1,与潜山原油的 $C_{29}\beta\beta/(\alpha\alpha+\beta\beta)$ 和 $C_{29}$ 20S/(20S-20R)数值综合来看,指示原油处于成熟阶段;伽马蜡烷相对含量较高,指示水体盐度相对较大。甾烷($m/z=217$)质量色谱图显示,在 $C_{27}$、$C_{28}$、$C_{29}$ 规则甾烷中,$C_{29}$ 规则甾烷丰度相对较高,$C_{27}$ 规则甾烷的相对丰度次之,$C_{28}$ 规则甾烷相对丰度最低,连线为反"L"型,表明陆源有机质输入略有优势(图 5-49)。

哈 20 井烃源岩样品的藿烷类化合物($m/z=191$)质量色谱图显示,$C_{30}$ 藿烷明显偏高,Ts/Tm 大于 1,腾一段烃源岩的成熟度略低,伽马蜡烷相对较高;甾烷($m/z=217$)质量色谱图

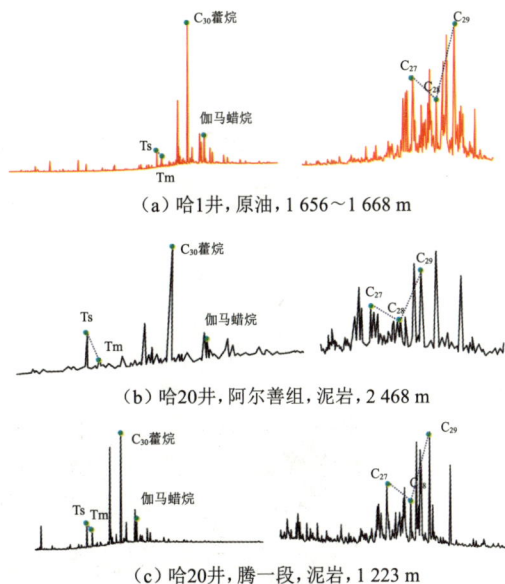

图 5-49　阿南凹陷潜山原油与烃源岩质谱对比图

显示,$C_{29}$ 规则甾烷丰度相对较高,$C_{28}$ 规则甾烷相对丰度最低,表明陆源有机质输入略有优势(图 5-49)。整体上,哈 1 井原油与腾一段和阿尔善组烃源岩 $m/z=191$ 和 $m/z=217$ 谱图特征一致,亲缘关系明显,反映哈南潜山原油由阿尔善组和腾一段两套烃源岩供烃。

## 三、油气成藏期

对阿南凹陷阿 11 和哈 10 两口井潜山储层进行包裹体观测,潜山油气包裹体较为发育。

其中,阿 11 井潜山储层岩性为蛇纹岩,烃类包裹体主要分布于蛇纹石颗粒表面,发蓝白色荧光;哈 10 井潜山储层岩性为凝灰岩,烃类包裹体主要分布于颗粒间裂缝中,发黄白—蓝白色荧光。阿南凹陷潜山发育 1 期油气包裹体,发黄白—蓝白色荧光,反映了成熟—高熟的油气充注特点(图 5-50 和图 5-51)。

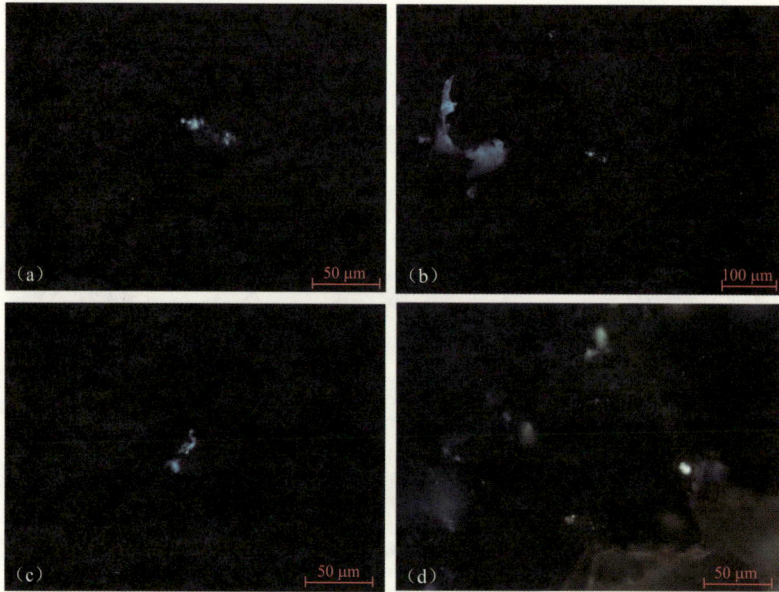

图 5-50　阿南凹陷包裹体荧光颜色特征
(a) 蓝白色,哈 10 井,1 743.6 m;(b) 蓝白色,哈 10 井,1 743.6 m;
(c) 蓝白色,阿 11 井,2 505.4 m;(d) 黄白色,阿 11 井,2 505.4 m

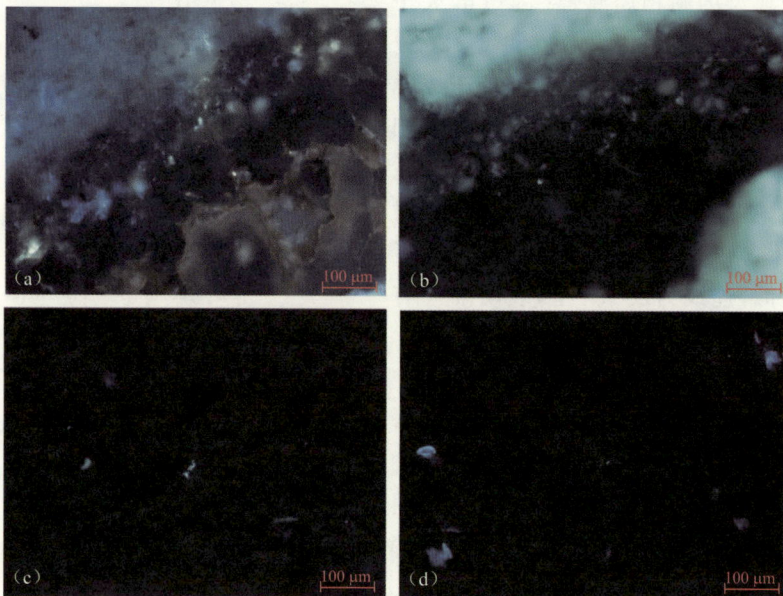

图 5-51　阿南凹陷包裹体赋存特征图
(a) 颗粒间裂缝,哈 10 井,1 743.6 m;(b) 颗粒间裂缝,哈 10 井,1 743.6 m;
(c) 颗粒内,阿 11 井,2 505.4 m;(d) 颗粒内,阿 11 井,2 505.4 m

对两口井多个视域进行包裹体均一温度测试,其中,阿 11 井包裹体均一温度分布范围为

$75\sim115$ ℃,有一个特征明显的峰值区间,即 $90\sim95$ ℃,结合该井的埋藏受热史,分析认为存在一期成藏,即腾二段沉积中期到腾二段沉积末期(距今 $116.9\sim112.5$ Ma)(图 5-52a 和图 5-53a);哈 10 井包裹体均一温度分布范围为 $70\sim110$ ℃,存在一个明显的峰值区间,为 $80\sim90$ ℃,结合该井的埋藏受热史,认为该井成藏期为腾二段沉积中期到腾二段沉积末期(距今 $114.6\sim108.3$ Ma)(图 5-52b 和图 5-53b)。

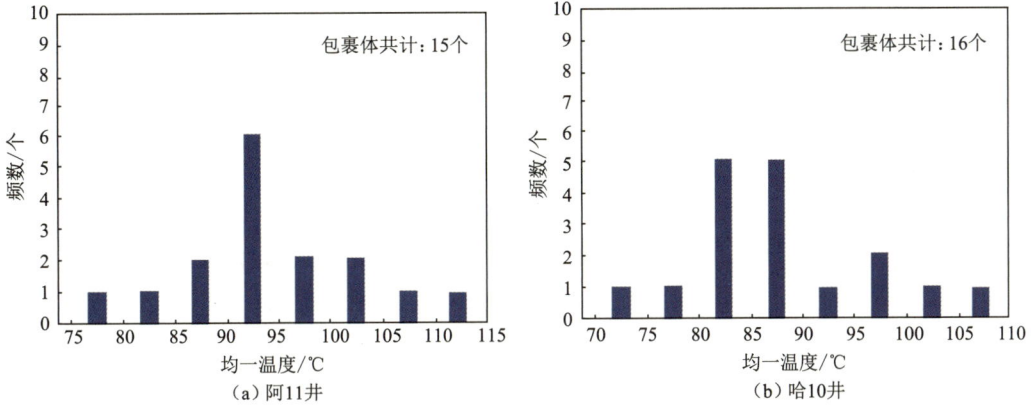

图 5-52　阿南凹陷潜山典型井包裹体均一温度分布

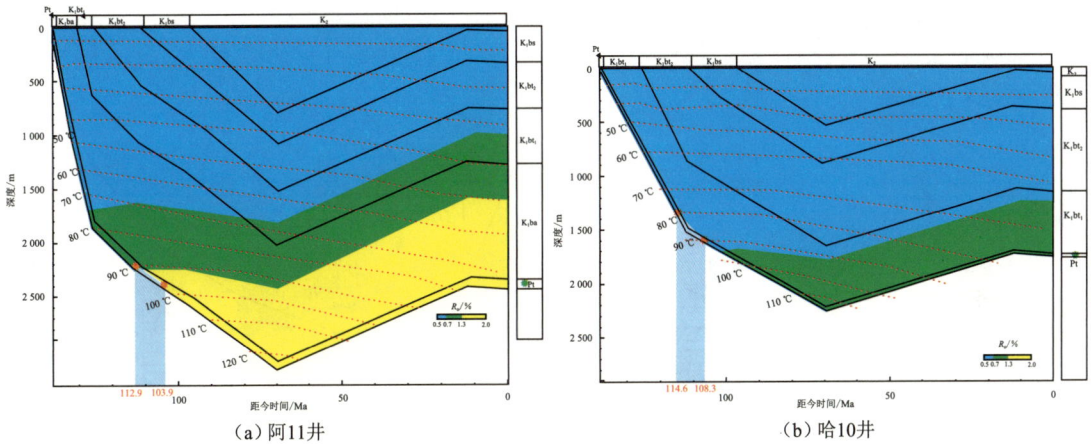

图 5-53　阿南凹陷潜山典型井埋藏史及成藏期

对阿南凹陷潜山包裹体均一温度数据综合分析认为,其包裹体存在一个明显的均一温度峰值区间,即 $80\sim90$ ℃,存在一期油气充注,结合烃源岩埋藏受热史分析,成藏期为腾二段沉积中期到腾二段沉积末期(距今 $116.9\sim108.3$ Ma)。

## 四、输导体系与油气运移

### 1. 断裂特征

#### 1) 断裂静态特征

阿南凹陷基底断裂发育数量多,在盆地内广泛分布,且断裂密度较大,走向以北北东向为主,其次为北北西向;以Ⅰ级和Ⅳ级断裂为主,Ⅰ级断裂主要分布于凹陷中部地区的哈南潜山、阿尔善背斜和莎音乌苏凸起,Ⅱ级断裂主要分布于蒙古林背斜和哈东洼槽,Ⅲ级断裂主要分布于善南和哈东洼槽,Ⅳ级断裂在盆地内分布广泛(图 5-54);断裂延伸长度较小,主要断裂延伸长度在 $0\sim2$ km 之间,仅部分Ⅰ级断裂延伸长度可达 6 km 以上。

### 2）断裂活动性

凹陷内由北至南选取 40 条断裂研究其不同时期活动性。阿尔善组沉积期断裂活动强度整体在 0～30 m/Ma 之间，整体以高活动速率断层为主，高活动速率断层主要分布在阿尔善背斜、哈南潜山、莎音乌苏凸起、蒙古林背斜和阿南斜坡（图 5-55a）；腾一下段沉积期断裂活动强度整体在 0～20 m/Ma 之间，整体上以低活动速率断层为主，高活动速率断层主要分布在莎音乌苏凸起和阿尔善背斜（图 5-55b）；腾一上段沉积期断裂活动强度整体在 0～30 m/Ma 之间，整体以低活动速率断层为主，

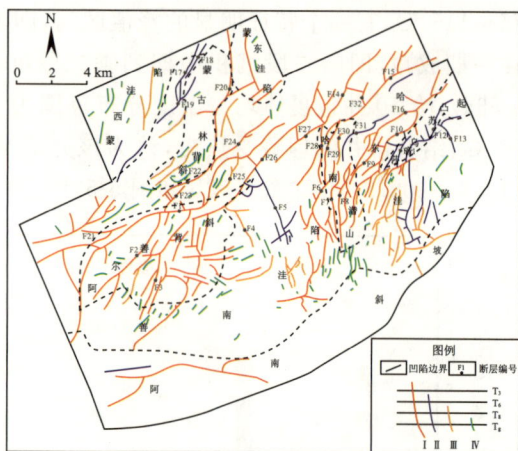

图 5-54　阿南凹陷不同级别基底断裂分布

高活动速率断层分布在阿尔善背斜和哈南潜山（图 5-55c）；腾二段沉积时期断层活动速率整体在 0～20 m/Ma 之间，整体上以低活动速率为主，高活动速率断层仅在哈南潜山分布（图 5-55d）。

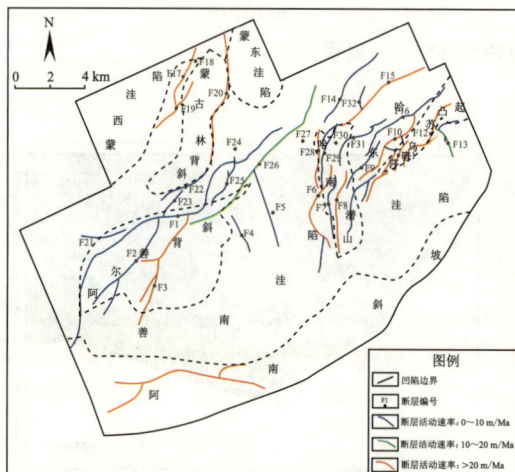

（a）阿尔善组

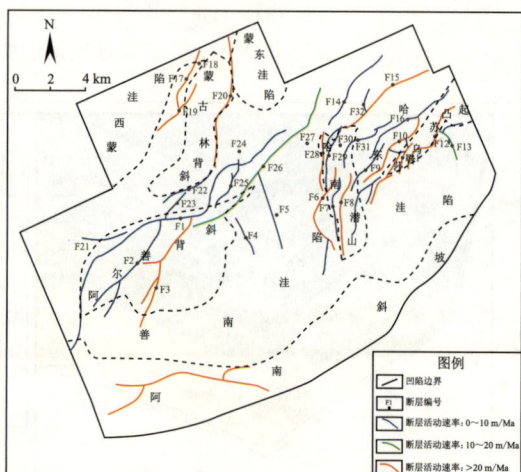

（b）腾一下段

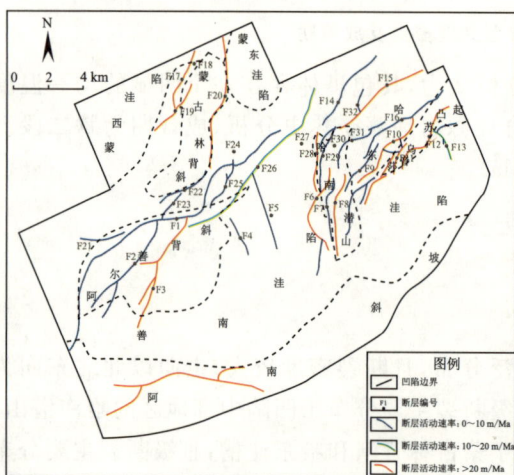

（c）腾一上段

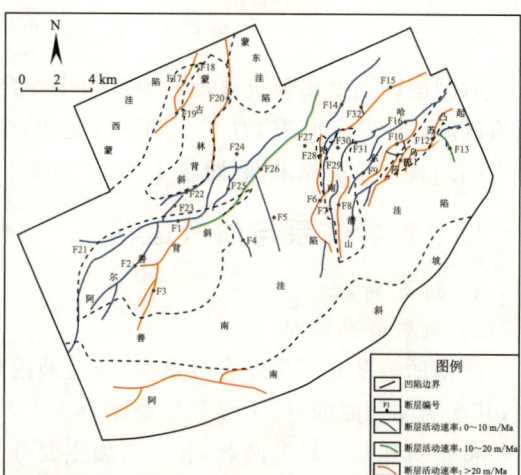

（d）腾二段

图 5-55　阿南凹陷不同时期断层活动性

阿南凹陷整体断层活动速率较低,从不同沉积时期对比可以看出,腾一下段—腾一上段沉积期断层活动性最高,其次为阿尔善组沉积期;从不同构造带对比可以看出,哈南潜山和阿尔善背斜断层活动速率相对较高(图5-55)。

3) 断裂活动时间

阿南凹陷基底断裂具有活动速率低、持续时间短的特征,多数断层活动期为阿尔善组—腾二段沉积期。根据油气成藏时间和期次分析结果,阿南凹陷潜山油气具有一期充注的特点,为腾二段沉积末期—赛汉组沉积初期。断层活动时期和成藏期匹配关系表明:整体上凹陷北部的蒙古林背斜断裂活动时间与成藏期匹配关系较差,凹陷南部的阿尔善背斜和哈南潜山断层活动时期与成藏期匹配关系较好,与潜山油气和油气显示井分布具有很好的对应关系(图5-56)。

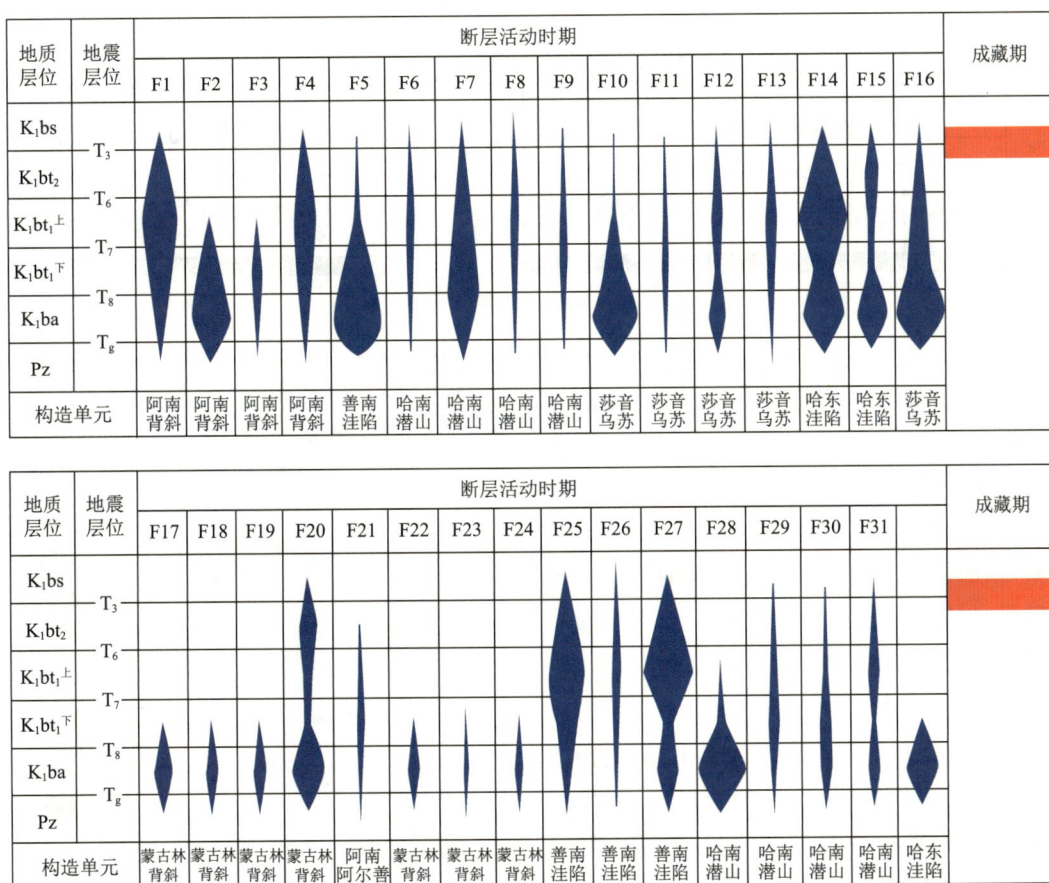

图 5-56　阿南凹陷断层活动时期与烃源岩生排烃期匹配关系

## 2. 不整合特征

根据顶底地层时代可以将阿南凹陷不整合划分为两类:J/Pz、$K_1$ba/Pz。研究区以 $K_1$ba/Pz 不整合为主,全区均有分布,主要分布于哈南潜山、阿尔善背斜、莎音乌苏凸起和阿南斜坡,不整合顶部岩性为泥岩、砂砾岩和凝灰岩;J/Pz 不整合主要分布于蒙古林背斜、哈南潜山和阿南斜坡,顶部岩性为泥岩和砂砾岩。

根据地层接触关系可以将阿南凹陷不整合划分为两类:平行不整合和超覆不整合。整体以平行不整合为主,凹陷内广泛分布,顶部岩性为凝灰岩、泥岩和砂砾岩;超覆不整合主要分布于阿南斜坡和莎音乌苏凸起,顶部岩性为泥岩、凝灰岩和砂砾岩(图 5-57)。

图 5-57　阿南凹陷不整合类型

顶部岩性为泥岩的不整合主要分布于哈南潜山、阿尔善背斜、莎音乌苏凸起和阿南斜坡,顶部为砂砾岩或凝灰岩的不整合主要分布于蒙古林背斜、阿尔善背斜、善南洼陷和阿南斜坡。整体上,顶部岩性为泥岩的不整合为封盖型,顶部岩性为砂砾岩和凝灰岩的不整合为逸散型,封盖型不整合有利于潜山油气侧向运聚,控制了潜山油气分布范围(图 5-58)。

### 3. 油气运聚方向

通过流体势恢复结果可以看出,阿南凹陷存在 3 个低流体势区,位于哈南潜山、阿尔善背斜、阿南斜坡和莎音乌苏凸起,为蒙古林背斜东-阿尔善背斜北低势区、哈南潜山-莎音乌

图 5-58　阿南凹陷不整合顶部岩性分布

苏西低势区和阿南斜坡低势区,现今潜山油气分布范围与低势区一致;存在 3 个高流体势区,对应善南洼陷、哈东洼陷和蒙西洼陷。流体由高流体势区向低流体势区运移,阿南凹陷潜山原油优势运移方向为善南、哈东和蒙西洼陷向阿南斜坡、阿尔善背斜、哈南潜山和莎音乌苏凸起运移(图 5-59)。

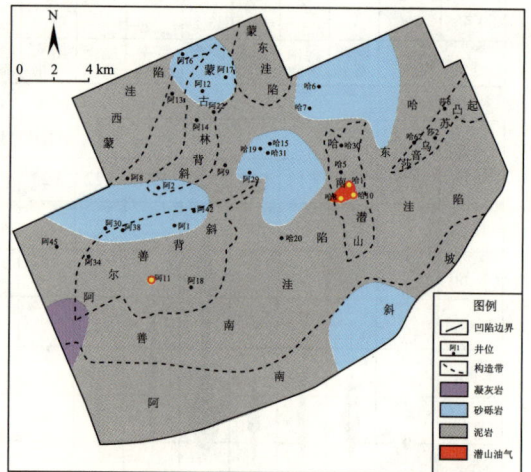

## 五、油气成藏过程及成藏模式

综合上述阿南凹陷哈 1、哈 8 和哈 10 潜山油气藏油气来源、油气成藏期、输导体系和油气运移特征研究,建立了研究区"源储分离-多向间接供烃-断层和不整合复合输导"的油气成藏模式,潜山供烃层系为阿尔善组烃源岩,源储间接接触,双向供烃,储层岩性为凝灰岩,输导要

素为断层和不整合。

阿尔善组沉积期为主力烃源岩沉积期。在该时期有效盖层形成,潜山圈闭雏形基本形成,哈南潜山断裂活动速率在 20～60 m/Ma 之间,断距较大,使潜山圈闭向上抬升,源储分离。腾一下段沉积期,烃源岩部分成熟,开始排烃,潜山圈闭形成,此时哈南潜山断层活动速率在 5～15 m/Ma 之间,为中等活动速率断层,可以作为油气纵向运移的通道。腾一上段沉积期,烃源岩大部分成熟,源储间接接触,来自哈东和善南洼陷的油气经断层和不整合垂向输导至哈南潜山圈闭。腾二段沉积期为烃源岩大量生排烃期,也是潜山油气的主要充注

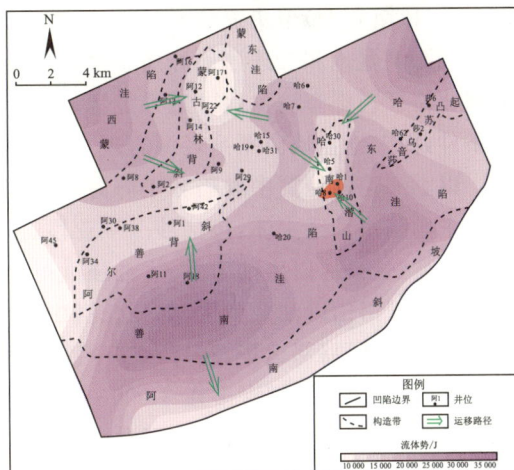

图 5-59　阿南凹陷潜山顶面流体势分布

期,成藏动力以超压驱动为主,油气经高活动速率断层和不整合向潜山圈闭大规模充注,潜山油气基本形成(图 5-60)。

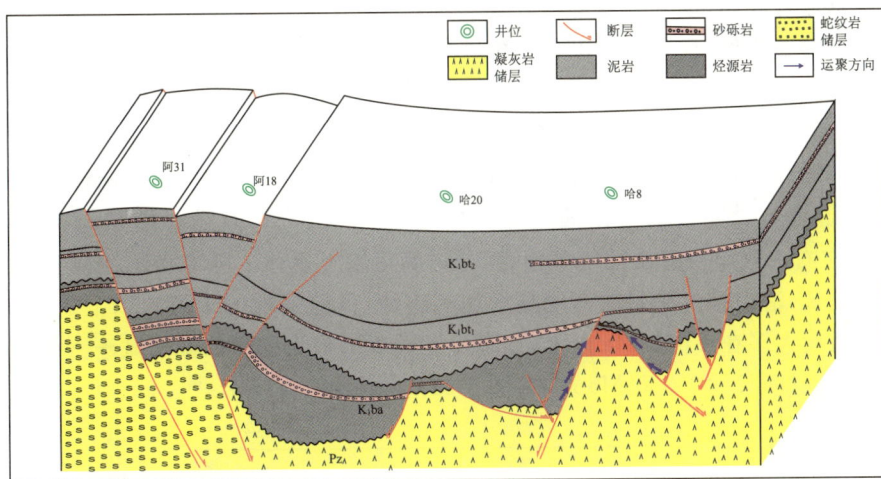

图 5-60　阿南凹陷潜山油气成藏模式

# 第五节　油气成藏主控因素

通过对典型它源型潜山油气藏的油气成藏条件及成藏过程分析,认为断陷盆地它源型潜山油气成藏主要受烃源岩类型及演化程度、储层条件、供烃条件及盖层封闭条件等因素控制。

## 一、烃源岩类型和热演化程度影响油气成藏期次及相态演化

渤海湾盆地古近系烃源岩主要经历了一次生烃,即新近纪—第四纪进入大量生、排烃高峰;二连盆地白垩系烃源岩也主要经历了一次生烃,即白垩纪中晚期腾二段沉积期进入大量生、排烃高峰。生烃演化程度及期次控制了油气成藏期次。它源型潜山油气藏中源自古近系烃源岩的油气主要在新近纪—第四纪聚集成藏,源自白垩系烃源岩的油气主要在白垩纪中晚

期(腾二段沉积期)聚集成藏。

渤海湾盆地和二连盆地经历了多期构造运动,不同的烃源岩热演化程度控制了油气相态的演化特征。渤海湾盆地古近系烃源岩现今已进入高成熟生凝析气阶段,具备既生油又生气的条件,而二连盆地白垩系烃源岩现今进入成熟或高熟阶段,潜山油气相态以油为主。

以渤海湾盆地冀中坳陷和渤海海域为例,冀中坳陷发育了多套烃源层,其中古近系烃源岩是冀中坳陷生油气主体,包括沙一下亚段、沙三段和沙四段—孔店组。古近系烃源岩现已进入成熟—高熟阶段,以生油为主,生油强度可达 $8\,500 \times 10^5$ t/km²,整体生气强度较小,致使冀中坳陷它源型潜山以油藏为主,如任丘潜山油田等。渤海海域主要发育沙四—沙三段、沙一—东三段 2 套生油层(邓运华,2015),其中沙三段主力烃源岩普遍含有较高的陆源有机质,具有相对富气的生烃特征,埋深多在 $3\,000 \sim 5\,000$ m 以深,大部分为高成熟—过成熟,已进入规模生气阶段(薛永安等,2018),形成了渤中 19-6 凝析气田等大型它源型潜山气田。

## 二、优质储层控制潜山油气富集程度及平面分布

### 1. 储层优劣控制潜山油气藏的聚集规模

潜山储层的优劣控制了油气充注的难易程度,潜山储层的储集性能好、储集体规模大,则潜山油气藏富集程度高,反之则富集程度低。

以渤海湾盆地为例,辽河坳陷以及冀中坳陷的潜山圈闭遭受风化剥蚀时间一般在 1 350 Ma左右,由于储层受风化剥蚀时间长,潜山油气藏富集程度高,冀中坳陷目前潜山探明石油储量 $5.46 \times 10^8$ t,辽河坳陷也高达 $1.85 \times 10^8$ t;济阳、黄骅以及渤中坳陷潜山圈闭储层风化剥蚀时间在 $150 \sim 350$ Ma 之间,由于风化剥蚀时间较短,储层改造相对较差,故潜山油气藏油气富集程度整体较低,济阳坳陷目前潜山油气探明储量 $1.35 \times 10^8$ t,而渤中坳陷与黄骅坳陷均为 $0.22 \times 10^8$ t 左右。对单一潜山油气藏而言,同样满足以上规律。随着潜山圈闭主力储层风化剥蚀时间的增长,潜山油气储量具有明显增加的趋势,目前发现的千万吨以上的潜山油气藏,其风化剥蚀时间大多在 $1\,000$ Ma 以上,如渤海湾发现的最大的潜山油气藏——任丘潜山油气藏,其风化剥蚀时间长达 $1\,350$ Ma 左右(图 5-61)。

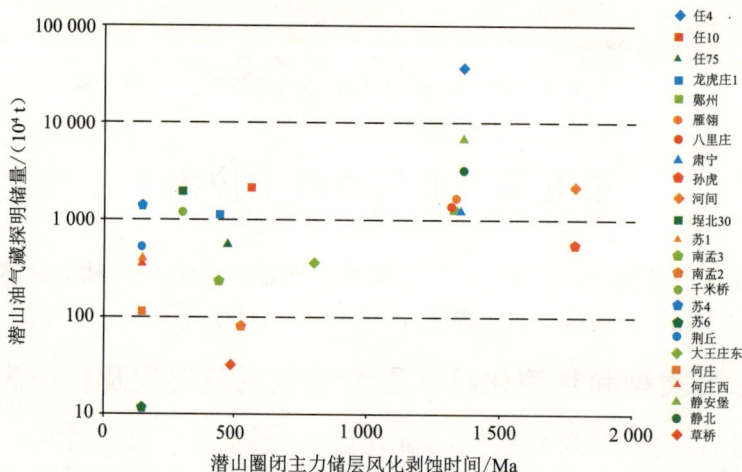

图 5-61　渤海湾盆地主要潜山油气藏探明储量与储层风化时间交会图

整体而言,无论是宏观角度还是针对单一潜山油气藏,储层优劣(风化剥蚀时间间接表征)

控制了潜山油气藏的富集程度,即风化剥蚀时间长,潜山圈闭储集物性好,成藏规模大,油气富集程度高,反之,风化剥蚀时间短,潜山储层物性差,零星分布,潜山圈闭成藏规模小,甚至不能成藏。

### 2. 优质储层控制潜山油气平面分布范围

以二连盆地为例,乌兰花凹陷构造型优质储层分布于赛乌苏构造带南部兰 9 潜山,钻遇兰 9-1x 井并获工业油流;风化型优质储层分布于红格尔构造带西部兰 18x 潜山以及土牧尔构造带南部兰 191x 潜山,钻遇工业油流井兰 18x 井和油气显示井兰 191x 井。赛汉塔拉凹陷优质储层类型与乌兰花凹陷相同,其中,赛四构造带西部和赛东洼槽东部边缘沿断裂带发育构造型优质储层,钻遇赛 4、赛古 2 以及古 5 等油气显示井;风化型优质储层发育在扎布构造带中南部赛 51 潜山,赛 51 井获工业油流。阿南凹陷哈南潜山发育风化型优质储层,该区哈 8 井、哈 10 井、哈 31 井均获得工业油流。优质储层控制潜山油气分布范围,断块型潜山油气主要分布于断裂带两侧,残丘型潜山油气主要发育在构造高部位缓坡或构造和风化共同控制区域。

## 三、供烃条件控制潜山油气富集规模

渤海湾盆地发育多个不同级别的不整合面,且区域性不整合面之下风化淋滤时间较长,输导能力极强。新生代构造运动期,在拉张应力场作用下,形成了大量的正断层,一方面,Ⅱ、Ⅲ级断层使有效烃源岩与潜山储层对接,直接供烃;另一方面,长期活动的断裂本身具备良好的输导能力,可以作为油源通道为潜山圈闭间接供烃。新生界湖盆周期性振荡,形成多期广泛分布的连通砂体,连通砂体与潜山圈闭对接也能作为良好的供烃通道。断层、不整合面以及连通砂体相互组合,构成空间组合网络,为渤海湾盆地潜山油气的输导提供了多种供给方式。

油气供给往往不是单一要素的简单输导,而是断层、不整合面以及砂体等多种输导要素组合作用的结果。不同输导要素按照不同的组合方式形成了多种供烃组合类型。根据供烃洼陷的数目,将供油方式分为单向供烃和多向供烃。同时考虑烃源岩与潜山圈闭的接触关系,分为直接接触供烃和间接接触供烃两类。综合考虑输导要素的类型,将渤海湾盆地潜山供烃方式划分为四大类:Ⅰ类源下半覆盖型、Ⅱ类源下全覆盖型、Ⅲ类单向间接型以及Ⅳ类多向间接型(图 5-62)。

Ⅰ类源下半覆盖型为单向供烃,主要是烃源岩通过断面与潜山储层对接,潜山上部被非生烃层系覆盖,形成半覆盖式;Ⅱ类源下全覆盖型指潜山圈闭被有效烃源岩直接覆盖,潜山顶部储层与烃源岩大面积接触,供烃条件最好;Ⅲ类单向间接型为单洼供烃,且有效烃源岩未与潜山储层对接,根据输导要素的差异,可进一步分为断层型、不整合面型以及复合型;Ⅳ类多向间接型为多洼供烃,烃源岩与有效储层未发生接触,油气主要是通过断层以及不整合面复合输导,进入潜山圈闭中聚集成藏。

不同供油方式的供油能力不同,其中Ⅱ类源下全覆盖型供烃方式具有近油源(直接接触)、油源充沛的特点,输导能力最强;Ⅰ类源下半覆盖型同样具有近油源的特点,但由于其上部被非源岩覆盖,供烃条件相对较差;Ⅳ类多向间接型为多洼供烃,油气来源丰富,但未与潜山储层对接,输导条件中等;Ⅲ类单向间接型由于离油源较远,且为单向供烃,油气输导条件相对最差。

## 四、盖层封闭能力控制油气平面分布范围

以二连盆地为例,为了定量评价潜山盖层的封闭能力,选取区域盖层和直接盖层的不同参数,采用模糊数学评价方法进行定量评价,其中区域盖层选取岩性、盖层厚度、泥地比和排替压

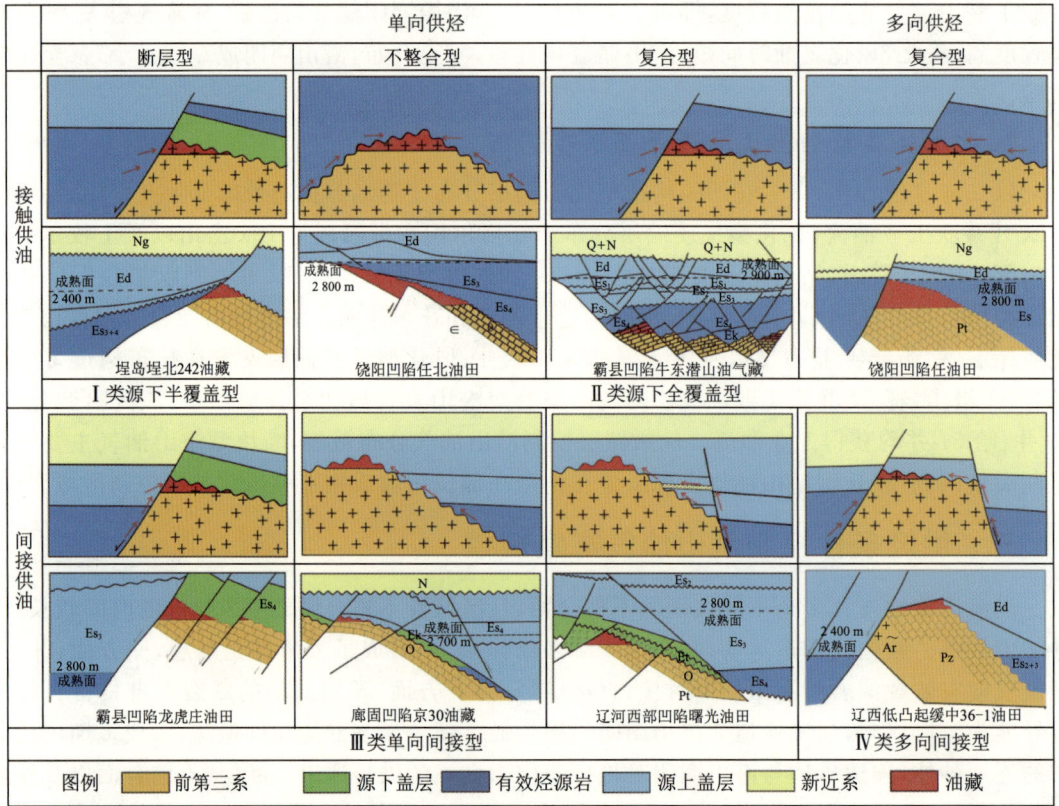

图 5-62　渤海湾盆地潜山油气藏供烃方式分类图

力作为评价参数,直接盖层选取岩性、盖层厚度和排替压力作为评价参数,对盖层厚度、泥地比和排替压力采用线性函数关系确定其评价参数的隶属函数$[\mu(x)=x/M]$,对岩性选取$\mu(x)=(0.4,0.6)$作为其隶属函数,岩性为泥岩和致密安山岩时赋值为$0.6$,岩性为砂砾岩、白云岩和凝灰岩时赋值为$0.4$(表5-4)。

表 5-4　潜山盖层定量评价标准

| 评价因素 | 评价参数 | 权　重 | 隶属函数 |
|---|---|---|---|
| 区域盖层 | $S_1$:岩性 | 0.20 | $\mu(x)=(0.4,0.6)$ |
| | $S_2$:盖层厚度(m) | 0.27 | $\mu(x)=x/M$ |
| | $S_3$:泥地比(%) | 0.25 | $\mu(x)=x/M$ |
| | $S_4$:排替压力(MPa) | 0.28 | $\mu(x)=x/M$ |
| 直接盖层 | $S_1'$:岩性 | 0.27 | $\mu(x)=(0.4,0.6)$ |
| | $S_2'$:盖层厚度(m) | 0.38 | $\mu(x)=x/M$ |
| | $S_3'$:排替压力(MPa) | 0.35 | $\mu(x)=x/M$ |

通过矩阵分析确定区域盖层评价4个参数的重要程度排序为排替压力>盖层厚度>泥地比>岩性,其对应的权重分别为$0.28$、$0.27$、$0.25$和$0.20$,确定直接盖层3个参数的重要程度排序为盖层厚度>排替压力>岩性,其对应的权重分别为$0.38$、$0.35$和$0.27$。

在确定权重向量和隶属函数后,采用加权平均计算方法计算区域盖层和直接盖层的评价

结果 $S$,然后将区域盖层和直接盖层作为评价因素进行二次模糊评价,其中区域盖层因素的权重为 0.3,直接盖层因素的权重为 0.7,评价公式为:

$$S = 0.3[0.20\mu(S_1) + 0.27\mu(S_2) + 0.25\mu(S_3) + 0.28\mu(S_4)] +$$
$$0.7[0.27\mu(S_1') + 0.38\mu(S_2') + 0.35\mu(S_3')] \qquad (5\text{-}10)$$

根据实际情况确定盖层的评价标准:Ⅰ类盖层,$S > 0.5$;Ⅱ类盖层,$0.4 \leqslant S < 0.5$;Ⅲ类盖层,$0.2 \leqslant S < 0.4$;Ⅳ类盖层,$0 \leqslant S < 0.2$。

根据评价结果可知,二连盆地乌兰花、阿南、额仁淖尔和赛汉塔拉 4 个凹陷内以Ⅰ类和Ⅱ类盖层为主。其中,乌兰花、阿南和额仁淖尔凹陷以Ⅱ类盖层分布范围最广,赛汉塔拉凹陷以Ⅰ类盖层分布范围最广。潜山油气主要分布于Ⅰ类和部分Ⅱ类盖层区,盖层的封闭能力决定了潜山油气的平面分布范围(图 5-63)。

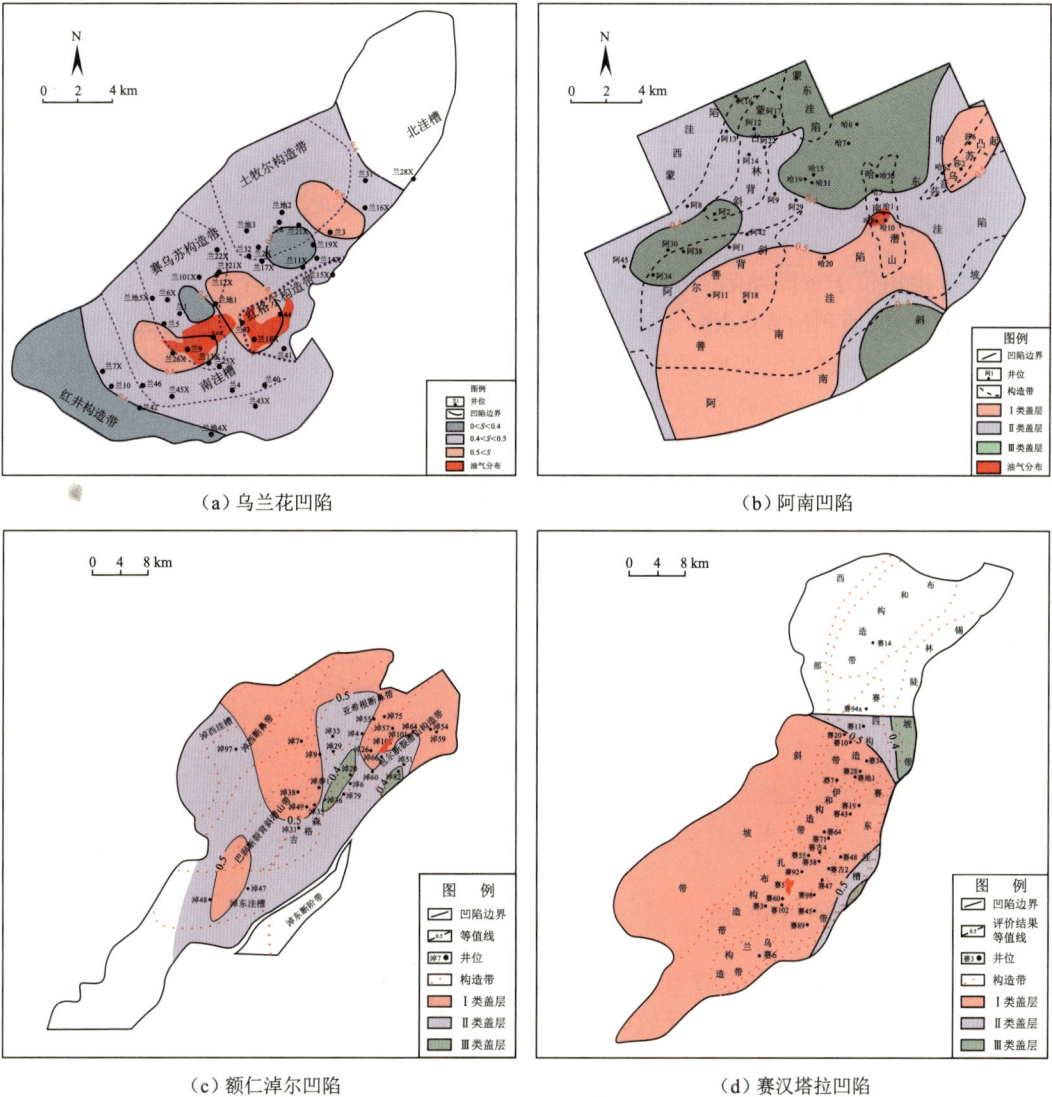

(a) 乌兰花凹陷

(b) 阿南凹陷

(c) 额仁淖尔凹陷

(d) 赛汉塔拉凹陷

图 5-63　二连盆地 4 个凹陷盖层评价结果图

# 第六章　混源型潜山油气成藏机理

按照潜山油气藏的油气来源,既有石炭—二叠系烃源岩又有古近系烃源岩的潜山油气藏称为混源型潜山油气藏。渤海湾盆地混源型潜山油气藏主要分布于石炭—二叠系烃源岩和古近系烃源岩都较为发育的黄骅坳陷、济阳坳陷、冀中坳陷等,以北大港、王官屯、孤北、杨税务等潜山油气藏较为典型。下面以北大港、王官屯和孤北潜山油气藏为代表对混源型潜山油气藏的油气成藏机理进行分析。

## 第一节　北大港潜山油气藏

### 一、地质概况

北大港潜山位于黄骅坳陷大港探区北部,是夹持于歧口和板桥两个主力生烃凹陷之间的中央隆起带,勘探面积约 600 km²。潜山整体呈北北东走向,具有西南高、东北低的地质结构,潜山东、西两侧分别通过港西断层和大张坨断层与两侧凹陷相接(图 6-1)。北大港潜山以油气藏为主,含油气层系包括石炭—二叠系、奥陶系及中生界。

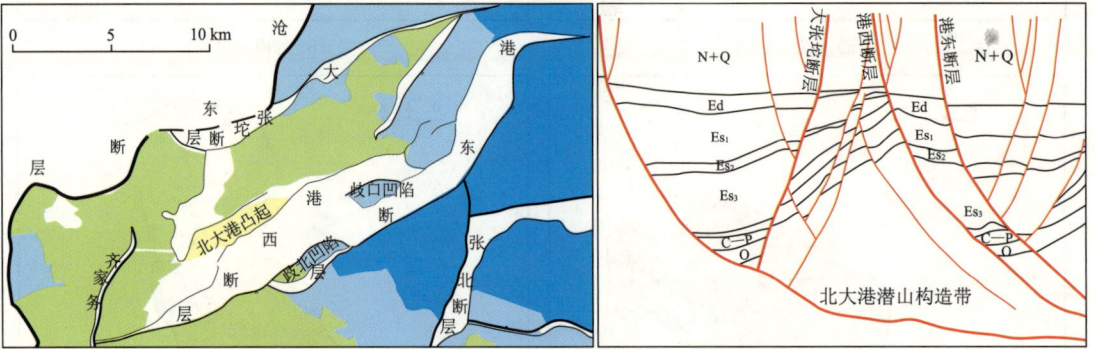

图 6-1　北大港潜山主干断裂平面及剖面发育特征

### 二、油气成因与来源

黄骅坳陷大港探区北部发育石炭—二叠系煤系烃源岩和沙三段暗色泥岩烃源岩,且不同构造位置的烃源岩热演化程度差异较大,造成北大港潜山油气成因多样且混源现象较明显。

根据烃源岩与中、古生界原油的正构烷烃分布曲线(图 6-2)、生物标志化合物(图 6-3)等多种方法的综合分析,认为该潜山多数中、古生界原油具有中等 Ts/Tm、$C_{29}$ Ts/$C_{29}$ 藿烷、$C_{35}$ 升藿烷指数、$C_{30}$ 藿烷/$C_{29}$ 藿烷、$C_{27}$/$C_{29}$ 规则甾烷、三环萜烷/$C_{30}$ 藿烷、$C_{19}$ 三环萜烷/$C_{23}$ 三环萜烷($C_{19}$TT/$C_{23}$TT)的特征;$C_{27-29}$ 规则甾烷呈近"V"型分布,含有一定量的 4-甲基甾烷,与沙三段烃源岩更为相似。潜山中部的港古 1503 井、中 1502 井和港古 1501 井原油正构烷烃组成为前峰型，三环萜烷含量明显偏高，而 $C_{30}$ 藿烷/$C_{29}$ 藿烷值偏低，表明该类原油中混入了更多的石炭—二叠系烃源岩。与原油来源相似，根据天然气碳同位素判识，北大港潜山古生界存在油型气和煤型气并以油型气为主，且南北两侧至潜山中部，中、古生界天然气碳同位素逐渐变重，表明潜山中部地区混入了更多的煤型气，其他地区则主要为油型气。

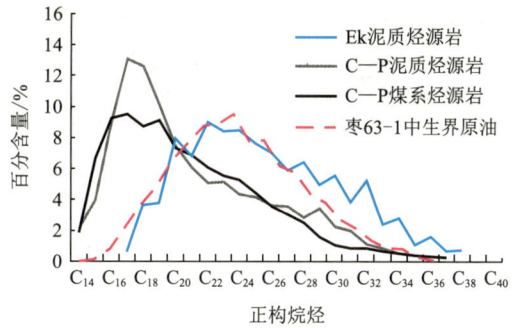

图 6-2　北大港潜山中、古生界原油与烃源岩正构烷烃分布图

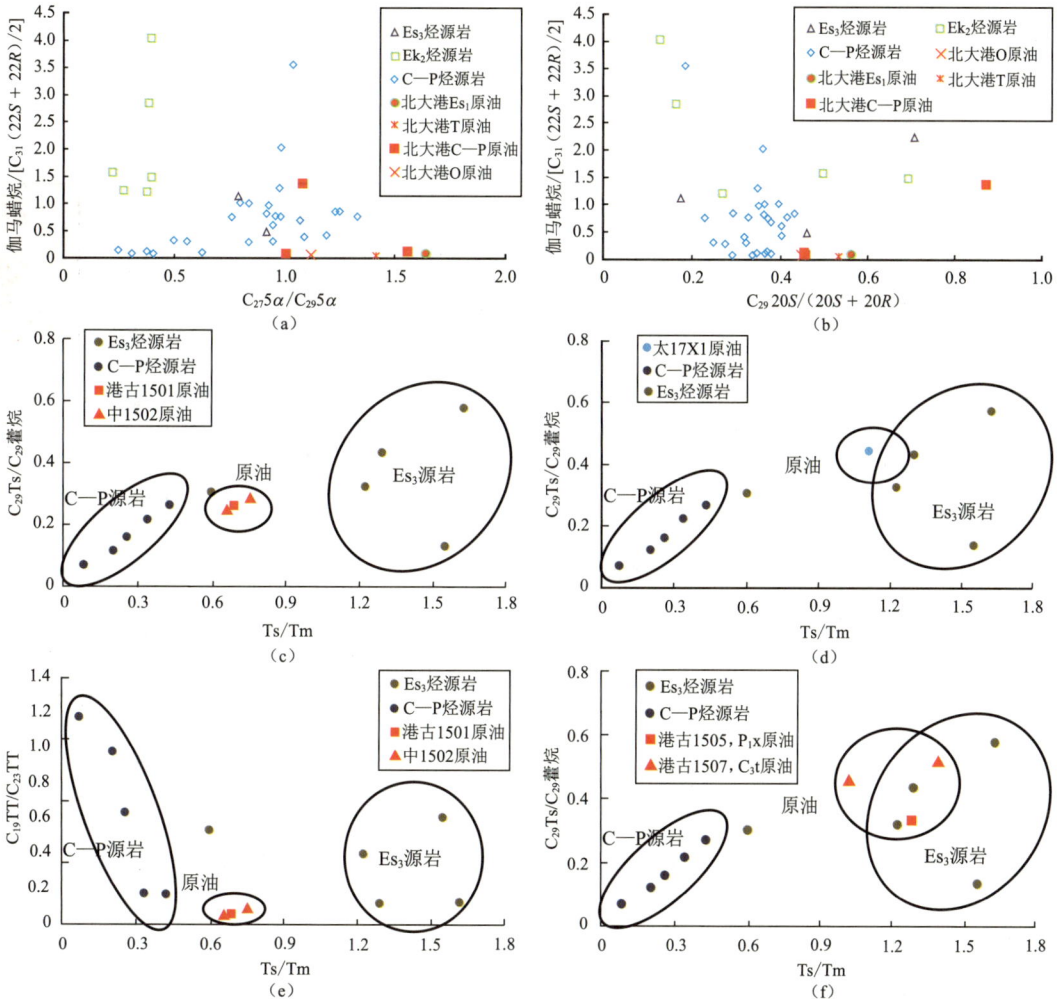

图 6-3　北大港潜山中、古生界原油与烃源岩对比散点图

## 三、油气运移通道

### 1. 断层发育特征

大张坨、港西和港东断层控制着北大港潜山的构造演化，其中港西和港东断层是北大港潜山的主要控制断层。港西断层整体呈北东走向，东侧与港东断层相交，延伸长度约为 30 km，

其发育具有明显继承性且平面具有分段性,西段断距大于东段。断层活动性定量评价结果表明,上述 3 条断层均于沙三段沉积期开始活动,其中港西断层活动性最强,大张坨断层次之,港东断层活动性相对较弱,且由沙三段沉积期至今,3 条断层的活动性均明显减弱(图 6-4)。

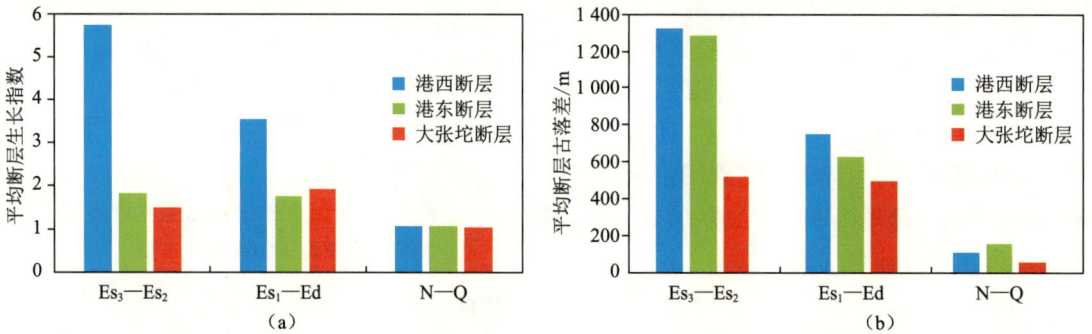

图 6-4　北大港潜山断层平均生长指数(a)与平均断层古落差(b)

从断层活动性与油气成藏期的配置关系来看,3 条断层在新近纪仍具有一定活动性,与第二期成藏匹配良好(图 6-5),可作为晚期油气运移的有效输导通道。因断层活动性的差异,港西断层在不同构造部位对油气的输导作用存在差异,其中断层北段作为古近系烃源岩和中、古生界储集层对接的桥梁,为油气充注提供了良好的供烃窗口;南段因断距较大,古近系烃源岩和中、古生界储集层通过断层间接连通,港西断层主要起到垂向输导作用。

### 2. 断层两盘地层对置关系

北大港潜山的港西断层沿走向延伸较远,沿断层走向各部位断距变化较大,造成断层两盘地层对置关系存在差异,使得沙三段烃源岩分别与不同层系储集层相对接,形成不同的供烃窗口(图 6-6 和图 6-7)。在太 17X1 井以北,沙三段烃源岩与中、古生界储层直接对接形成供烃窗口,使得原油通过窗口

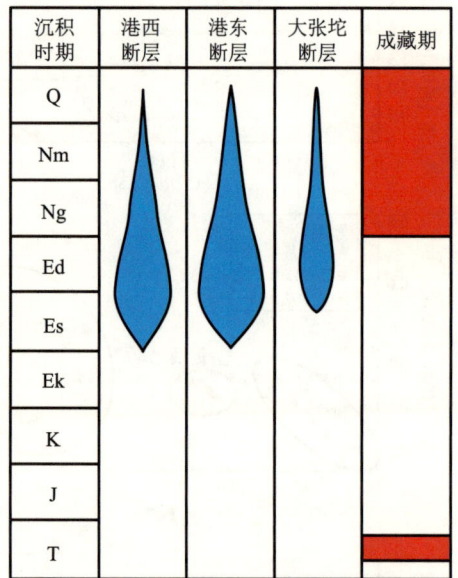

图 6-5　北大港潜山断层活动性与油气成藏期匹配关系

运移并聚集在中、古生界储集层中;在其以南地区,沙三段烃源岩无法与中、古生界储集层直接对接,油气只能沿港西断层垂向运移后侧向充注进入中、古生界储集层中,但在港古 1501 井和中 1502 井附近,中、古生界与港西断层呈"屋脊式"接触,油气很难沿断层运移后进入断层下盘储集层中。

### 3. 储层物性及油气充注差异

北大港潜山中、古生界储集层物性普遍较差,孔隙度普遍小于 10%,渗透率低于 $5 \times 10^{-3}\ \mu m^2$,属特低孔、特低渗储层。对比来看,中生界储集层物性相对较好,二叠系储集层次之,石炭系和奥陶系储集层物性较差(图 6-8)。该潜山中、古生界油气的充注及富集差异与储集层的物性有一定关系,特别是二叠系、石炭系和奥陶系,储集层孔隙度、渗透率越高,储集层的含油饱和度也越高(图 6-9)。

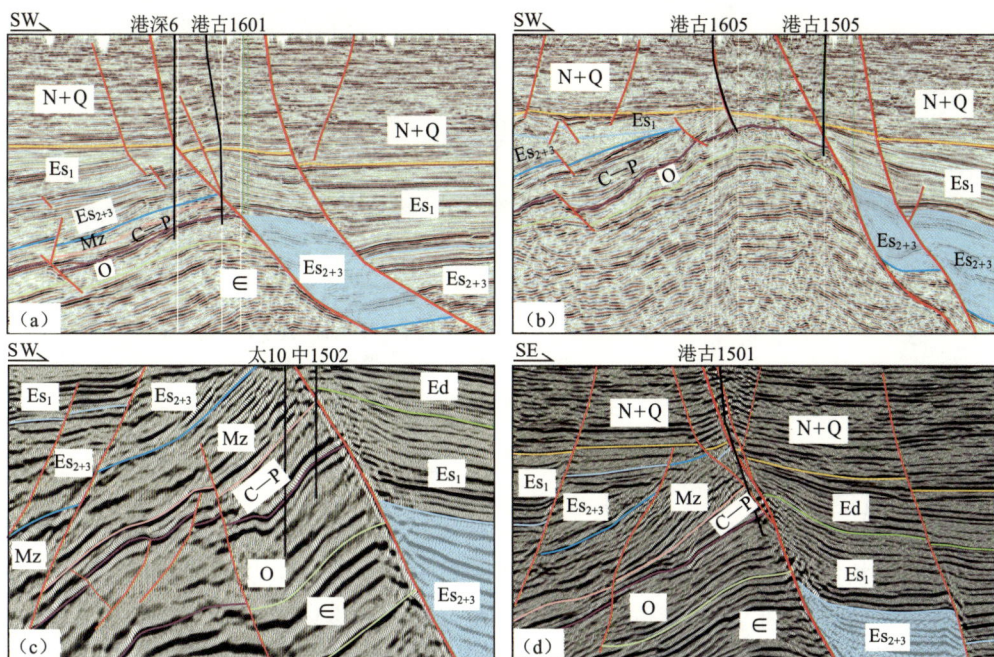

图 6-6 北大港潜山典型地震剖面

（a）过港古 1601 井；（b）过港古 1605 井；（c）过中 1502 井；（d）过港古 1501 井

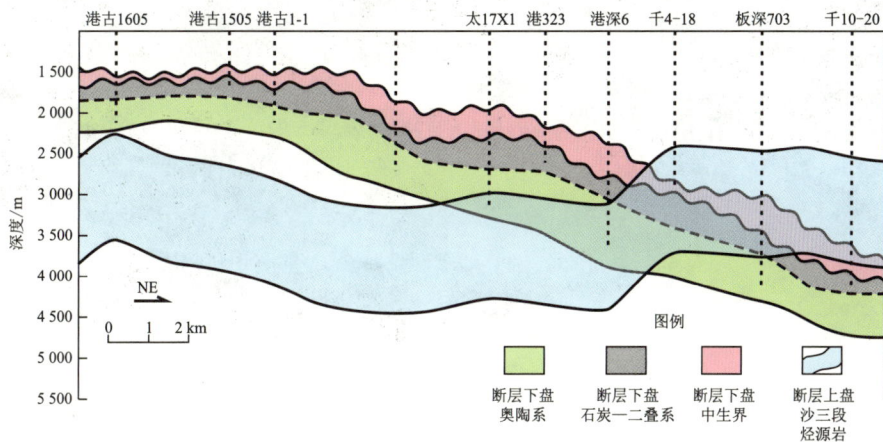

图 6-7 港西断层两盘地层对置关系示意图

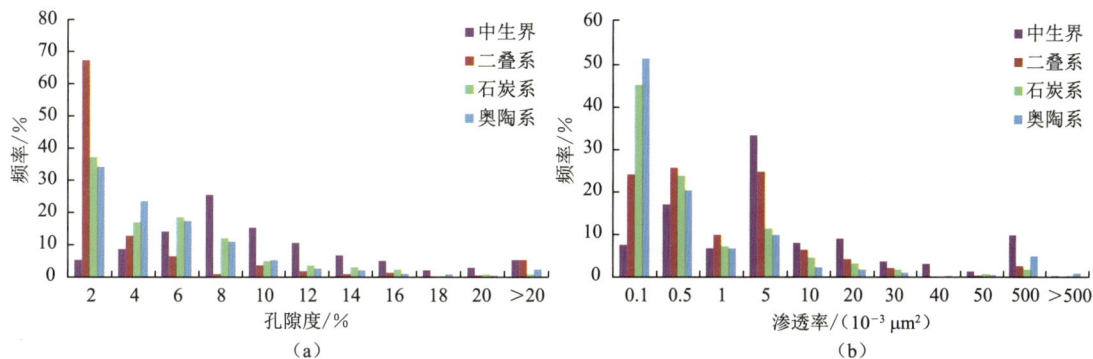

图 6-8 北大港潜山中、古生界储集层孔隙度、渗透率分布直方图

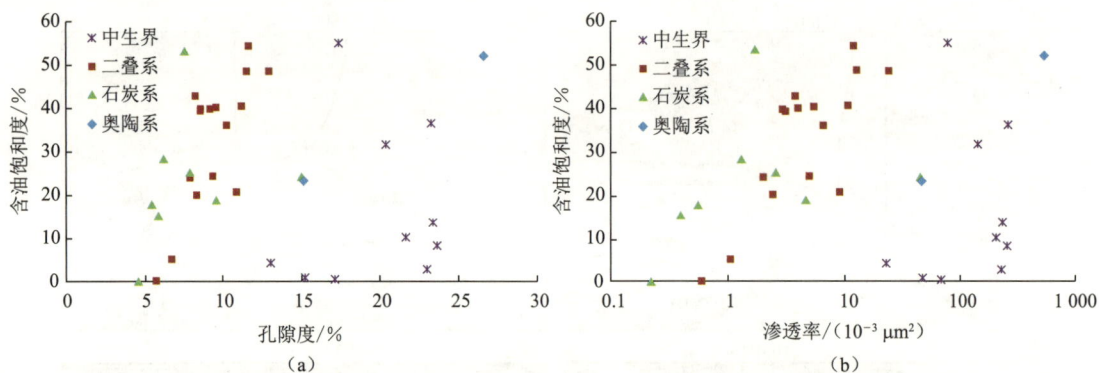

图 6-9　北大港潜山中、古生界储层孔隙度、渗透率与含油饱和度相关图

## 四、油气成藏期

北大港潜山发育多种类型的烃类包裹体,二叠系和石炭系流体包裹体主要分布在石英颗粒表面、石英颗粒加大边、石英颗粒内裂缝内,奥陶系流体包裹体主要分布在裂缝充填的方解石表面,以零星、孤立分布为主,成群分布较少。根据烃类包裹体在荧光下的颜色可以分为黄褐—黄色荧光烃类包裹体和黄绿—蓝绿色荧光烃类包裹体(图 6-10)。

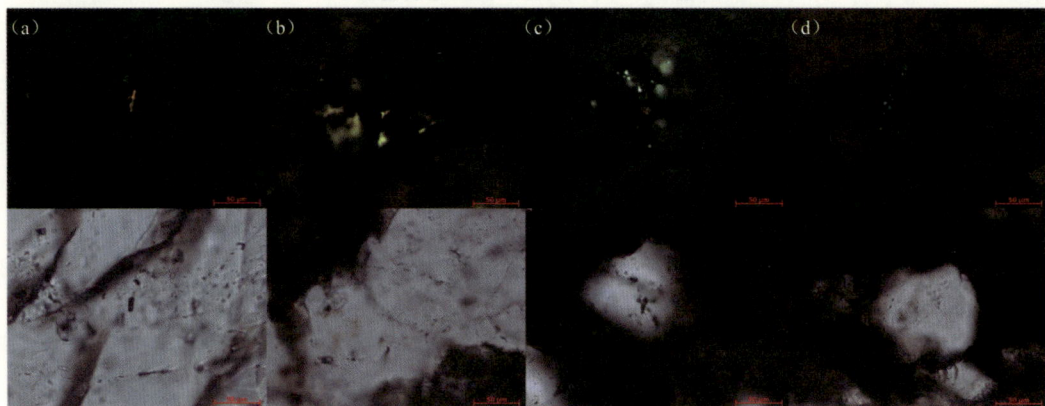

图 6-10　北大港潜山流体包裹体镜下特征

(a) 港古 16101 井,2 856.83 m,奥陶系;(b) 港古 1-1 井,1 779.7 m,二叠系;(c) 港古 10102 井,1 982.72 m,二叠系;
(d) 港古 10102 井,1 981.42 m,二叠系

将烃类包裹体根据其荧光特性进行分类,对不同荧光颜色的烃类包裹体伴生的盐水包裹体分别进行均一温度和冰点温度的测量,结果显示北大港潜山储层均一温度分布范围为 $60\sim$ $150\ ℃$,其中港古 1-1 井存在较多高温异常包裹体,其温度范围为 $105\sim150\ ℃$。不同井之间的温度范围较为接近,黄褐—黄色荧光烃类包裹体伴生盐水包裹体的均一温度分布范围为 $60\sim105\ ℃$,峰值温度为 $75\sim85\ ℃$ 和 $85\sim90\ ℃$;绿—蓝绿色荧光烃类包裹体伴生盐水包裹体的均一温度分布范围为 $80\sim115\ ℃$,峰值温度为 $95\sim105\ ℃$。

根据烃类包裹体期次判识和测温结果,结合烃源岩的热演化生烃史及储层沥青分析,认为研究区存在两期油气充注,进而运用流体包裹体均一温度-埋藏史投影法获得确切的油气充注时间。港古 2-1 井石炭系储层盐水包裹体均一温度存在 $60\sim100\ ℃$ 和 $90\sim115\ ℃$ 两个区间,判别油气充注期分别为中三叠世和新近纪—第四纪(6-11a)。港古 16101 井奥陶系储层盐水包裹体均一温度存在 60～85 ℃ 和 80～110 ℃ 两个区间,判别油气充注期同样分别为中三叠世和新近纪—第四纪(图 6-11b)。

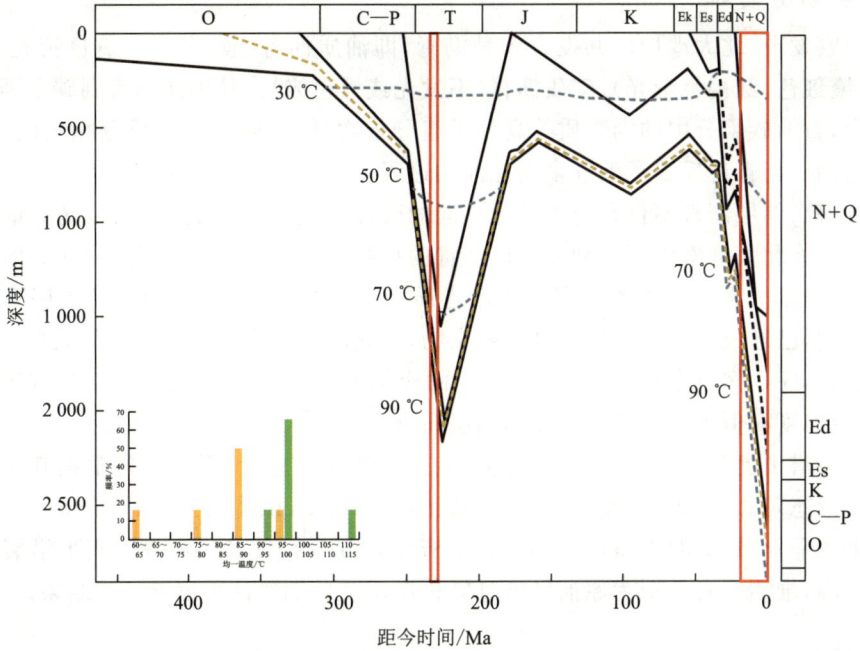

(a) 港古 2-1 井

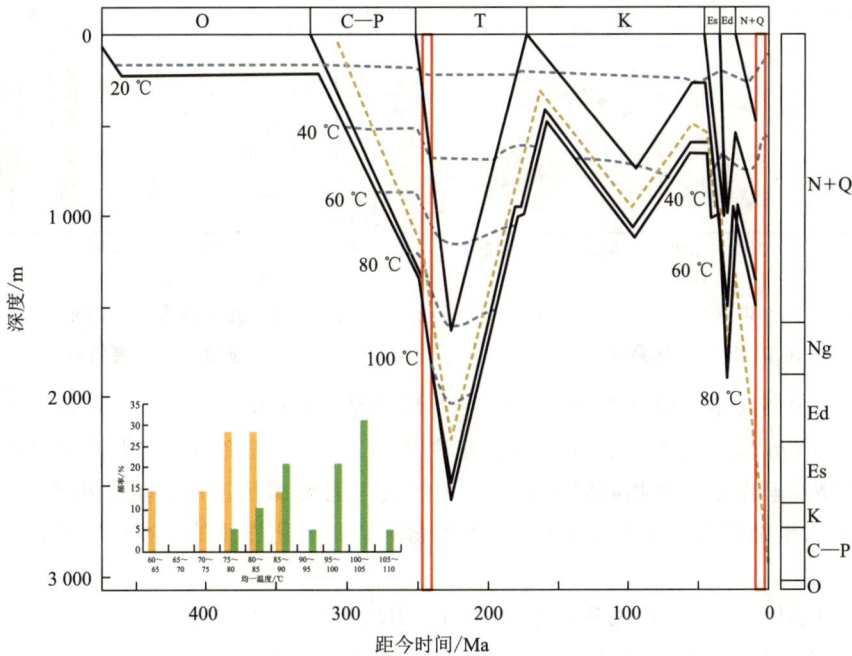

(b) 港古 16101 井

图 6-11　利用流体包裹体均一温度与热演化生烃史确定北大港潜山油气成藏期

## 五、油气相态演化

### 1. 储层沥青特征

镜下观察发现,北大港地区共发育 3 种沥青,即油质沥青(蓝、黄绿—黄色荧光)、胶质-沥青质沥青(橙红色、红褐色荧光)、碳质沥青(不发光或黑色光)。从油质沥青到碳质沥青轻质组分依次变少,石油族组分中的沥青质等高分子组分依次变多,除了沥青成分相关的信息,不同荧光特征的储层沥青还反映了油气多期充注的过程。

北大港潜山储层沥青不仅在镜下显示不同的荧光颜色及分布特征,其拉曼光谱特征也有明显的差异。将北大港潜山不同种类储层沥青的拉曼特征峰 G-D 差值与 Dh/Gh 值作相关图(图 6-12),可见部分碳质沥青成熟度高于沥青质沥青,说明早期储层沥青经历序列化成熟作用和变质作用,已形成了热稳定性更高的残余物,碳化较为严重。油质沥青的数据分布在最上面并明显偏右,G-D 多分布在 $270 \sim 290\ cm^{-1}$ 的成熟区范围内,在紫外荧光下呈现黄绿—蓝绿色荧光,是成熟度高但未发生热沥青化的储层沥青。

对北大港潜山奥陶系底部储层沥青进行显微红外光谱分析(图 6-13),根据其储层沥青显微红外光谱形态可以看出,富含 C=O 等基团($1\ 796.4\ cm^{-1}$ 和 $1\ 747.8\ cm^{-1}$),并且富含 $CH_3$ 和 $CH_2$ 等脂肪族基团($2\ 984.4\ cm^{-1}$ 和 $2\ 874.8\ cm^{-1}$),该储层沥青宏观上沿裂缝分布或充填于缝洞内,推测二者分别为原油经历过氧化作用及后期原油再度充注的结果。

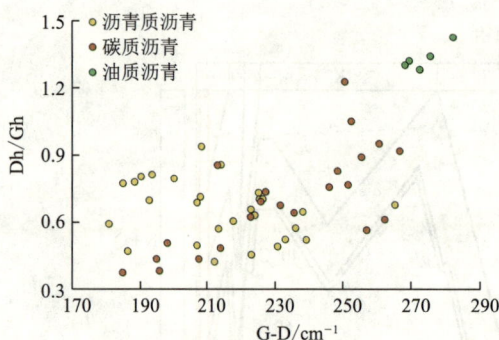

图 6-12 北大港潜山二叠系储层沥青 Dh/Gh 和 G-D 交会图

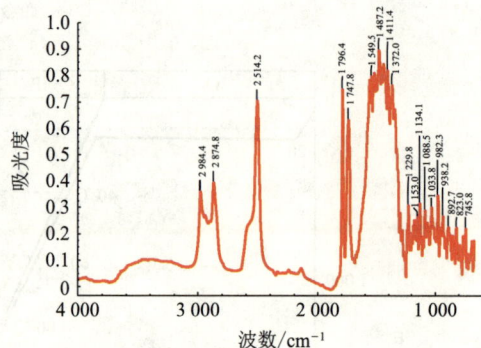

图 6-13 北大港潜山奥陶系储层沥青显微红外光谱特征

北大港潜山寒武系储层沥青的饱和烃色谱-质谱结果(图 6-14)表明,沥青曾经发生过生物降解作用,Ts/Tm 值低反映其为低熟原油充注,而 $C_{29}$ 25-降霍烷的存在则说明早期油气很可能发生过生物降解作用。生物降解和氧化作用的发生需要满足近地表温度小于 80 ℃ 等地质条件,结合北大港地区的构造演化历史,认为生物降解和氧化作用的存在证明了该地区存在早期油气充注。

从含油包裹体丰度 GOI、沥青包裹体丰度 GBI、面孔率及碳质沥青含量等特征(图 6-15 和图 6-16)来看,沥青包裹体含量与含油包裹体含量呈正相关关系,奥陶系和二叠系在碳质沥青含量、含油包裹体丰度及沥青包裹体丰度都较高,说明奥陶系和二叠系为早期油气充注的主要层位。平面上,港西断层附近,含油包裹体丰度 GOI、沥青包裹体丰度 GBI、面孔率及碳质沥青含量等参数值较大,反映断层对于油气充注及调整过程具有较重要的影响。

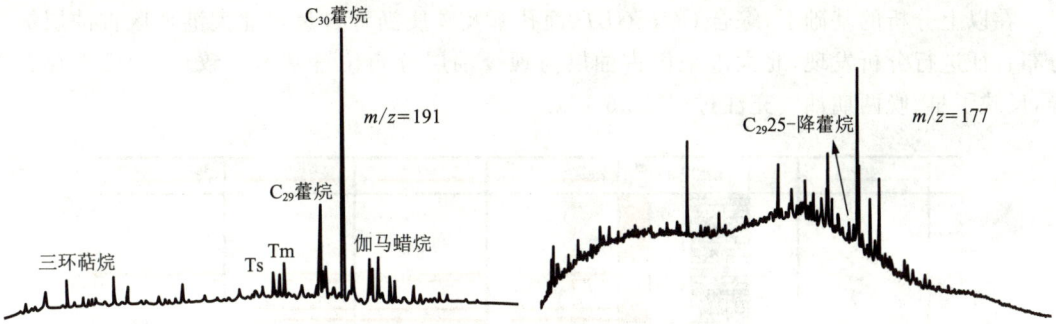

图 6-14　北大港潜山寒武系沥青饱和烃色谱-质谱图(港古 16101 井,2 895.07 m)

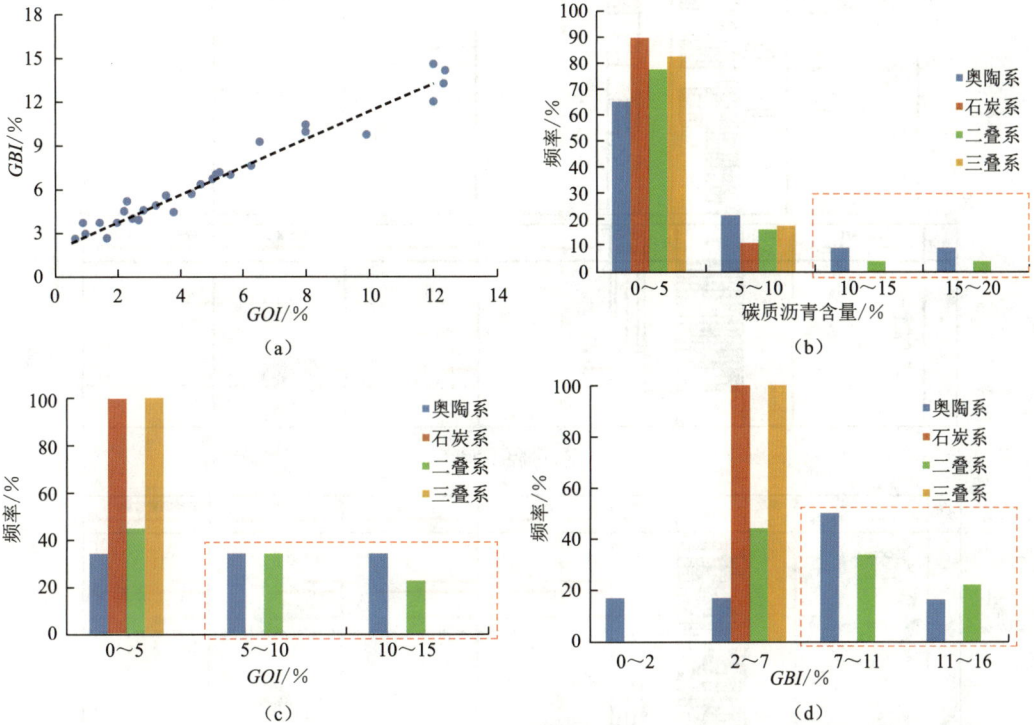

图 6-15　北大港潜山不同层系碳质沥青含量、GOI 及 GBI 分布图

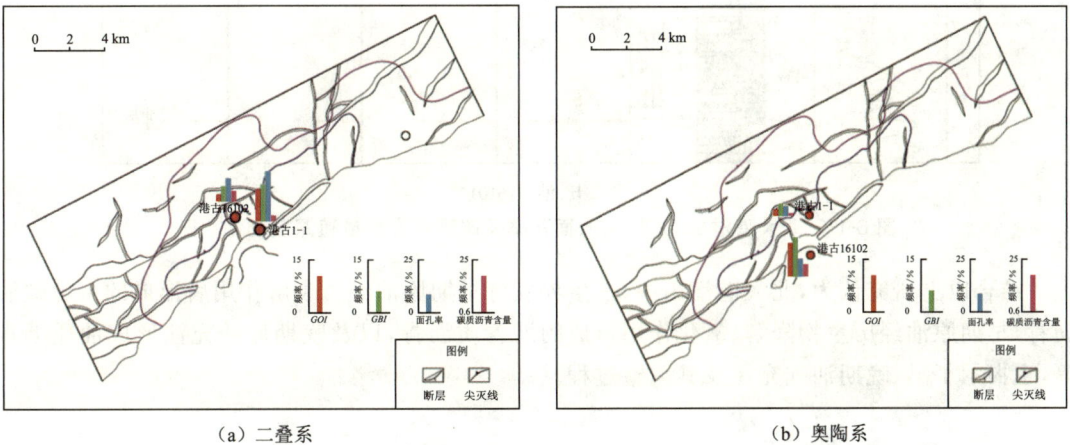

（a）二叠系　　　　　　　（b）奥陶系

图 6-16　北大港潜山上古生界 GOI、GBI、面孔率及碳质沥青含量分布图

在以上分析的基础上,综合 *GOI*、*GBI*、面孔率及碳质沥青含量对北大港地区古油层纵向分布特征进行分析发现,北大港地区古油层与现今油层分布位置基本一致,但深度上存在差异,反映了早、晚两期油气充注过程(图 6-17)。

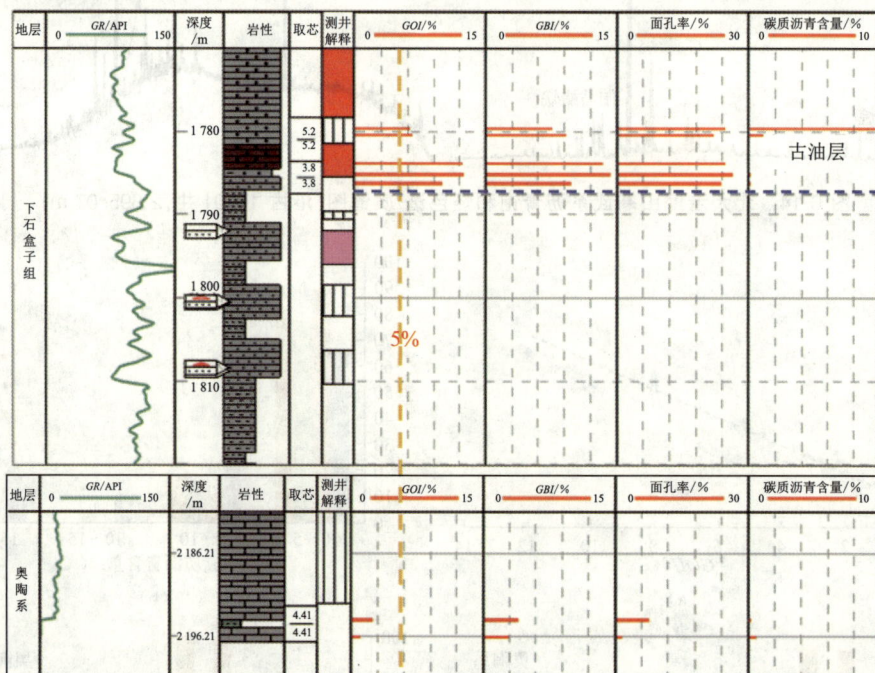

(a) 港古1-1井

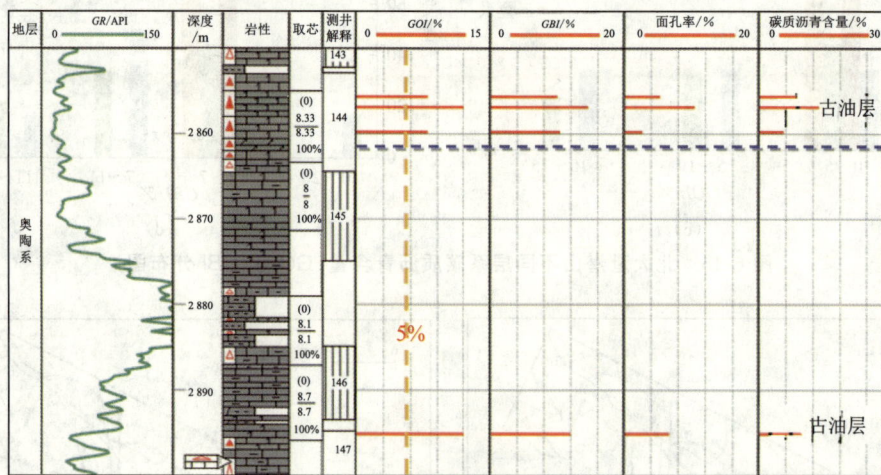

(b) 港古16101井

图 6-17　北大港潜山 *GOI*、*GBI*、面孔率及碳质沥青含量随深度变化特征

结合以上研究认为,北大港潜山中、古生界发育早期原油经历裂解作用后形成的少量碳质沥青,早期原油经历生物降解、氧化作用形成的沥青质沥青,以及晚期原油充注形成油质沥青等,也揭示了早、晚期油气充注及其调整过程。

## 2. 盖层对油气的封盖作用

北大港潜山二叠系泥岩盖层在晚三叠世抬升过程中泥页岩超固结比 $OCR>2.5$，盖层易于因构造抬升产生微裂缝。古近纪之前，二叠系盖层排替压力一直小于 5 MPa，只能封闭油。古近纪末期至今，埋深逐渐加大，现今泥岩盖层埋深与中三叠世末期近似，根据埋藏史推算二叠系泥岩盖层的排替压力小于 5 MPa，对天然气封闭作用不足。然而后期流体活动较强，二叠系泥岩盖层早期形成的微裂缝可能发生愈合，增强了盖层的封闭性，对天然气可能有一定的封闭作用(图 6-18)。

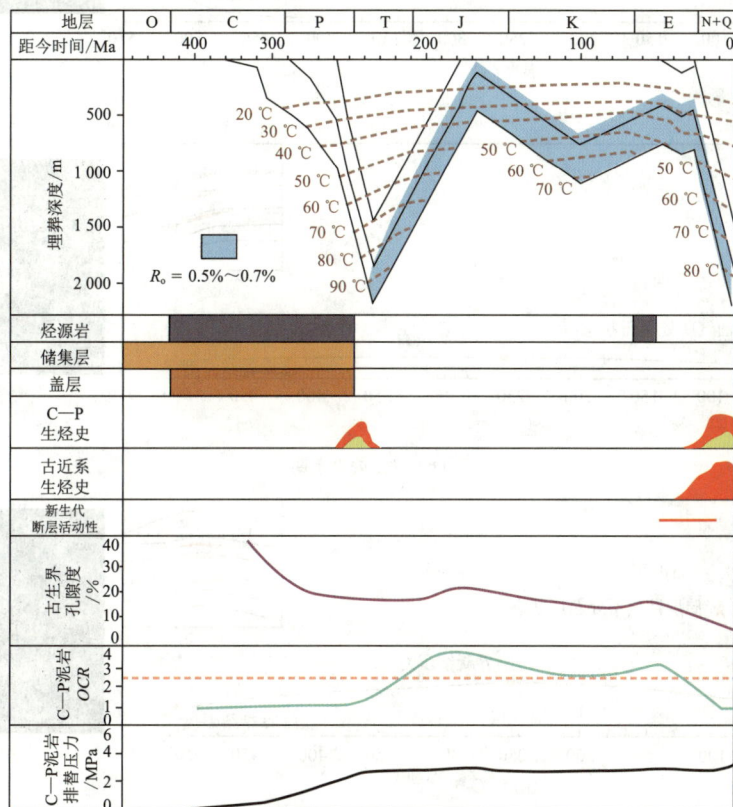

图 6-18 北大港潜山二叠系盖层封闭性演化史

## 3. PVT 相图演化特征

北大港潜山在中三叠世发生过油气充注，油气在石炭—二叠系有利圈闭中聚集成藏，但由于盖层埋藏浅，排替压力小，只有原油得到较好的保存。中三叠世末期，石炭—二叠系开始抬升，随之生烃过程终止。上古生界在早侏罗世中期抬升至 1 000 m 以浅，原油遭受生物降解作用和氧化作用，这种变化也会使该相态的临界温度和临界压力相应地发生改变，地层温度处于临界温度之内，形成未饱和油藏，同时油气沿断裂发生散失。因此，认为早期充注的油气对现今油气的贡献是有限的。如图 6-19a 和 b 所示。

新近纪以来，地层快速深埋，沙三段烃源岩与石炭—二叠系烃源岩进入大量生烃阶段，油气沿港西断裂充注到石炭—二叠系。石炭—二叠系来源的煤型气一部分沿断裂和输导砂体运移聚集到有利圈闭中形成气层，另一部分与古近系来源的油气混合。随着油气藏埋深的持续加大，地层温度增加，同时来自沙三段烃源岩的油气持续不断地充注，烃体系组分发生变化，临界温度与临界压力也发生相应的变化,使得现今的地层温度小于烃类体系的临界温度,地层压力大于该温度时的露点压力,造成现今古近系来源为主的油气藏以油相存在。如图6-19c所示。

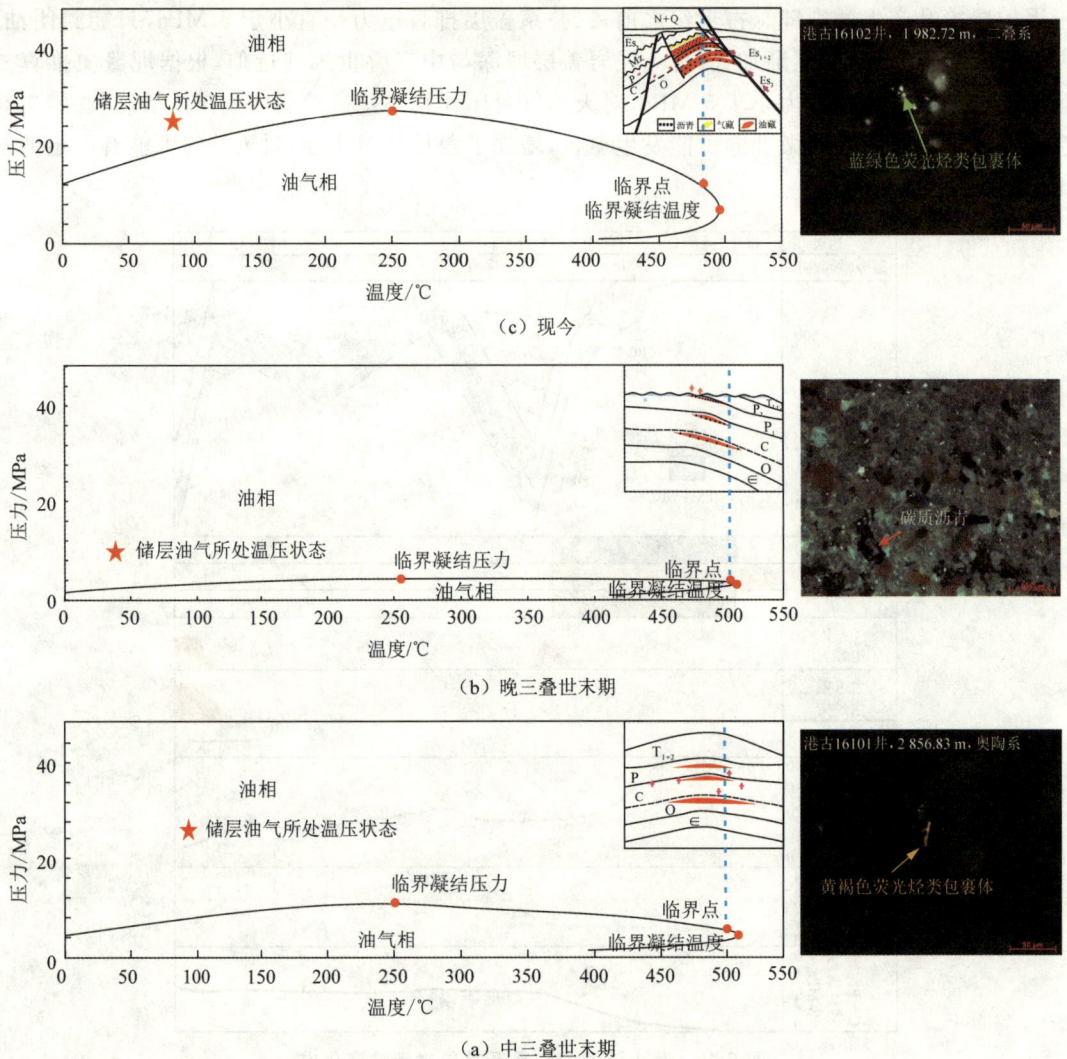

(c)现今

(b)晚三叠世末期

(a)中三叠世末期

图6-19 北大港潜山二叠系油气藏相态演化

## 六、油气成藏过程及成藏模式

综合油气成因与来源、输导体系、油气充注期及油藏次生变化等研究结果,总结了北大港潜山中、古生界油气成藏过程及成藏模式,表现为双源供烃、两期充注(晚期为主)、断层输导、多层聚集的特征(图6-20)。具体如下:

中三叠世末,石炭—二叠系烃源岩埋深超过 $2\,000\,m$,$R_o$ 值介于 $0.5\%\sim0.7\%$ 之间,处于低成熟阶段,以生油为主。该时期断裂不发育,石炭—二叠系煤系烃源岩生成油气沿源储接触位置向相邻的奥陶系和二叠系充注(图6-20a)。

中三叠世末至晚侏罗世,北大港地区发生弱挤压和弱逆冲作用,东部油气具有向中部运移的趋势,导致油气散失或在低幅正向构造中聚集。该时期因地层抬升埋深变浅,地层温度降低至 $60\,℃$ 以下,早期充注的原油经历生物降解和氧化作用(图6-20a)。

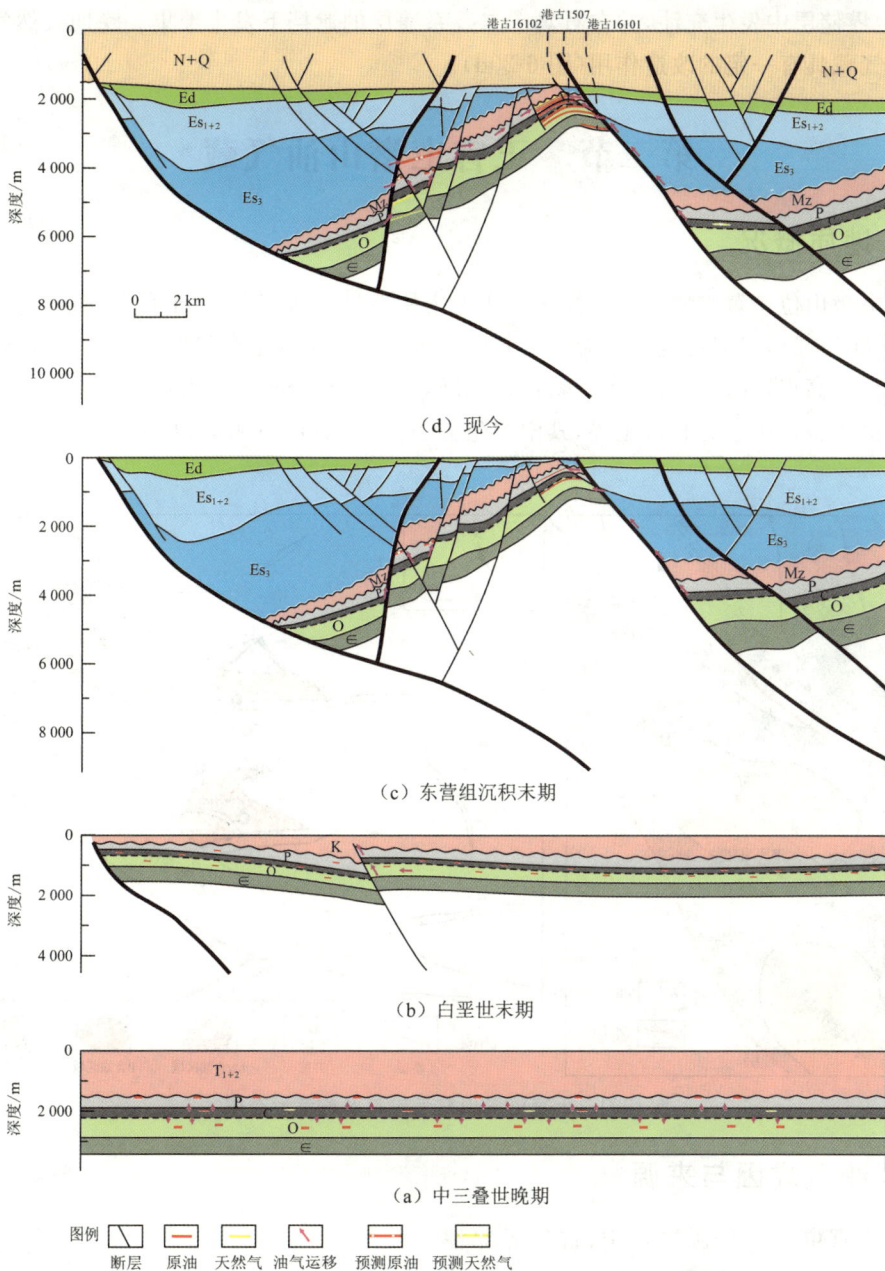

图 6-20　北大港潜山中、古生界油气成藏过程及模式图

　　早白垩世，北大港潜山地层再次发生沉降，但沉降幅度较小，上古生界埋深浅于 1 500 m，对油气成藏贡献不大；晚白垩世，受燕山运动影响，地层再次发生抬升（图 6-20b）。

　　古近纪至东营组沉积末期，北大港潜山中、古生界再次发生沉降，港西、港东等断裂强烈活动。该时期潜山东侧歧口凹陷沙三段烃源岩埋深超过 3 000 m，开始进入生油高峰，油气沿港西断层垂向运移，部分向中、古生界储层发生分流（图 6-20c）。

　　新近纪以来，地层快速深埋，歧口凹陷沙三段和石炭—二叠系烃源岩均进入大量生烃阶段，港西断层持续活动，在超压的驱动下，油气沿断裂发生垂向运移。此时古生界虽然较为致密，但由于早期原油充注使储层向油润湿转变，油气运移阻力较小，油气不断向物性相对较好的中、古生界储层中发生充注,并在石炭—二叠系盖层的遮挡下发生聚集。晚期天然气的充注对早期油气藏具有一定的改造作用(图 6-20d)。

# 第二节　王官屯潜山油气藏

## 一、地质概况

王官屯潜山位于黄骅坳陷大港探区孔店潜山构造带的西南端,处于孔东断层两侧,总面积约 70 km²(图 6-21)。王官屯潜山为沧东断层伸展过程中在其上盘发育的挤压背斜型潜山,有南北两个局部高点,孔东断层将古背斜构造截断,形成了现今王官屯潜山构造格局。王官屯潜山含油气层系包括中生界和古生界,其中中生界主要为油藏,古生界以油藏为主,同时存在天然气藏。

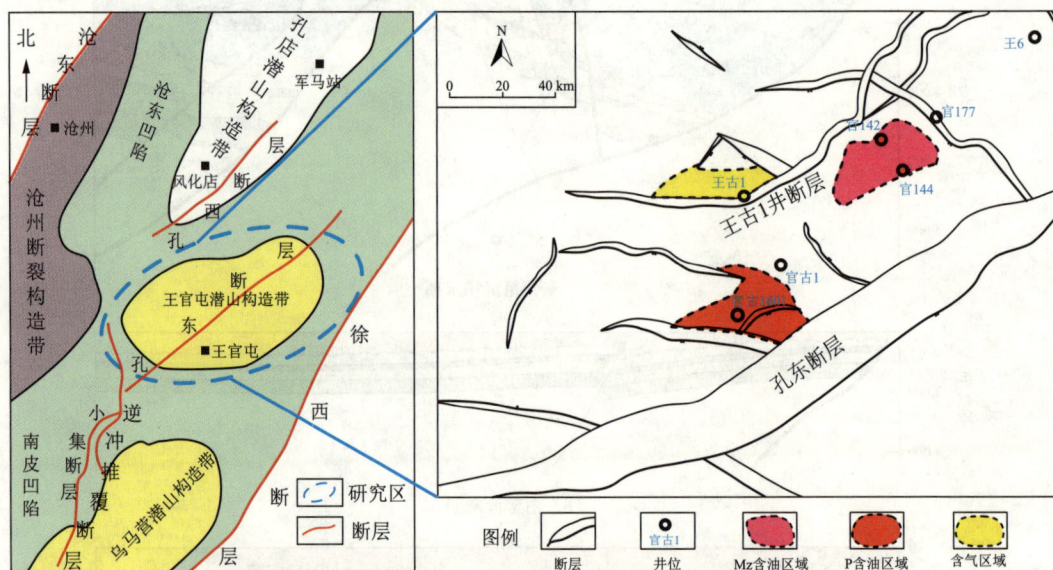

图 6-21　王官屯潜山构造位置及构造形态图

## 二、油气成因与来源

根据王官屯地区烃源岩与中、古生界原油的正构烷烃分布曲线、饱和烃色谱-色质谱对比图(图 6-22 和图 6-23)等的综合分析,认为该潜山原油具有高 Ts/Tm、$C_{30}$ 藿烷/$C_{29}$ 藿烷,中等 $C_{19}$/$C_{23}$ 三环萜烷、$C_{21}$/$C_{21}$ 三环萜烷,低 $C_{27}$/$C_{29}$ 规则甾烷、三环萜烷/$C_{30}$ 藿烷的参数特征;正构烷烃组成以对称型为主且碳数分布范围较广,三环萜烷含量很低而伽马蜡烷含量较高,$C_{27-29}$ 规则甾烷呈明显反"L"型分布,并含有一定量的 4-甲基甾烷,与孔二段烃源岩具有明显的亲缘

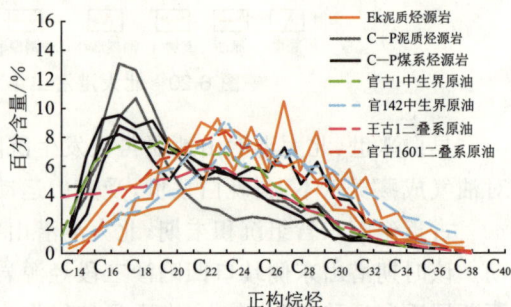

图 6-22　王官屯潜山中、古生界原油与烃源岩正构烷烃分布图

关系。部分样品的三环萜烷含量较高,反映该类原油中有部分石炭—二叠系烃源岩的贡献。因此,王官屯潜山中、古生界原油以孔二段来源为主,部分混有石炭—二叠系来源。根据王古1井的天然气碳同位素判识,认为王官屯潜山古生界天然气主要为石炭—二叠系生成的煤型气。

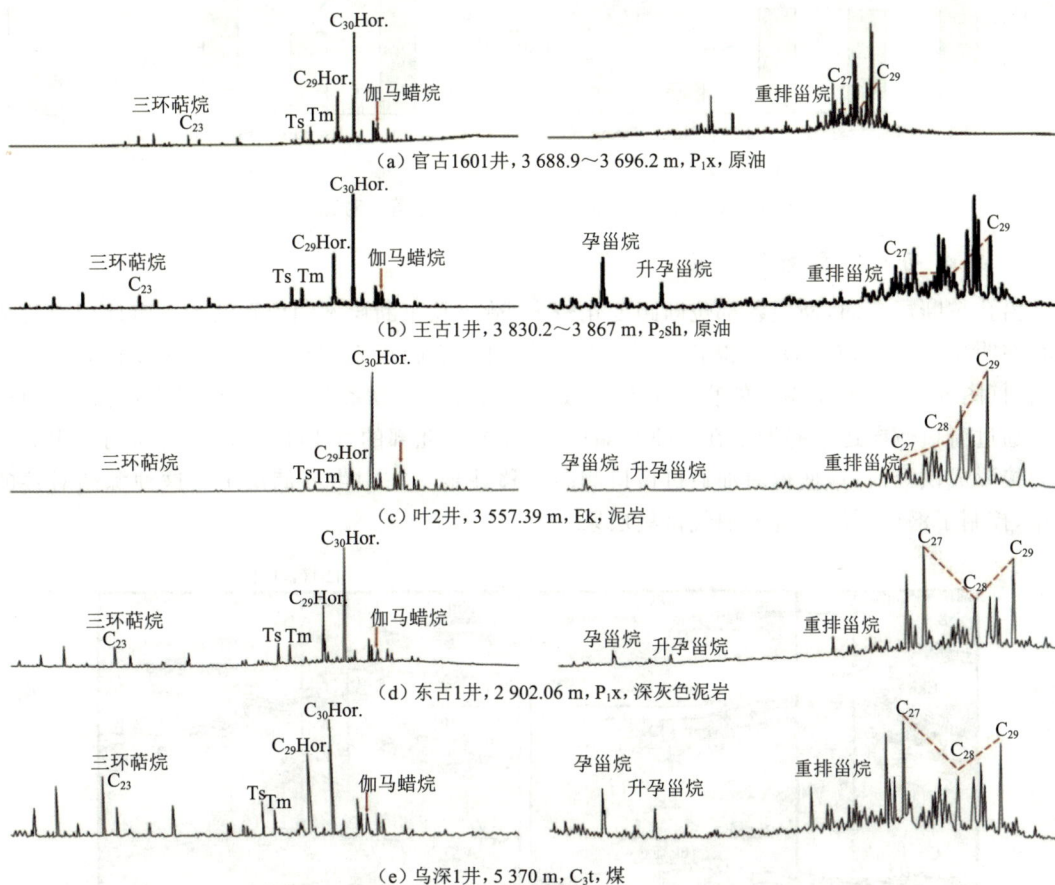

(a) 官古1601井,3 688.9～3 696.2 m,P₁x,原油

(b) 王古1井,3 830.2～3 867 m,P₂sh,原油

(c) 叶2井,3 557.39 m,Ek,泥岩

(d) 东古1井,2 902.06 m,P₁x,深灰色泥岩

(e) 乌深1井,5 370 m,C₃t,煤

图 6-23  王官屯潜山二叠系原油与烃源岩饱和烃色谱-质谱对比图

## 三、油气运移通道

### 1. 断层发育特征

王官屯潜山主要发育孔东断层以及王古 1 井断层两条走向近 NNE 向的较大规模断层,其中孔东断层是孔一段沉积期发育的张扭性二级断层,上断至馆陶组,下切入古生界;王古 1 井断层是早期古背斜轴部张裂发育的断层。

对孔东断层和王古 1 井断层的活动性定量评价结果表明,孔东断层在孔店组沉积期活动性较强,之后逐渐减弱,明化镇组沉积期及第四纪断层活动性略增强(图 6-24)。王古 1 井断层形成于侏罗纪,在古近纪初期停止活动。从断层活动时间与油气成藏期的匹配关系来看,王古 1 井断层主要活动时期与早白垩世油气大量成藏时期匹配关系较好,断层在古近纪初期停止活动,为早期形成的油气藏提供较好的圈闭条件;孔东断层主要活动时期与新近纪—第四纪的油气大量成藏时期匹配,在孔东断层上升盘一侧的官古 1601 井及官 144 井附近分别发现二叠系、中生界的孔二段来源原油聚集。

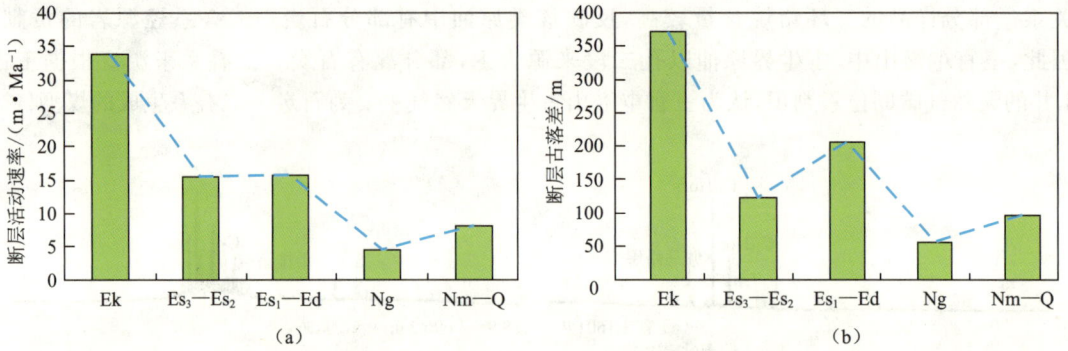

图 6-24　孔东断层不同时期活动速率、古落差对比分析图

## 2. 断层两盘地层对置关系

　　沿孔东断层走向,断层各部位断距变化较大,造成孔东断层不同位置的上下盘地层对置情况存在明显差异(图 6-25),使得孔二段烃源岩分别与不同层系储层相对接,并形成不同的供烃窗口(图 6-26)。断层南部的官古 1601 井处,烃源岩与二叠系储层对接形成供烃窗口,使得原油通过窗口侧向运移并聚集在二叠系储层中;而断层北部的官 144 井处,烃源岩与中生界储层对接形成供烃窗口,使得原油通过窗口侧向运移并聚集在中生界储层中。这种源储对接的关系,控制了潜山不同位置的油气富集层系。

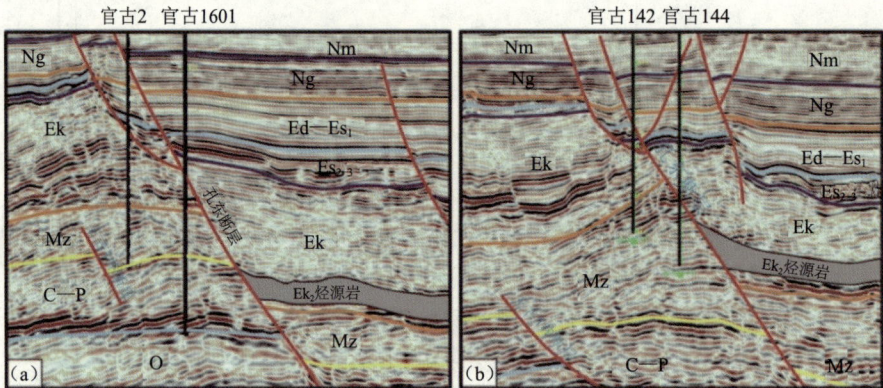

图 6-25　王官屯潜山典型地震剖面

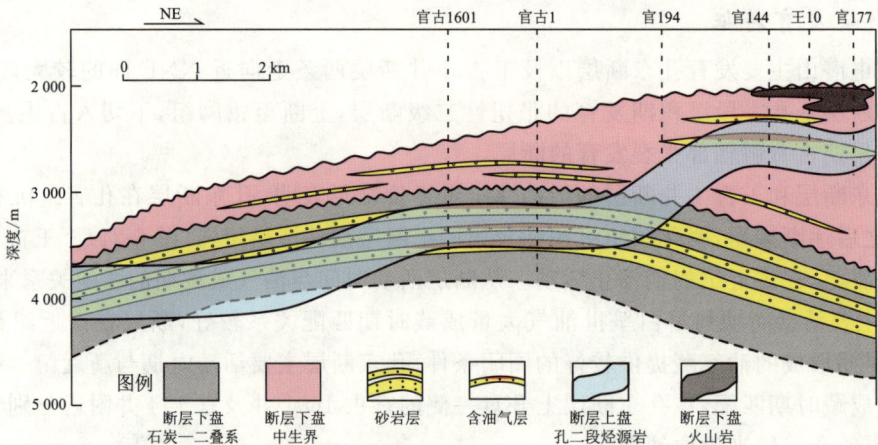

图 6-26　孔东断层两盘地层对接关系示意图

## 四、油气成藏期

王官屯潜山烃类包裹体主要分布在石英颗粒表面、石英颗粒内裂缝及穿石英裂缝内。根据烃类包裹体在荧光下的颜色,可以分为黄—黄绿色荧光烃类包裹体和黄绿—蓝白色荧光烃类包裹体(图 6-27)。黄色荧光烃类包裹体主要分布在石英颗粒表面及石英内裂缝中,蓝绿色荧光烃类包裹体主要分布在穿石英裂缝内。

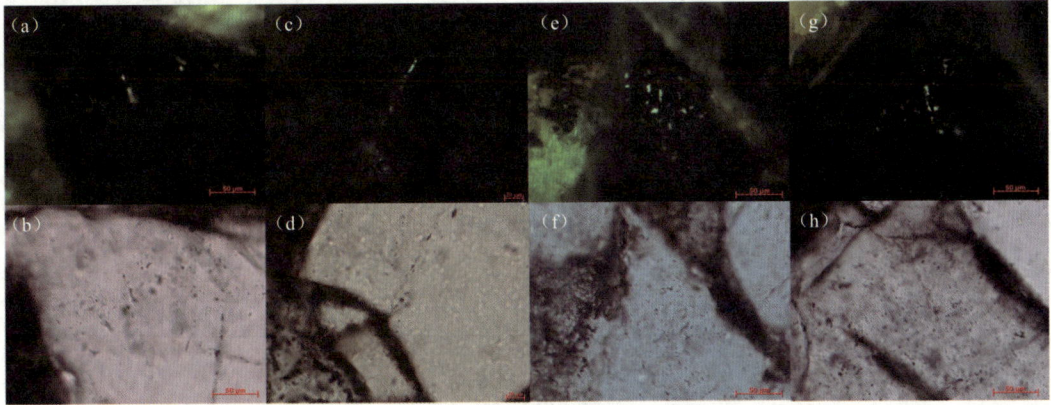

图 6-27　王官屯潜山流体包裹体镜下特征

(a)和(b)王古 1 井,3 824.2 m,二叠系;(c)和(d)王古 1 井,3 822.4 m,二叠系;(e)和(f)官古 1601 井,3 689.06 m,二叠系;(g)和(h)官古 1601 井,3 690.06 m,二叠系

将烃类包裹体根据其荧光特性进行分类,对不同荧光颜色的烃类包裹体伴生的盐水包裹体分别进行均一温度的测量,结果显示王官屯潜山的盐水包裹体均一温度分布范围为 $100\sim150\ ℃$,其中黄色荧光烃类包裹体伴生盐水包裹体的均一温度分布范围为 $100\sim120\ ℃$,峰值温度为 $105\sim110\ ℃$,绿—蓝绿色荧光烃类包裹体伴生盐水包裹体的均一温度分布范围为 $130\sim150\ ℃$,峰值温度为 $135\sim140\ ℃$。运用流体包裹体均一温度-埋藏史投影法,获得确切的油气充注时间。官古 1601 井二叠系储层伴生盐水包裹体均一温度存在 $105\sim130\ ℃$ 一个区间,显示出一期成藏的特征,成藏时间为新近纪—第四纪(图 6-28a)。王古 1 井二叠系储层伴生盐水包裹体均一温度存在 $100\sim120\ ℃$ 和 $130\sim150\ ℃$ 两个区间,其对应的成藏时间分别为早白垩世晚期和新近纪—第四纪(图 6-28b)。综合分析认为,王官屯潜山中、古生界存在两期油气成藏,即早白垩世晚期和新近纪—第四纪。

## 五、油气藏相态演化

### 1. 储层沥青特征

镜下观察表明,王官屯潜山发育油质、胶质-沥青质、碳质沥青,并可观察到沥青包裹体(图 6-29),其在透射光及荧光下都呈黑色,不发荧光。通过统计官古 1601 井二叠系的含油包裹体丰度 GOI、沥青包裹体丰度 GBI、碳质沥青含量及面孔率等信息,发现其现今油层范围大于古油层(图 6-30),经历了后期油气充注过程。根据王古 1 井和官古 1601 井对比分析,第一期油气充注时均以油相为主,但二者在新近纪—第四纪的中、古生界油气充注相态存在较大差异,前者以石炭—二叠系来源的气相为主,后者以孔二段来源的油相为主,因此该潜山存在油相-油相和油相-气相等不同的相态演化。

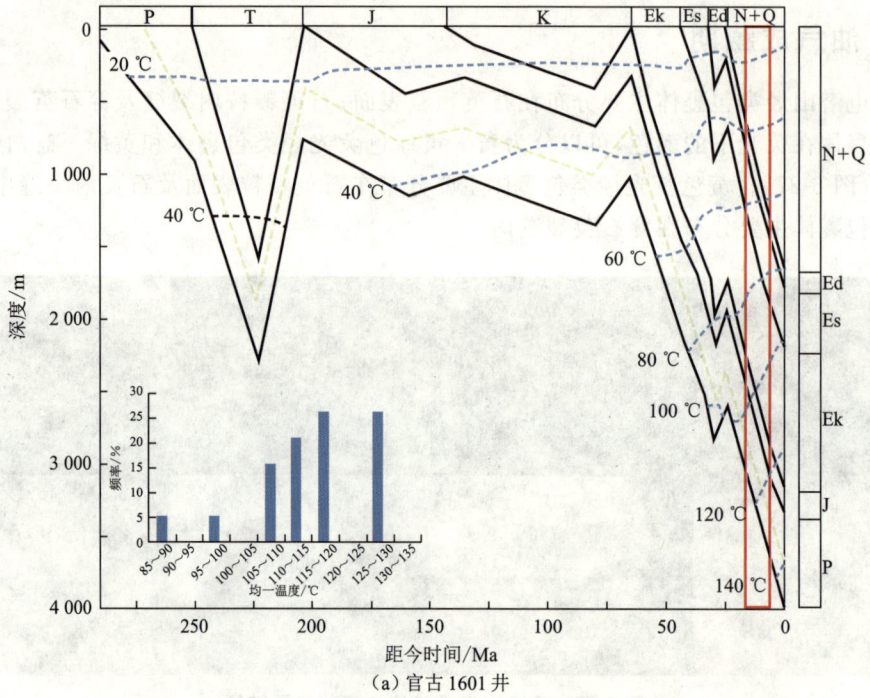

(a) 官古 1601 井

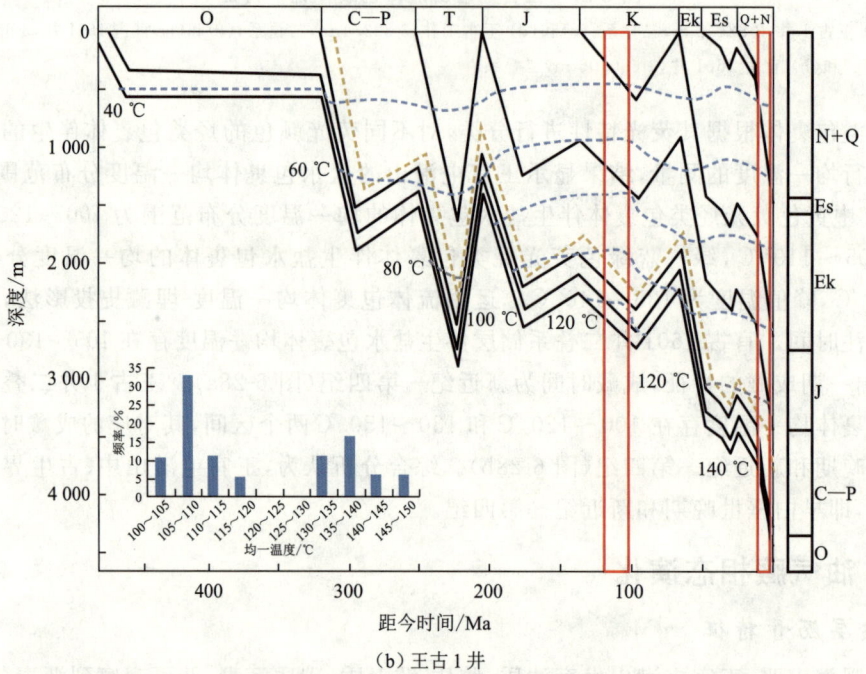

(b) 王古 1 井

图 6-28 利用流体包裹体均一温度确定王官屯潜山油气成藏期

### 2. 盖层对油气的封盖作用

王官屯潜山二叠系泥岩盖层在地质历史时期 $OCR<2.5$,盖层在构造抬升下不易产生微裂缝。在古近纪之前,王官屯潜山二叠系泥岩盖层排替压力一直小于 5 MPa,对油封闭能力较强。进入古近纪,随着潜山埋深的逐渐加大,泥岩盖层排替压力逐渐增加,古近纪末期至今,其排替压力始终大于 5 MPa,现今排替压力近 7 MPa,对天然气有较好的封闭作用。如图 6-31 所示。

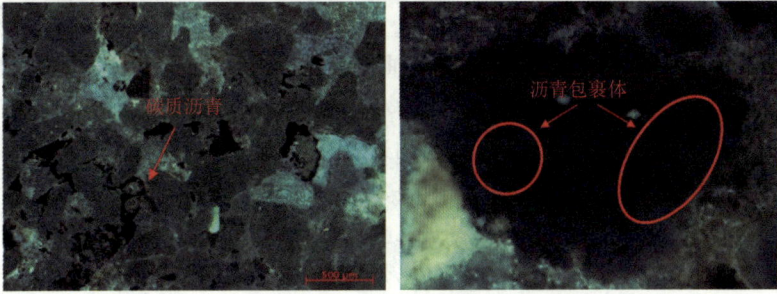

图 6-29　王官屯潜山碳质沥青及沥青包裹体镜下特征

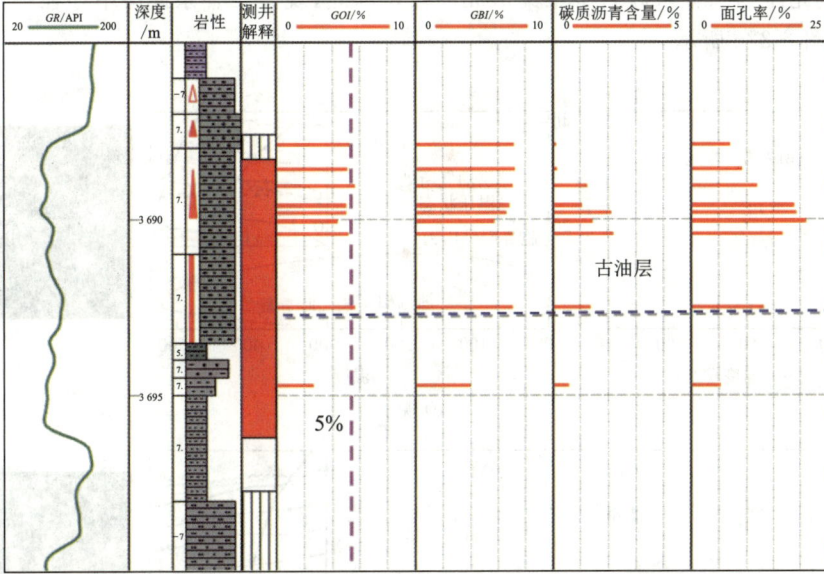

图 6-30　王官屯潜山官古 1601 井 GOI、GBI、面孔率及碳质沥青含量随深度变化特征

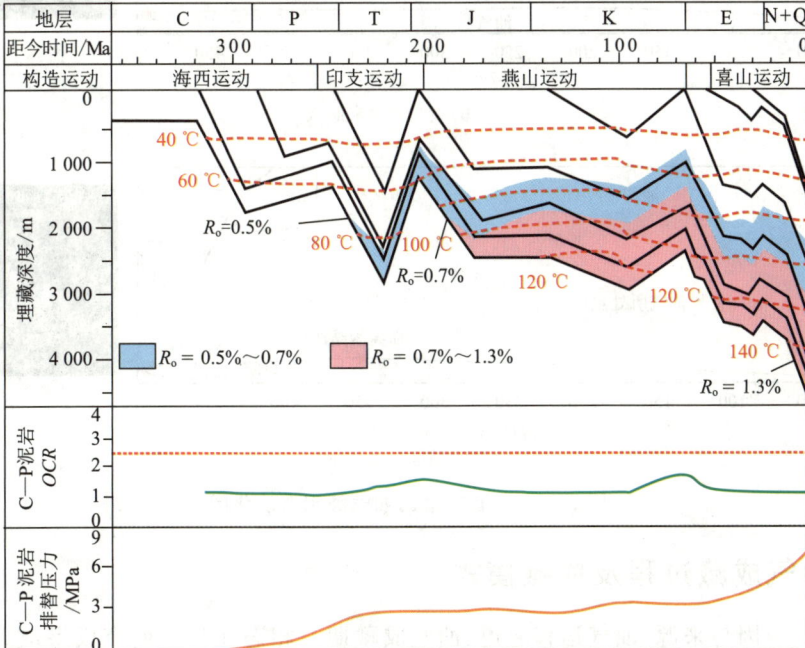

图 6-31　王官屯潜山二叠系盖层封闭性演化史

### 3. PVT 相图演化特征

研究表明,王官屯潜山在早白垩世发生过油气充注,煤系烃源岩生成的油气在二叠系砂岩储层中聚集成藏;但由于盖层埋藏浅,排替压力小,对天然气的封闭能力有限。在晚白垩世,石炭—二叠系开始抬升,随之生烃过程终止,原油遭受生物降解与水洗作用,同时油气沿断裂发生一定的散失,导致储层中发育较多沥青(图 6-32a 和 b)。

新近纪以来,潜山地层持续沉降,石炭—二叠系烃源岩 $R_o$ 超过 $1.0\%$,生成的天然气含量明显增多,沿王古 1 断层充注到二叠系储层中,形成气藏;同时孔二段烃源岩也已进入生油高峰,但尚未进入大量生气阶段,孔东断层的持续活动使得二叠系储层与孔二段烃源岩侧向对接,油气直接充注到二叠系砂岩中聚集形成油藏。因此,现今二叠系储层中存在气相与油相两种相态。如图 6-32c 所示。

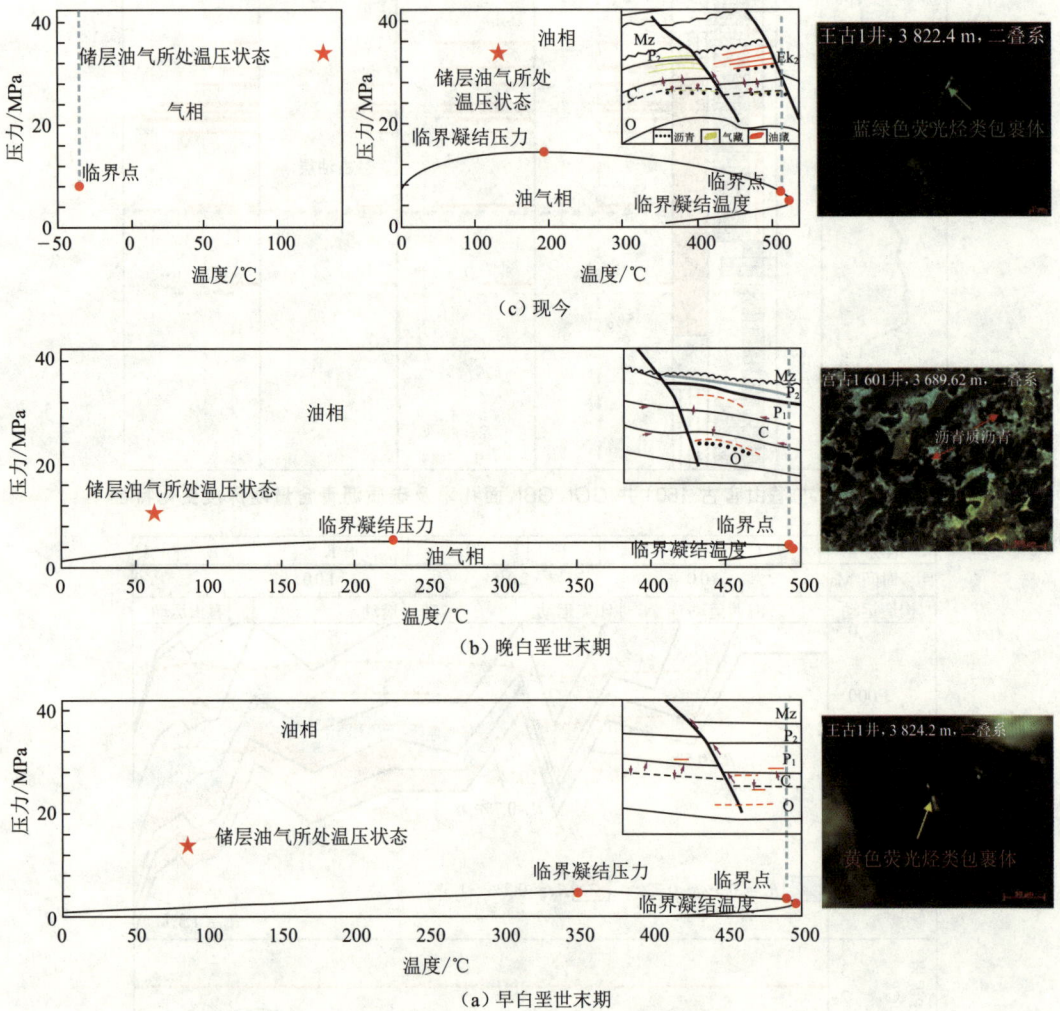

图 6-32 王官屯潜山油气藏相态演化图

## 六、油气成藏过程及成藏模式

综合油气成因与来源、油气运移通道、油气成藏期及相态变化等研究成果,总结了王官屯潜山中、古生界油气成藏过程及成藏模式，表现为双源供烃、两期充注（晚期为主）、断层输导、多层聚集的特征（图 6-33）。具体如下：

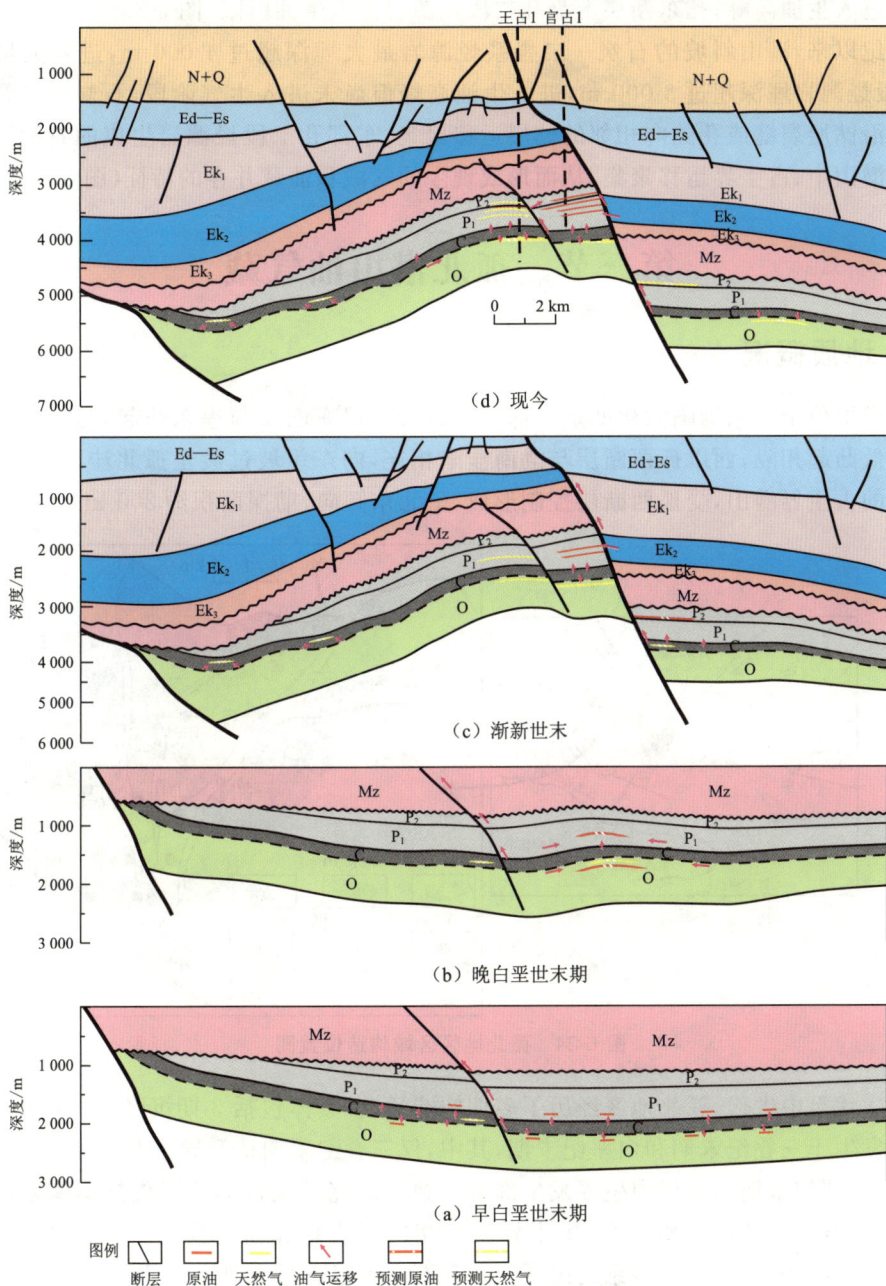

图 6-33　大港探区王官屯潜山中、古生界油气成藏模式图

中三叠世末期，石炭—二叠系煤系烃源岩埋深较浅，尚未开始大量生排烃。早侏罗世至早白垩世末期，地层持续沉降，至早白垩世末期，王官屯潜山石炭—二叠系烃源岩埋深超过 2 500 m，开始进入生油高峰。此时中、古生界储层尚未致密，原油可以发生近距离运移，王古 1 井断层活动性较强，较多油气沿该断层运移散失（图 6-33a）。晚白垩世，受挤压和逆冲变形影响，地层抬升剥蚀，石炭—二叠系烃源岩生烃作用停滞，且早期聚集油气部分散失，仅少量在

低幅构造处调整聚集(图 6-33b)。

古近纪以来,地层进一步沉降,潜山主体的石炭—二叠系埋深超过早白垩世末期,开始二次生烃并进入生油高峰;孔东断层上盘孔二段烃源岩进入生油门限(图 6-33c)。

新近纪以来,潜山斜坡的石炭—二叠系烃源岩最大埋深超过 4 000 m,进入大量生气阶段;孔二段烃源岩埋深超过 3 000 m,进入生油高峰但尚未进入生气阶段,石炭—二叠系生成的天然气沿储层裂缝或孔隙向相邻的储层运移聚集;东部孔二段烃源岩生成的石油沿源储对接窗口向潜山中、古生界运移聚集,从而形成现今的气藏和油藏并存的特征(图 6-33d)。

# 第三节　孤北潜山油气藏

## 一、地质概况

孤北潜山位于济阳坳陷沾化凹陷中部,北以埕南、埕东断层与埕东凸起相连,南以孤北断层与孤岛低凸起相隔,西以孤西断层与渤南洼陷相连,向东缓坡过渡至孤北洼陷,是埋藏于新生界之下的古生界潜山,受孤西断层控制形成,呈北东倾向,勘探面积约 200 km²(图 6-34)。

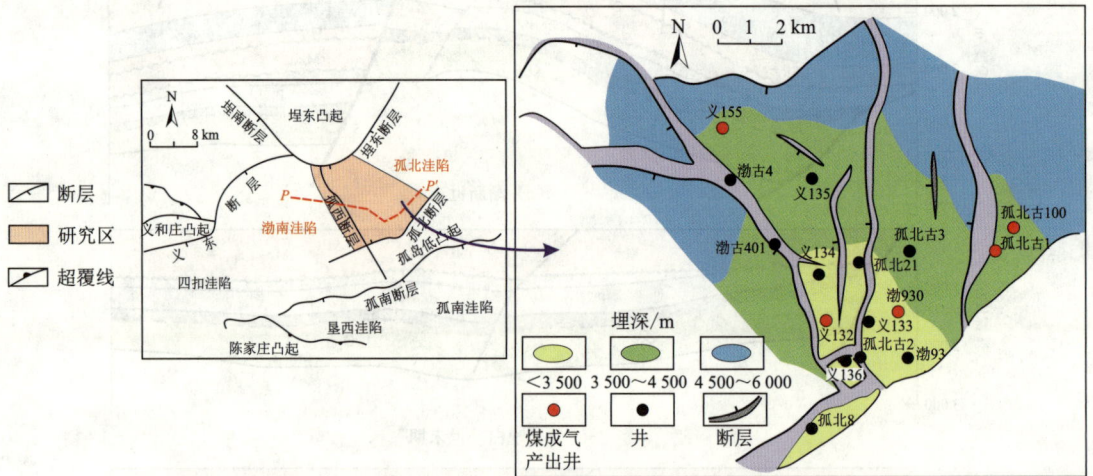

图 6-34　孤北地区区域构造位置图

从古生代至中生代,孤北地区经历了多期构造活动,具体包括 3 期沉降和 2 期抬升。2 期抬升分别发生于三叠纪末期和白垩纪末期,其中,仅三叠纪末期抬升导致石炭—二叠系遭受严重剥蚀,而白垩纪末期抬升仅中生界发生部分剥蚀。研究区发育的地层包括奥陶系碳酸盐岩系、石炭—二叠系海陆过渡相岩系、中生界河流相碎屑岩系和新生界湖泊-河流相碎屑岩系。石炭系的本溪组和太原组、二叠系的山西组及下石盒子组下部为研究区的主要煤系源岩层,二叠系中上部为储集层段,包括下石盒子组($P_1x$)、上石盒子组($P_2s$)和石千峰组($P_2sh$),其中上石盒子组由下向上被细分为万山段($P_2w$)、奎山段($P_2k$)和孝妇河段($P_2x$)。

受三叠纪末期抬升剥蚀作用影响,区内石炭—二叠系残余地层及厚度差异明显,残余厚度为 0～1 300 m,由孤北潜山带的中心区域向东北、西南方向厚度逐渐减小、顶面残余地层逐渐变老。石千峰组仅沿义 155—孤北古 3 一线在潜山带中心区域分布。

## 二、油气成因与来源

孤北潜山天然气组分、同位素及轻烃特征分析表明,潜山带内的渤 93、渤 930、义 155、孤北古 1 等井天然气干燥系数较大,为 92.18‰～95.28‰,存在较多的干气;而向渤南洼陷一侧断阶带内的渤古 4、渤 601、渤深 5、渤深 6 井天然气干燥系数则相对较低,为 80.59‰～88.95‰,主要为湿气。就碳同位素而言,前者碳同位素偏重,甲烷碳同位素分布范围为 $-37.11‰～-32.2‰$,乙烷碳同位素分布范围为 $-23.1‰～-16.78‰$;后者碳同位素偏轻,甲烷碳同位素分布范围为 $-43.76‰～-37.1‰$,乙烷碳同位素分布范围为 $-28.73‰～-23.4‰$。

根据 $C_7$ 轻烃组成的三角图可以看出,潜山带内义 155、孤北古 1 等井天然气为煤型气,断阶带内渤古 4、渤 601、渤古 403 等井天然气属于油型气,位于潜山带与断阶带过渡区域的渤 93、孤北古 2 井内天然气属于混合气(图 6-35)。综合碳同位素数据和轻烃数据,依据戴金星等(2014)提出的甲烷同位素与天然气 $R_o$ 函数关系式以及轻烃指标或区域地质特征进行天然气成熟度分析,结果显示断阶带内渤 601、渤古 4、渤深 6 井均为油型气,潜山带内靠近断阶带一侧渤 93、义 132 井为混合气,远离断阶带一侧义 155、渤 930、孤北古 1 井等为煤型气。

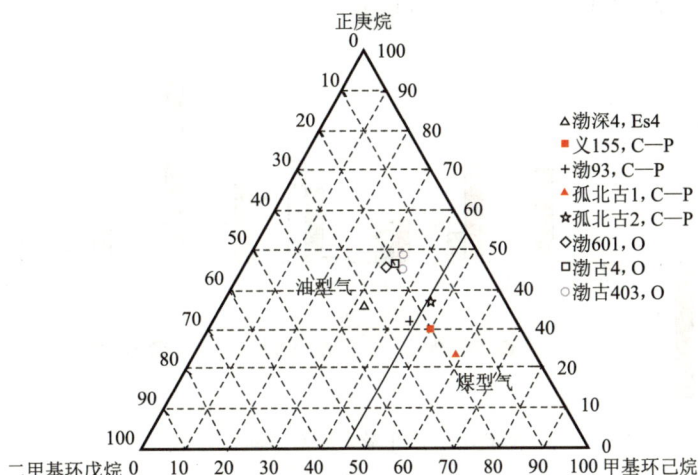

图 6-35 孤北潜山天然气 $C_7$ 轻烃组成三角图(单位:%)

因此,洼陷断阶带内奥陶系天然气为油型气,靠近断阶带的潜山构造高部位为混合气,远离断阶带、埋深较大的潜山低部位为煤型气。整体呈现沿渤南洼陷带—孤北潜山断阶带—孤北潜山斜坡带方向,天然气成因类型由油型气—混合气—煤型气过渡的分布规律(图 6-36)。

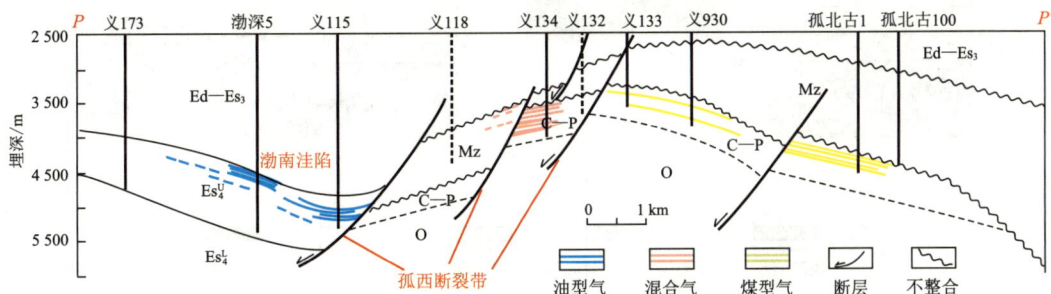

图 6-36 孤北潜山不同成因天然气分布剖面图

### 三、油气运移通道

通过对全区 8 口井的单井剖面测井识别及岩芯观察认为,孤北地区石炭系—下二叠统煤系烃源岩与储气层之间显示有以泥质粉砂岩及粉砂质泥岩为主的致密隔夹层,从而使两者间呈现空间分离关系。垂向由下至上构成"源岩层-封隔层-储气层"的内幕型源-储组合关系。

孤北地区主要发育孤西、埕南-埕东、孤北 3 条断裂体系。孤西断层为孤北斜坡带西部边界断层,自三叠纪末期开始活动,晚侏罗—早白亚世发生负反转,持续活动至沙三段沉积期,对沙四段、孔店组沉积具有一定的控制作用;埕南-埕东断层为孤北斜坡带北部边界断层,孔店组沉积期开始活动,沙河街组沉积期活动较强,持续活动至明化镇组沉积末期,对沙河街组、东营组及馆陶组下部沉积具有控制作用;孤北断层为孤北斜坡带南部边界断层,沙三段沉积期开始活动,持续活动至明化镇组沉积期,对沙河街组、东营组沉积具有控制作用(图 6-37)。通过对比,除孤北断层、埕南-埕东断层向上切穿至古近系 Ed 和新近系外,研究区内大多数断层为中古生界内幕断层,即仅在中、古生界内部发育,由早期印支、燕山期构造活动产生,断层断距小、石炭—二叠系错切程度低,活动强度通常较弱,输导油气的能力较差。但是,当断层断距大于烃源岩与储气层间封隔层厚度时,断层的错切作用可以使区内石炭—二叠系底部烃源岩层与上部二叠系储层对接,形成潜在供烃窗口(图 6-38)。

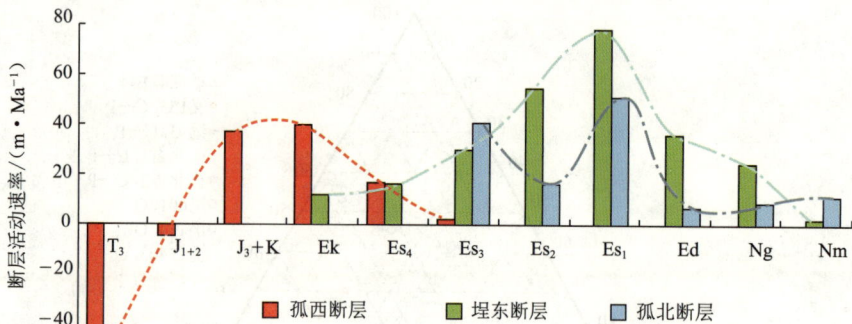

图 6-37 孤北潜山断层活动性评价

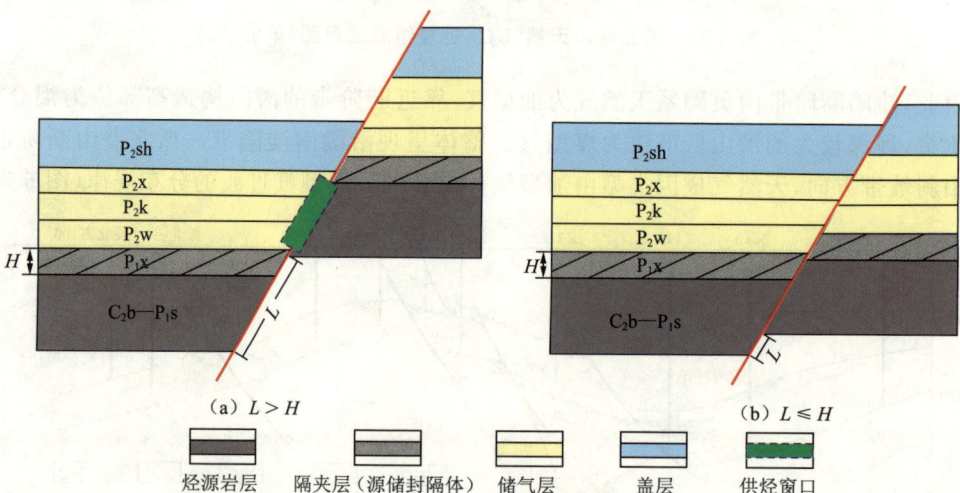

(a) $L > H$           (b) $L \leqslant H$

烃源岩层　　隔夹层(源储封隔体)　　储气层　　盖层　　供烃窗口

图 6-38 孤北潜山断层对接型供烃窗口示意图

$L$—断距,m;$H$—源储封隔体厚度,m

结合源-储组合关系及输导体系分析结果,认为研究区油气运移存在以下两种可能的路径:一是垂向近距离的"爬梯式"运移(即沿裂缝、微断层等连通上下砂体的垂向通道向上部储层运移),二是侧向远距离的"顺层式"运移(即沿砂体侧向运移,经断层、砂体对接处向高部位运移)。分析表明,断层错切导致的源-储对接关系与目前发现的天然气富集层系具有较好的吻合关系(图 6-39)。因此,研究区中、古生界内幕断层形成的两侧砂体对接窗口为天然气充注的"供烃窗口",区内天然气自烃源岩层系排出后主要沿砂体侧向输导。

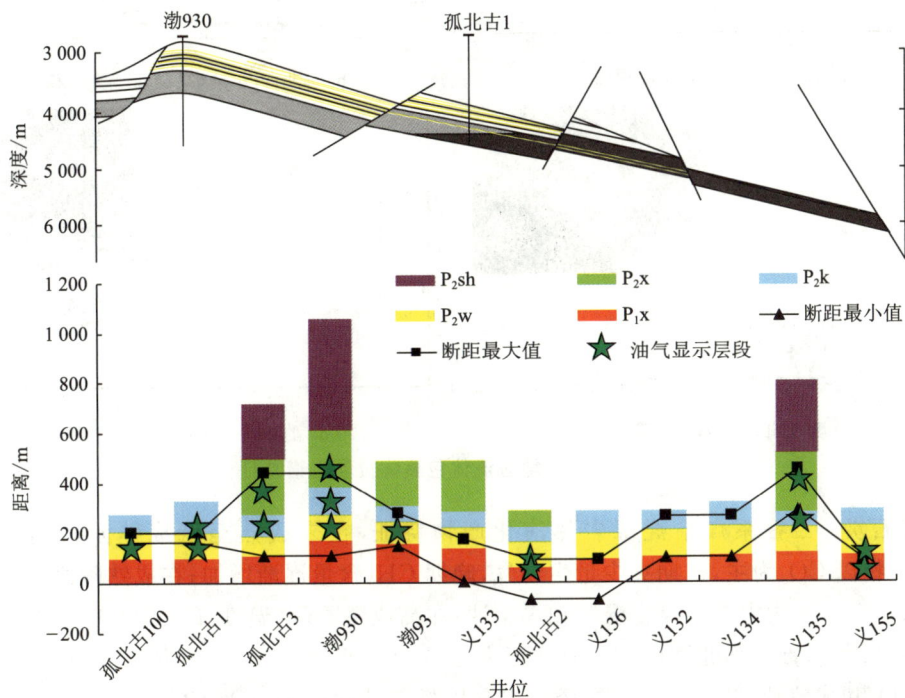

图 6-39　孤北地区断层错断距离与天然气富集层系关系图

## 四、油气成藏期及相态演化

孤北地区流体包裹体薄片分析结果表明,研究区储层中主要发育 3 类烃类包裹体:第一类为气液两相烃类包裹体,主要呈现黄色、黄绿色荧光,孤立或零星分布,个体较小(小于 5 μm),难以观察,主要分布于碳酸盐胶结物或石英内裂缝中;第二类为弱荧光气烃包裹体,代表含少量液态烃、气液比相对较大的烃类流体成分,该类包裹体主要呈现黄绿色或乳蓝色弱荧光,串珠状或群体分布,主要分布于穿石英构造裂缝中;第三类为无荧光气体包裹体,该类包裹体因组分内气液比较高(大于 50%)而呈现无荧光的特征,孤立或群体分布,多为 5~10 μm 或更大尺寸,赋存位置多样,在石英加大边、石英内裂缝及穿石英构造裂缝等位置均可观察到。如图 6-40 所示。

为进一步明确 3 类流体包裹体的形成期次,选取 12 个流体包裹体薄片进行气体包裹体内组分的拉曼光谱分析。分析结果(图 6-40)显示,研究区煤型气气体包裹体组分主要包括 4 类:含甲烷类,主要分布于穿石英构造裂缝中;含二氧化碳类,主要分布于石英内裂缝中;含硫化氢和水类;含饱和烃类。此外,还可见部分含荧光组分样品,这类包裹体的拉曼光谱呈现异常高值,主要是由于包裹体内含有芳烃、非烃和沥青等荧光成分。

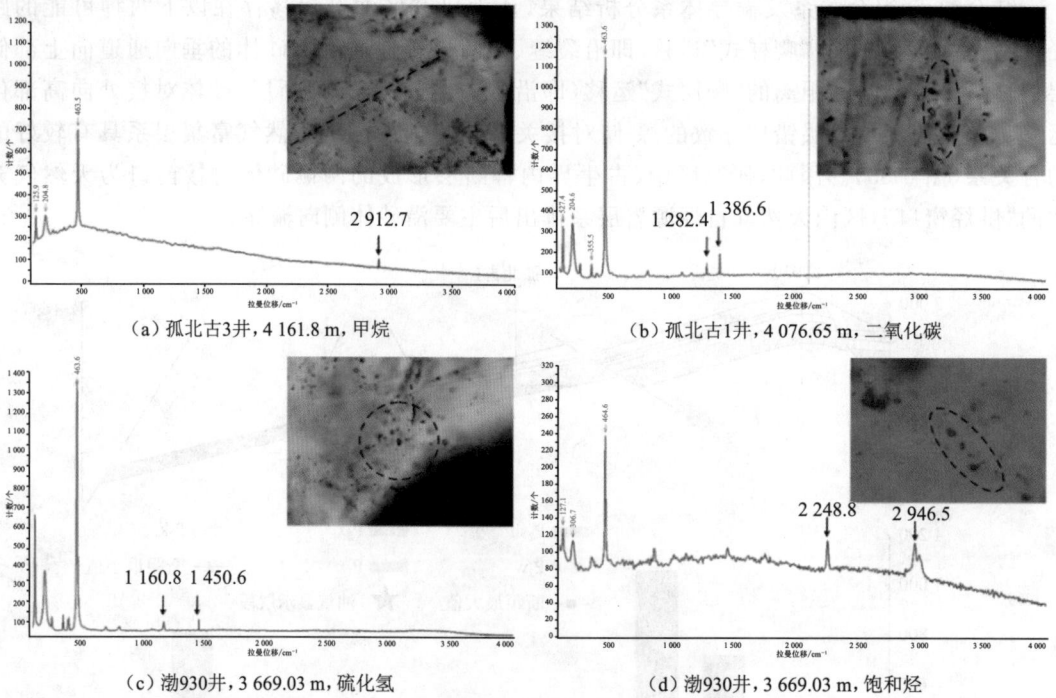

（a）孤北古3井，4 161.8 m，甲烷

（b）孤北古1井，4 076.65 m，二氧化碳

（c）渤930井，3 669.03 m，硫化氢

（d）渤930井，3 669.03 m，饱和烃

图 6-40　孤北地区流体包裹体拉曼光谱特征

结合石炭—二叠系煤系烃源岩热演化产物特征，在未成熟至低成熟阶段（温度 $T<$ 90 ℃），产物以 $CO_2$ 为主，初期夹少量生物气，晚期 $CH_4$ 含量逐渐增加；在成熟阶段（90 ℃＜温度 $T<$ 190 ℃），产物主要为煤型湿气和煤型油；在高成熟阶段（温度 $T>$ 190 ℃），产物以煤型干气为主。因此，推断孤北潜山油气充注可大致分为 3 期（图 6-41）：当 $R_o<1.0\%$ 时，源岩主要生成 $CO_2$ 和成熟油，储层内充注的烃类组分以低气液比的油气及 $CO_2$ 为主，形成少量气液烃包裹体及 $CO_2$ 包裹体；随着源岩成熟度增加，产物气液比逐渐增加，以湿气为主，储层内捕获大量弱荧光的气烃包裹体及含饱和烃的包裹体；源岩成熟度继续增加，产物以干气为主，储层中发育大量以 $CH_4$ 为主的无荧光气烃包裹体。因此，孤北潜山古生界的油气充注相态经历了 $CO_2$ 气相、油相-湿气相、干气相的演化过程。

通过砂岩中含烃流体包裹体伴生的盐水包裹体均一温度分析，结合储层埋藏受热史，进行烃类充注期与时间的判识。结果表明，研究区油气充注主要发生在两个阶段：晚白垩世和新近纪（表 6-1）。

## 五、油气成藏过程及成藏模式

通过对孤北潜山天然气来源、成藏期次及相态变化、油气运移通道等方面的综合研究，总结了孤北潜山油气成藏过程及成藏模式，表现为双源供烃、多期成藏、断层侧向充注为主、石炭—二叠系盖层封盖的特征（图 6-42）。具体如下：

中三叠世末期，石炭—二叠系烃源岩初次达到生烃门限，有少量油气生成，但由于断裂不发育，油气无法实现远距离运移，多以成熟烃源岩层邻近部位的砂体聚集为主。晚三叠世，发生构造抬升，藏内油气随圈闭构造形态变化调整。如图 6-42a 和 b 所示。

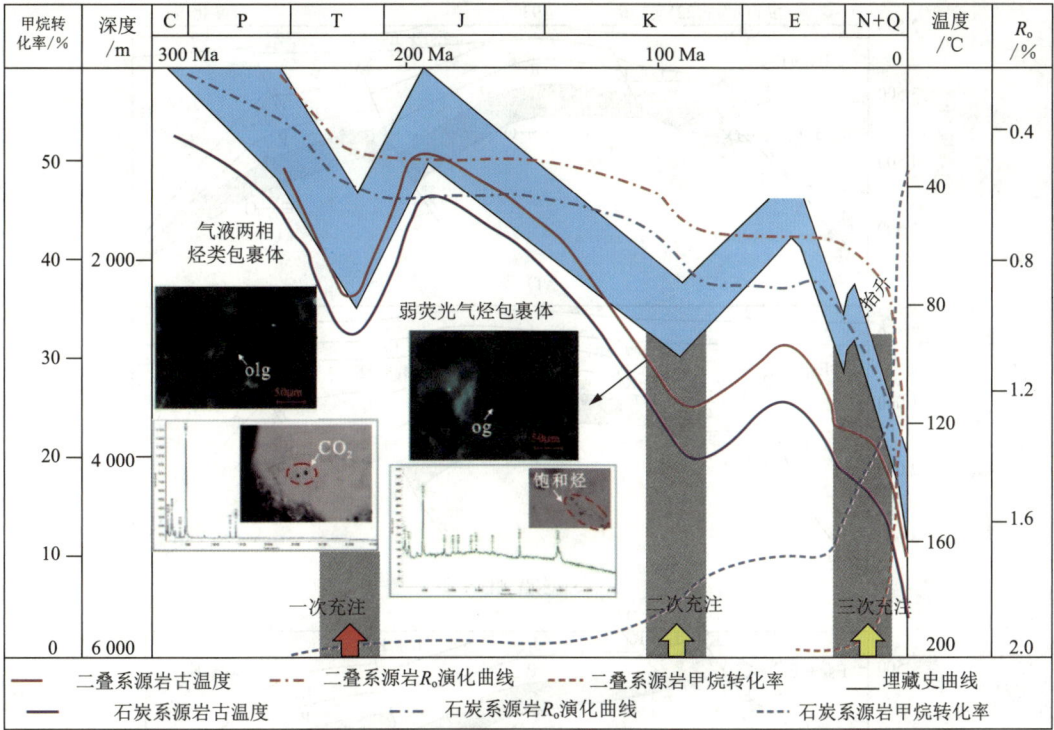

图 6-41　孤北地区石炭—二叠系油气充注史

表 6-1　孤北潜山二叠系储层烃类包裹体伴生盐水包裹体的均一温度及充注时间

| 井　号 | 地　层 | 深度/m | 烃类包裹体伴生的盐水<br>包裹体均一温度(平均温度)/℃ | 包裹体形成时期/Ma<br>(地质时间) |
|---|---|---|---|---|
| 义 135 | $P_1$sh | 4 892.3 | 165～200(195.5) | 8.5～6.6(中 Nm) |
| 孤北古 1 | $P_1$sh | 4 403.9 | 98～149(126.5);161～163(162) | 115～98(晚 K);10.3～8.1(早 Nm) |
| 孤北古 3 | $P_2$x | 4 090 | 106～108(107);137～145(141) | 105～103(晚 K);11.3～3.4(Nm) |
| 渤 930 | $P_1$x | 3 623 | 114～139(123.46) | 108.3～95(晚 K) |
| 渤 930 | $P_1$x | 3 625 | 111～126(122.2);145～159(152.5) | 109～100(晚 K);10.7～2.45(Nm) |
| 渤 930 | $P_1$x | 3 674.7 | 117～129(122.6) | 113.8～98.3(晚 K) |
| 义 132 | $P_1$x | 3 598.5 | 118(118);138～152(140.3) | 96.3(晚 K);3.1～0(晚 Nm 至今) |
| 义 132 | $P_1$x | 3 599.5 | 118～127(120.6);136～148(140.5) | 18.6～9.9(中 Ng—早 Nm);<br>3.16～0(晚 Nm 至今) |
| 义 132 | $P_1$x | 3 598 | 106～125(116.6) | 20.3～16.8(中 Ng) |
| 义 132 | $P_1$x | 3 599 | 109～136(125.2) | 11.9～6.7(早 Nm) |
| 义 134 | $P_1$x | 3 507 | 120～130(124) | 100.5～95(晚 K) |
| 义 136 | $P_1$x | 3 696 | 115～135(123.3) | 106～95(晚 K) |
| 义 136 | $P_1$x | 3 708 | 123～125(124.7);155～167(160.5) | 101.2(晚 K);3.3～0(晚 Nm 至今) |
| 义 136 | $P_1$x | 3 715.2 | 164～177(170.6) | 2.5～0(晚 Nm 至今) |
| 孤北古 2 | $P_1$sh | 3 692.8 | 117～141(130.4) | 16.8～0(中 Ng 至今) |
| 孤北古 2 | $P_2$w | 3 546.9 | 124～142(133.4) | 12～0(早 Nm 至今) |

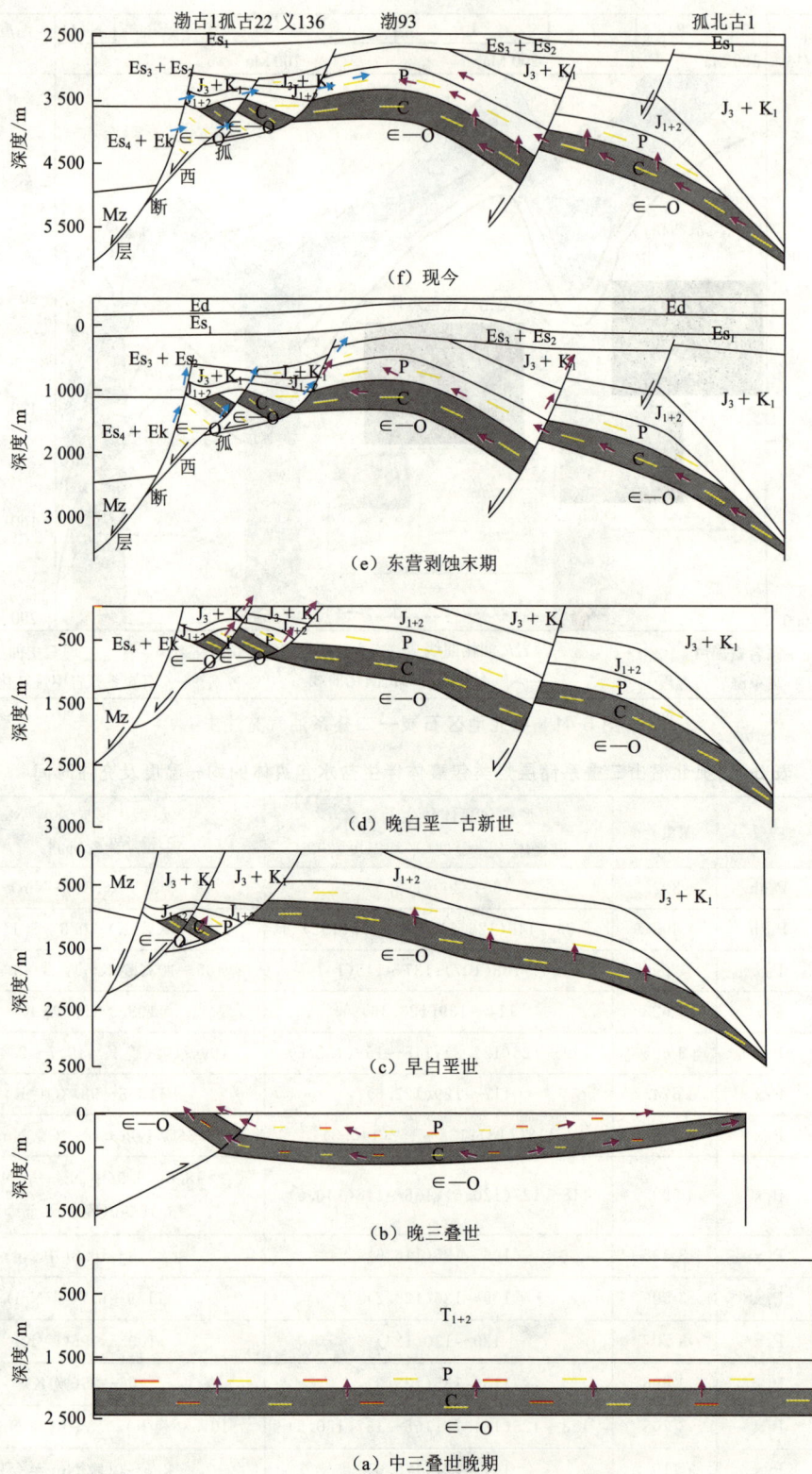

图 6-42 孤北潜山油气成藏过程与成藏模式图

晚侏罗世—早白垩世烃源岩再次生烃,以生气为主。该时期断层活动较弱,部分油气沿断层垂向运移至上部二叠系储层聚集,部分沿断面供烃窗口侧向充注进入二叠系储层聚集,并沿二叠系砂体向构造高部位运聚。白垩纪末期,研究区再次发生抬升,储层油气沿断层发生散失。如图 6-42c 和 d 所示。

新近纪中后期,石炭—二叠系烃源岩再次生烃,生烃量较大,且以干气为主。该时期断层封闭,天然气主要沿断面供烃窗口侧向上向不同砂层充注,并沿二叠系砂层向构造高部位运移,在二叠系自身盖层的遮挡下聚集。同时,古近系沙三段烃源岩经历高温作用,形成油型天然气,在西北部沿断层充注,并在中部高部位与煤型气相混合,从而形成了现今多成因类型的天然气藏。如图 6-42e 和 f 所示。

# 第四节　油气成藏主控因素

通过对典型混源型潜山油气藏的油气成藏条件及成藏过程分析,认为断陷盆地混源型潜山油气藏的形成主要受多源供烃、源储配置关系、盖层保存条件等因素控制。

## 一、多套烃源岩分布、生烃控制油气来源及成藏期次

不同潜山主力烃源岩的空间分布及演化差异是造成油气来源存在差异的主要原因,渤海湾盆地发育孔店组、沙四段、沙三段、孔一段、东营组及石炭—二叠系等多套烃源岩,各套烃源岩在各坳陷分布存在明显差异,导致盆地中、古生界油气来源的多样性。其中盆地中南部的冀中坳陷、黄骅坳陷、济阳坳陷、临清坳陷存在石炭—二叠系烃源岩,导致油气特别是煤型气广泛分布。古近系烃源岩由盆地外围到沉降中心逐渐变新,导致深层的油气来源也有逐渐变新的趋势。因此,不同烃源岩的分布差异控制了不同潜山的油气来源与分布差异。混源油气藏的形成首先受控于石炭—二叠系和古近系烃源岩的共同发育和生烃,能够同时为潜山提供油气来源。

烃源岩的生烃演化差异直接受控于不同构造带的构造演化过程,古近系烃源岩主要经历了一次生烃,即新近纪—第四纪进入大量生、排烃高峰,导致其生成的油气主要在新近纪—第四纪聚集成藏;而石炭—二叠系煤系烃源岩则因构造演化特征的差异导致生烃演化过程复杂,存在中三叠世、早白垩世等多次烃类生成过程,导致石炭—二叠系来源的油气对应发生了多期成藏。

## 二、多种烃源岩类型与多期构造沉降-抬升控制油气相态演化

不同烃源岩类型及生烃演化存在较大差异,导致烃源岩生成油气的相态存在明显差异。如沙三段烃源岩沉积于半深水—深水湖相环境,有机质类型以偏腐泥型为主,生成油气主要为湖相油和油型气;孔二段烃源岩沉积于内陆湖相环境,有机质类型以利于生油的偏腐泥型为主,主要生成典型湖相油;石炭—二叠系烃源岩沉积于海陆交互相环境,有机质类型以腐殖型和腐泥-腐殖型为主,可生成煤型油和煤型气。

渤海湾盆地自古生代开始沉积以来,经历了印支运动、燕山运动、喜山运动等多期构造运动,导致上述烃源岩经历了不同的热演化过程,而不同的热演化程度同样对油气生成相态产生重要影响;多期构造运动也导致已充注油气的储层发生构造抬升,早期油气发生生物降解、氧化等次生变化,导致胶质-沥青质沥青等不同相态的形成。对比来看,较多孔店组—沙四段、沙

三段烃源岩现今已进入高成熟生凝析气阶段,具备既生油又生气的条件;石炭—二叠系烃源岩现今成熟度较高,已进入生干气阶段,具备早期生油晚期生气的条件。从相态演化特征来看,混源潜山油气藏存在早油晚气、早油晚油等相态变化过程。如黄骅坳陷北大港潜山在中三叠世发生石炭—二叠系烃源岩来源的原油充注,但构造抬升期发生氧化、生物降解成因,导致早期原油沥青化;新近纪以来发生沙三段烃源岩来源的石油较大规模充注。济阳坳陷孤北潜山在中三叠世发生石炭—二叠系烃源岩来源的原油充注,同样在构造抬升期遭受明显破坏,早白垩世和新近纪以来再次发生石炭—二叠系烃源岩来源的天然气较大规模充注。

### 三、源储配置和侧向分流能力控制油气富集层系及富集程度

构造演化差异导致各潜山输导通道发育差异,进而对油气运移的控制作用明显不同。渤海湾盆地经历了多期构造运动,发育多期断层,其中对油气输导起作用的断层包括中生代活动断层和新近纪以来活动断层。这些断层对中、古生界油气输导的控制作用主要体现在垂向输导、侧向输导、侧向封闭等方面,新近纪活动断层对油气主要起输导作用,而中生代活动断层因停止活动时间较早,对油气运移早期起输导作用,晚期则主要起到侧向遮挡作用。

混源型潜山油气藏主要发育源储分离型、源储侧接型的储盖组合类型,其中源储分离型发育新生代活动断层,且断层垂向沟通烃源岩与储集层,油气沿断层垂向向上发生运移,从而形成多层系富集的特点;源储侧接型也发育新生代活动断层,但发育规模不如源储分离型潜山,仅造成烃源岩与储集层发生侧向对接,由于烃源岩厚度较大,同样造成油气多层系聚集的特点。

在油气源和充注动力条件相同时,储集层物性与孔喉结构控制着油气相对富集程度。针对断-砂配置的输导体系,通过分析断裂带厚度、渗透率和各储集层厚度、渗透率,以及断裂和储集层的倾角等参数,可以建立断-砂配置下油气由断层向各砂体的侧向分流能力系数($F_s$),其计算公式见式(6-1),进而可计算出不同砂层之间的相对分流能力系数($T$)。通过对黄骅坳陷北大港潜山港古 16102 井与港西断层相连的 13 个砂层的相对分流能力系数进行计算,并与各砂层的含油气情况进行对比,发现随着侧向分流能力系数的增加,砂层的含油气性增强(图6-43),反映了在断裂条件相同的情况下,砂体物性等因素对油气运聚的控制作用,并决定了油气的相对富集程度。

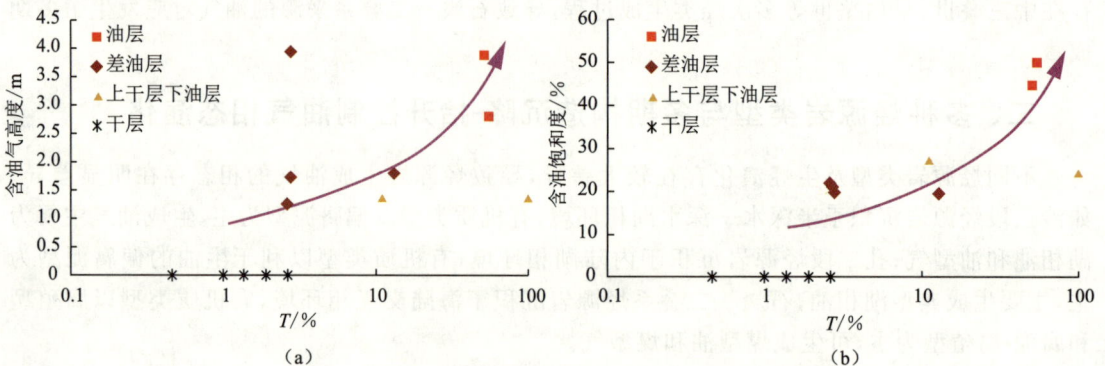

图 6-43 港古 16102 井砂层相对分流能力系数与含油气程度的关系

$$F_s = \frac{K_s H}{K_f H_f} \frac{\cos \alpha}{\sin(\beta - \alpha)} \tag{6-1}$$

式中，$F_s$ 为断-砂配置油气侧向分流能力系数；$K_s$ 为储集砂层的渗透率，$\mu m^2$；$K_f$ 为断层的渗透率，$\mu m^2$；$H$ 为储集砂层的铅直厚度，m；$H_f$ 为断层宽度，m；$\alpha$ 为储集砂层的倾角，取值为 $0°\sim90°$；$\beta$ 为断层倾角，同向断层取值为 $0°\sim90°$，反向断层取值为 $90°\sim180°$。

## 四、盖层分布及其封闭能力演化控制油气保存程度

与自源型油气藏类似，盖层条件对潜山混源型油气保存程度具有同样重要的作用。混源型油气藏同样分布于石炭—二叠系烃源岩发育区，存在石炭—二叠系及古近系盖层。石炭—二叠系存在中三叠世、早白垩世、新近纪—第四纪等多期成藏，前两期油气成藏时的埋深较浅，其盖层主要为石炭—二叠系盖层，那么在晚三叠世和晚白垩世的构造抬升期，石炭—二叠系盖层的封闭能力强度对早期油气藏的保存具有重要的控制作用，但受早期油气规模有限及盖层封闭能力偏弱等因素影响，目前保存下来的早期油气藏规模相对有限。对于新近纪—第四纪的油气成藏来说，由于该时期以来石炭—二叠系盖层未经历抬升破坏，所以晚期深埋有利于油气藏的保存。对于古近系来源的油气藏，由于油气充注均为晚期充注，后来遭受的构造抬升较弱，油气聚集后可能得以保存，形成现今的油气藏。

# 第七章　潜山油气富集主控因素与充注能力定量评价

## 第一节　潜山油气富集主控因素

在陆相断陷盆地,控制潜山油气富集的因素很多,且不同地区具有差异性。对于断陷盆地不同凹(坳)陷潜山油气宏观富集差异性的主控因素研究,前人多从烃源岩特征、储集物性以及供油条件等方面进行诸多研究,但缺少盆地尺度的潜山油气宏观富集差异性的主控因素研究。本节以渤海湾盆地为例,探讨控制潜山油气富集的主要地质因素。

### 一、凹陷结构类型控制潜山油气宏观分布

#### 1. 凹陷叠合类型控制潜山油气的富集程度

1) 基底发育类型

由于潜山油气藏通常赋存于基底地层之中,所以基底的类型对潜山油气藏的形成具有重要的控制作用。研究区前古近系构造演化差异性导致各坳(凹)陷基底具有不同的沉降史,进而导致基底性质的差异。根据其埋藏史特征,结合不同凹陷基底地层的组合关系,将渤海湾盆地凹陷基底划分为3类: Ⅰ类基底凹陷,在中新元古代以及早古生代均以沉降为主,石炭—二叠纪沉积厚度小,中生代隆起,地层欠发育或缺失; Ⅱ类基底凹陷,在中新元古代地层沉积厚度小或未沉积,早古生代沉积厚度大,石炭—二叠纪沉积厚度较大,中生代地层隆起,遭受剥蚀,沉积厚度小或缺失; Ⅲ类基底凹陷与Ⅱ类基底凹陷发育模式相似,但中生代有所不同,以拉张裂陷作用为主,基底发生沉降,沉积了巨厚的中生代地层(图7-1和图7-2)。

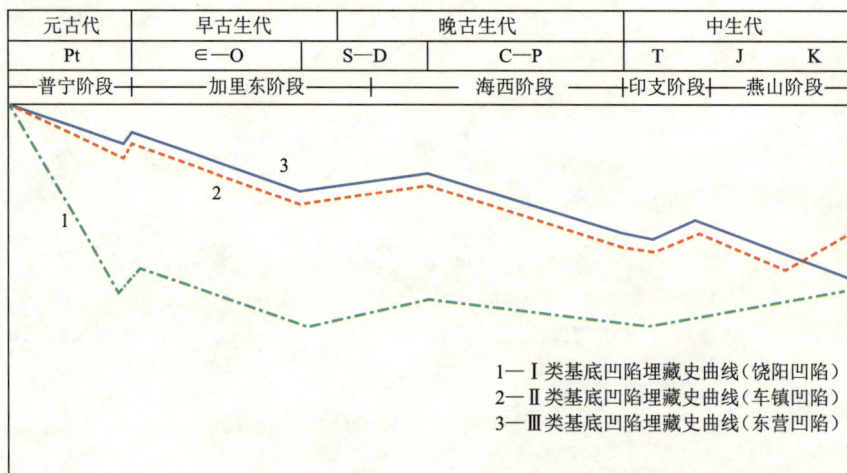

图 7-1　渤海湾盆地不同类型基底埋藏史曲线

|      | Ⅰ类基底 | Ⅱ类基底 | Ⅲ类基底 |
|------|---------|---------|---------|
| Mz   | 不发育   | 不发育   | 发育     |
| C—P  | 不发育   | 发育     | 发育     |
| ∈—O  | 发育　不发育 | 发育 | 发育     |
| Pt   | 发育     | 不发育　发育 | 不发育  |
| Ar   | 发育     | 发育     | 发育     |

图 7-2　渤海湾盆地不同类型基底地层发育特征

### 2）基底类型与潜山油气富集程度

渤海湾盆地不同凹陷潜山油气富集程度受控于不同时期构造活动的叠合关系,基底类型与新生代凹陷类型共同控制了潜山油气的富集程度。在早期型与继承型凹陷中,断层晚期活动弱,烃源岩层位深,油气难以运移至浅层成藏,以中—深部层系聚集为主,而Ⅰ类基底凹陷储层剥蚀时间长、质量好,若油气来源充足,两者耦合的潜山油气富集程度最高,往往形成潜山油气高富集程度凹陷,潜山油气储量百分数大于 20%。继承型凹陷与Ⅱ类基底耦合潜山的油气富集程度中等,潜山油气储量百分数一般为 5%～20%。晚期型凹陷与Ⅱ类基底以及Ⅲ类基底耦合潜山油气富集程度最低,往往只能形成潜山油气低富集程度凹陷,潜山油气储量百分数小于 5%(图 7-3)。

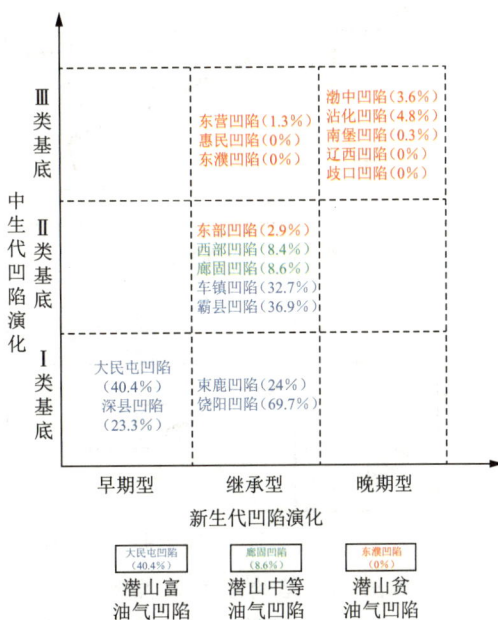

图 7-3　渤海湾盆地前新生代—新生代构造运动与潜山油气富集关系

## 2. 凹陷地质结构控制潜山油气富集差异

渤海湾盆地为中、新生代断陷盆地,发育数十个具有不同地质结构类型的凹陷,不同地质结构凹陷中潜山圈闭发育规模及分布位置差异性明显,进而控制了潜山油气藏的分布位置及规模。

### 1）凹陷地质结构分类

渤海湾盆地为典型的陆相断陷盆地,其凹陷是受拉张应力场作用形成的。根据各凹陷控凹断层的数目,将凹陷划分为单断箕状凹陷以及双断型凹陷。单断箕状凹陷由于仅受一条边界断层控制,一般发育由控凹断层控制的陡坡带以及远离控凹断层一侧的缓坡带,而双断型凹陷则缓坡带不发育。以凹陷中央是否发育隆起带为依据,将凹陷进一步划分为单断箕状Ⅰ型和单断箕状Ⅱ型。单断箕状Ⅰ型凹陷中不发育隆起带,如车镇凹陷。单断箕状Ⅱ型凹陷中则发育隆起带,根据隆起带性质,进一步划分为盖层隆起型和基底隆起型。其中,盖层隆起型基底结构与单断箕状Ⅰ型凹陷相同,但凹陷的盖层发生了隆起,形成了中央背斜带,如东营凹陷深凹带由于泥岩隆升而形成中央隆起带;基底隆起型凹陷往往发育中央潜山带,凹陷在形成过程中其中央断块翘倾,基岩隆起,形成该类地质结构凹陷,如冀中坳陷饶阳凹陷。

不同地质结构凹陷发育不同的二级构造带,其中单断箕状Ⅰ型凹陷由陡坡带、缓坡带以及洼陷带控制;单断箕状Ⅱ型-盖层隆起型凹陷发育陡坡带、缓坡带、洼陷带以及中央隆起带;单断箕状Ⅱ型-基底隆起型凹陷发育陡坡带、缓坡带、洼陷带以及中央潜山带；双断型凹陷则主要发育陡坡带以及洼陷带(图7-4)。

| 凹陷类型 | 亚类 | 模型 | 样式特征 | 典型剖面 | 构造带 |
|---|---|---|---|---|---|
| 单断箕状Ⅰ型 | | 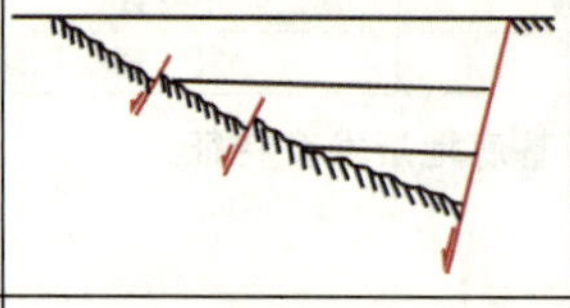 | 一条控凹断层，无中央潜山带，盖层无隆起 | 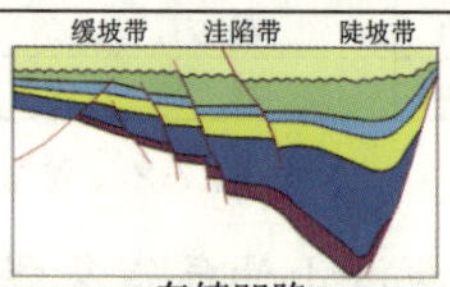 缓坡带 洼陷带 陡坡带<br>车镇凹陷 | 陡坡带<br>洼陷带<br>缓坡带 |
| 单断箕状Ⅱ型 | 盖层隆起型 | 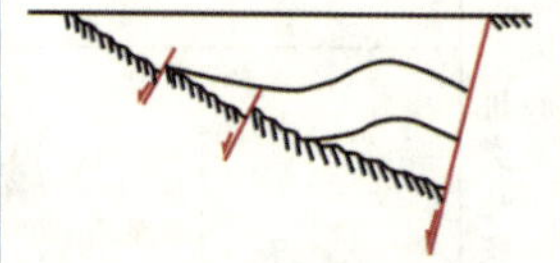 | 一条控凹断层，无中央潜山带，盖层隆起 | 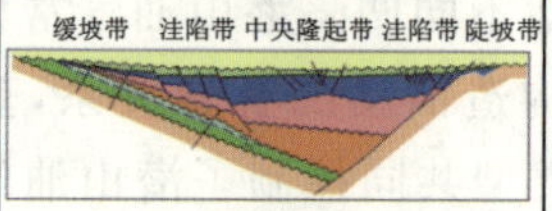 缓坡带 洼陷带 中央隆起带 洼陷带 陡坡带<br>东营凹陷 | 陡坡带<br>洼陷带<br>中央隆起带<br>缓坡带 |
| | 基底隆起型 |  | 一条控凹断层，存在中央潜山带，基底隆起 | 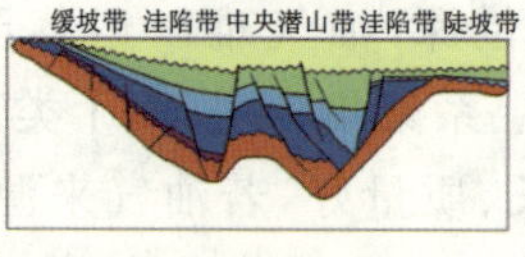 缓坡带 洼陷带 中央潜山带 洼陷带 陡坡带<br>西部凹陷 | 陡坡带<br>洼陷带<br>中央潜山带<br>缓坡带 |
| 双断型 | | 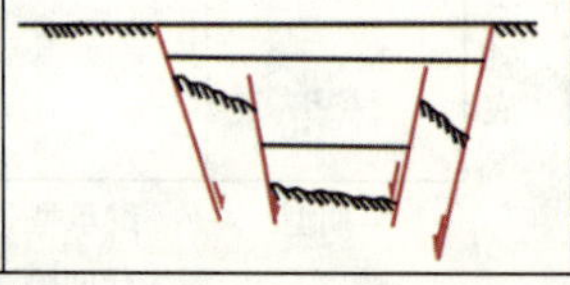 | 两条控凹断层 | 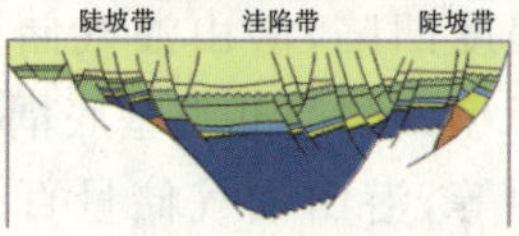 陡坡带 洼陷带 陡坡带<br>歧口凹陷 | 陡坡带<br>洼陷带 |

图 7-4　陆相断陷盆地不同地质结构凹陷分类图

2) 凹陷地质结构差异性控制潜山油气的空间分布

单断箕状Ⅰ型凹陷与单断箕状Ⅱ型-盖层隆起型凹陷具有相同的基底类型，故潜山油气具有相同的分布规律，由于两者均不发育中央潜山带，陡坡带以及斜坡带是此类凹陷潜山油气藏的主要富集区；单断箕状Ⅱ型-基底隆起型凹陷潜山圈闭最为发育，陡坡带、缓坡带以及中央潜山带均是潜山油气藏的有利富集区；双断型凹陷潜山圈闭发育较差，该类凹陷潜山油气藏一般分布在深凹带内，但需要较为苛刻的地质条件，目前仅在大民屯凹陷的深凹带内发现了多个潜山油气藏。如图 7-5 所示。

3) 凹陷地质结构差异性控制潜山油气富集程度

不同地质结构凹陷潜山圈闭的规模及成藏条件不同，导致油气富集程度差异明显。单断箕状Ⅱ型-基底隆起型凹陷潜山圈闭最为发育，故油气富集程度最高，普遍以高—中等富集程度为主，如饶阳凹陷、辽河西部凹陷等均在中央潜山带发现了大型的潜山油气藏；单断箕状Ⅰ型凹陷与单断箕状Ⅱ型-盖层隆起型凹陷虽然有相同的基底类型，但由于单断箕状Ⅱ型-盖层隆起型凹陷的中央隆起带汇集了凹陷的大部分油气，故此类凹陷潜山油气富集程度往往较低，与双断型凹陷相似，以低富集程度为主，如东濮凹陷；单断箕状Ⅰ型凹陷则往往以中等富集程度为主。

## 二、富烃凹陷控制油气平面展布

一个含油气凹陷往往被分割为若干洼陷，只有那些相对大而深的洼陷才具备良好的生烃条件，即生油洼陷控制了油气的分布(赵文智等，2004)。受不同凹陷(洼陷)烃源岩体积、质量及埋深演化差异性控制，不同地区生烃能力差异很大。以各凹陷最新资源评价资料为基础，划

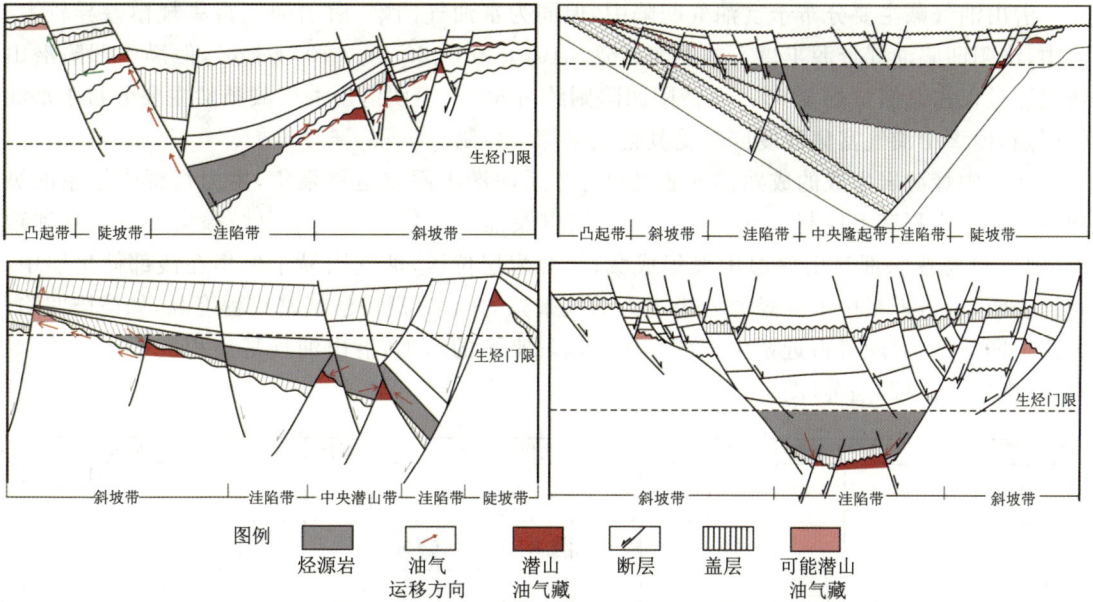

图例

烃源岩　　油气运移方向　　潜山油气藏　　断层　　盖层　　可能潜山油气藏

图 7-5　渤海湾盆地不同地质结构凹陷潜山油气分布模式图

分了 3 类生烃区：Ⅰ类以及Ⅱ类生烃区烃源岩体积大，质量好，油气资源量大，资源量丰度高，为典型的富油气凹陷，此类凹陷中潜山油气藏发育数目多，储量规模大，潜山油气藏围绕着富生烃区附近紧密分布；Ⅲ类生烃区油气资源量小，资源量丰度低，潜山油气探明储量丰度较低。如图 7-6 所示。

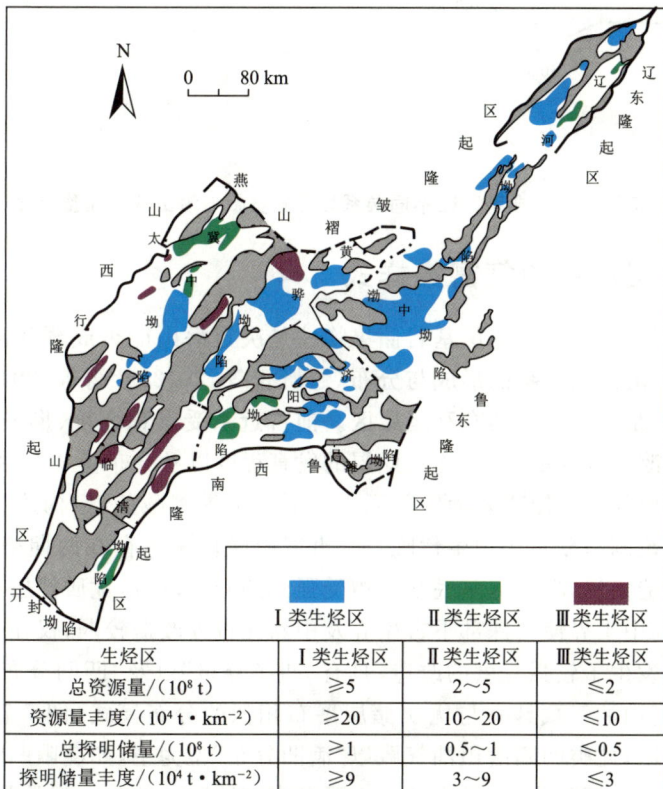

| 生烃区 | Ⅰ类生烃区 | Ⅱ类生烃区 | Ⅲ类生烃区 |
|---|---|---|---|
| 总资源量/($10^8$ t) | ≥5 | 2~5 | ≤2 |
| 资源量丰度/($10^4$ t·km$^{-2}$) | ≥20 | 10~20 | ≤10 |
| 总探明储量/($10^8$ t) | ≥1 | 0.5~1 | ≤0.5 |
| 探明储量丰度/($10^4$ t·km$^{-2}$) | ≥9 | 3~9 | ≤3 |

图 7-6　渤海湾盆地不同级别生烃区划分标准与分布

潜山油气藏主要分布于富油气凹陷中,但同为富油气凹陷,潜山油气富集规模差异较大。渤中、饶阳凹陷油气资源丰度分别为 $64.67 \times 10^4$ t/km²、$20.89 \times 10^4$ t/km²,但渤中凹陷潜山油气储量仅占总储量的 3.6%,而饶阳凹陷则约占 60%,表明潜山油气藏虽然主要分布于富油气凹陷,但潜山油气富集程度同时受其他因素综合控制。

凹陷中烃源岩生成的成熟油气通过输导体系向潜山圈闭运移聚集,主力烃源岩层系的纵向分布在一定程度上控制了油气的波及范围以及油气富集层系。主力烃源岩层系老且埋藏深,油气较易在深部潜山储层中聚集成藏;烃源岩层位浅,油气则易于聚集在浅部储集层中。统计表明,以古近系中下部烃源岩为主力油气来源的凹陷,潜山油气富集程度高,如饶阳凹陷、大民屯凹陷等;而随着古近系中上部烃源岩油气来源的增加,潜山油气富集程度逐步降低,如渤中、南堡、歧口凹陷等(图 7-7)。

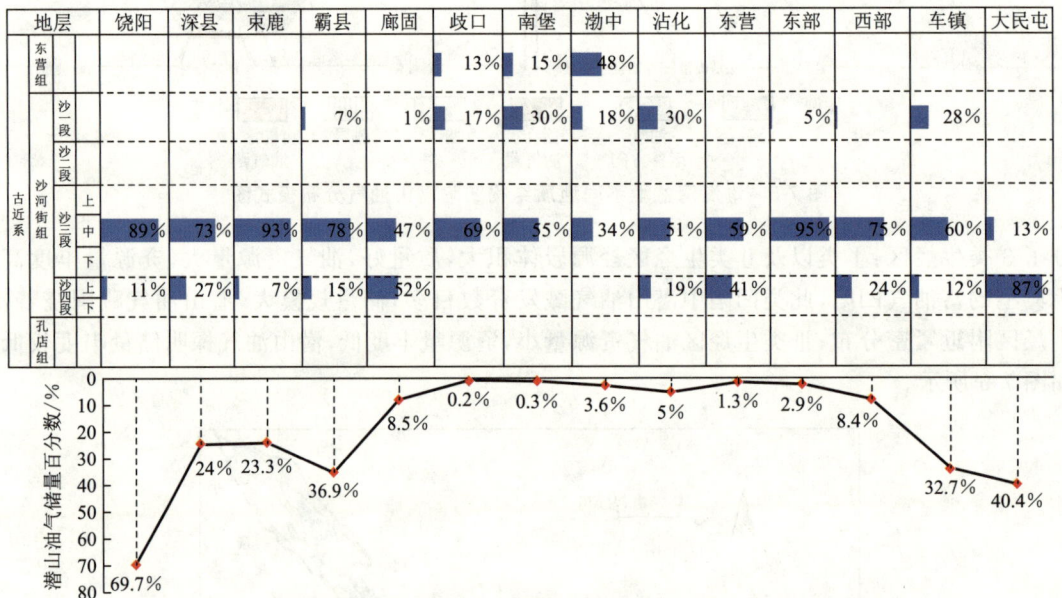

| 地层 | | 饶阳 | 深县 | 束鹿 | 霸县 | 廊固 | 歧口 | 南堡 | 渤中 | 沾化 | 东营 | 东部 | 西部 | 车镇 | 大民屯 |
|---|---|---|---|---|---|---|---|---|---|---|---|---|---|---|---|
| | 东营组 | | | | | | 13% | 15% | 48% | | | | | | |
| 古近系 沙河街组 | 沙一段沙二段 | | | | | 7% | 1% | 17% | 30% | 18% | 30% | | 5% | 28% | |
| | 沙三段 中 | 89% | 73% | 93% | 78% | 47% | 69% | 55% | 34% | 51% | 59% | 95% | 75% | 60% | 13% |
| | 沙四段 上下 | 11% | 27% | 7% | 15% | 52% | | | | 19% | 41% | | 24% | 12% | 87% |
| | 孔店组 | | | | | | | | | | | | | | |

潜山油气储量百分数 /%: 饶阳 69.7%, 深县 24%, 束鹿 23.3%, 霸县 36.9%, 廊固 8.5%, 歧口 0.2%, 南堡 0.3%, 渤中 3.6%, 沾化 5%, 东营 1.3%, 东部 2.9%, 西部 8.4%, 车镇 32.7%, 大民屯 40.4%

图 7-7　渤海湾盆地典型凹陷不同层系烃源岩贡献与潜山油气储量百分数关系

## 三、优质储层控制油气富集样式

在生烃条件良好的凹陷中,深层基岩储集物性是决定潜山能否成藏并富集的主要控制因素,优质储层控制了潜山油气藏的形成与分布(赵贤正等,2012;叶涛等,2012;赵凯等,2018)。优质储层孔渗性好,是潜山油气的有利运聚区。前古近系受沉积环境、形成时代、本身性质的差异以及后期遭受改造程度的不同,优质储层的发育程度以及分布模式不尽相同。

渤海湾盆地潜山优质储层主要为中新元古—下古生界碳酸盐岩,构造演化的差异性控制了优质储层的展布范围与分布。中生代晚三叠世以及晚白垩世存在两期挤压作用,研究区形成了隆坳相间的构造格局,隆起区基底地层遭受强烈的剥蚀改造,优质储层具有"满凹分布"的特征,坳陷区巨厚的中生界使得深部下古生界及中新元古界改造较弱,仅在凹陷边缘以及构造位置更高的凸起区发生了较强程度的改造,具有"凹缘分布"以及"凹间分布"的特点。富油气凹陷油气源充足,潜山油气藏具有与优质储层展布相似的分布模式(图 7-7)。中生代盆地外围凹陷主要为隆起区,此类凹陷潜山油气藏以"满凹分布"型为主,如饶阳凹陷、大民屯凹陷等;环渤中凹陷带中生代以凹陷为主,潜山油气主要分布在凹陷与凹陷之间的凸起带(凹间分布),

而盆地中环带的凹陷则往往有"凹缘分布"的特点（图 7-8）。

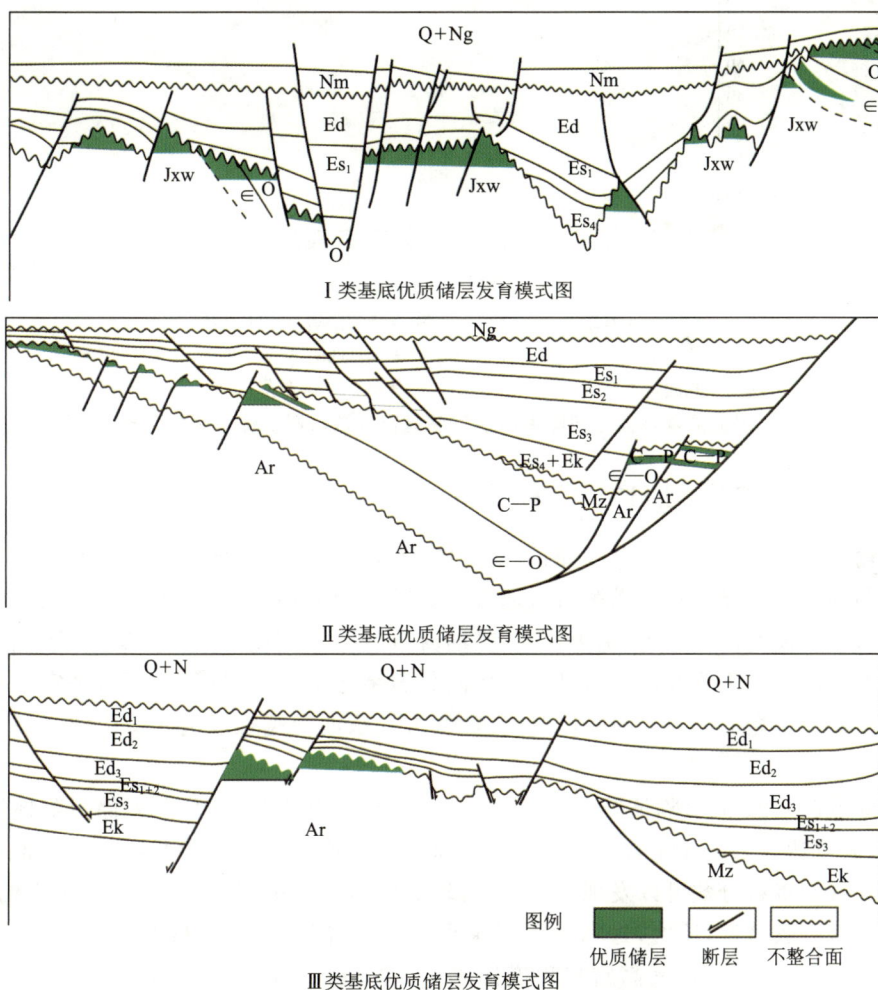

I 类基底优质储层发育模式图

II 类基底优质储层发育模式图

III 类基底优质储层发育模式图

图例　[优质储层]　[断层]　[不整合面]

图 7-8　渤海湾盆地潜山优质储层发育模式

　　不同凹陷优质储层发育层系具有明显的差异性。I 类基底结构凹陷在中生代整体以隆升为主，风化淋滤时间最长，潜山储层主要为中新元古—下古生界碳酸盐岩，部分凹陷太古界变质岩也是优质储集层，如大民屯凹陷；II、III 类基底结构凹陷以下古生界碳酸盐岩为主。统计表明，I 类基底结构凹陷潜山优质储集岩性普遍占整个凹陷的 50% 以上，如饶阳凹陷，其潜山优质储层可占整个凹陷的 90% 以上；II 类基底结构凹陷基底遭受风化剥蚀强度中等，储层改造时间相对较短，潜山优质储集岩性较为发育，占 20%～50%；III 类基底结构凹陷由于中生代晚期以沉降为主，剥蚀强度不大，潜山优质储层发育规模较小，优质储集层均小于 20%（图 7-9）。

　　潜山油气储量百分数与潜山优质储集岩性百分数关系表明，凹陷内优质储集岩性面积控制了潜山油气的富集程度：I 类基底结构凹陷潜山优质储集岩性分布广泛，潜山油气储量百分数普遍较高，均大于 10%，其中饶阳凹陷可达 61%；II 类基底结构凹陷潜山油气富集规模次之，潜山油气储量百分数均大于 5%；III 类基底结构凹陷优质储集岩性分布规模最小，潜山油气富集程度低，几乎均小于 5%（图 7-9）。

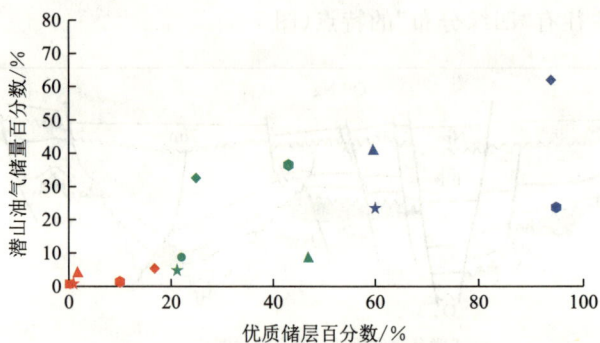

图 7-9　渤海湾盆地典型凹陷潜山油气储量百分数与潜山优质储层百分数关系

## 四、供烃能力控制油气富集规模

　　油气输导能力的影响因素众多,断层活动性、不整合结构、输导层物性及连通性均在一定程度上控制油气的输导运移。渤海湾盆地潜山圈闭多为断块山,新生界的成熟油气能否进入潜山圈闭形成规模性油气聚集,是否存在"供油窗口"及其大小是关键,故提出"源-储封隔体厚度",即古近系源岩之下非烃层系与潜山优质储集岩系之上的岩层厚度之和,来定量表征古近系烃源岩向潜山供烃的能力。封隔体厚度越大,古近系油气越难以进入潜山储集层中聚集成藏。

　　盆地外围凹陷源-储封隔体厚度值普遍偏小,而盆地中环带-内环带源-储封隔体厚度值普遍较大,最大可达 3 500 m 左右(东营凹陷)。通过对比各个凹陷源-储封隔体厚度值与已经探明的潜山油气储量百分数可以发现,两者具有较好的负相关关系:封隔体厚度越大的凹陷,潜山油气储量百分数越低,反之,封隔体厚度越小的凹陷,潜山油气储量百分数越高(图 7-10)。如在饶阳、大民屯等潜山油气高富集程度凹陷中,源-储封隔体厚度均在 500 m 左右,甚至更低;而在东营、惠民等潜山油气低富集程度凹陷中,源-储封隔体厚度均在 1 000 m 以上,甚至高达 3 000 m。这充分说明了供油条件对潜山油气藏富集程度的控制作用。

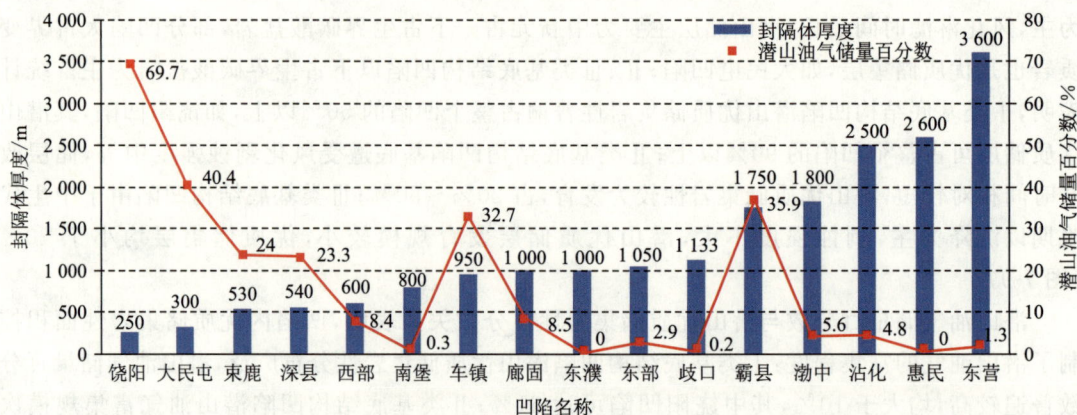

图 7-10　渤海湾盆地不同凹陷源-储封隔体厚度与潜山油气储量百分数关系图

## 五、潜山油气富集主控因素定量评价

油气的富集程度是多因素共同作用的结果,通过多因素定量评价可以确定不同控制因素的作用大小,有利于认识主要矛盾。为了更好地表征各成藏要素对潜山油气富集的控制作用,可对油气源条件、储层条件、输导条件进行定量化表征,建立不同凹陷潜山油气富集程度控制因素的定量表征关系。其中,储层条件、输导条件分别利用优质储层百分数和"源-储封隔体厚度"进行表征,烃源岩条件则主要针对富油气凹陷,提出烃源岩供烃差异系数进行表征(蒋有录等,2015b)。

成熟烃源岩生成的油气以浮力或超压为驱动,向浅部进行运移,在适合的圈闭中聚集成藏。凹陷烃源岩层位深,供烃量大,向浅部供烃范围广,则潜山圈闭成藏潜力高。渤海湾盆地已发现的潜山油气藏的上覆层系以古近系为主,新近系通常由于孔渗性好,难以对潜山形成良好的封盖,故有效烃源岩生成的油气主要向覆盖古近系的潜山圈闭运移聚集。假定各凹陷 $Es_4$、$Es_3$、$Es_2$、$Es_1$、Ed 不同层段厚度均为 $h$,则 Ek—$Es_4$ 烃源岩生成的油气可为上部厚度 $5h$ 范围内的潜山圈闭供烃,同理,$Es_3$、$Es_1$ 以及 Ed 则分别可以为上部厚度 $4h$、$2h$ 以及 $1h$ 范围内的潜山圈闭供烃。以此为基础,提出烃源岩供烃差异系数(hydrocarbon supplying deference coefficient)的概念(图 7-11)。定义烃源岩供烃差异系数($I_{HSDC}$)为:

$$I_{HSDC} = 5S(Ek-Es_4) + 4S(Es_3) + 2S(Es_1) + S(Ed)$$

式中,$S(Ek-Es_4)$、$S(Es_3)$、$S(Es_1)$、$S(Ed)$ 分别为凹陷对应层段烃源岩排烃量百分数,%。

通过以上分析,厘定了单因素烃源岩条件、储集条件、供油条件与潜山油气储量百分数的关系(图 7-12a～c):

$$F_1 = 0.045\ 6\exp(0.012\ 9x_1)\quad R^2 = 0.220\ 9 \tag{7-1}$$

$$F_2 = 0.508\ 6x_2\quad R^2 = 0.643\ 3 \tag{7-2}$$

$$F_3 = -17.5\ln x_3 + 136.84\quad R^2 = 0.429\ 2 \tag{7-3}$$

式中,$F_1$ 为供烃差异系数单因素预测的潜山油气储量百分数,%;$F_2$ 为优质储层百分数单因素预测的潜山油气储量百分数,%;$F_3$ 为源-储封隔体厚度单因素预测的潜山油气储量百分数,%;$x_1$ 为供烃差异系数;$x_2$ 为优质储层百分数,%;$x_3$ 为源-储封隔体厚度,m。

潜山油气富集程度与供烃差异系数以及潜山优质储层百分数成正相关关系,与源-储封隔体厚度成负相关关系(图 7-12)。$R^2$ 可以反映出不同成藏要素对凹陷潜山油气富集程度影响的强弱顺序,其中储集条件相关性最好,输导条件次之,烃源岩条件相对最差,表明在具有充足油气来源的凹陷中,潜山油气成藏的首要控制因素为储集条件,其次为输导条件,富油气凹陷中烃源岩条件对其控制作用相对较弱。

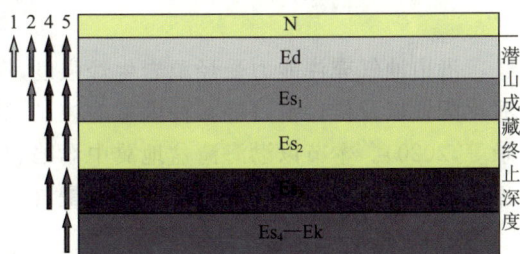

图 7-11　烃源岩供烃差异系数模型

潜山油气储量百分数是多因素互相影响、互相制约的参数,每一个影响因素(参数)都不可能完全起控制作用,即单因素与潜山油气储量百分数的拟合程度不会很高。但将这些互相影响的单因素公式共同代入综合预测模型中,就会产生良好的效果。以单因素分析为基础,通过多元线性回归的方法,建立各成藏条件与潜山油气储量百分数(反映凹陷级别潜山油气富集程度)的定量表征模型,即

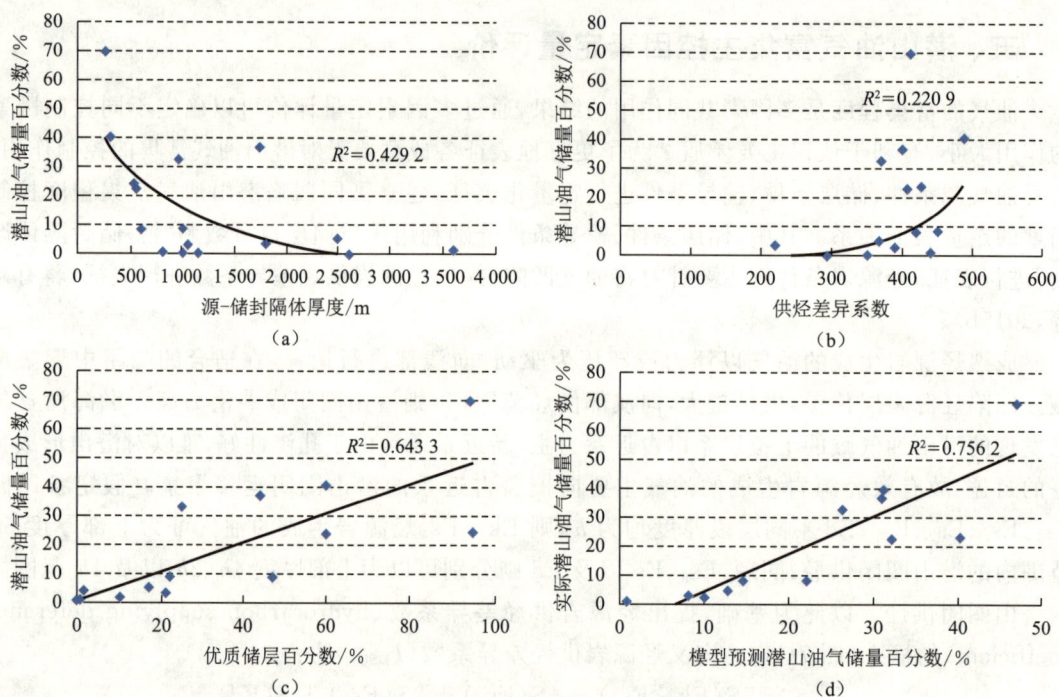

图 7-12　渤海湾盆地潜山油气藏富集程度单一因素分析图及误差分析图

$$F = -0.263F_1 + 0.484F_2 - 0.351F_3 + 48.197 \quad R^2 = 0.756\ 2 \tag{7-4}$$

$$F' = 1.291F - 8.356 \quad R^2 = 0.772 \tag{7-5}$$

式中，$F$ 为综合模型预测潜山油气储量百分数，%；$F'$ 为实际潜山油气储量百分数，%。

整体来说，拟合的公式具有较高的相关性，实际值与计算值的误差相对较小，其误差一般小于 10%，整体上误差在允许范围之内，证明模型建立合理、可靠，表明潜山油气富集主要受"源-储-导"三元耦合共同控制，而储集条件为首要控制因素（图 7-12）。

# 第二节　潜山油气充注能力影响因素

潜山油气充注能力受烃源岩生烃强度、潜山储层物性、储盖组合类型、供烃方式、潜山构造演化配置以及供烃窗口等多种因素的控制，其中潜山储层物性与风化淋滤时间密切相关（蒋有录等，2020）。本节以渤海湾盆地冀中坳陷和二连盆地典型凹陷为例，重点对风化淋滤时间、储盖组合类型、供烃方式、潜山构造演化配置和供烃窗口 5 个影响因素进行探讨。

## 一、风化淋滤时间

碳酸盐岩储层条件的优劣主要受古风化壳的淋滤作用控制，因此可将风化淋滤时间作为储层质量评价的一个标准。

根据潜山储集体层系和其上覆层系的关系，将冀中坳陷潜山分为 6 类：A 类为长城系潜山上覆古近系，如河间潜山；B 类为蓟县系潜山上覆古近系，如任丘雾迷山组潜山；C 类为青白口系潜山上覆古近系，如南孟潜山；D 类为寒武系潜山上覆古近系，如南马庄潜山；E 类为奥陶系潜山上覆古近系，如别古庄潜山；F 类为奥陶系潜山上覆石炭—二叠系，如刘其营潜山（图 7-13）。

图 7-13 相关地层划分表：

| 太古界 | 古元古界 | 中新元古界 | | | 古生界 | | | 中生界 | | | 新生界 | | |
|---|---|---|---|---|---|---|---|---|---|---|---|---|---|
| | | 长城系 | 蓟县系 | 青白口系 | 寒武系 | 奥陶系 | 石炭系 | 二叠系 | 三叠系 | 侏罗系 | 白垩系 | 古近系 | 新近系 | 第四系 |

统划分：下统/上统（长城系、蓟县系）；下统/中统/上统（寒武系）；下统/上统（奥陶系、石炭系）；古新统/始新统/渐新统（古近系）；中新统/上新统（新近系）。

距今时间（单位 Ma）：3800、3000、2500、1800、1400、1000、800、570、510、362、290、250、208、135、65、53、36.5、23.3、5.3、2

潜山类型：河间潜山、任丘潜山、南孟潜山、南马庄潜山、别古庄潜山、刘其营潜山

储盖组合：A. E/Ch；B. E/Jx；C. E/Qn；D. E/∈；E. E/O；F. Mz、C—P/O—P

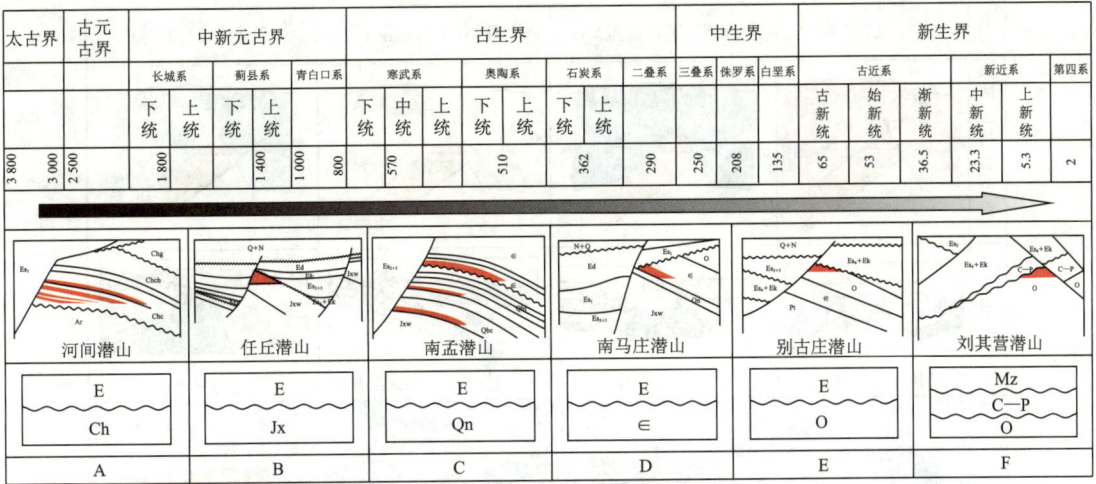

**图 7-13　冀中坳陷潜山风化淋滤时间分类**
图中数据为距今时间,单位 Ma

高位潜山发育在中央隆起带,经受风化淋滤时间长,储层条件最好;低位潜山位于洼陷带,潜山层系与烃源岩之间存在较长时间的沉积间断,储层条件次之;中位潜山上覆石炭—二叠系,潜山经受风化淋滤时间最短,储层条件较差。

## 二、储盖组合类型

### 1. 冀中坳陷

冀中坳陷自元古代到古生代沉积了巨厚的碳酸盐岩,中生代抬升剥蚀,接受风化淋滤,新生代喜马拉雅运动岩块翘倾形成大量潜山。冀中坳陷发育有石炭—二叠系和古近系孔店组、沙四段、沙三段 3 套主要的烃源岩层系和区域性盖层,这些盖层分布普遍,累积厚度较大,单层厚度大,区域上分布稳定,具有较强的封闭性能,多属优质盖层。另外,在潜山内幕中还发育有众多的隔层,古老潜山经历了较长时间的风化淋滤,在潜山顶部形成了良好的孔缝洞型储集体;潜山内幕中因为岩性或顺层溶蚀的原因也有优质储层发育。潜山隔层的发育主要受岩性的影响,泥质含量高的层位受构造及成岩作用影响弱,往往形成隔夹层,如徐庄组、馒头组、下马岭组、洪水庄组、杨庄组等,这些地层泥质含量较高,非储层段集中、厚度大,为好—较好隔层,可以充当有效的底板层和封堵层。研究区基岩古近纪前遭受强烈风化淋滤,成为缝洞储集体,伴随断块翘倾活动,基岩逐步被古近系不渗透层覆盖,成为良好的油气储集体。对于斜坡区的翘断山,形成圈闭还要有侧向封堵。如苏桥潜山若在其上倾方向没有石炭—二叠系和中生界封堵,只有顶部第三系和石炭—二叠系盖层,也不能构成圈闭。

根据潜山上覆地层的性质,将储盖组合类型划分为 4 类:Ⅰ类潜山被源下红层(主要为孔店组)覆盖,此类潜山保存条件较好,但烃源岩与潜山储层没有直接接触,供烃条件较差,如肃宁潜山带的宁古 8 潜山,其油气来源于古近系沙三段,上覆有沙四段—孔店组的红层;Ⅱ类潜山被古近系有效烃源岩覆盖,潜山与烃源岩直接接触,最有利于潜山成藏,如牛东 1 潜山,直接被沙四段有效烃源岩覆盖;Ⅲ类潜山主要被石炭—二叠系煤系地层覆盖,古近系烃源岩与潜山储集层被隔断,如文安斜坡的奥陶系潜山;Ⅳ类潜山被未成熟的东营组或沙一段泥岩覆盖,保存条件较差,主要通过断层供烃,如南马庄潜山(图 7-14)。

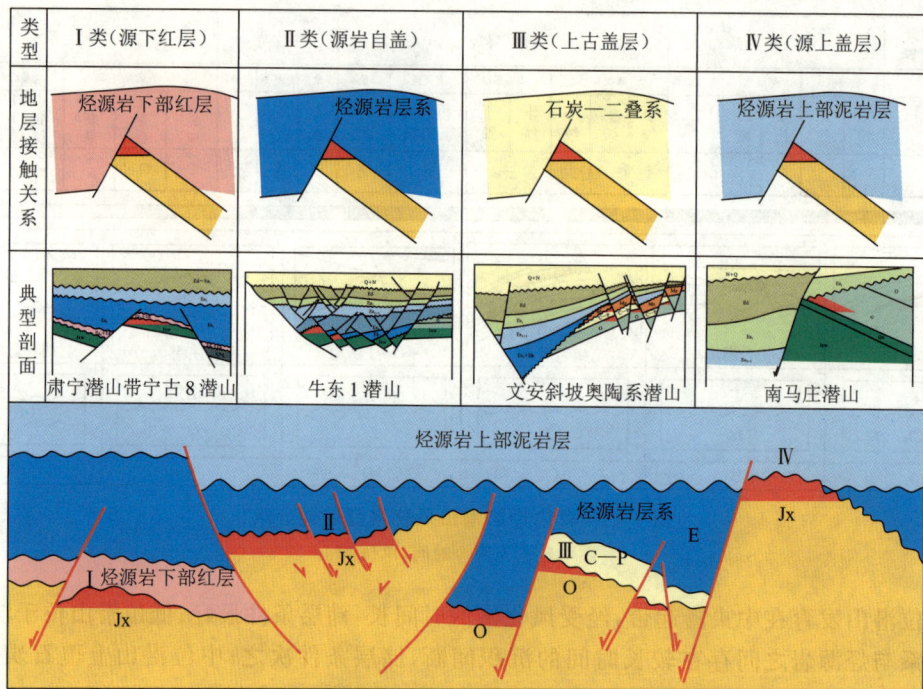

图 7-14　冀中坳陷潜山油气藏盖层条件划分示意图

　　高位潜山通常为Ⅱ类或Ⅳ类潜山,中位潜山为Ⅲ类潜山,低位潜山通常属于Ⅰ类或Ⅱ类潜山。总体来说,Ⅱ类高位潜山与低位潜山供烃条件最好,Ⅲ类中位潜山供烃条件较差。

**2. 二连盆地**

　　根据潜山储层上覆层系,将二连盆地储盖组合类型划分为3类:Ⅰ类储盖组合为源岩自盖型,为最好的储盖组合类型,上覆阿尔善组烃源岩,为有效的烃源岩和封盖层,如兰18x、兰9、哈8等潜山油气藏多属于此类储盖组合;Ⅱ类储盖组合的盖层为侏罗系泥岩,泥岩厚度和排替压力较大,但分布范围较为局限,且潜山储层和烃源岩没有直接接触,供烃条件较差;Ⅲ类储盖组合为源上盖层,潜山圈闭被未成熟的阿尔善组或腾一段泥岩或者砂砾岩覆盖,为最差的储盖组合(图7-15)。

# 三、供烃方式

　　油气充注往往依靠多成藏条件之间的良好配置关系,包括源-储配置关系、断层、不整合及砂体分布等方面。潜山圈闭发育的构造带位置不同,其供烃洼陷的数目也不同。根据供烃洼陷的分布,可将供烃方式分为双向供烃和单向供烃,同时考虑潜山圈闭与烃源岩的接触关系,又分为直接接触和间接接触,再考虑油气输导要素的类型,又将单向供烃方式分为断层型、不整合型、复合型3种,而双向供烃油气输导要素往往为复合型(图7-16)。

　　单向供烃型潜山往往分布于斜坡带,一侧邻近生油洼陷,当烃源岩与潜山圈闭直接接触时,断层型供烃方式主要是烃源岩通过断面与潜山储层对接,潜山上部被非生烃层系覆盖;不整合型供烃方式为烃源岩通过不整合上覆在潜山之上,油气通过不整合进入潜山;复合型潜山圈闭往往位于烃源岩层之下,断层与不整合构成油气运移的复合输导体系。

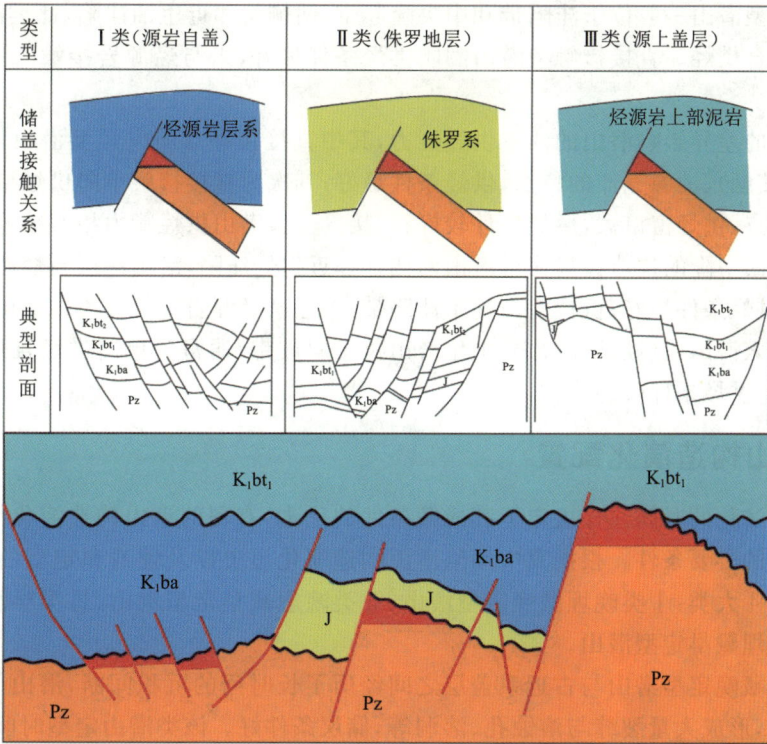

图 7-15　二连盆地不同凹陷潜山油气藏储盖组合类型

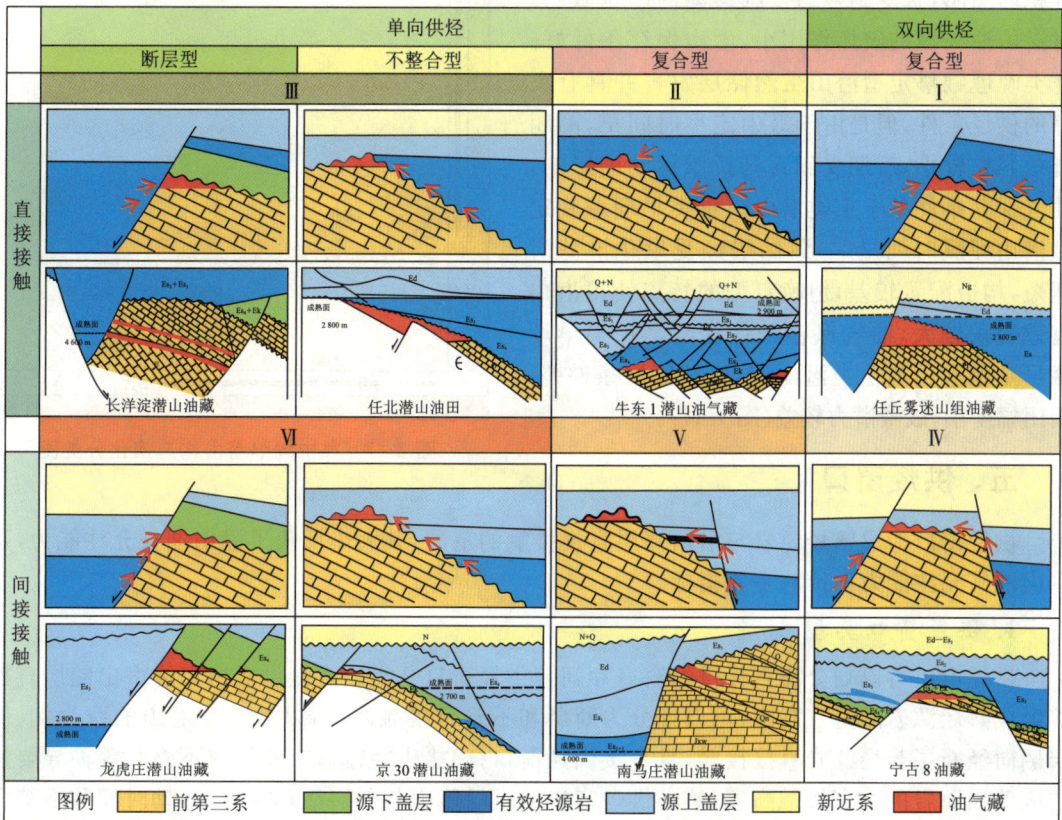

图 7-16　冀中坳陷潜山油气藏供烃方式分类图

双向供烃型潜山一般位于洼陷带和中央隆起带,两侧均邻近生油洼陷,此类潜山通常由断层和不整合复合供烃。直接接触型潜山圈闭供烃条件最好,未与烃源岩接触的潜山圈闭供油条件较差。

供烃方式的差异影响潜山的油气供烃能力,其中直接接触双向供烃型潜山供烃方式具有近油源(直接接触)、油源充沛的特点,供烃条件最好;其次为直接接触单向供烃型潜山,同样具有近油源的特点,供烃窗口大,供烃条件较好;间接接触型潜山供烃能力相对较差。

高位潜山凹中隆的构造格局使得潜山两侧都邻近生烃洼陷,潜山储层与烃源岩直接接触,供烃窗口大,供烃条件最好;低位潜山处于洼陷带,古近系烃源岩直接披覆在潜山之上,油气可通过不整合进入潜山,供烃条件次之;中位潜山位于斜坡带,通常为单向供烃且烃源岩与潜山没有直接接触,供烃条件较差。

## 四、潜山构造演化配置

潜山构造演化的时间往往决定了其成藏条件的优劣,有利的潜山构造演化配置是大型潜山油气藏形成的必要条件。根据冀中坳陷潜山构造演化历史以及埋藏和定型的时间,可将研究区潜山分为4大类:Ⅰ类晚埋藏晚定型潜山、Ⅱ类晚埋藏早定型潜山、Ⅲ类早埋藏晚定型潜山以及Ⅳ类早埋藏早定型潜山。

Ⅰ类晚埋藏晚定型潜山与古近系盖层之间经历了长时间的沉积间断,潜山储层遭受长时间的风化淋滤,形成大量裂缝与溶蚀孔、溶洞等,储层条件好。该类潜山定型时间晚,经历了较长时间的构造运动改造,有利于形成较大有效容积的圈闭,且受到喜马拉雅运动的影响微弱,对潜山油气藏的破坏作用小,潜山保存条件好。Ⅱ类晚埋藏早定型潜山虽然储层发育并具有良好的供烃条件,但是由于潜山定型时间早,圈闭有效容积较小,后期受到喜马拉雅运动的影响,油气保存条件差于Ⅰ类潜山。Ⅲ类早埋藏晚定型潜山埋藏时间早,导致储层经受风化淋滤时间短,构造配置较差,但晚定型的特点使得潜山有效容积较大,油气保存条件优越。Ⅳ类早埋藏早定型潜山与Ⅰ类潜山相反,其储层条件差,圈闭幅度小,成藏潜力较差(图7-17)。

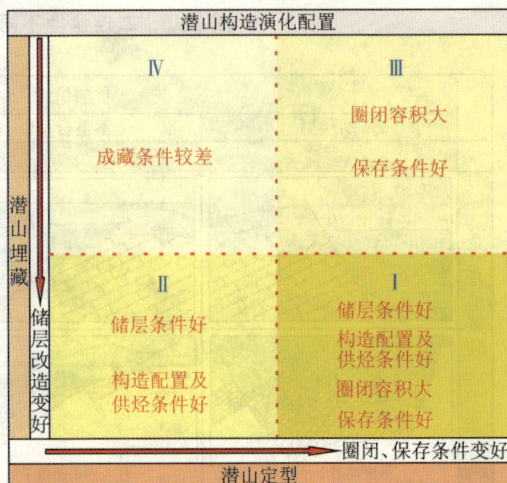

图 7-17 冀中坳陷潜山构造演化分类图

## 五、供烃窗口

供烃窗口为成熟烃源岩与潜山储层直接接触的范围,其大小反映了潜山油气充注能力,是潜山油气充注能力评价的主要指标。

### 1. 供烃窗口类型

供烃窗口可以划分为直接供烃窗口和间接供烃窗口2类。直接供烃窗口为潜山储层直接接触成熟烃源岩的垂直高度,可以细分为断层和不整合接触两类,以兰23x潜山油藏为例,储层侧向经断层与烃源岩直接接触,具直接供烃窗口;间接供烃窗口为断层或不整合等输导要素与成熟烃源岩的垂直接触高度,该类供烃窗口的供烃能力与断层活动速率、活动时间和不整合输导有效性有关,以淖102潜山油藏为例,烃源岩生烃后经断层向潜山圈闭运移,具间接供烃窗口。如图 7-18 所示。

　　与潜山圈闭对接的不同质量烃源岩具有不同的油气充注能力。根据 $TOC$、$S_1+S_2$ 和氯仿沥青"A"含量,将烃源岩类型划分为优质、中等和差 3 类。通过对接潜山圈闭的烃源岩质量,将直接和间接供烃窗口划分为Ⅰ、Ⅱ和Ⅲ 3 类,分别对应优质、中等和差 3 类烃源岩(图 7-18)。

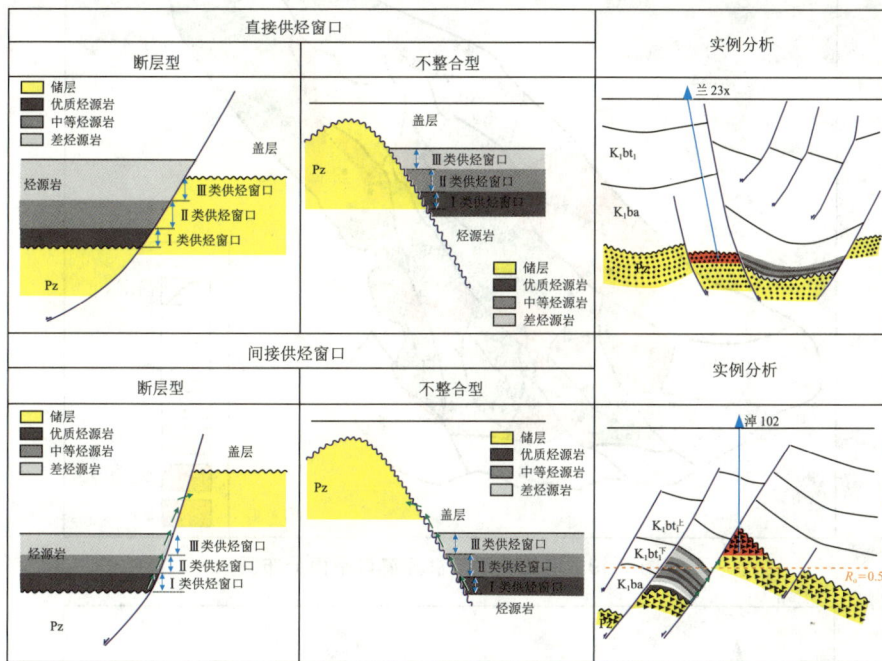

图 7-18　二连盆地不同类型供烃窗口示意图

## 2. 供烃窗口与油气显示

　　二连盆地乌兰花凹陷直接供烃窗口主要分布于北洼槽、南洼槽、红格尔及赛乌苏构造带部分区域,间接供烃窗口则位于洼槽外围的赛乌苏、红井和北洼槽区域,整体上供烃窗口分布于洼陷及周边地区(图 7-19)。阿南凹陷直接供烃窗口主要分布于善南洼陷和哈东洼陷周围的阿南斜坡、哈南潜山、阿尔善背斜和莎音乌苏凸起,间接供烃窗口则位于洼槽外围的阿南斜坡、阿尔善背斜和蒙古林背斜(图 7-20)。赛汉塔拉凹陷供烃窗口分布面积较大,整体以直接供烃窗口为主,主要分布于赛四、伊和、锡林、扎布和乌兰构造带,间接供烃窗口则位于赛四构造带和伊和构造带中部(图 7-21)。额仁淖尔凹陷以直接供烃窗口为主,主要分布于亚希根构造带南部,包尔、巴润和吉格森构造带大部分区域,间接供烃窗口则位于凹陷边缘的巴润和亚希根构造带(图 7-22)。通过对比潜山油气及油气显示井分布与供烃窗口类型可以看出,整体上潜山油气和油气显示井分布于直接供烃窗口区,具有更好的供烃条件。

　　乌兰花凹陷油气显示井总供烃窗口(Ⅰ、Ⅱ、Ⅲ 3 类供烃窗口之和)在 70～250 m 之间,其中Ⅰ类供烃窗口在 40 m 以上;无油气显示井总供烃窗口虽然整体上在 50～100 m 之间,但Ⅰ类供烃窗口较小,在 40 m 以内(图 7-23a)。阿南凹陷油气显示井总供烃窗口在 100～250 m 之间,其中Ⅰ类供烃窗口在 40 m 以上,且Ⅰ类供烃窗口越大,其油气显示厚度越大;无油气显示井总供烃窗口在 70 m 以下,且以Ⅱ类和Ⅲ类供烃窗口为主,Ⅰ类供烃窗口在 30 m 以下(图 7-23b)。额仁淖尔凹陷油气显示井总供烃窗口在 100～250 m 之间,其中Ⅰ类供烃窗口在 50 m 以上;无油气显示井总供烃窗口也较大,在 50～200 m 之间,但整体以Ⅱ类和Ⅲ类供烃窗

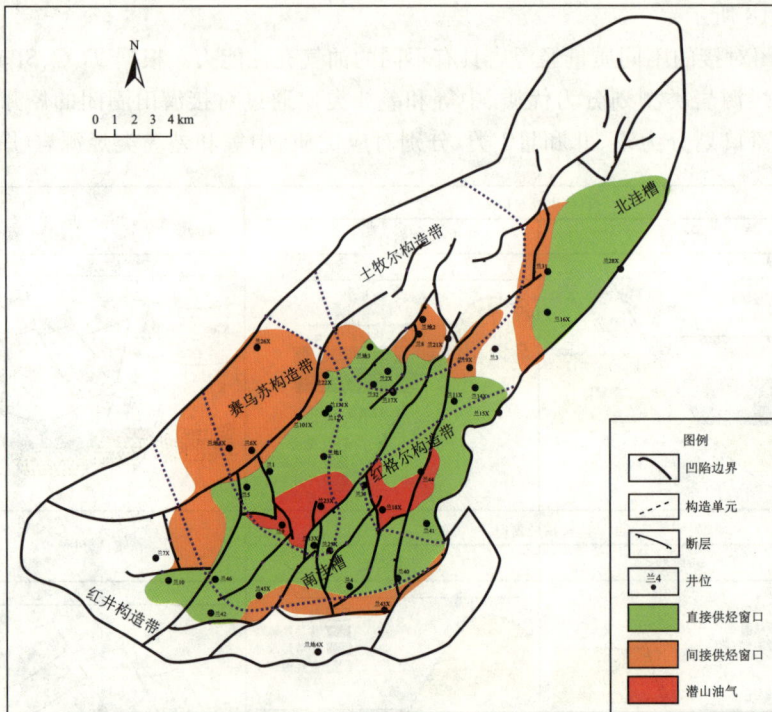

图 7-19 乌兰花凹陷供烃窗口平面分布图

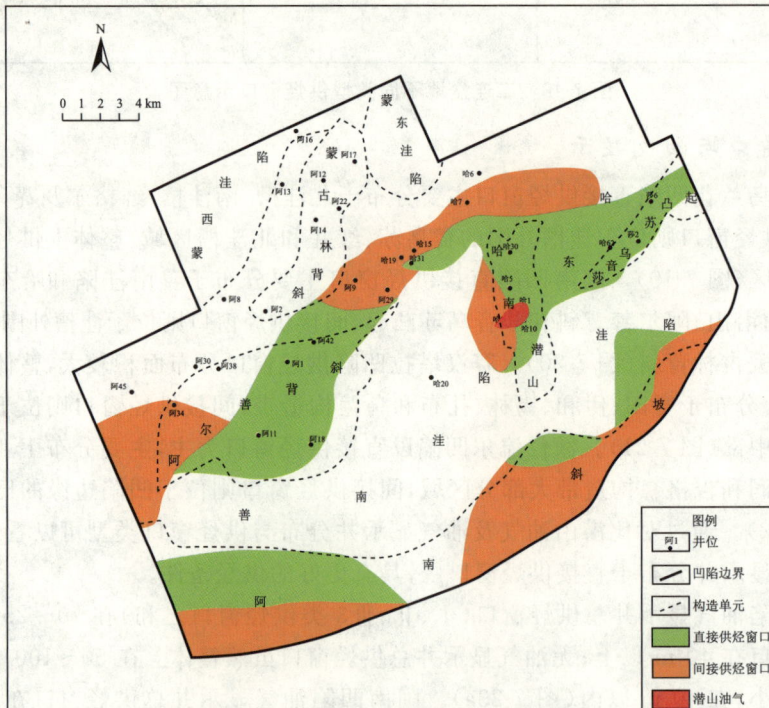

图 7-20 阿南凹陷供烃窗口平面分布图

口为主,Ⅰ类供烃窗口在 30 m 以下(图 7-23c)。赛汉塔拉凹陷油气显示井总供烃窗口较大,在 200~300 m 之间,其中Ⅰ类供烃窗口在 60 m 以上;无油气显示井供烃窗口在 50~200 m 之间,整体以Ⅱ类和Ⅲ类供烃窗口为主,Ⅰ类供烃窗口在 30 m 以下(图 7-23d)。

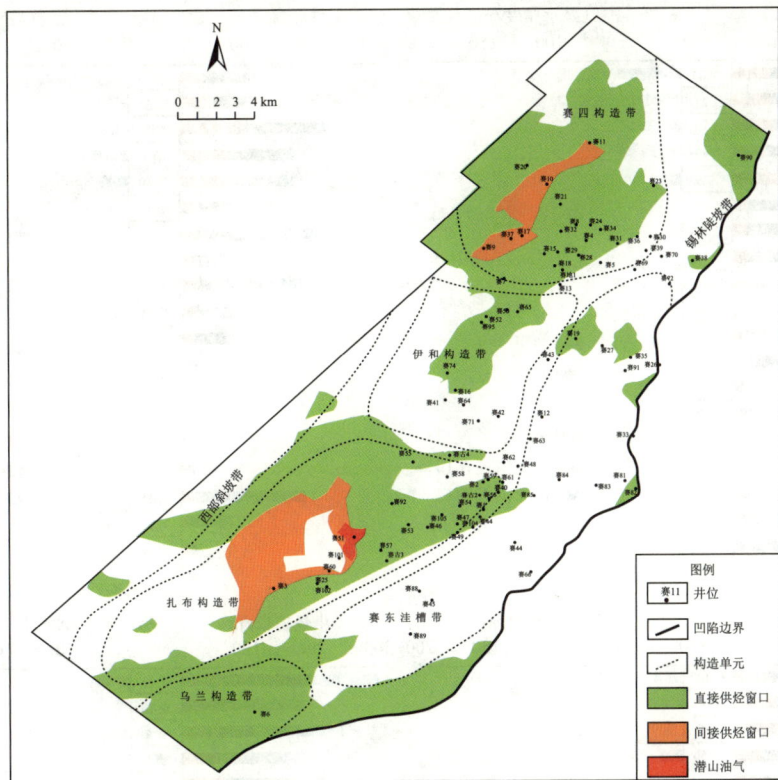

图 7-21　赛汉塔拉凹陷供烃窗口平面分布图

图 7-22　额仁淖尔凹陷供烃窗口平面分布图

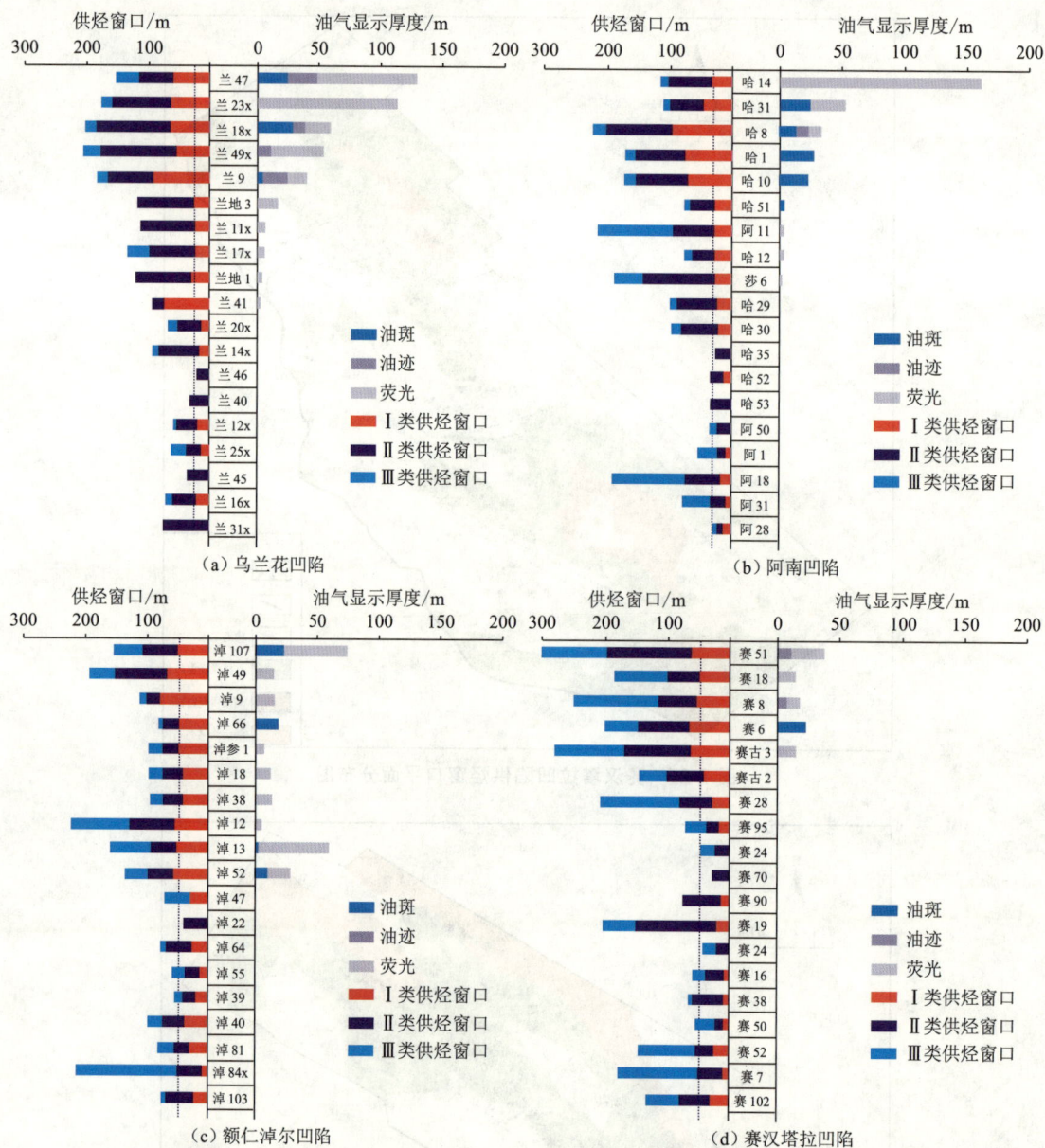

图 7-23　二连盆地 4 个凹陷供烃窗口与油气显示厚度关系

通过对比不同凹陷 3 种类型供烃窗口与油气显示厚度可以看出，Ⅰ类供烃窗口与油气显示厚度有很明显的关系，Ⅰ类供烃窗口决定了油气捕获概率，其值越大，油气成藏概率越高。

# 第三节　冀中坳陷潜山油气充注能力定量评价

## 一、评价公式建立

### 1. 源储对接潜山

在权重总值为 1 的前提下，考虑各个指标对潜山油气充注能力的重要程度，对每个评价指标进行权重赋值：潜山储层的孔隙度、渗透率、风化淋滤时间权重均为 0.1，供烃窗口、烃源岩生烃强度权重均为 0.2,供烃方式、储盖组合类型与构造演化配置权重均为 0.1。最后综合考虑上述因素,建立潜山油气充注能力定量评价的计算公式:

$$S = 0.1W_{孔} + 0.1W_{渗} + 0.1WT + 0.1HSP + 0.1SRM +$$
$$0.1TEC + 0.2HW + 0.2HGD \tag{7-6}$$

式中,$S$ 为潜山油气充注能力;$W_{孔}$、$W_{渗}$、$WT$ 分别为潜山储层孔隙度、渗透率、风化淋滤时间的赋值;$HSP$、$SRM$、$TEC$、$HW$ 分别为潜山供烃方式、储盖组合类型、潜山构造演化配置、供烃窗口的赋值;$HGD$ 为烃源岩生烃强度的赋值。

**2. 源储间隔潜山**

由于源储间隔潜山储层与烃源岩没有直接接触,其供烃窗口为 0,供烃窗口不影响其油气充注能力,因而对公式(7-6)进行调整,删除供烃窗口项,对剩余影响因素的权重进行调整。具体来说,对于源储间隔潜山,供烃方式对其油气充注能力的贡献最大,因而将其权重由 0.1 调整为 0.2;储盖组合类型对其油气充注能力的贡献也相对增大,因而将其权重由 0.1 调整为 0.2。由此,即可得到源储间隔潜山油气充注能力的计算公式:

$$S = 0.1W_{孔} + 0.1W_{渗} + 0.1WT + 0.2HSP +$$
$$0.2SRM + 0.1TEC + 0.2HGD \tag{7-7}$$

计算结果 $S$ 值越大,表示油气越容易进入潜山储层,以此可以评价各个潜山的成藏概率大小。

**3. 评价参数赋值标准**

$WT$、$SRM$、$HSP$、$TEC$ 的分类标准如图 7-13、图 7-14、图 7-16、图 7-17 所示。图 7-13 中,潜山风化淋滤时间的分类标准为:A 类为长城系潜山上覆古近系,B 类为蓟县系潜山上覆古近系,C 类为青白口系潜山上覆古近系,D 类为寒武系潜山上覆古近系,E 类为奥陶系潜山上覆古近系,F 类为奥陶系潜山上覆石炭—二叠系。图 7-14 中,储盖组合类型的分类标准:Ⅰ 类为源下红层覆盖,Ⅱ 类为源岩自盖,Ⅲ 类为上古盖层,Ⅳ 类为源上未成熟泥岩盖层。图 7-16 中,供烃方式的分类标准:Ⅰ 类为烃源岩与潜山储层直接接触且双向供烃型;Ⅱ 类为烃源岩与潜山储层直接接触,且以断层和不整合复合输导油气的单向供烃型;Ⅲ 类为烃源岩与潜山储层直接接触,且以断层或不整合输导油气的单向供烃型;Ⅳ 类为烃源岩与潜山储层间接接触的双向供烃型;Ⅴ 类为烃源岩与潜山储层间接接触并以断层、不整合作为复合输导体系的单向供烃型;Ⅵ 类为烃源岩与潜山储层间接接触,且以断层或不整合输导油气的单向供烃型。图 7-17 中,潜山构造演化配置的分类标准:Ⅰ 类为晚埋藏晚定型潜山,Ⅱ 类为晚埋藏早定型潜山,Ⅲ 类为早埋藏晚定型潜山,Ⅳ 类为早埋藏早定型潜山。

将潜山储层孔隙度、渗透率、烃源岩生烃强度实测值的大小划分为几个区间,根据评价指标的分布范围对每个区间进行赋值,即按照成藏条件的优劣对潜山风化淋滤时间、储盖组合、供烃方式的类型进行赋值,得到研究区潜山油气充注能力评价指标的赋值标准(表 7-1)。

## 二、潜山油气充注能力计算

### 1. 计算结果

根据研究区的地质资料,依据表 7-1 确定所述研究区内潜山的孔隙度赋值 $W_{孔}$、渗透率赋值 $W_{渗}$、风化淋滤时间赋值 $WT$、供烃方式赋值 $HSP$、储盖组合类型赋值 $SRM$、烃源岩生烃强

表 7-1　冀中坳陷潜山油气充注能力评价指标赋值标准

| 评价指标 | 指标范围 | 赋值 | 指标范围 | 赋值 | 指标范围 | 赋值 | 指标范围 | 赋值 | 指标范围 | 赋值 | 指标范围 | 赋值 |
|---|---|---|---|---|---|---|---|---|---|---|---|---|
| 孔隙度/% | 0～5 | 4 | 5～10 | 6 | 10～15 | 8 | 15～20 | 10 | | | | |
| 渗透率/($10^{-3}\ \mu m^2$) | 0～1 | 2 | 1～10 | 4 | 10～100 | 6 | 100～1 000 | 8 | >1 000 | 10 | | |
| 风化淋滤时间($WT$)/Ma | A | 9 | B | 8 | C | 7 | D | 5 | E | 4 | F | 3 |
| 供烃方式($HSP$) | Ⅵ | 2 | Ⅴ | 3 | Ⅳ | 4 | Ⅲ | 8 | Ⅱ | 9 | Ⅰ | 10 |
| 储盖组合类型($SRM$) | Ⅰ | 5 | Ⅱ | 10 | Ⅲ | 4 | Ⅳ | 2 | | | | |
| 构造演化配置($TEC$) | Ⅰ | 8 | Ⅱ | 6 | Ⅲ | 4 | Ⅳ | 4 | | | | |
| 生烃强度($HGD$)/($10^8\ m^3 \cdot km^{-2}$) | 4～5 | 5 | 5～6 | 6 | 6～7 | 7 | >7 | 8 | | | | |

度赋值 $HGD$,并根据潜山的实际地质剖面,确定所述潜山对应的供烃窗口 $HW$。

　　基于上述评价方法,选取位于不同构造带的多个潜山,涵盖 3 种潜山类型,进行潜山供烃能力计算,计算结果见表 7-2。属于中央隆起带的任丘潜山、任北寒武系及奥陶系内幕潜山经历了长时间的风化淋滤,储层物性好,沙三段烃源岩生烃强度大且潜山与烃源岩直接接触,双侧洼陷同时供烃,供烃方式优越,潜山供烃能力最强;属于斜坡带的苏桥潜山、刘其营潜山、龙虎庄潜山储集层与烃源岩没有接触,潜山供烃能力相对较差;属于洼陷带的牛东 1 潜山、肃宁潜山、河间潜山位于烃源岩之下,供烃方式较好,潜山储集层经历风化淋滤时间较长,溶蚀孔洞发育且保存条件好,潜山供烃能力较好。

表 7-2　冀中坳陷潜山油气充注能力计算结果

| 潜山类型 | 高位潜山（中央隆起带潜山） | | | 中位潜山（斜坡带潜山） | | | 低位潜山（洼陷带潜山） | | |
|---|---|---|---|---|---|---|---|---|---|
| 典型潜山 | 任丘潜山 | 任北寒武 | 任北奥陶 | 苏桥潜山 | 刘其营潜山 | 龙虎庄潜山 | 肃宁潜山 | 河间潜山 | 牛东 1 潜山 |
| 孔隙度/% | 6.43 | 6 | 5.9 | 2 | 2.69 | 6 | 3 | 12 | 6.85 |
| 赋值 | 6 | 6 | 6 | 4 | 4 | 6 | 4 | 8 | 6 |
| 渗透率/($10^{-3}\ \mu m^2$) | >1 000 | 100～1 000 | 296 | 1～10 | 0.37 | 12 | 50 | 167 | 10～100 |
| 赋值 | 10 | 8 | 8 | 4 | 2 | 6 | 8 | 8 | 6 |
| 风化淋滤时间/Ma | B | D | E | F | F | D | B | A | B |
| 赋值 | 8 | 5 | 4 | 3 | 3 | 5 | 8 | 9 | 8 |
| 供烃方式 | Ⅰ | Ⅲ | Ⅲ | Ⅴ | Ⅵ | Ⅵ | Ⅴ | Ⅲ | Ⅱ |
| 赋值 | 10 | 8 | 8 | 3 | 2 | 2 | 3 | 8 | 9 |
| 储盖组合类型 | Ⅱ | Ⅱ | Ⅱ | Ⅲ | Ⅲ | Ⅰ | Ⅰ | Ⅱ | Ⅱ |

| 潜山类型 | 高位潜山（中央隆起带潜山） | | | 中位潜山（斜坡带潜山） | | | 低位潜山（洼陷带潜山） | | |
|---|---|---|---|---|---|---|---|---|---|
| 典型潜山 | 任丘潜山 | 任北寒武 | 任北奥陶 | 苏桥潜山 | 刘其营潜山 | 龙虎庄潜山 | 肃宁潜山 | 河间潜山 | 牛东1潜山 |
| 赋　值 | 10 | 10 | 10 | 4 | 4 | 5 | 5 | 10 | 10 |
| 构造演化配置 | I | I | I | IV | IV | IV | II | III | II |
| 赋　值 | 8 | 8 | 8 | 4 | 4 | 4 | 6 | 6 | 6 |
| 供烃窗口/km² | 2.16 | 0.54 | 1.29 | 0 | 0 | 0 | 0 | 0.11 | 2.73 |
| 生烃强度 /$(10^8 \text{ m}^3 \cdot \text{km}^{-2})$ | 7.5 | 6.8 | 6.8 | 4.5 | 5 | 4.5 | 6.5 | 5.5 | 2.32 |
| 赋　值 | 8 | 7 | 7 | 5 | 5 | 5 | 7 | 6 | 7 |
| $S$ | 7.23 | 6.01 | 6.06 | 3.9 | 3.5 | 4.5 | 5.4 | 6.12 | 6.36 |

## 2. 评价结果验证

根据潜山油气高度与圈闭高度的比值可得到潜山圈闭充满度,进而反映潜山油气充注结果,因此可利用潜山圈闭充满度来验证上述评价结果。根据冀中坳陷区各潜山勘探结果,计算各潜山的圈闭充满度。由图 7-24 可见,上述方法计算获得的油气充注能力 $S$ 与勘探发现的潜山油气富集程度有较好的匹配关系,因此该方法能够定量评价潜山油气充注能力,且评价结果准确。

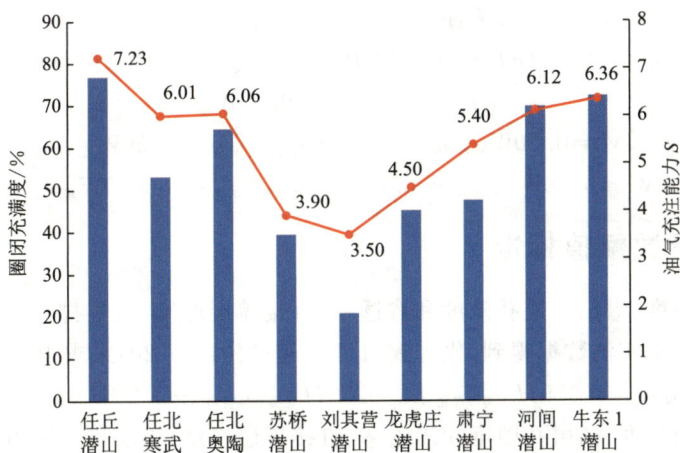

图 7-24　冀中坳陷潜山油气充注能力与圈闭充满度对比

# 第四节　二连盆地重点凹陷潜山油气充注能力定量评价

## 一、评价公式建立

将烃源岩排烃强度、潜山储层物性、储盖组合特征以及输导条件这 4 项因素作为评价潜山油气充注能力的一级评价指标,建立潜山油气充注能力评价公式:

$$S = A_1 \times HED + A_2 \times RP + A_3 \times SRM + A_4 \times HW \tag{7-8}$$

选取 4 个一级评价指标的影响因素,建立各个一级评价指标的次级评价公式:

$$RP = a_1 W_{孔} + a_2 W_{渗} \tag{7-9}$$

$$SRM = b_1 W_{储盖组合} + b_2 W_{盖层排替压力} + b_3 W_{盖层厚度} \tag{7-10}$$

$$HW = c_1 W_{供烃窗口} + c_2 W_{成藏期断层活动速率} + c_3 W_{输导方式} \tag{7-11}$$

式中,$W$ 为赋值(常数);$RP$ 为储集物性的赋值;$HED$ 为排烃强度的赋值;$SRM$ 为储盖组合的赋值;$HW$ 为输导条件的赋值;$A_1$、$A_2$、$A_3$、$A_4$、$a_1$、$a_2$、$b_1$、$b_2$、$b_3$、$c_1$、$c_2$、$c_3$ 为各评价因子的权重值。

根据不同评价指标对潜山油气充注能力的影响程度,对各个评价指标的权重进行赋值。以乌兰花、赛汉塔拉和阿南凹陷为例,通过对其成藏主控因素的研究,认为评价因素中 4 个参数的重要程度排序为储层物性=储盖组合=输导条件>排烃强度,其对应的权重为 0.267、0.267、0.267 和 0.200。

在一级评价参数权重确定基础上,对二级评价参数权重进行确认。储集物性评价参数中孔隙度和渗透率重要程度相同,因此权重为 0.5 和 0.5;储盖组合评价因素中 3 个参数的重要程度排序为盖层厚度>盖层排替压力>储盖组合类型,对应的权重为 0.5、0.3 和 0.2;输导条件中 3 个参数的重要程度排序为供烃窗口>成藏期断层活动速率>输导方式,对应的权重为 0.5、0.3 和 0.2。最终得到乌兰花、赛汉塔拉和阿南凹陷潜山油气充注能力评价公式为:

$$S = 0.200HED + 0.267RP + 0.267SRM + 0.267HW \tag{7-12}$$

$$RP = 0.50W_{孔} + 0.50W_{渗} \tag{7-13}$$

$$SRM = 0.20W_{储盖组合} + 0.30W_{盖层排替压力} + 0.50W_{盖层厚度} \tag{7-14}$$

$$HW = 0.50W_{供烃窗口} + 0.30W_{成藏期断层活动速率} + 0.20W_{输导方式} \tag{7-15}$$

同理,额仁淖尔凹陷潜山油气充注能力评价公式为:

$$S = 0.267HED + 0.267RP + 0.200SRM + 0.267HW \tag{7-16}$$

$$RP = 0.50W_{孔} + 0.50W_{渗} \tag{7-17}$$

$$SRM = 0.20W_{储盖组合} + 0.30W_{盖层排替压力} + 0.50W_{盖层厚度} \tag{7-18}$$

$$HW = 0.40W_{供烃窗口} + 0.40W_{成藏期断层活动速率} + 0.20W_{输导方式} \tag{7-19}$$

## 二、评价参数赋值标准

烃源岩生烃强度、潜山储层孔隙度和渗透率、直接盖层厚度、盖层排替压力、成藏期断层活动速率可以通过潜山实测数据得到,供烃窗口可以通过公式(7-20)来求得。

$$H_{供烃窗口} = 0.5H_{I类供烃窗口} + 0.30H_{II类供烃窗口} + 0.20H_{III类供烃窗口} \tag{7-20}$$

将烃源岩排烃强度、储层孔隙度和渗透率、直接盖层厚度、盖层排替压力、成藏期断层活动速率实测值的大小划分为几个区间,根据评价指标的分布范围对每个区间进行赋值,按照成藏条件的优劣对储盖组合和输导方式的类型进行赋值,得到研究区潜山油气充注能力评价指标的赋值标准(表 7-3)。

## 三、潜山油气充注能力计算

### 1. 乌兰花凹陷

通过对乌兰花凹陷各评价参数的研究,选取乌兰花凹陷不同构造带 13 个圈闭,确定其各评价参数赋值,并根据建立的潜山油气充注能力评价公式计算其评价结果(表 7-4)。结果表明,乌兰花凹陷各圈闭评价结果在 4~8 之间,不同油气显示的圈闭评价结果具有明显差别,如

表 7-3 二连盆地潜山油气充注能力评价指标赋值标准

| 评价指标 | 指标范围 | 赋值 | 指标范围 | 赋值 | 指标范围 | 赋值 | 指标范围 | 赋值 | 指标范围 | 赋值 | 指标范围 | 赋值 |
|---|---|---|---|---|---|---|---|---|---|---|---|---|
| 孔隙度/% | 0~2 | 2 | 2~4 | 4 | 4~6 | 6 | 6~8 | 8 | 8~10 | 10 | | |
| 渗透率/($10^{-3}\ \mu m^2$) | 0~1 | 2 | 1~10 | 4 | 10~100 | 6 | 100~1000 | 8 | >1000 | 10 | | |
| 输导方式 | | | | | IV | 4 | III | 8 | II | 9 | I | 10 |
| 成藏期断层活动速率/(m·$Ma^{-1}$) | 0~20 | 5 | 20~40 | 6 | 40~60 | 7 | 60~80 | 8 | 80~100 | 9 | >100 | 10 |
| 供烃窗口/m | 0~100 | 5 | 100~200 | 6 | 200~300 | 7 | 300~400 | 8 | 400~500 | 9 | 500~600 | 10 |
| 储盖组合类型 | I | 8 | II | 4 | III | 6 | | | | | | |
| 排烃强度/($10^4\ m^3$·$km^{-1}$) | 10~50 | 5 | 50~100 | 6 | 100~150 | 7 | 150~200 | 8 | 200~250 | 9 | 250~300 | 10 |
| 盖层厚度/m | 0~10 | 5 | 10~20 | 6 | 20~30 | 7 | 30~40 | 8 | 40~50 | 9 | 50~60 | 10 |
| 盖层排替压力/MPa | 4~5 | 5 | 5~6 | 6 | 6~7 | 7 | 7~8 | 8 | 8~9 | 9 | >9 | 10 |

工业油流井兰18x等井的评价结果大于7,油气显示井兰11x等井的计算结果在6~6.6之间,无油气显示井兰20x等井的评价结果在6以下(图7-25)。

表 7-4 乌兰花凹陷不同圈闭评价参数及评价结果计算表

| 构造位置 | 井号 | 排烃强度/($10^4$ t·$km^{-2}$) | 供烃条件 | | | 储层物性 | | 储盖组合特征 | | | 计算结果(S) |
|---|---|---|---|---|---|---|---|---|---|---|---|
| | | | 供烃窗口/m | 成藏期断层活动速率/(m·$Ma^{-1}$) | 供烃方式 | 孔隙度/% | 渗透率/($10^{-3}\ \mu m^2$) | 储盖组合方式 | 盖层排替压力/MPa | 盖层厚度/m | |
| 红格尔 | 兰18x | 210 | 72 | 48 | I | 7.2 | 4.79 | I | 5.8 | 51 | 7.97 |
| 赛乌苏 | 兰9 | 180 | 71 | 21.6 | III | 9.1 | 5.55 | I | 6.0 | 16 | 7.23 |
| 土牧尔 | 兰11x | 100 | 31 | 10 | IV | 2.2 | 0.02 | I | 5.4 | 9 | 5.49 |
| 土牧尔 | 兰20x | 50 | 22 | 15 | IV | 2.5 | 0.02 | I | 6.8 | 0 | 4.80 |
| 土牧尔 | 兰地3 | 10 | 34 | 4 | V | 2.6 | 0.13 | I | 7.7 | 12 | 4.95 |
| 红格尔 | 兰47 | 170 | 54 | 28 | I | 4.6 | 2.29 | I | 5.6 | 25 | 6.88 |
| 土牧尔 | 兰19x | 110 | 26 | 5 | IV | 4.0 | 0.01 | I | 6.1 | 7 | 5.82 |
| 赛乌苏 | 兰23x | 200 | 64 | 28 | III | 5.4 | 2.98 | I | 6.3 | 19 | 6.87 |
| 赛乌苏 | 兰26x | 250 | 60 | 45 | IV | 5.1 | 0.25 | I | 6.3 | 31 | 7.01 |
| 红格尔 | 兰33 | 210 | 51 | 15 | IV | 2.7 | 0.10 | II | 6.3 | 0 | 5.46 |
| 赛乌苏 | 兰25x | 110 | 17 | 13 | IV | 3.6 | 0.17 | II | 5.9 | 0 | 5.07 |
| 土牧尔 | 兰32 | 105 | 30 | 25 | IV | 2.2 | 2.10 | I | 5.1 | 10 | 5.68 |
| 红格尔 | 兰49x | 90 | 69 | 35 | IV | 4.5 | 1.75 | I | 6.1 | 12 | 6.34 |

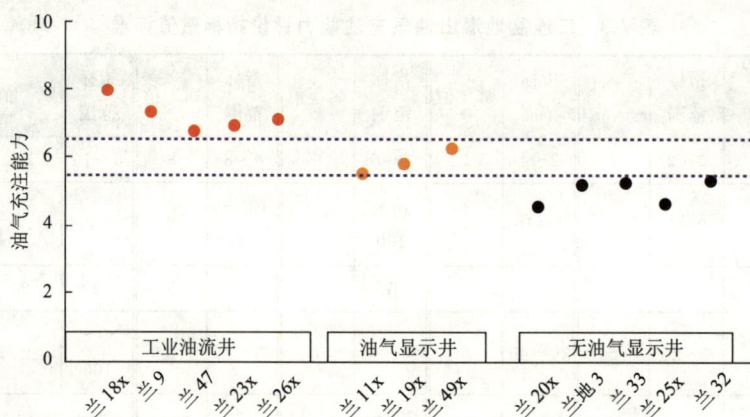

图 7-25　乌兰花凹陷不同油气显示井油气充注能力评价结果

## 2. 阿南凹陷

阿南凹陷 13 个圈闭评价结果在 4~7 之间,不同油气显示井结果具有一定的差别,其中工业油流井哈 8 等井的评价结果大于 6,油气显示井哈 31 等井的计算结果在 5~6 之间,无油气显示井阿 18 等井的评价结果在 5 以下(表 7-5 和图 7-26)。

表 7-5　阿南凹陷不同圈闭评价参数及评价结果计算表

| 构造位置 | 井号 | 排烃强度/($10^4$ t·$km^{-2}$) | 供烃条件 | | | 储层物性 | | 储盖组合特征 | | | 计算结果(S) |
| --- | --- | --- | --- | --- | --- | --- | --- | --- | --- | --- | --- |
| | | | 供烃窗口/m | 成藏期断层活动速率/(m·$Ma^{-1}$) | 供烃方式 | 孔隙度/% | 渗透率/($10^{-3}$ $\mu m^2$) | 储盖组合方式 | 盖层排替压力/MPa | 盖层厚度/m | |
| 哈南潜山 | 哈 1 | 100 | 64 | 15 | IV | 4.49 | 4.79 | I | 6.05 | 10 | 6.39 |
| 哈南潜山 | 哈 8 | 120 | 84 | 6 | IV | 4.60 | 4.25 | I | 6.1 | 8 | 6.31 |
| 哈南潜山 | 哈 10 | 100 | 80 | 15 | IV | 3.63 | 3.11 | I | 5.39 | 3 | 6.03 |
| 善南洼陷 | 哈 31 | 50 | 41 | 2 | III | 5.60 | 2.59 | I | 5.25 | 15 | 6.10 |
| 阿南斜坡 | 哈 51 | 50 | 30 | 12 | III | 2.72 | 1.05 | I | 6.33 | 5 | 5.61 |
| 哈东洼陷 | 哈 12 | 55 | 25 | 7 | III | 2.51 | 1.04 | I | 5.63 | 5 | 5.54 |
| 哈南潜山 | 哈 14 | 52 | 33 | 7 | III | 3.14 | 1.07 | I | 7.37 | 2 | 5.69 |
| 善南洼陷 | 哈 15 | 35 | 31 | 30 | III | 2.58 | 1.05 | I | 7.65 | 3 | 5.53 |
| 莎音乌苏 | 莎 6 | 160 | 64 | 7 | III | 2.82 | 1.08 | I | 4.93 | 3 | 6.00 |
| 善南洼陷 | 哈 19 | 45 | 21 | 19 | III | 2.57 | 1.04 | I | 5.6 | 4 | 5.04 |
| 阿尔善背斜 | 阿 18 | 150 | 51 | 2 | III | 0.90 | 0.75 | I | 2.12 | 10 | 4.99 |
| 阿南斜坡 | 阿 15 | 20 | 28 | 2 | V | 1.07 | 0.13 | I | 5.65 | 4 | 4.05 |
| 善南洼陷 | 哈 37 | 78 | 27 | 1 | III | 1.63 | 0.02 | I | 4.09 | 2 | 4.90 |

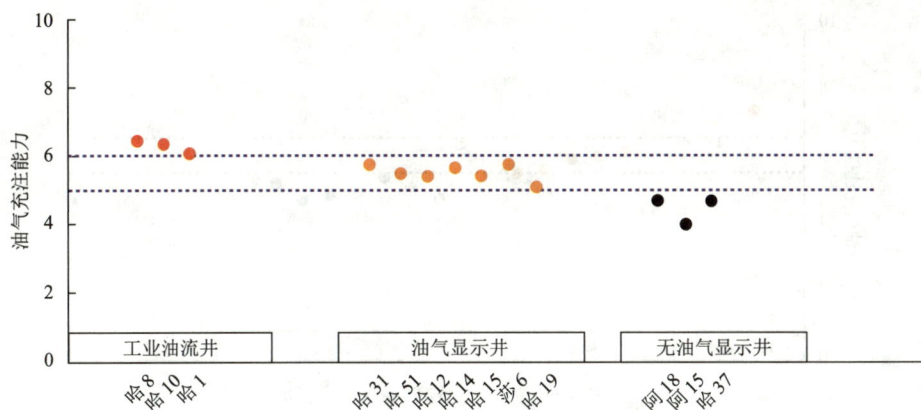

图 7-26 阿南凹陷不同油气显示井油气充注能力评价结果

### 3. 赛汉塔拉凹陷

赛汉塔拉凹陷各圈闭评价结果在 4~7.5 之间,且不同油气显示井的计算结果具有明显差别,其中工业油流井赛 51 井的评价结果大于 6.5,油气显示井赛古 3 等井的计算结果在 5.5~6.5 之间,无油气显示井赛 4 等井的评价结果在 5.5 以下(表 7-6 和图 7-27)。

表 7-6 赛汉塔拉凹陷不同圈闭评价参数及评价结果计算表

| 构造位置 | 井号 | 排烃强度 /(10⁴ t· km⁻²) | 供烃条件 | | 储层物性 | | 储盖组合特征 | | | 计算结果(S) |
| --- | --- | --- | --- | --- | --- | --- | --- | --- | --- | --- |
| | | | 供烃窗口 /m | 成藏期断层活动速率/(m· Ma⁻¹) | 供烃方式 | 孔隙度 /% | 渗透率 /(10⁻³ μm²) | 储盖组合方式 | 盖层排替压力 /MPa | 盖层厚度 /m | |
| 扎 布 | 赛 51 | 150 | 96 | 22.4 | Ⅲ | 5.31 | 1.980 | Ⅰ | 7.46 | 60 | 7.43 |
| 扎 布 | 赛古 3 | 180 | 88 | 26.5 | Ⅲ | 3.51 | 0.266 | Ⅱ | 7.41 | 14 | 6.34 |
| 扎 布 | 赛古 2 | 240 | 47 | 26.5 | Ⅲ | 3.6 | 0.174 | Ⅱ | 4.36 | 8 | 6.08 |
| 赛 四 | 赛 8 | 60 | 72 | 54.5 | Ⅲ | 3.92 | 0.143 | Ⅰ | 6.62 | 6 | 5.91 |
| 赛 四 | 赛 18 | 80 | 54 | 17.69 | Ⅲ | 3.2 | 0.145 | Ⅱ | 5.83 | 14 | 5.42 |
| 乌 兰 | 赛 6 | 40 | 65 | 23.2 | Ⅲ | 3.22 | 0.144 | Ⅱ | 5.06 | 14 | 5.27 |
| 赛 四 | 赛 4 | 20 | 58 | 17.69 | Ⅲ | 1.25 | 0.006 | Ⅱ | 4.75 | 2 | 5.00 |
| 赛 四 | 赛 7 | 20 | 43 | 54.5 | Ⅲ | 3.172 | 0.014 | Ⅱ | 6.05 | 3 | 5.19 |
| 赛 东 | 赛 19 | 80 | 56 | 14.32 | Ⅲ | 2.56 | 0.011 | Ⅲ | 5.71 | 3 | 5.42 |
| 赛 东 | 赛 82 | 40 | 55 | 21.21 | Ⅲ | 3.4 | 0.015 | Ⅱ | 5.74 | 14 | 5.27 |
| 伊 和 | 赛 95 | 20 | 18 | 44.5 | Ⅲ | 3.796 | 0.019 | Ⅱ | 5.33 | 8 | 5.08 |
| 锡 林 | 赛 90 | 10 | 21 | 18.59 | Ⅲ | 2.2 | 0.008 | Ⅲ | 3.49 | 8 | 4.85 |
| 赛 四 | 赛 28 | 20 | 54 | 23.34 | Ⅲ | 3.4 | 0.015 | Ⅲ | 5.30 | 3 | 5.15 |

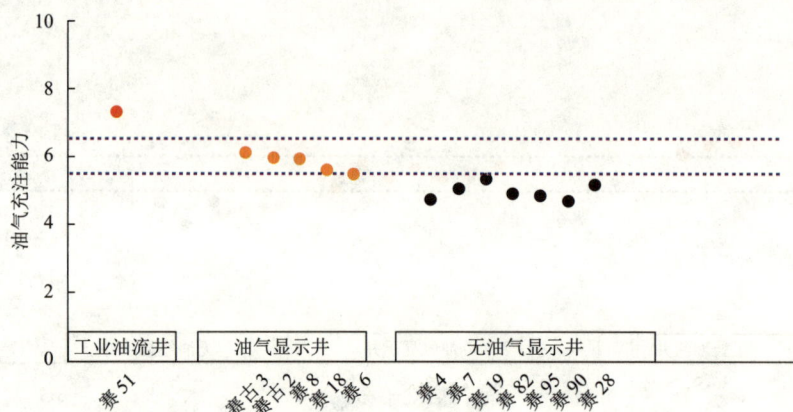

图 7-27 赛汉塔拉凹陷不同油气显示井油气充注能力评价结果

### 4. 额仁淖尔凹陷

额仁淖尔凹陷 13 个圈闭评价结果在 4～6.4 之间,不同油气显示井评价结果具有明显的差异,其中工业油流井淖 102 等井的评价结果大于 6.2,油气显示井淖 52 等井的计算结果在 5.5～6 之间,无油气显示井淖 79 等井的评价结果在 5.5 以下(表 7-7 和图 7-28)。

表 7-7 额仁淖尔凹陷不同圈闭评价参数及评价结果计算表

| 构造位置 | 井号 | 排烃强度/(10⁴ t·km⁻²) | 供烃条件 | | | 储层物性 | | 储盖组合特征 | | | 计算结果(S) |
|---|---|---|---|---|---|---|---|---|---|---|---|
| | | | 供烃窗口/m | 成藏期断层活动速率/(m·Ma⁻¹) | 供烃方式 | 孔隙度/% | 渗透率/(10⁻³ μm²) | 储盖组合方式 | 盖层排替压力/MPa | 盖层厚度/m | |
| 包尔潜山 | 淖107 | 60 | 51 | 31 | Ⅲ | 6.60 | 9.50 | Ⅰ | 7.15 | 7 | 6.28 |
| 包尔潜山 | 淖52 | 60 | 45.7 | 12 | Ⅲ | 4.59 | 2.09 | Ⅰ | 6.88 | 4 | 5.98 |
| 亚希根 | 淖9 | 30 | 37.9 | 36 | Ⅲ | 5.32 | 4.09 | Ⅰ | 5.75 | 4 | 5.75 |
| 包尔潜山 | 淖66 | 60 | 33.8 | 10 | Ⅲ | 3.63 | 3.31 | Ⅰ | 6.59 | 4 | 5.72 |
| 吉格森 | 淖12 | 100 | 60.4 | 27 | Ⅲ | 5.83 | 8.50 | Ⅰ | 6.15 | 5 | 6.21 |
| 吉格森 | 淖13 | 100 | 35.1 | 16 | Ⅲ | 5.25 | 4.25 | Ⅱ | 5.80 | 7 | 6.03 |
| 巴润潜山 | 淖18 | 100 | 34.6 | 13 | Ⅲ | 5.64 | 2.64 | Ⅱ | 5.98 | 5 | 6.03 |
| 巴润潜山 | 淖49 | 80 | 70.4 | 18 | Ⅲ | 4.26 | 1.59 | Ⅰ | 5.69 | 9 | 5.91 |
| 亚希根 | 淖4 | 20 | 11.4 | 3 | Ⅲ | 3.94 | 0.13 | Ⅱ | 5.95 | 5 | 4.85 |
| 亚希根 | 淖55 | 20 | 18.5 | 24 | Ⅲ | 4.26 | 1.07 | Ⅱ | 5.74 | 8 | 5.49 |
| 包尔潜山 | 淖64 | 10 | 34.7 | 4 | Ⅲ | 3.61 | 0.79 | Ⅰ | 5.44 | 3 | 5.12 |
| 淖东洼槽 | 淖47 | 20 | 19.8 | 5 | Ⅲ | 2.56 | 0.01 | Ⅱ | 4.67 | 3 | 4.78 |
| 吉格森 | 淖79 | 60 | 38.4 | 10 | Ⅲ | 2.55 | 2.11 | Ⅱ | 5.28 | 7 | 5.50 |

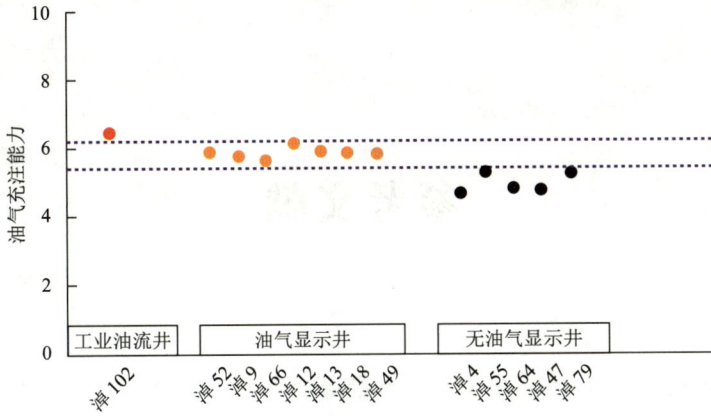

图 7-28 额仁淖尔凹陷不同油气显示井油气充注能力评价结果

综合各凹陷不同油气显示井的计算结果,油气显示与潜山油气充注能力评价结果具有很好的相关性。工业油流井、油气显示井和无油气显示井评价结果存在明显的差别,且评价结果越高,油气显示越好,证明评价公式的有效性较高,具有很高的可行性。

# 参考文献

艾华国,兰林英,张克银,等,1996.塔里木盆地前石炭系顶面不整合面特征及其控油作用.石油实验地质,18(1):1-13.

曹代勇,2001.渤海湾盆地深层烃源岩生烃条件研究.北京:地质出版社.

常波涛,于开平,孙连浦,等,2005.基于流体势约束的潜山油气二次运移优势方向选择——以胜利油田桩海地区古生界潜山为例.地质科技情报,24(2):39-44.

常国贞,毕彩芹,林红梅,2002.低潜山反转构造演化、成藏体系与勘探——以胜利油区孤北低潜山为例.断块油气田,9(5):19-23.

陈国达,费宝生,1983.任丘潜山油田的基本地质特征及其形成的大地构造背景.石油实验地质,5(4):241-249.

陈世悦,马帅,贾贝贝,等,2018.渤海湾盆地石炭—二叠系沉积环境及其展布规律.煤炭学报,43(S2):513-523.

陈亚青,樊太亮,赵志刚,等,2010.二连盆地赛51上古生界碳酸盐岩潜山油藏的发现与启示.石油天然气学报,32(3):209-213.

戴金星,倪云燕,胡国艺,等,2014.中国致密砂岩大气田的稳定碳氢同位素组成特征.中国科学:地球科学,44(4):563-578.

邓运华,2015.渤海大中型潜山油气田形成机理与勘探实践.石油学报,36(3):253-261.

董冬,陈洁,2000.断陷盆地潜山油气藏体系的形成、分布和勘探——以济阳坳陷为例.石油勘探与开发,27(6):26-27.

杜晓峰,范土芝,2001.惠民凹陷流体势分布特征与油气运聚关系.天然气地球科学,12(3):39-43.

方杰,王兴元,韩品龙,等,2018.黄骅坳陷寒武系—中新元古界潜山内幕成藏条件及勘探前景.中国石油勘探,23(6):46-58.

费宝生,1985.我国又发现一个新的含油气盆地——二连盆地.石油与天然气地质,6(1):116.

付广,康德江,2007.贝尔凹陷布达特群潜山油气成藏模式及有利区预测.石油勘探与开发,34(2):165-169.

高长海,查明,赵贤正,等,2017.渤海湾盆地冀中坳陷深层古潜山油气成藏模式及其主控因素.天然气工业,37(4):52-59.

高瑞祺,王喜双,吴永平,等,1999.渤海湾盆地北部奥陶系潜山勘探与科技攻关.勘探家,4(4):1-7.

高先志,吴伟涛,卢学军,等,2011.冀中坳陷潜山内幕油气藏的多样性与成藏控制因素.中国石油大学学报(自然科学版),35(3):31-35.

苟华伟,董秀芳,田淑云,1996.塔里木盆地和渤海湾盆地潜山圈闭类比分析.石油实验地质,18(3):229-236.

郭建华,刘辰生,吴东胜,等,2005.大民屯凹陷静安堡西侧低潜山油气成藏条件分析.中南大学学报(自然科学版),36(2):329-334.

郝婧,张厚和,李春荣,等,2021.渤海海域油气勘探历程与启示.新疆石油地质,42(3):328-336.

何登发,崔永谦,张煜颖,等,2017.渤海湾盆地冀中坳陷古潜山的构造成因类型.岩石学报,33(4):1338-1356.

侯方辉,张训华,张志珣,等,2012.南黄海盆地古潜山分类及构造特征.海洋地质与第四纪地质,32(2):85-92.

华北石油勘探开发设计研究院,1982.潜山油气藏.北京:石油工业出版社.

胡见义,童晓光,徐树宝,1981.渤海湾盆地古潜山油藏的区域分布规律.石油勘探与开发,8(5):1-9.

胡英杰,王延山,黄双泉,等,2019.辽河坳陷石油地质条件、资源潜力及勘探方向.海相油气地质,24(2):43-54.

纪友亮,胡光明,黄建军,等,2006.渤海湾地区中生代地层剥蚀量及中、新生代构造演化研究.地质学报,80(3):351-358.

纪友亮,胡光明,吴志平,2004.渤海湾中生代地层剥蚀量及盆地演化.天然气工业,24(12):28-31.

姜慧超,罗佳强,2005.济阳坳陷油气主运移通道及成藏规律研究.油气地质与采收率,12(1):18-20.

姜平,2000.千米桥潜山构造油气藏成藏分析.石油勘探与开发,27(3):14-16.

蒋有录,查明,2016.石油天然气地质与勘探.2版.北京:石油工业出版社.

蒋有录,刘培,宋国奇,等,2015a.渤海湾盆地新生代晚期断层活动与新近系油气富集关系.石油与天然气地质,36(4):525-533.

蒋有录,叶涛,张善文,等,2015b.渤海湾盆地潜山油气富集特征与主控因素.中国石油大学学报(自然科学版),39(3):20-29.

蒋有录,路允乾,赵贤正,等,2020.渤海湾盆地冀中坳陷潜山油气成藏模式及充注能力定量评价.地球科学,45(1):226-237.

降栓奇,陈彦君,赵志刚,等,2009.二连盆地潜山成藏条件及油藏类型.岩性油气藏,21(4):22-27.

金凤鸣,王鑫,李宏军,等,2019.渤海湾盆地黄骅坳陷乌马营潜山内幕原生油气藏形成特征.石油勘探与开发,46(3):521-529.

靳子濠,周立宏,操应长,等,2018.渤海湾盆地黄骅坳陷二叠系砂岩储层储集特征及成岩作用.天然气地球科学,29(11):1595-1607.

李德生,1985.倾斜断块-潜山油气藏——拉张型断陷盆地内新的油气圈闭类型.石油与天然气地质,6(4):386-394.

李凡异,张厚和,李春荣,等,2021. 北部湾盆地海域油气勘探历程与启示. 新疆石油地质,42(3):337-345.

李浩,高先志,杨德相,等,2013. 内蒙古二连盆地不同岩性潜山储层特征及其影响因素. 地球学报,34(3):325-337.

李慧勇,牛成民,许鹏,等,2021. 渤中 13-2 大型整装覆盖型潜山油气田的发现及其油气勘探意义. 天然气工业,41(2):19-26.

李慧勇,徐云龙,王飞龙,2019. 渤海海域深层潜山油气地球化学特征及油气来源. 地质勘探,39(1):45-56.

李军,刘丽峰,赵玉合,等,2006. 古潜山油气藏研究综述. 地球物理学进展,21(3):879-887.

李明诚,2014. 石油与天然气运移. 4 版. 北京:石油工业出版社.

李丕龙,张善文,王永诗,等,2003. 多样性潜山成因、成藏与勘探——以济阳坳陷为例. 北京:石油工业出版社.

李丕龙,张善文,王永诗,等,2004. 断陷盆地多样性潜山成因及成藏研究——以济阳坳陷为例. 石油学报,25(3):28-31.

李晓光,陈永成,李玉金,等,2021. 渤海湾盆地辽河坳陷油气勘探历程与启示. 新疆石油地质,42(3):291-301.

李晓清,丘东洲,林承焰,等,2007. 车镇凹陷潜山油气藏形成条件与分布规律. 东营:中国石油大学出版社.

李欣,闫伟鹏,崔周旗,等,2012. 渤海湾盆地潜山油气藏勘探潜力与方向. 石油实验地质,34(2):140-144.

梁官忠,2001. 二连盆地哈南凝灰岩油藏裂缝发育特征. 石油实验地质,23(4):412-417.

梁宏斌,崔周旗,张舒亭,等,2006. 冀中坳陷东北部石炭—二叠系储层特征及勘探方向. 中国石油勘探,11(2):8-14.

林会喜,熊伟,王勇,等,2021. 济阳坳陷埕岛潜山油气成藏特征. 油气地质与采收率,28(1):1-9.

林松辉,王华,张桂霞,等,2000. 东营凹陷西部潜山油气藏特征. 石油与天然气地质,21(4):360-363.

刘斌,沈昆,1999. 流体包裹体热力学. 北京:地质出版社.

刘传虎,2006. 潜山油气藏概论. 北京:石油工业出版社.

刘大听,张淑娟,2003. 任丘碳酸盐岩潜山油藏剩余油分布研究. 油气地质与采收率,10(2):46-47+2.

刘乐,杨明慧,李春霞,等,2009. 辽西低凸起变质岩潜山裂缝储层及成藏条件. 石油与天然气地质,30(2):188-194.

刘玄烨,1994. 东濮凹陷潜山的地质特征与储层分析. 石油地球物理勘探,29(S1):144-148.

刘震,陈艳鹏,赵阳,等,2007. 陆相断陷盆地油气藏形成控制因素及分布规律概述. 岩性油气藏,19(2):121-127.

楼章华,尚长健,姚根顺,等,2011. 桂中坳陷及周缘海相地层油气保存条件. 石油学报,32(3):

432-441.

吕修祥,1999.渤海湾盆地八面河地区潜山油气聚集.石油学报,20(2):31-37.

吕学谦,1976.潜山及其地震勘探.石油地球物理勘探,11(4):1-13.

吕雪莹,蒋有录,刘景东,等,2021.渤海湾盆地黄骅坳陷潜山油气成藏差异性及主控因素.中国矿业大学学报,50(5):835-846.

马立驰,王永诗,景安语,2020.渤海湾盆地济阳坳陷隐蔽潜山油藏新发现及其意义.石油实验地质,42(1):13-18.

马立驰,王永诗,吕建波,2004.济阳坳陷下古生界潜山内幕油气藏勘探.油气地质与采收率,11(1):26-27+82-83.

孟卫工,陈振岩,李湃,等,2009.潜山油气藏勘探理论与实践——以辽河坳陷为例.石油勘探与开发,36(2):136-143.

米敬奎,戴金星,张水昌,2005.含油气盆地包裹体研究中存在的问题.天然气地球科学,16(5):602-605.

牛成民,王飞龙,何将启,等,2021.渤海海域渤中 19-6 潜山气藏成藏要素匹配及成藏模式.石油实验地质,43(2):259-267.

彭兆蒙,吴智平,彭仕宓,2010.华北东部中、新生代盆地叠合特征与上古生界天然气勘探.中国石油大学学报(自然科学版),34(2):1-7.

漆家福,张一伟,陆克政,等,1995.渤海湾盆地新生代构造演化.石油大学学报(自然科学版),19(S1):1-6.

谯汉生,王明明,2000.渤海湾盆地隐蔽油气藏.地学前缘,7(4):497-506.

秦平,郭广峰,齐跃敏,等,2020.二连盆地乌兰花凹陷混合花岗岩潜山油藏储集层评价与分布规律研究.录井工程,31(2):124-129.

尚林阁,潘保芝,1986.应用模糊数学统计识别花岗岩古潜山裂缝的方法与效果.长春地质学院学报,31(4):81-84.

沈华,范炳达,王权,等,2021.冀中坳陷油气勘探历程与启示.新疆石油地质,42(3):319-327.

施和生,牛成民,侯明才,等,2021.渤中 13-2 双层结构太古宇潜山成藏条件分析与勘探发现.中国石油勘探,26(2):12-20.

施和生,王清斌,王军,等,2019.渤中凹陷深层渤中 19-6 构造大型凝析气田的发现及勘探意义.中国石油勘探,24(1):36-45.

宋国民,张艳,李慧勇,等,2020.渤中凹陷 19-6 区太古界潜山变质岩岩石类型及鉴别特征.世界地质,39(2):344-352.

宋明水,王惠勇,张云银,2019.济阳坳陷潜山"挤-拉-滑"成山机制及油气藏类型划分.油气地质与采收率,26(4):1-8.

苏玉平,李建,刘亚峰,等,2009.贝尔凹陷布达特群潜山分类及其演化史研究.岩性油气藏,21(4):58-62.

孙立东,孙国庆,杨步增,等,2020.松辽盆地北部中央古隆起带古潜山天然气成藏条件.天然气工业,40(3):23-29.

陶洪兴,1987.辽河静安堡潜山储集岩的成岩作用特征.石油勘探与开发,14(6):45-53.

滕长宇,邹华耀,郝芳,2014. 渤海湾盆地构造差异演化与油气差异富集. 中国科学:地球科学,
　　44(4):579-590.

万涛,蒋有录,董月霞,等,2013. 渤海湾盆地南堡凹陷油气运移路径模拟及示踪. 地球科学(中
　　国地质大学学报),38(1):173-180.

汪少勇,黄福喜,宋涛,等,2020. 渤海湾盆地缓坡外带成藏特征与勘探潜力分析. 特种油气藏,
　　27(1):9-16.

王化爱,钟建华,陈巍,等,2009. 海拉尔盆地苏德尔特构造带布达特群潜山油气成藏特征. 油
　　气地质与采收率,16(2):33-35.

王军,周心怀,杨波,等,2017. 渤海蓬莱 9-1 油田强烈生物降解原油油源对比. 中国海上油气,
　　29(6):32-42.

王奇,郝芳,徐长贵,等,2018. 渤海海域沙西北地区潜山油源及成藏特征. 石油与天然气地质,
　　39(4):676-684.

王树学,王璞珺,金振龙,等,2007. 海拉尔盆地苏德尔特地区古潜山特征与成因. 吉林大学学
　　报(地球科学版),37(1):79-85.

王文庆,李振永,朱梓强,等,2019. 港北多层系潜山油气成藏再认识与勘探实践. 录井工程,30
　　(3):138-142.

王昕,罗小平,吴俊刚,等,2019. 渤海湾盆地石臼坨凸起潜山油气来源及成藏充注过程. 成都
　　理工大学学报(自然科学版),46(2):129-141.

王永诗,2004. 箕状断陷湖盆滑脱潜山油气成藏模式——以富台油田为例. 油气地质与采收
　　率,11(4):13-15.

王勇,熊伟,林会喜,等,2020. 济阳坳陷下古生界潜山油气藏特征及成藏模式. 石油学报,41
　　(11):1334-1347.

吴伟涛,高先志,李理,等,2015. 渤海湾盆地大型潜山油气藏形成的有利因素. 特种油气藏,22
　　(2):22-26.

吴永平,付立新,杨池银,等,2002. 黄骅坳陷中生代构造演化对潜山油气成藏的影响. 石油学
　　报,23(2):16-21.

吴永平,杨池银,王喜双,2000. 渤海湾盆地北部奥陶系潜山油气藏成藏组合及勘探技术. 石油
　　勘探与开发,27(5):1-4.

吴智勇,郭建华,吴东胜,等,2000. 基于测井资料的碳酸盐岩储层评价方法——以辽河西部凹
　　陷曙 103 块潜山为例. 石油与天然气地质,21(2):157-160.

夏庆龙,2016. 渤海油田近 10 年地质认识创新与油气勘探发现. 中国海上油气,28(3):1-9.

肖永军,李江海,徐春华,2014. 松南梨树断陷八屋地区潜山油气藏成藏条件与成藏模式. 天然
　　气地球科学,25(S1):58-63.

谢玉洪,2020. 渤海湾盆地渤中凹陷太古界潜山气藏 BZ19-6 的气源条件与成藏模式. 石油实
　　验地质,42(5):858-866.

邢雅文,张以明,降栓奇,等,2020. 二连盆地乌兰花凹陷油气藏特征及分布规律. 中国石油勘
　　探,25(6):68-78.

徐长贵,侯明才,王粤川,等,2019. 渤海海域前古近系深层潜山类型及其成因. 天然气工业,39

(1):21-32.

徐长贵,于海波,王军,等,2019. 渤海海域渤中 19-6 大型凝析气田形成条件与成藏特征. 石油勘探与开发,46(1):25-38.

徐刚,王军,苏朝光,等,2004. 渤深 6 潜山带油气藏特征的研究. 石油物探,43(5):479-481.

徐国盛,陈飞,周兴怀,等,2016. 蓬莱 9-1 构造花岗岩古潜山大型油气田的成藏过程. 成都理工大学学报(自然科学版),43(2):153-162.

薛永安,柴永波,周园园,2015. 近期渤海海域油气勘探的新突破. 中国海上油气,27(1):1-9.

薛永安,李慧勇,2018. 渤海海域深层太古界变质岩潜山大型凝析气田的发现及其地质意义. 中国海上油气,30(3):1-9.

薛永安,李慧勇,许鹏,等,2021. 渤海海域中生界覆盖型潜山成藏认识与渤中 13-2 大油田发现. 中国海上油气,33(1):13-22.

薛永安,王奇,牛成民,等,2020. 渤海海域渤中凹陷渤中 19-6 深层潜山凝析气藏的充注成藏过程. 石油与天然气地质,41(5):891-902.

阎敦实,王尚文,唐智,1980. 渤海湾含油气盆地断块活动与古潜山油、气田的形成. 石油学报,1(2):1-10.

燕子杰,姜能栋,吉双文,2008. 济阳坳陷东北部潜山类型划分及油气富集规律. 中国石油勘探,13(6):15-18.

杨风丽,常波涛,于开平,等,2006. 桩海潜山场-势效应与油气聚集的关系. 石油学报,27(4):50-58.

杨明慧,王嗣敏,陈善勇,等,2005. 渤海湾盆地黄骅坳陷奥陶系碳酸盐岩潜山成因分类与分布. 石油与天然气地质,26(3):310-316.

叶涛,蒋有录,刘华,等,2012. 辽河坳陷东、西部凹陷潜山油气富集差异性对比. 新疆石油地质,33(6):676-679.

于学敏,苏俊青,王振升,1999. 千米桥潜山油气藏基本地质特征. 石油勘探与开发,26(6):7-9.

余家仁,李彦尊,1981. 应用井径曲线研究任丘古潜山岩溶. 石油勘探与开发,26(5):33-39.

袁选俊,谯汉生,2002. 渤海湾盆地富油气凹陷隐蔽油气藏勘探. 石油与天然气地质,23(2):130-133.

远光辉,操应长,贾珍臻,等,2015. 含油气盆地中深层碎屑岩储层异常高孔带研究进展. 天然气地球科学,26(1):28-42.

张津宁,付立新,周建生,等,2019. 渤海湾盆地黄骅坳陷古潜山的宏观展布特征与演化过程. 地质学报,93(3):585-596.

张强,吕福亮,贺晓苏,等,2018. 南海近 5 年油气勘探进展与启示. 中国石油勘探,23(1):54-61.

张善文,隋凤贵,林会喜,等,2009. 渤海湾盆地前古近系油气地质与远景评价. 北京:地质出版社.

张以明,刘震,付升,等,2019. 二连盆地基底特征及演化新认识. 石油地球物理勘探,54(2):404-416.

张震,张新涛,徐春强,等,2019. 渤海海域 428 潜山构造演化及其对油气成藏的控制. 东北石油大学学报,43(4):69-77.

赵俊峰,刘池洋,王晓梅,2004.镜质体反射率测定结果的影响因素.煤田地质与勘探,32(6):15-18.

赵凯,蒋有录,刘华,等,2018.济阳坳陷孤岛与埕岛潜山油气差异富集原因分析.地质力学学报,24(2):220-228.

赵文智,邹才能,汪泽成,等,2004.富油气凹陷"满凹含油"论——内涵与意义.石油勘探与开发,4(2):5-13.

赵贤正,才博,金凤鸣,等,2016.富油凹陷二次勘探复杂储层油气藏改造模式——以冀中坳陷、二连盆地为例.石油钻采工艺,38(6):823-831.

赵贤正,蒲秀刚,姜文亚,等,2019.黄骅坳陷古生界含油气系统勘探突破及其意义.石油勘探与开发,46(4):621-632.

赵贤正,王权,金凤鸣,等,2012.冀中坳陷隐蔽型潜山油气藏主控因素与勘探实践.石油学报,33(S1):71-79.

赵贤正,金凤鸣,王权,等,2016.断陷盆地富油凹陷二次勘探工程.北京:石油工业出版社.

赵勇,戴俊生,2003.应用落差分析研究生长断层.石油勘探与开发,30(3):13-15.

郑和荣,胡宗全,2006.渤海湾盆地及鄂尔多斯盆地上古生界天然气成藏条件分析.石油学报,27(3):1-5.

郑和荣,胡宗全,张忠民,等,2003.中国石化东部探区潜山油气藏勘探前景.石油与天然气地质,24(4):313-316.

钟宁宁,陈恭洋,2009.中国主要煤系倾气倾油性主控因素.石油勘探与开发,36(3):331-338.

钟雪梅,王建,李向阳,等,2018.渤海湾盆地冀中坳陷天然气地质条件、资源潜力及勘探方向.天然气地球科学,29(10):1433-1442.

周立宏,王鑫,付立新,等,2019.黄骅坳陷乌马营潜山二叠系砂岩凝析气藏的发现及其地质意义.中国石油勘探,24(4):431-438.

周心怀,胡志伟,韦阿娟,等,2015.渤海海域蓬莱9-1大型复合油田潜山发育演化及其控藏作用.大地构造与成矿学,39(4):680-690.

朱如凯,崔景伟,毛治国,等,2021.地层油气藏主要勘探进展及未来重点领域.岩性油气藏,33(1):12-24.

CUONG T X,WARREN J K,BACH H F,2009. A fractured granitic basement reservoir, Cuu Long Basin,offshore Se Vietnam:A "buried-hill" play. Journal of Petroleum Geology, 32(2):129-156.

DENG Y H,2017. Formation and characteristics of large-medium buried-hill hydrocarbon reservoirs in Bohai Sea. Petroleum Research,2(2):97-106.

HAO F,ZHOU X H,ZHU Y M,et al.,2010. Charging of oil fields surrounding the Shale-itian uplift from multiple source rock intervals and generative kitchens,Bohai Bay Basin, China. Marine and Petroleum,27(9):1910-1926.

HASKELL T,1991. An integrated approach to carbonate reservoir prediction of the Murzuq Basin,SW Libya. AAPG Bulletin,75(8):1350-1355.

HOU M C,CAO H Y,LI H Y,et al.,2019. Characteristics and controlling factors of deep buried-hill reservoirs in the BZ19-6 structural belt,Bohai Sea area. Natural Gas Industry B,6(4):305-316.

JIANG Y L,LIU H,SONG G Q,et al.,2015. Relationship between geological structures and hydrocarbon enrichment of different depressions in the Bohai Bay Basin. Acta Geologica Sinica(English Edition),89(6):1998-2011.

JIN F M,WANG X,LI H J,et al.,2019. Formation of the primary petroleum reservoir in Wumaying Inner Buried-hill of Huanghua Depression,Bohai Bay Basin,China. Petroleum Exploration and Development,46(3):543-552.

LEVORSEN A I,1954. Geology of petroleum. W. H. Freeman and Company.

LUCIA F,2010. Carbonate reservoir characterization. Berlin Speingr,17(3):305-355.

LUO J L,SADOOM M,LIANG Z G,et al.,2005. Controls on the quality of Archean metamorphic and Jurassic volcanic reservoir rocks from the Xinglongtai buried hill western depression of Liaohe Basin,China. AAPG bulletin,89(10):1319-1346.

MACGOWAN D B,SURDAM R C,1990. Importance of organic-inorganic reactions to modeling water rock interactions during progressive clastic diagenesis. Chemical Modeling of Aqueous Systems Ⅱ,416:494-507.

MARIE B,2013. The Zagros structural investigation for deep petroleum traps. Geology Arabia(5):59-60.

POWER S,1922. Reflected buried dills and their importance in petroleum geology. Economic Geology,17(4):233-259.

ROCHL P,1985. Carbonate petroleum reservoirs. New York:Springer-Verlag.

THORSEN C E,1963. Age of growth faulting in the southeast Louisiana. Transactions Gulf Coast,13(2):103-110.

TONG K J,LI B,DAI W H,et al.,2017. Sparse well pattern and high-efficient development of metamorphic buried hills reservoirs in Bohai Sea area,China. Petroleum Exploration and Development,44(4):625-635.

XIE Y H,LUO X P,WANG D Y,et al.,2019. Hydrocarbon accumulation of composite-buried hill reservoirs in the western subsag of Bozhong Sag,Bohai Bay Basin. Natural Gas Industry B,6(6):546-555.

XU C G,YU H B,WANG J,et al.,2019. Formation conditions and accumulation characteristics of Bozhong 19-6 large condensate gas field in offshore Bohai Bay Basin. Petroleum Exploration and Development,46(1):27-40.

XUE Y A,LYU D Y,HU Z W,et al.,2021. Tectonic development of subtle faults and exploration in mature areas in Bohai Sea,East China. Petroleum Exploration and Development,48(2):269-285.

XUE Y A,WANG D Y,2020. Formation conditions and exploration direction of large natural gas reservoirs in the oil-prone Bohai Bay Basin,East China. Petroleum Exploration and Development,47(2):280-291.

YANG R Z,ZHAO X Z,LIU H T,et al.,2021. Hydrocarbon charging and accumulation in the Permian reservoir of Wangguantun Buried Hill in Huanghua Depression,Bohai Bay Basin,China. Journal of Petroleum Science and Engineering,199:108297.

YE T,NIU C M,WEI A J.,2020. Characteristics and genetic mechanism of large granitic buried-hill reservoir,a case study from Penglai Oil Field of Bohai Bay Basin,north China. Journal of Petroleum Science and Engineering,189:106988.

YUAN G,CAO Y,GLUYAS J,et al.,2017. Reactive transport modeling of coupled feldspar dissolution and secondary mineral precipitation and its implication for diagenetic interaction in sandstones. Geochimica et Cosmochimica Acta,207:232-255.

ZHU Y M,QIN Y,SANG S X,et al.,2010. Hydrocarbon generation evolution of Permo-Carboniferous rocks of the Bohai Bay Basin in China. Acta Geologica Sinica(English Edition),84(2):370-81.

ZHANG Y G,FRANTZ J D,1987. Determination of homogenization temperatures and densities of supercritical fluids in the system NaCl-CaCl$_2$-H$_2$O using synthetic fluid inclusions. Chemical Geology,64(3):335-350.